21世纪本科院校土木建筑类创新型应用人才培养规划教材

土 力 学

主　编　杨雪强
副主编　史宏彦　李子生　张建龙
参　编　刘勇健　张丽娟　梁仕华
　　　　杨　锐

北京大学出版社
PEKING UNIVERSITY PRESS

内 容 简 介

本书包括绪论、土的物理性质与工程分类、土的渗透性、土中应力计算、土的压缩特性和地基沉降计算、土的抗剪强度、土压力、土坡稳定分析及地基承载力等内容。本书在内容上深度与广度相适宜，循序渐进，尽可能把土力学的基本概念、基本原理和基本理论讲解清楚；同时密切结合室内试验和工程实践，完成理论性与实践性的综合基本训练，不断提高学生的专业知识水平。本书除第 1 章之外每章都含有大量的例题及详细的解题步骤，可以培养读者解决问题的能力；同时章后附有选择题、填空题、简答题和计算题等题型，并附有部分参考答案，是初学者自学提高的良师益友。

本书内容丰富、理论联系实际、图文并茂、实用性强、综合性强，可作为高等院校土木工程(含建筑工程、道路与桥梁工程、岩土工程、城市地下空间工程等方向)、水利工程、测绘工程等专业的教材，也可作为相关专业工程技术人员的参考用书。

图书在版编目(CIP)数据

土力学/杨雪强主编. —北京：北京大学出版社，2015.6
（21 世纪本科院校土木建筑类创新型应用人才培养规划教材）
ISBN 978-7-301-25781-4

Ⅰ. ①土… Ⅱ. ①杨… Ⅲ. ①土力学—高等学校—教材 Ⅳ. ①TU43

中国版本图书馆 CIP 数据核字(2015)第 089577 号

书　　　名	土力学
著作责任者	杨雪强　主编
策 划 编 辑	吴　迪　王红樱
责 任 编 辑	姜晓楠　伍大维
标 准 书 号	ISBN 978-7-301-25781-4
出 版 发 行	北京大学出版社
地　　　址	北京市海淀区成府路 205 号　100871
网　　　址	http://www.pup.cn　新浪微博：@北京大学出版社
电 子 信 箱	pup_6@163.com
电　　　话	邮购部 62752015　发行部 62750672　编辑部 62750667
印 刷 者	北京虎彩文化传播有限公司
经 销 者	新华书店
	787 毫米×1092 毫米　16 开本　19.5 印张　456 千字
	2015 年 6 月第 1 版　2023 年 1 月第 4 次印刷
定　　　价	48.00 元

未经许可，不得以任何方式复制或抄袭本书之部分或全部内容。
版权所有，侵权必究
举报电话：010-62752024　电子信箱：fd@pup.pku.edu.cn
图书如有印装质量问题，请与出版部联系，电话：010-62756370

前　言

本书是根据教育部颁布的专业目录和面向 21 世纪土木工程专业人才培养方案的要求，并结合培养具有较坚实理论基础的创新型与应用型复合本科人才的特点和需求编写的。

土力学是土木工程专业的主干课程，主要阐明土力学的基本概念、基本原理和基本理论，提供基本的力学分析方法和计算手段。土力学也是一门理论性与实践性都很强的综合性学科，本书在编写时注意两者的紧密结合，通过对工程问题的分析，有助于培养提高学生分析和解决实际工程问题的能力。

本书编者均是长期从事土力学教学与科研工作的一线教师，具有较丰富的本科教学经验，在内容编排上重在讲理，尽可能把道理表达清楚，在注意对学生进行基本概念、基本理论和基本试验技能培养的同时，密切结合工程实践，完成理论性与实践性的综合基本训练，不断提高学生的专业知识水平。

与本书配套的《土力学习题解答》教学辅导书，涵盖了土力学的重要概念、基本理论和常用的基本公式，是学生学习提高与复习考试的良师益友。

本书的绪论由杨锐教授编写，第 1 章由刘勇健副教授编写，第 2 章由梁仕华副教授编写，第 3 章由李子生副教授编写，第 4 章由史宏彦教授编写，第 5 章由杨雪强教授编写，第 6 章由张丽娟副教授编写，第 7 章由张建龙副教授编写，第 8 章由杨雪强教授编写。组稿过程中各章作者相互交叉审阅修改，全书由杨雪强教授统稿修改。

在本书的出版过程中，得到了北京大学出版社领导及王红樱编辑、姜晓楠编辑和伍大维编辑的大力支持，在此表示衷心的感谢！

由于编者的水平有限，能否达到预期目标尚无把握，敬请广大读者与教育界同行不吝批评指正。

编　者

2015 年 1 月

目 录

第0章 绪论 …… 1
   0.1 土力学的研究对象 …… 1
   0.2 土力学的发展与展望 …… 1
   0.3 土力学的主要研究内容和学习方法 …… 2

第1章 土的物理性质与工程分类 …… 4
   1.1 概述 …… 5
   1.2 土的形成 …… 6
   1.3 土的三相组成 …… 8
   1.4 土的结构和构造 …… 21
   1.5 土的三相比例指标 …… 24
   1.6 土的物理状态特性 …… 30
   1.7 土的压实性 …… 36
   1.8 土的工程分类 …… 41
   本章小结 …… 57
   习题 …… 57

第2章 土的渗透性 …… 60
   2.1 概述 …… 61
   2.2 土的渗透性概述 …… 63
   2.3 二维流网的绘制及应用 …… 71
   2.4 渗透力及渗透破坏 …… 75
   本章小结 …… 82
   习题 …… 82

第3章 土中应力计算 …… 84
   3.1 概述 …… 85
   3.2 土中自重应力的计算 …… 88
   3.3 地基附加应力 …… 91
   3.4 基底压力 …… 114
   3.5 有效应力原理 …… 118
   本章小结 …… 122
   习题 …… 122

第4章 土的压缩特性和地基沉降计算 …… 125
   4.1 概述 …… 126
   4.2 土的压缩性 …… 126
   4.3 地基最终沉降量的计算 …… 135
   4.4 地基变形与时间的关系 …… 153
   4.5 利用沉降观测资料推算地基沉降 …… 165
   本章小结 …… 167
   习题 …… 168

第5章 土的抗剪强度 …… 170
   5.1 概述 …… 171
   5.2 土的抗剪强度与极限平衡条件 …… 172
   5.3 土的抗剪强度试验方法及强度指标 …… 176
   5.4 三轴压缩试验中的孔隙压力系数 …… 185
   5.5 土在剪切过程中的性状 …… 188
   5.6 应力路径 …… 200
   本章小结 …… 203
   习题 …… 203

第6章 土压力 …… 205
   6.1 作用在挡土墙上的土压力 …… 206
   6.2 朗肯土压力理论 …… 208
   6.3 库仑土压力理论 …… 217
   6.4 土压力计算的讨论 …… 222
   6.5 挡土墙设计 …… 227
   本章小结 …… 240
   习题 …… 240

第7章 土坡稳定分析 242

7.1 概述 243
7.2 平面滑动分析法 244
7.3 黏性土坡的稳定性 248
7.4 土坡稳定分析的若干问题 263
7.5 滑坡的防治方法 271
本章小结 272
习题 272

第8章 地基承载力 274

8.1 概述 275
8.2 地基破坏模式及其变形过程 275
8.3 地基的临塑荷载与界限荷载 279
8.4 地基极限承载力 282
8.5 地基承载力的讨论 299
本章小结 301
习题 301

参考文献 303

第0章 绪论

0.1 土力学的研究对象

岩石是由一种或多种矿物组成的集合体。土是岩石经过物理风化、化学风化及生物风化等综合作用的产物，是岩石在表生作用带经风化、剥蚀、搬运、沉积而形成的松散堆积物。同时，土也是尚未固结的颗粒集合体，颗粒之间呈未胶结或弱胶结状态。在漫长的地质历史进程之中，土的形成及其性质随其形成过程和自然环境的不同而有所差异。

土力学研究的对象是分散土，它与岩石既有联系又有区别。土由固体颗粒（土粒）、水和气体三相组成。土的主要特征是分散性、复杂性和易变性，其性质将随外界环境（如温度、湿度）的变化而发生显著的变化，故对土的基本概念要有基本的认识与掌握。在对建（构）筑物设计之前，必须对建（构）筑场址的岩土层结构及成因、地形地貌、地质构造、不良地质现象、地下水状况等工程地质条件进行综合评判。否则，势必会影响建（构）筑工程的稳定安全、经济效益和环境效益。

土力学是一门研究与土的工程问题有关的学科，同时是土木工程类专业的一门重要的专业基础课程。土力学重点研究土的物理、力学、化学性质，以及土体在外界因素作用下的应力、应变、强度、稳定性及渗流规律。土力学属于力学的一个分支，并将固体力学和流体力学的定律和理论应用于土体研究，同时结合土工试验及土体微结构等相关现代科学技术，力图解决工程建设中与土相关的工程实际问题。因此，土力学是一门理论性与实践性都很强的学科。

0.2 土力学的发展与展望

土力学在人类的长期生产实践中应运而生，并不断向前发展的。从远古至18世纪中叶，与其他学科一样，土力学仅停留在感性的认识上，没有上升到理论层次。自18世纪工业革命以后，随着城市建设、水利工程及道路工程的兴建，推动了土力学的发展。

1773年，法国的库仑（C. A. Coulomb）根据试验提出了砂土的抗剪强度公式和土压力理论。19世纪中叶，大规模的桥梁、铁路和公路的建设，促进了桩基础理论和施工方法的发展。1857年，英国的朗肯（Rankine）根据土体塑形破坏提出了土压力理论。1885年，法国的布辛内斯克（Boussinesq）求出了半无限弹性体在垂直集中力作用下应力和变形的理论解答。1922年，瑞典的费伦纽斯（Fellenius）为解决铁路塌方问题，研究并提出了土坡稳定分析法。直到1925年，美国土力学专家太沙基（K. Terzaghi）集大成发表了世界上第一本《土力学》专著，从此，土力学成为一门独立的学科。

此后，随着大量引用弹性力学的研究成果，土体变形和破坏问题的研究得到了迅速发展。1927—1955 年，费伦纽斯、泰勒(D. W. Taylor)和毕肖普(Bishop)等建立与完善了土坡滑弧稳定分析方法；1936 年，明德林(Mindlin)提出了桩基沉降的计算方法；1943 年，太沙基进行了极限土压力的研究并提出了地基极限承载力公式；1941—1956 年，比奥(Biot)固结理论的提出和完善等。

1963 年，以罗斯科(Roscoe)为代表的剑桥学派提出了著名的剑桥模型，标志着现代土力学的开端。经过 50 多年的努力，现代土力学的研究成果已日趋丰富，并在下列几方面取得了重要进展：①非线性模型和弹塑性模型的深入研究和大量应用；②损伤力学模型的引入和结构性土体模型的深入研究；③非饱和土固结理论的研究及其应用；④砂土液化理论的研究；⑤剪切带理论及渐进破损问题的研究；⑥土的细观力学的研究及宏细观相结合的研究等。

我国学者对土力学的研究始于 1945 年黄文熙在中央水利试验处创立的第一个土工试验室，他在土的强度、变形及本构关系方面的研究颇具特色。另外，陈宗基在黏土微观结构和土体流变方面，钱家欢在土流变学及土工抗震方面，沈珠江在软土本构关系方面，均独具创新，成果凸显。自中华人民共和国成立至今 60 多年来，我国学者在土力学研究领域的各个方面均得到了长足的进展，取得了许多重要研究成果，为土力学的发展作出了积极的贡献。

土力学未来发展的趋势可归结为一个模型(即本构关系模型)、三个理论(即非饱和土固结理论、土的液化破坏理论和土的渐进破坏理论)和四个分支(理论土力学、计算土力学、试验土力学和应用土力学)。目前，土力学研究的前沿与新进展主要集中在以下方面：区域性土的分布和力学特性，多因素影响和符合工程实际的土体本构关系，不同介质相互作用及共同分析，土工试验技术和计算技术的发展等。

伴随着现代科学知识和计算技术的飞速发展，土力学的研究领域必将获得更显著、更广泛的拓展，如土动力学、冻土土力学、海洋土力学、月球土力学等均是新兴的土力学分支。所以，土力学学科的发展是永无止境的，人类在土力学面前要始终保持谦卑的心态，在敬畏它的同时更要大胆地开展探索研究工作。

0.3　土力学的主要研究内容和学习方法

0.3.1　土力学的主要研究内容

土力学通常包括土质学和土力学两大部分。

土质学是从工程地质观点即从工程建(构)筑物与自然地质体相互作用、相互制约的角度出发进行研究，主要包括土的工程地质性质(土的物理、化学和水理性质等)及其相应指标测试技术方法，土的工程地质性质的形成分布规律，土的物质组成、结构、构造及土中气体及水的状态，土的工程分类，特殊土的工程地质特征等。

土力学主要侧重于对土的力学与变形分析，重点研究土在荷载的作用下引起的应力、应变、强度和稳定性的一门学科。由于土是自然历史的产物，其性状变化很大。因此，在土力学研究过程中,除运用一般连续体力学的基本原理外,还应考虑到土作为分散系特征去获得量的关系。在处理工程中的土力学问题时,不能单凭数学和力学的方法,必须通过土的现场勘察,结合室内土工试验及测定的土体计算参数,进而建立符合工程实际的力学计算模型。土力学的主要研究内容包括土的应力与应变的关系,土的压缩变形及与时间的关系,土的渗透性与固结理论,土的抗剪强度与地基承载力,土压力和土坡稳定,土在外部荷载作用下的稳定性计算等。

土力学尤其注重理论与实践的结合。在土木工程的兴建中,会遇到各种有关土的工程地质问题,包括土作为建筑物地基、用作填筑材料及作为建筑物的介质等几个方面,特别是软土地基,常会遇到土质改良、沉降及不均匀沉降等问题。为保证建筑物的安全可靠、经济合理和技术可行,必须很好地解决这些问题,也必须对地基土的物理力学性质有较深入的了解,从而提出合理的地基基础设计方案。例如,以土作为填筑材料的堤、坝,常用碾压的方法将填土压实,以提高填土的强度,增加填土的稳定性,这就要求研究动力作用下土的压实性状问题。

"基础工程"是在学习了"土力学"课程之后的专业主干课程。基础工程主要研究建(构)筑物地基与基础受到上部结构荷载作用后的力学状态与沉降稳定问题,主要包括地基的受力与变形性状、地基处理方法、基础形式等。由于基础工程属于建(构)筑物的隐蔽工程,一旦出现问题而导致工程失事,不仅损失巨大,且难以补救,因此人们通常赋予基础工程较大的安全系数储备。

0.3.2 土力学的学习方法与要求

土力学是一门综合性的基础课程,学习本课程必须具有工程地质学、材料力学、弹性力学及水力学等方面的知识基础。土力学知识则是土木工程学科各专业方向不可缺少的专业基础知识。根据土力学的研究内容,学习中力求掌握以下几点。

(1) 建立实际工程的理念和观点,重视学习土力学的基础理论,掌握相关的土工试验及其技术方法,重点要学会如何运用基本理论,有的放矢地分析解决具体工程问题。

(2) 土的种类繁多,工程特性极其复杂,应当首先搞清土力学的基本概念,明晰土的成因分类、特点及其意义,而不可硬性套用某些理论条文及指标数据,特别要密切结合室内外测试结果和工程师专家的经验。

(3) 在学习的过程中,必须自始至终围绕土体的有效应力原理这一灵魂思想,抓住土体的渗透、变形、强度和稳定性相互影响这一重要线索,特别注重认识土的分散性、易变性和三相性等特点。

(4) 土力学理论性较强,且偏于计算。许多计算公式的推导比较繁琐,所牵涉的数学问题也比较广泛。学习时要善于转变对问题求解的思维方式,注意弄清各计算公式的基本假定、应用范围及计算误差的修正等,力图学会对多种解答做综合评判。

(5) 认识地区差异,重视地区经验。学会运用土力学的经验公式,尤其是在土体力学参数选取、地基基础设计的过程中,不断提高地基处理及基础设计水平。

(6) 注重培养学生分析问题、解决问题的能力,理论是实践的基础,没有正确的理论,就没有正确的实践。通过对基本概念、基本理论和基本试验技能的培养,密切结合工程实践,不断提高学生的专业知识水平,完成未来作为土木工程师的基本训练。

第1章
土的物理性质与工程分类

教学目标

本章主要讲述土的形成、组成、物理性质与工程分类等土力学基础知识。通过本章的学习，应达到以下目标。

(1) 了解土的形成、结构和构造，增加对土力学性质的渊源认识。
(2) 掌握利用土的颗粒级配曲线评价土的工程性质。
(3) 熟练掌握土的三相比例指标定义及计算。
(4) 掌握土的物理状态特性的描述方法与评价指标。
(5) 了解土的压实性原理及压实性原理的工程应用。
(6) 熟悉土的工程分类原则和分类方法。

教学要求

知识要点	能力要求	相关知识
土的形成	了解土的形成过程	土的形成过程中的地质作用
土的组成	(1) 熟悉土的三相组成； (2) 熟悉颗粒分析试验； (3) 掌握利用土的颗粒级配曲线评价土的工程性质	(1) 土的三相组成； (2) 土粒的颗粒级配； (3) 单粒结构、蜂窝结构、絮状结构的特征
土的结构、构造	(1) 熟悉土的结构类型及对工程性质的影响； (2) 了解土的构造	(1) 土的结构； (2) 土的构造
土的三相比例指标	(1) 掌握土的三相比例指标的定义； (2) 了解直接指标的测定方法； (3) 熟练掌握三相比例指标的计算方法	(1) 土的三相草图及三相比例指标定义； (2) 直接指标的测定方法和间接指标的换算关系； (3) 三相指标的计算和应用
土的物理状态特性	(1) 掌握无黏性土的密实度及表示方法； (2) 掌握黏性土的物理特性及指标； (3) 熟悉界限含水量测定方法	(1) 无黏性土的密实度的评价方法； (2) 土的界限含水量和测定方法； (3) 塑性指数、液性指数； (4) 黏性土的稠度、塑性、物理状态特征
土的压实性	(1) 了解土的压实原理； (2) 学会土的压实原理的工程应用	(1) 土的压实性原理和压实性试验； (2) 填方工程压实效果评价指标

(续)

知识要点	能力要求	相关知识
岩土的工程分类	熟悉土的分类原则和分类方法	(1)《土的工程分类标准》分类法； (2)《建筑地基基础设计规范》分类法； (3) 交通部规范分类法
特殊土	了解常见特殊土及其工程性质	(1) 软土； (2) 红黏土； (3) 膨胀土； (4) 黄土； (5) 花岗岩残积土

土的结构(单粒结构、蜂窝结构、絮状结构)、土的构造、三相比例指标、土的含水量、密度、重度、土粒的相对密度、孔隙比、饱和度、界限含水量(塑限、液限、缩限)、土的塑性、土的密实度、土的压实性

任何建(构)筑物都是建造在岩(土)层上。岩(土)的类型和工程性质将影响建(构)筑物的安全、造价、工期和施工方法。土的物理性质是土的基本性质，它与土的力学性质有密切关系。土是由固体颗粒、水和气体组成的三相分散体系，它不同于一般建筑材料，土的工程性质具有多变性和易变性。土的分类标准与方法是研究土力学性质的基础。在我国，不同行业关于土的分类方法略有不同，在学习土的工程分类时，需注意不同规范分类的差异。

1.1 概　　述

土是自然界地质作用的产物。在天然状态下，土体是由构成土骨架的固体颗粒(固相)、土孔隙中的水(液相)和土孔隙中的气体(气相)三部分组成，简称土的三相体系，如图1.1所示。与一般固体材料不同，土具有不连续性、多变性和易变性。在外荷载作用下，表现为易压缩、易变形和易剪切破坏等力学特性。土的物理性质和力学性质有着密切联系，土的物理性质是土的基本性质，土的物理性质与土的形成、土的物质组成、土的三相比例、土的结构和构造有着密不可分的联系。

本章首先介绍土的形成，然后重点阐述土的三相组成、土的结构、无黏性土的密实度和黏性土的物理特性，最后介绍土的工程分类。

图 1.1　土的三相组成示意图

1.2 土的形成

1.2.1 土的形成作用(地质作用)

覆盖在地壳表层的土绝大多数是第四纪形成的,因此,又将土称为第四纪沉积物。地壳表层的岩石(岩浆岩、沉积岩和变质岩)在外力地质作用下风化形成形状各异、大小不等的岩石碎屑和矿物颗粒,经过流水、冰川、风等不同的搬运方式,在一定的自然环境中堆积而形成的松散颗粒集合体,称之为土。土的形成通常要经过风化、搬运和沉积等地质作用过程。

1. 风化作用

地壳表层的岩石(岩浆岩、沉积岩和变质岩)在阳光、大气、水和生物等因素影响下发生风化作用,使岩石崩解、破碎或发生化学和生物变化,经流水、风、冰川等动力搬运作用,在各种自然环境下形成松软堆积物,便形成土体。因此,土是岩石风化作用的产物。风化作用可分为下面三种类型。

(1) 物理风化。物理风化是指岩石或土颗粒受各种气候因素影响,如温度的昼夜变化和季节变化,水的冻胀、波浪冲击、地震等作用,使岩石或土颗粒崩解、碎裂的过程,这种作用使岩石或土颗粒逐渐变成细小的颗粒,但它们的矿物成分与母岩相同,称为原生矿物。物理风化的结果是只改变岩石或土颗粒的大小和形状,不改变其矿物成分。

(2) 化学风化。化学风化是指岩石或土颗粒受环境因素的影响而改变了矿物成分,形成新的矿物,即次生矿物。例如,正长石经过水解作用后,形成高岭石。环境因素包括水、空气及溶解在水中的氧气和二氧化碳等。化学风化的结果是形成十分细微的土颗粒,如黏粒及可溶性盐等矿物。黏粒的比表面积大,具有较强的吸附水分子的能力。

(3) 生物风化。生物风化是指受生物影响而产生的风化作用,包括生物物理风化和生物化学风化。生物风化作用既可引起岩(土)的机械和化学破坏,也能改变土的成分和有机质的含量,使土的工程性质产生变化。

上述风化作用常常同时存在、互相促进,但在不同的地区和自然条件下,风化作用又有主次之分。风化作用对岩土的工程性质影响很大,在同一地区和自然条件下,风化作用由地表向下逐渐减弱,达到一定深度后,风化作用基本消失。

2. 搬运作用

搬运作用系指风化剥蚀的产物——即岩(土)碎屑或其化合物离子,被流水、冰川、风等地质营力带到其他地方沉积的作用过程。在搬运过程中,对岩(土)体有一定的改造,从而引起土的分选性、磨圆度或矿物成分、化学成分等产生相应变化。搬运作用方式有如下两种形式。

(1) 机械搬运。风化产物的岩石碎屑和矿物颗粒(如泥、砂、砾等)被流水、冰川、风等搬运离开物源地的过程,称之为机械搬运。

(2) 化学搬运。以化学风化的产物通过真溶液或胶体溶液进行搬运。如石灰岩溶于水之后,以 Ca^{2+}、HCO_3^- 离子形式搬运;长石风化后形成黏土矿物、二氧化硅在水中呈胶体质点被搬运。

3. 沉积作用

在搬运过程中，随着风或流水等地质营力的能量不断消耗，其搬运能力（风速或流速）下降，或随环境的生物、化学条件改变，造成被搬运物质从风或流水等介质中分离出来，形成沉积物，这些作用统称为沉积作用。如流水搬运物在河流转弯处、湖口或河口因流速减慢而沉积，风的搬运物因风力减弱或受阻拦而堆积。堆积下来的松散堆积物形成土体，随后经过漫长的地质作用过程，土体被逐渐压密、胶结，形成沉积岩。在自然界中，岩石不断风化破碎、搬运、沉积形成土，土又可以经过地质作用形成岩石，这个过程周而复始。

1.2.2 土的成因类型

根据搬运方式和沉积环境不同，土按成因可以分为残积土、坡积土、洪积土、冲积土、湖沼积土、海积土、冰川积土、风积土等类型。工程建设中常见土的成因类型和工程特性见表 1-1。

表 1-1　常见土的成因类型和工程特性表

名称	成因类型	特征与分布	工程特性
残积土	岩石风化所形成的碎屑，残留在原地的堆积物	颗粒粗细不均，多棱角，无分选性，无层理，其矿物成分与下伏母岩相同	残积土厚度变化大，作为建筑物地基时，应注意不均匀沉降问题
坡积土	风化产物在重力、水流等作用下，沿斜坡移动，沉积在坡面和坡脚的堆积物	坡积土自坡面至坡脚，颗粒由粗到细，表现出轻微的分选性，其矿物成分与下伏母岩无关。厚度变化大，薄者仅数厘米，厚者可达数十米	常沿下伏岩层斜面滑动，颗粒粗细变化大、土质不均，其强度及压缩性差异也较大，有时为不良地基土
洪积土	由山洪暴雨和大量融雪形成的暂时性洪水，把大量残积土、坡积土剥蚀、搬运到山谷或山麓平原沿途堆积而成	洪积土呈扇形分布，土颗粒从扇顶到扇缘由粗变细，表现出一定的分选性，因搬运距离不远，颗粒磨圆度较差，土中常有不规则交替层理构造，并具有夹层、尖灭或透镜体等。山洪不规则周期性暴发所形成的堆积物各不相同	一般离山前较近的洪积土强度较高，是较好的地基。离山前较远地段，洪积物颗粒较细，成分均匀，厚度大，是较好的地基。在过渡地段，常为宽广的沼泽，是不良地基
冲积土	河流流水的作用将两岸岩石及上覆残积、坡积、洪积土剥蚀后搬运、沉积在河流坡降平缓地带形成的堆积物	具有明显的层理构造和分选性，由于水中长距离搬运时的碰撞和摩擦，冲积土中的粗颗粒有较好的磨圆度。河流上游土颗粒较粗，下游的颗粒较细	在河流上游修建筑物时，应考虑渗透和渗透变形问题。对于河流下游的建筑物，需要考虑地基沉降和稳定等问题
风积土	由风力搬运形成的堆积物	我国西北地区广泛分布的黄土是一种典型的风积土。其主要特征是组成黄土的颗粒十分均匀，以粉粒为主，没有层理，有肉眼可以分辨的大孔隙，垂直裂隙发育，能形成直立的陡壁	黄土在干燥条件下有较高的承载力和较小的变形，但遇水后会产生湿陷，变形显著增大

1.3 土的三相组成

土是由固相、液相和气相组成的三相体系。固相部分为土粒,构成土的骨架。骨架间有许多孔隙,可为水和气体所填充组成土的液相、气相部分。土体的物质组成、三相比例关系、土的结构与构造决定着土的物理力学性质。因此,研究土的工程性质,首先必须研究土的三相组成。

1.3.1 土的固体颗粒(固相)

1. 土的矿物成分

土的固体颗粒构成土骨架,其大小和形态、矿物成分、土粒的相互搭配情况是影响土的物理力学性质的重要因素。组成土的矿物按其成因可分为原生矿物、次生矿物和有机质等。

1) 原生矿物

原生矿物是指岩浆在冷凝过程中形成的矿物,如石英、长石、角闪石、云母等。土中原生矿物是岩石风化过程中的产物,它保持了母岩的矿物成分和晶体结构。这些矿物是土中卵石、砾石、砂粒和某些粉粒的主要成分。原生矿物的主要特点是颗粒粗大,物理、化学性质比较稳定,抗水性和抗风化能力较强,亲水性弱或较弱。

2) 次生矿物

母岩的风化产物在搬运过程中,如果原来的矿物因氧化、水化、水解、溶解等化学风化作用而形成的新矿物,称次生矿物,其颗粒往往比原生矿物细小。在自然界中,土体中常见次生矿物可分为两种类型,即可溶性次生矿物和不可溶性次生矿物。

(1) 可溶性次生矿物。可溶性次生矿物又称溶盐矿物,通常以离子状态存在于土的孔隙水中。阳离子有 K^+、Na^+、Ca^{2+}、Mg^{2+}、Fe^{2+} 等,阴离子有 Cl^-、SO_4^{2-}、HCO_3^-、S^{2-} 等。当土中含水量降低或介质溶液的 pH 发生变化,这些矿物便会结晶析出在土颗粒表面,在土中起暂时性胶结作用。当外部条件发生变化,如土中含水量增加,结晶的盐类会重新溶解,先前的暂时性胶结将部分或全部丧失,土体结构将产生变化或破坏。

(2) 不溶性次生矿物。土中常见不溶性次生矿物包括游离氧化物和黏土矿物。

① 游离氧化物。这是由三价的 Fe^{3+}、Al^{3+},二价的 Si^{2+} 和 O^{2-}、OH^-、H_2O 等组成的矿物,如黄铁矿($Fe_2O_3 \cdot H_2O$)、褐铁矿($Fe_2O_3 \cdot 3H_2O$)、三水铝石($Al_2O_3 \cdot 2H_2O$)、二氧化硅($SiO_2 \cdot nH_2O$)等。大多数情况下,游离氧化物仅为土的次要组分,但其作用却不容忽视。它们大多呈凝胶状,部分呈微结晶,颗粒极为细小,性质稳定,亲水性弱,胶结能力强。它们或是包裹在颗粒的表面,或是沉淀在贯通的孔隙壁上,将土粒牢固地胶结在一起。

② 黏土矿物。黏土矿物是原生矿物长石、云母等硅酸盐矿物经化学风化形成的,是一种复合的铝-硅酸盐晶体,颗粒呈片状,是由铝片和硅片两种晶片构成的晶胞组成。硅片的基本单元是硅-氧(Si-O)四面体,铝片的基本单元是铝-氢氧(Al-OH)八面体。

a. 硅-氧四面体。由一个硅原子和四个氧原子以相等距离堆成四面体形状，硅居其中央，氧占据四个顶点[图 1.2(a)]。由六个硅-氧四面体组成一个硅片，横向联结成六角形的网格[图 1.2(b)]。硅片底面的氧离子被相邻两个硅离子所共有。简化图形如图 1.2(c)所示。

b. 铝-氢氧八面体。一个铝片由六个氢氧离子围绕一个铝离子构成的八面体晶片[图 1.3(a)]。八面体中每个氢氧离子均为三个八面体共有，许多八面体以这种方式联结在一起，形成八面体单位的片状结构[图 1.3(b)]。简化图形如图 1.3(c)所示。

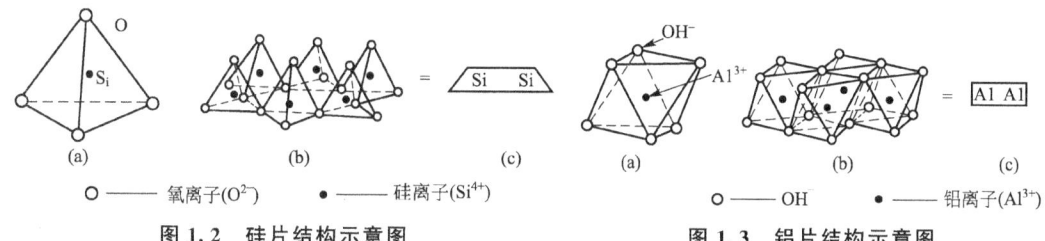

图 1.2　硅片结构示意图　　　　　　图 1.3　铝片结构示意图

（3）主要黏土矿物。硅氧四面体和铝氢氧八面体这两种基本单元以不同的比例组合，就形成了不同类型的黏土矿物。土中常见的黏土矿物有蒙脱石、伊利石和高岭石三大类。

① 蒙脱石($Al_2O_3 \cdot 4SiO_2 \cdot nH_2O$)。其晶层结构是由两个硅片中间夹一个铝片构成，如图 1.4(a)所示，这种结构称为 2∶1 的三层结构。晶层间是 O^{2-} 与 O^{2-} 氧离子相接，这种联结弱且不稳固，水分子很容易楔入其间，每一颗粒能组叠的晶层数较少。颗粒大小为 $0.1\sim1.0\mu m(1\mu m=0.001mm)$，厚度为 $0.001\sim0.01\mu m$。故含蒙脱石矿物较多的土对环境的干湿变化比较敏感，当土体湿度增高时，体积膨胀并形成膨胀压力；当土体失水时，体积收缩并产生收缩裂隙。而且这种胀缩变形可随环境变化往复发生，导致土的强度衰减。

② 伊利石($K_2O \cdot Al_2O_3 \cdot 4SiO_2 \cdot 2H_2O$)。伊利石是含钾量高的原生矿物经化学风化的初期产物，其晶格构造与蒙脱石相似，也是两层硅片夹一层铝片所形成的三层结构，不同的是四面体中 Si^{4+} 被 Al^{3+} 所替代，如图 1.4(b)所示。伊利石相邻晶胞间由钾离子联结，这种联结较之高岭石层间的氢键联结为弱，但比蒙脱石层间的水分子联结要强，所以它形成的片状颗粒大小处于蒙脱石和高岭石之间，其工程性质也介于两者之间。

③ 高岭石($Al_2O_3 \cdot 2SiO_2 \cdot 2H_2O$)。其晶层结构是由一个硅片与一个铝片上下组叠而成，如图 1.4(c)所示，这种结构称为 1∶1 的两层结构。两层结构的最大特点是晶层之间通过 O^{2-} 和 OH^- 相互联结，称离子键（氢键）联结。高岭石晶胞间具有较强的氢键联结，致使晶格不能自由活动，水较难渗入其间，是一种遇水较为稳定的黏土矿物。因为晶层之

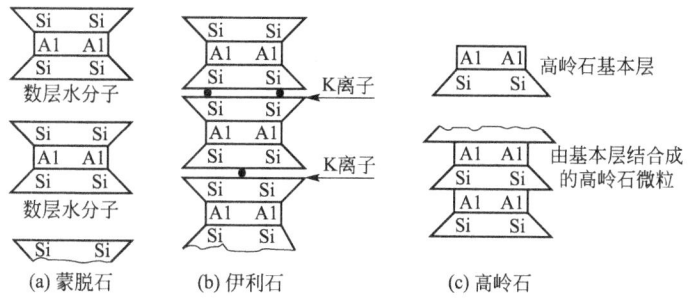

图 1.4　黏土矿物的晶格示意图

间联结力强，能组叠很多晶层，多达百层以上，成为一个颗粒。颗粒大小为 $0.3\sim3.0\mu m$，厚度约 $0.03\sim1\mu m$。所以高岭石的主要特征是颗粒较粗，不容易吸水膨胀，失水收缩，或者说亲水性弱。

三种黏土矿物的主要特征见表 1-2。

表 1-2 三类黏土矿物的特性

特征指标	矿物		
	蒙脱石	伊利石	高岭石
长和宽/μm	0.1~1.0	0.1~2.0	0.3~3.0
厚度/μm	0.001~0.01	0.001~0.02	0.3~1
比表面积/(m^2/g)	800	80~100	10~20
液限/(%)	100~900	60~120	30~110
塑限/(%)	50~100	30~60	25~40
胀缩性	大	中	小
渗透性	小($<10^{-10}$cm/s)	中	小($<10^{-5}$cm/s)
强度	小	中	大
压缩性	大	中	小
活动性	大	中	小

由于黏土颗粒是很细小的扁平颗粒，其表面与水相互作用能力很强。表面积越大，这种能力就越强。黏土矿物表面积的相对大小可用单位体积(质量)颗粒的总表面积，即比表面积来表示。例如，一个棱边为 1mm 的立方体颗粒，其体积为 $1mm^3$，比表面为 $6mm^2/mm^3 = 6mm^{-1}$；若将 $1m^3$ 的立方体颗粒分割为棱边为 0.001mm 的许多立方体颗粒，则比表面可达 $6\times10^3 mm^2/mm^3$。由此可见，由于土粒大小的变化引起土的比表面数值上的变化巨大，势必导致土的性质突变。因此，在土颗粒矿物成分一定的条件下，黏土的比表面是反映其特性的一个重要指标。

3) 有机质

土中有机质是动植物残骸和微生物以及它们的各种分解和合成产物。扫描电镜下腐殖质呈多孔海绵状，颗粒细小，这决定了它极具活性和亲水性。通常腐殖质并不单独存在，而是紧紧地吸附在矿物颗粒表面，形成有机质-矿物复合体。土体随着有机质含量(特别是分解完全的腐殖质)增高，土的塑性增强，压缩性增高，渗透性减小，强度降低。

2. 土的粒组划分及颗粒级配

1) 土粒粒组

自然界中的土由大小不同的颗粒组成，土粒的大小称为粒度，用粒径表示。通常土颗粒的大小相差悬殊，大到几十厘米，小到只有千分之几毫米。随着粒度的变化，土的工程性质呈一定的变化规律。如当粒径从大到小变化时，土表现为从无黏性到有黏性，从透水性强到透水性弱，从无毛细性到有毛细性等。因此，工程上常把粒径大小、性质相近的土粒合并为一个粒组，称为土粒粒组。各粒组的分界尺寸称为界限粒径。目前对粒组划分的界限尺寸在不同的国家、甚至同一国家的不同部门都不尽相同。《土的工程分类标准》(GB/T 50145—2007)是我国较常用的土粒粒组划分标准，如表 1-3 所示，按界限粒径 200mm、60mm、2mm、0.075mm 和 0.05mm，将土粒粒组先粗分为巨粒、粗粒和细粒三个统称，再细分为六个粒组：漂石(块石)、卵石(碎石)、砾粒、砂粒、粉粒和黏粒。

表1-3 土粒粒组的划分

粒组统称	粒组名称	粒径范围/mm	一般特征
巨粒	漂石(块石)颗粒	$d>200$	透水性极强，无黏性，无毛细水
	卵石(碎石)颗粒	200~20	
粗粒	圆砾(角砾)颗粒	20~2	透水性大，无黏性，毛细作用极弱，毛细水上升高度不超过粒径大小
	砂粒	2~0.075	易透水，无黏性，遇水不膨胀；干燥时松散，无塑性；毛细水上升高度不大，随粒径变小而增大
细粒	粉粒	0.075~0.005	透水性较弱，湿时稍具黏性，饱水易流动，无塑性和遇水膨胀小，干时稍有收缩；毛细水上升高度大而快，极易出现冻胀现象
	黏粒	$d<0.005$	几乎不透水，黏性强，可塑性强；遇水膨胀，脱水收缩；毛细水上升高度大，但上升速度慢

2) 土的颗粒级配

在自然界中很难遇到单一粒组组成的土，绝大多数都是由几种粒组混合而成的。因此，为了说明天然土颗粒的组成情况，不仅要了解土颗粒的大小，还要了解各种粒组所占的比例。土中各个粒组的相对含量(即各粒组质量占土粒总质量的百分数)，称为土的颗粒级配。

(1) 颗粒分析试验。工程中，通过土的颗粒分析试验来了解土的颗粒级配情况，常用的分析方法有筛分法和沉降分析法两种。《土工试验方法标准》(GB/T 50123—1999)(2007版)中规定：筛分法适用于粒径在60~0.075mm的粗粒土。沉降分析法适用于分析粒径小于0.075mm的细粒土。如果土中同时存含有大于等于0.075mm和小于0.075mm的土粒时，则须同时使用两种方法进行分析。

① 筛分法。试验时，将土风干后，取具有代表性土样放入一套孔径从上至下筛孔逐渐减小放置的标准筛中，孔径依次为60mm、40mm、20mm、10mm、5mm、2mm、1mm、0.5mm、0.25mm、0.075mm，经筛分机上下振动后，将土粒分开，称出留在各筛上土质量，求出占土粒总质量的百分含量，即得土的颗粒级配。

② 沉降分析法。沉降分析法有比重计法和移液管法等。沉降分析法的原理如图1.5所示，将一定量的土样与水在量筒中混合，经过搅拌，使各种粒径的土粒在悬液中均匀分布，此时悬液浓度(单位体积悬液内含有的土粒重量)在上、下不同深度处相等。但静置一段后，土粒在悬液中下沉，较粗的颗粒沉降较快，在液面以下深度L_i处以上的溶液中不会有大于d_i的颗粒(图1.5)，如在深度L_i处考虑一小段$m \sim n$，则$m \sim n$内只含有粒径小于等于d_i的土粒。而且小于等于d_i的颗粒的浓度与开始时均匀悬浮液中小于等于d_i的颗粒的浓度相等。这样，任意时刻在L_i处悬浮液中d_i颗粒的浓度可用密度计法或移液管法测定，即可求得粒径小于等于d_i的累积百分含量。

当土粒简化为理想球体时，土粒的沉降速度可用斯托克斯(Stokes)定律计算

$$v=\frac{2}{9}r^2\left(\frac{\gamma_s-\gamma_t}{\eta}\right) \quad (1-1)$$

式中：v 为球形颗粒在液体中的稳定沉降速度（m/s）；r 为球形颗粒的半径（m）；γ_s 为球形颗粒的重度（N/m³）；γ_t 为液体的重度（N/m³）；η 为液体的黏滞系数（Pa·s）。

当颗粒在水溶液中沉降时，以 d 表示颗粒直径，取 $\gamma_s=26\times10^3\text{N/m}^3$，$\gamma_t=\gamma_w=9.81\times10^3\text{N/m}^3$，$\eta=0.00114\text{Pa·s}(15℃时)$，则

$$d=1.126\sqrt{v} \quad (1-2)$$

式(1-2)表明球形颗粒的粒径与沉降速度的平方根成正比。但自然界中的土粒并不是球形颗粒，因此，用上述公式得到的计算结果并不是实际土粒的尺寸，而是与实际土粒相同沉降速度的理想球体直径，称为水力直径。

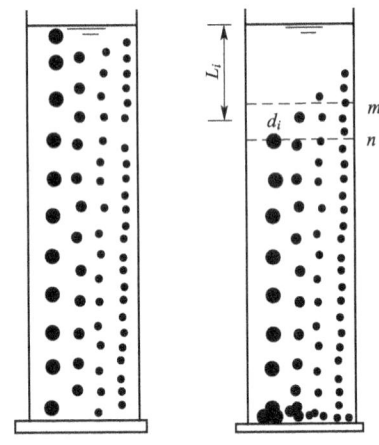

图 1.5 土粒在悬液中的沉降

用沉降分析法测定粒度成分时，需将一定质量（m_s）的干土制成一定体积（$V=1000\text{mL}$）的、搅拌均匀的悬液，如图 1.5 所示。从停止搅拌时开始计时，经过一定时间 t_i 在液面下深度 L_i 测定该深度处悬液的密度 ρ_s。则在此深度处最大粒径 d 及小于此粒径的土粒的质量 m_{si}，可由式(1-3)和式(1-4)确定

$$d=1.126\sqrt{\frac{L_i}{t_i}} \quad (1-3)$$

$$m_{si}=1000\frac{\rho_i-\rho_w}{\rho_s-\rho_w}\rho_s \quad (1-4)$$

悬液中粒径小于等于 d_i 的土质量 m_{si} 占土粒总质量 m_s 的累积百分数 P_i（以%表示）为

$$P_i=\frac{m_{si}}{m_s} \quad (1-5)$$

因此，在试验过程中，只需将悬液搅拌均匀后，放入密度计，在不同的时间间隔测定悬液的密度，就可以得到不同的粒径及其对应的累积百分含量，详见相关试验方法标准。

（2）粒度成分表示方法。颗粒分析结果可用三种方式表达：表格法、颗粒级配曲线法和三角坐标法。

① 表格法。表格法是以列表形式直接表达各粒组的相对含量。它用于粒度成分的分类是十分方便的，例如表 1-4 给出了 3 种土样的粒度成分分析结果。

表 1-4 粒度成分分析结果（%）

粒组/mm	土样 A	土样 B	土样 C	粒组/mm	土样 A	土样 B	土样 C
10～5	—	25.0	—	0.10～0.075	9.0	4.6	14.4
5～2	3.1	20.0	—	0.075～0.01	—	8.1	37.6
2～1	6.0	12.3	—	0.01～0.005	—	4.2	11.1
1～0.5	16.4	8.0	—	0.005～0.001	—	5.2	18.0
0.5～0.25	41.5	6.2	—	<0.001	—	1.5	10.0
0.25～0.10	26.0	4.9	8.0				

② 颗粒级配曲线法。颗粒级配曲线法是一种用半对数坐标表示的方法,取横坐标(对数坐标)表示某一粒径,纵坐标(普通坐标)表示小于某一粒径的土粒的百分含量,如图1.6所示。根据曲线的陡缓可对土的级配进行定性分析土颗粒大小的均匀程度,如曲线平缓,表示粒径相差悬殊,土粒不均匀,即级配良好(图1.6中 a 线);反之,曲线很陡,表示粒径均匀,级配不好(图1.6中 b 线);如果土中缺乏某些粒径,则级配曲线出现水平段。

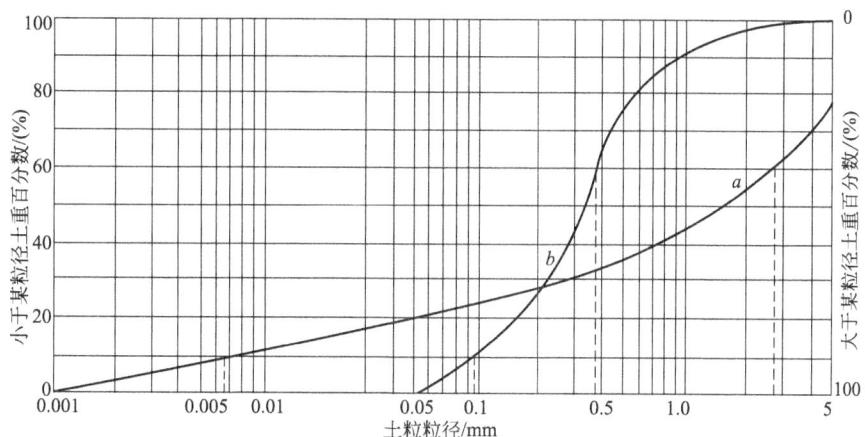

图1.6　土的颗粒级配累计曲线

同时,还可利用土的颗粒级配曲线定量评价土的级配情况。常用评价指标为不均匀系数和曲率系数,如图1.7所示。

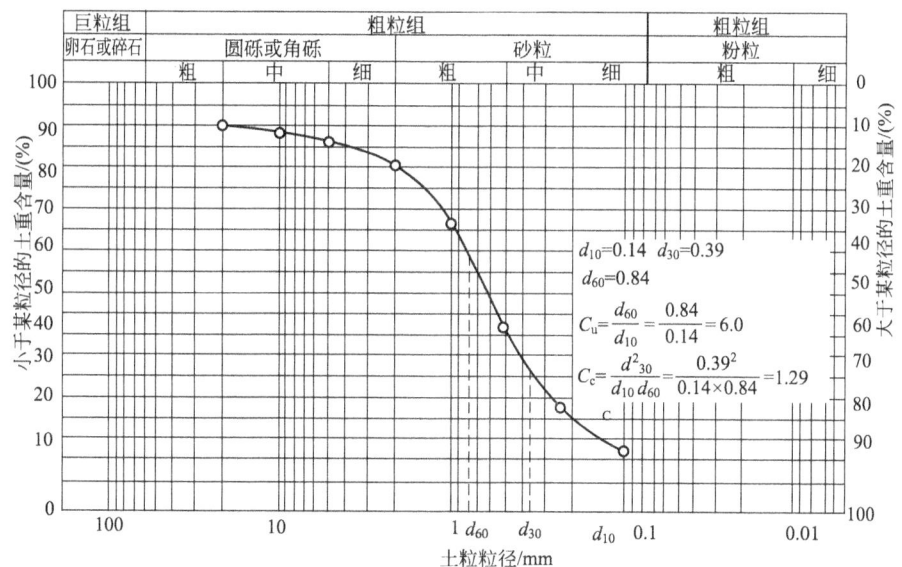

图1.7　颗粒级配曲线及定量评价指标

不均匀系数表达为

$$C_u = \frac{d_{60}}{d_{10}} \tag{1-6}$$

曲率系数表达为

$$C_c = \frac{(d_{30})^2}{d_{60} d_{10}} \tag{1-7}$$

式中：d_{10} 为小于某粒径的土的质量占总土质量的 10%，称为有效粒径；d_{30} 为小于某粒径的土的质量占总土质量的 30%，称为中间粒径；d_{60} 为小于某粒径的土的质量占总土质量的 60%，称为限定粒径。

不均匀系数 C_u 反映了土中各粒组的分布情况，其值越大，粒度的分布范围越大，表示土粒越不均匀，级配越良好。曲率系数 C_c 描述级配累积曲线分布的整体形态，表示是否有缺失粒组，反映了限定粒径和有效粒径之间各粒组含量的分布情况。

工程上按如下规定来判断土的级配是否良好。

a. 对于级配连续的土。当 $C_u < 5$ 时，称级配不良；$C_u > 5$ 时，称级配良好。

b. 对于级配不连续的土。仅采用单一指标 C_u 则难以判断土的级配好坏，还应结合曲率系数 C_c 来评定。当同时满足 $C_u > 5$ 且 $C_c = 1 \sim 3$ 两个条件时，才为级配良好；反之，则级配不良。

工程中用级配良好的土作为路堤、堤坝的填方材料及基础的垫层材料时，易获得较好的压实效果。

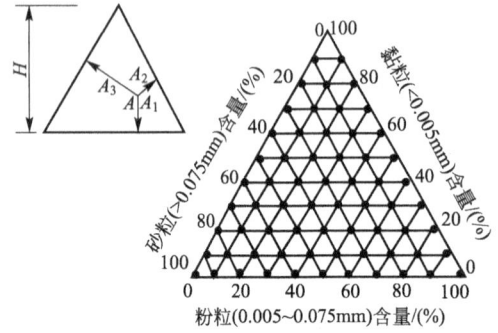

图 1.8 土的粒组成分的三角坐标表示法

③ 三角坐标法。此法可用来表达三种粒组的含量，如图 1.8 所示。从几何定理可知：等边三角形内任意一点到三边的距离之和是一个常量，都等于三角形的高 H，即 $h_1 + h_2 + h_3 = H$。如取三角形的高 $H = 100\%$，h_1 为黏土颗粒的含量，h_2 为砂土颗粒的含量，h_3 为粉土颗粒的含量，则 A 点即可表示黏粒、砂粒和粉粒的百分含量分别为 23.0%、47.0% 和 30.0%。

1.3.2　土中水（液相）

1. 黏土颗粒表面的带电性及双电层

1) 黏土颗粒表面的带电性

1809 年莫斯科大学列依斯（Ruess）通过试验证明黏粒是带电的。他把黏土块放在一个玻璃器皿内，将两个无底的玻璃筒插入黏土块中。向筒中注入相同深度的清水，并将两个电极分别插入两个筒内的清水中，然后将直流电源与电极连接。通电后，即可发现放阳极的筒中，水面下降，水逐渐变浑；放阴极的筒中水面逐渐上升，如图 1.9(a)所示。这说明黏土颗粒本身带有一定的负电荷，在电场作用下向阳极移动，这种现象称为电泳；而极性水分子与水中的阳离子（K^+、Na^+ 等）形成水化离子，在电场的作用下这类离子向负极移动，这种现象称为电渗。电泳、电渗是同时发生的，称电动现象。工程中利用黏土的这种电动现象对透水性很差的黏土地基进行电渗法排水固结处理软土地基。

黏土颗粒一般为扁平状（片状），与水作用后扁平状颗粒的表面带负电荷，但颗粒（断裂)的边缘，局部却带有正电荷，如图 1.9(b)所示。

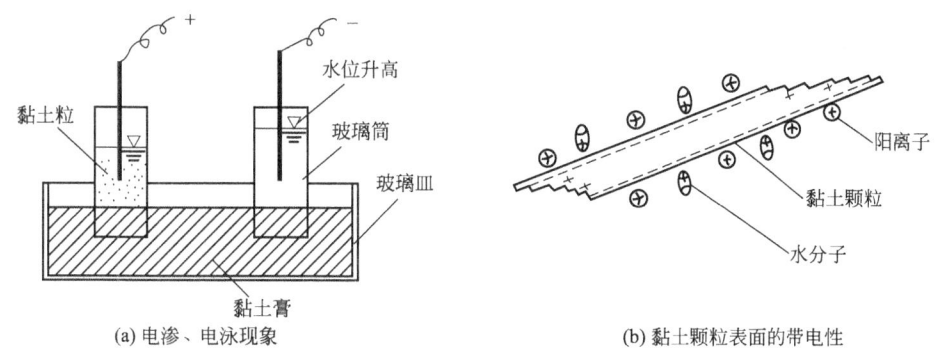

(a) 电渗、电泳现象　　　　　　　　(b) 黏土颗粒表面的带电性

图 1.9　黏土颗粒表面的带电现象

2) 颗粒表面的双电层

由于黏粒表面带负电性，围绕土粒形成电场。在土粒电场范围内的水分子和水溶液中的阳离子(如 K^+、Na^+、Ca^{2+}、Al^{3+} 等)一起被吸附在土粒表面。极化的水分子(氢原子端显正电荷，氧原子端显负电荷)，它被土粒表面电荷或水溶液中的离子吸引而定向排列，如图 1.10 所示。

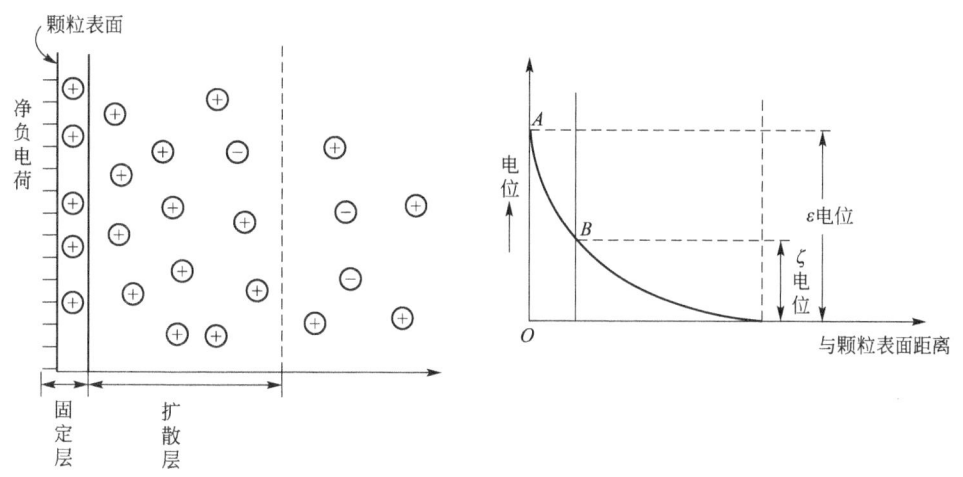

图 1.10　颗粒表面的双电层示意图

土粒周围水溶液中的阳离子，一方面受到土粒所形成电场的静电引力作用，另一方面又受到布朗运动的扩散力作用。这两种相反趋向作用的综合结果，使土粒周围的极性水分子和阳离子呈不均匀分布。在靠近土粒表面处，电静引力最强，把水化离子和极性水分子牢固地吸附在颗粒表面上形成固定层。在固定层外围，静电引力比较小，因此水化离子和极性水分子的活动性比固定层中大些，形成扩散层。由于固定层和扩散层中所含的阳离子与土粒表面的负电荷的电位相反，故称为反离子。该反离子层与土粒表面负电荷一起构成双电层(反离子层为外层，土粒表面负电荷是内层)。

3) 影响双电层的因素

黏土颗粒表面带电荷的多少决定着吸附异号离子和极性水分子的数量。常用热力电位表示黏粒带电荷多少，热力电位大小与土粒的矿物成分、水溶液 pH、分散度等因素有关。如蒙脱石比表面大，具有大量不平衡电荷，伊利石次之，高岭石最少。试验表明，蒙脱石的吸附能力高出高岭石数十倍。水溶液 pH 也是影响颗粒带电性的重要因素，一般 pH 愈高，土带电荷的能力愈大。

双电层的厚度首先取决于内层热力电位（颗粒的带电性）。当内层电位一定时，双电层的厚度随外界条件的变化而变化，特别是水溶液中水化离子的性质、浓度、离子交换的能力等因素，呈现如下规律。

（1）阳离子的原子价高，双电层厚度变薄。

（2）阳离子浓度大，双电层的厚度变薄。

（3）阳离子的直径大，双电层的厚度变厚。

（4）阳离子交换能力，一般高价离子大于低价离子，同价离子半径大的高于半径小的，离子交换会改变双电层厚度。

双电层中扩散层水膜的厚度对黏性土的工程性质有重要影响。扩散层厚度大，土的塑性高，颗粒间的距离相对也大，土的膨胀性和收缩性大，土的压缩性大，而强度相对较低。在工程实践中可利用离子交换原理改良土质，例如，将石灰掺入软黏土中，Ca^{2+}、Mg^{2+} 离子置换 Na^+ 离子，使土的性质得到改善。

2. 土中水的存在形态

土中水按存在形态可分为液态水、固态水和气态水。

一种固态水为存在于空隙中的冰，另一种固态水为矿物中的结合水，又称"矿物内部结合水"或"矿物内部结晶水"。它们是矿物的组成部分，存在于土粒矿物的晶体格架内部或参与矿物构造。按水分子与结晶格架结合的牢固程度不同，可分为结构水、结晶水和沸石水。结构水和矿物中的其他离子（Na^+、Ca^{2+}、Mg^{2+}、Cl^- 等）一样，是在结晶格架上具有固定位置，但在高温 450～500℃条件下，它能从结晶格架中析出成水，原有的结晶格架也被破坏，转变为另一种新的矿物。结晶水与结晶格架上的结合牢固程度较弱，加热不到 400℃即析出，并转变为另一种新的矿物。沸石水与矿物结合微弱，加热到 80～120℃水分子即可析出；方沸石、蒙脱石等矿物晶胞间的水即属于这类水。

气态水是土中气的一部分。土中液态水对土的工程性质影响很大，根据受电分子引力的情况又可分为结合水和自由水两大类。

1) 结合水

黏土颗粒在水介质中表现出带负电的特性，与孔隙水中的阳离子相互作用，在其周围形成静电场。水分子是极性分子，正负电荷分布在分子两端。在电场范围内，水中的阳离子和极性水分子被吸引在颗粒的四周，定向排列，如图 1.11 所示。最靠近颗粒表面的水分子所受电场的作用力很大，高达几千到几万个大气压。随着远离颗粒表面，作用力很快衰减，直至电场以外不受静电引力的作用。这种受土颗粒表面电场作用力吸引而包围在颗粒四周成薄膜状的水，不能传递静水压力，不能任意流动的水，称为结合水。它又可细分为强结合水和弱结合水。

（1）强结合水。强结合水是紧靠土粒表面而形成的结合水膜，也称吸着水。如图 1.11

所示，强结合水的厚度很薄，只有几个水分子厚度，但其浓度最大，水分子定向排列特征明显。由于受土粒表面强大电场引力(可达 10^6 kPa)作用，吸着水完全不同于液态水，密度大，可达 $1.5\sim 1.8$g/cm³；力学性质类似固体，具有极大的黏滞性、弹性和抗剪强度；不能传递静水压力、不能导电，也没有溶解能力；冰点为-78℃。黏性土只含强结合水时呈固态，碾碎后呈粉末状。砂土的强结合水很少，仅含强结合水时呈散粒状。

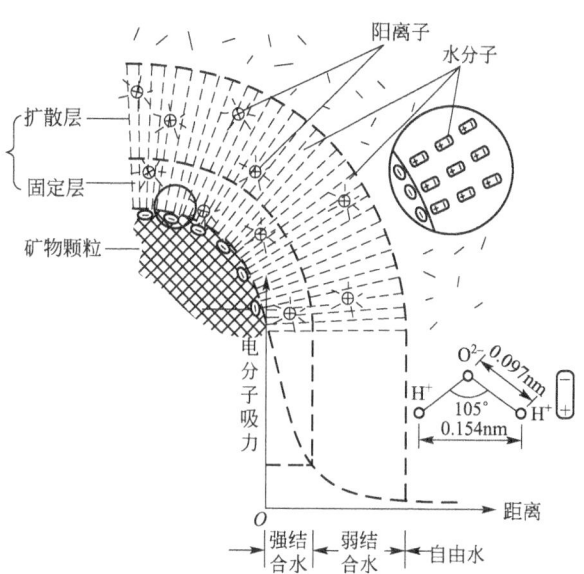

图 1.11 黏土矿物和水分子的相互作用

（2）弱结合水。弱结合水是紧靠于强结合水的外围而形成的结合水膜，也称薄膜水，是结合水膜的主要部分。弱结合水层仍呈定向排列，但定向程度及与土粒表面联结的牢固程度均不及强结合水。其主要特点是：密度较强结合水小，但仍比普通液态水大；具较高的黏滞性、弹性、抗剪强度；不能传递静水压力，也不导电；冰点低于 0℃。这层水不是接近于固体，而是一种黏滞水膜。受力时能由水膜较厚处缓慢转移到水膜较薄处，也可以因电场引力从一个土粒的周围移到另一个颗粒的周围。就是说，弱结合水膜能发生变形，但不是因重力作用而流动。弱结合水的存在及其移动是黏性土在某一含水量范围内表现出塑性的原因。另外，土的冻胀也与弱结合水的性质相关。所以，弱结合水层厚度的大小是决定细粒土物理力学性质的重要因素。

2) 自由水

自由水是存在于土粒表面静电场影响范围以外的水，如图 1.11 所示，自由水又可分为毛细水和重力水。

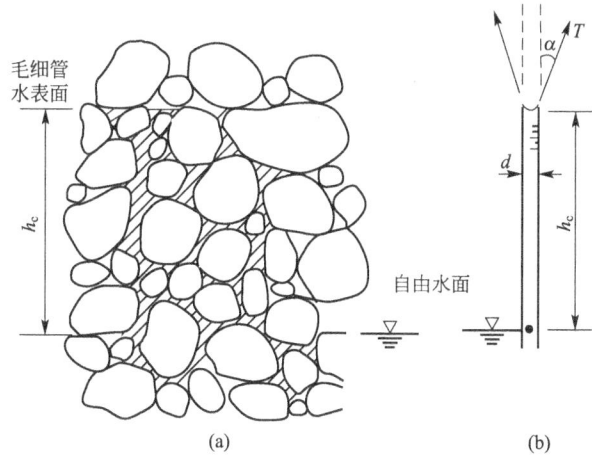

图 1.12 土中的毛细水上升高度

（1）毛细水。毛细水是指存在于地下水位面以上的透水层中，受到水与空气交界面处表面张力作用下可沿毛细孔上升一定高度的土中水；分布在土粒内部间相互连通的孔隙，可以看成是许多形状各异、直径不等、彼此连通的毛细管。土的毛细现象是指土中水在表面张力作用下，沿着细的孔隙向上及向其他方向移动的现象，如图 1.12 所示。

① 毛细水上升高度。按物理学分析，在毛细管周壁，水膜与空气的分界面处存在着表面张力 T，设水膜表面张

力 T 的作用方向与毛细管壁成夹角 α。由于表面张力的作用,毛细管内水被提升到自由水面以上高度 h_c 处。分析水柱的静力平衡条件,因为毛细管内水面处为大气压;若以大气压为基准,则该处压力 $p_a=0$,向下的水柱重力和管壁与水分子间引力产生的上举力达到平衡

$$\pi r^2 h_c \gamma_w = 2\pi r T\cos\alpha \qquad (1-8)$$

$$h_c = \frac{2T\cos\alpha}{r\gamma_w} = \frac{4T\cos\alpha}{d\gamma_w} \qquad (1-9)$$

若取温度 0℃时,表面张力 $T=75.6\times10^{-3}$(N/m),水的重度 $\gamma_w=10$kN/m³(温度 4℃时),取 $\alpha=0°$(为完全湿润状态),则式(1-9)可近似取为

$$h_c \approx \frac{15}{r} \qquad (1-10)$$

从式(1-10)可以看出,毛细水上升高度 h_c 与毛细管半径 r 成反比,毛细管半径越细时,毛细水上升高度越大。当 $r=0.15$mm 时,$h_c=100$mm,这与砂土(粒径为 0.5~1mm)中的毛细水上升高度大致相当。当取黏性土中毛细管半径 $r=0.15\mu$m 时,按近似式(1-10)计算得 $h_c=100$m,而实际上升高度仅为 2~3m。分析造成计算结果与实际情况偏差大的原因,一方面,土中毛细管形状千变万化,连通复杂,当孔隙狭小时,所有孔隙完全被水所占满,阻碍了毛细水的上升;另一方面,毛细现象是管壁对水的吸力和水的表面张力共同作用的结果,加上水与土之间复杂的物理化学作用,使得天然土层中的毛细现象比理想的毛细管情况复杂得多。这也表明式(1-9)和式(1-10)具有一定的适应范围。工程实践中,用公式计算毛细水上升高度,还需要通过实地调查、观测验证。对于无黏性土,也可根据当地经验、规范或文献中推荐的经验公式估算或经验表格查取。无黏性土毛细水上升高度见表 1-5。

表 1-5　土中毛细水上升高度

土性	颗粒直径 d_{10}/mm	孔隙比 e	毛细水头/cm	
			毛细水上升高度	饱和毛细水头
粗粒	0.82	0.27	5.4	6
砂砾	0.20	0.45	28.4	20
细砾	0.30	0.29	19.5	20
粉砾	0.06	0.45	106.0	68
粗砂	0.11	0.27	82	60
中砂	0.03	0.36	165.5	112
细砂	0.02	0.48~0.66	239.6	120
粉土	0.006	0.93~0.95	359.2	180

从表 1-5 可见,砾类土(除粉砾外)与粗砂,毛细水上升高度很小,表中其他类土毛细水上升高度大、上升速度快,毛细现象严重。但当孔隙很小(黏粒)时,土粒周围的结合水膜有可能充满孔隙而使毛细水不复存在。粗大的孔隙,毛细力极弱,难以形成毛细水。故毛细水主要存在于粉细砂、粉土和粉质黏土中。毛细水对土的工程性质的影响主要表现在如下几方面。

a. 在非饱和砂类土中，土粒间可产生微弱的毛细水联结，增加土的强度。但当土体浸水饱和或失水干燥时，土粒间的弯液面消失，由毛细力产生的粒间联结也随之消失。因此，从安全及最不利条件考虑，工程设计中一般不计入由毛细水产生的强度增量，反而必须考虑由于毛细水上升使土的含水量增加，从而降低土的强度以及增大土的压缩性等不利影响（详见第4章和第5章内容）。

b. 当毛细水上升接近建筑物基础底面时，毛细压力将作为基底附加压力，增加建筑物沉降量。

c. 当毛细水上升至地表时，不仅能引起沼泽化、盐渍化，也会使地基、路基土浸湿，降低土的力学强度；在寒冷地区，还将加剧冻胀作用。

② 毛细压力。在自然界中，干燥的砂土是松散的，颗粒间没有黏聚力，水下饱和砂土同样也没有黏聚力。但含有一定含水量的湿砂，颗粒间却表现出有一定的作用力，如可将湿砂捏成团；在湿砂层中开挖可形成直立的坑壁，短期内不会坍塌。这些现象表明，湿砂的土粒间具有一定的作用力，即毛细力。

如图1.13所示，图中球状土粒接触面上有少量毛细水，由于毛细力的作用，使毛细水形成弯液面。在水和空气分界面上产生的表面张力总是沿着弯液面切线方向，使两个土粒互相靠紧，在土粒的接触面上产生一个压力，称为毛细压力 p_c。在土中由毛细作用上升的水柱重量，经过弯液面传递，最后悬挂在土粒骨架上达到平衡，若以大气压力作为基准面，根据水膜受力平衡条件，取竖直方向力的总和为零，得弯液面处毛细水压力 u_c。

$$u_c = -h_c \gamma_w \tag{1-11}$$

式（1-11）表明毛细区域内的水压力 u_c 与一般静水压力的概念相同，它与毛细水上升高度 h_c 成正比，负号表示拉力。因此，自由水位上下的水压力分布如图1.14所示。自由水面以下为孔隙水压力，自由水面以上为毛细拉力。颗粒骨架承受水的反作用力，因此自由水位以下，土骨架受浮托力，减小颗粒间的压力。自由水位以上，毛细区域内，颗粒间受压力，称为毛细压力 p_c（$p_c = -u_c$），毛细压力呈倒三角形分布。弯液面处最大，自由水面处为零。

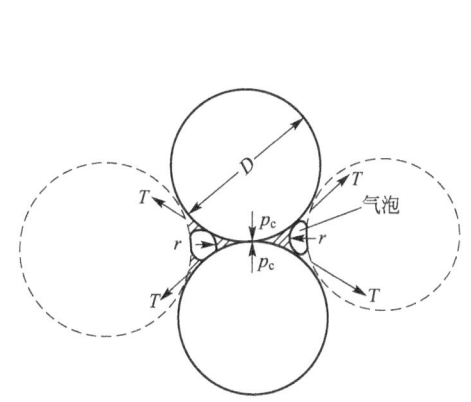

图1.13 球状颗粒间缝隙处的弯液面

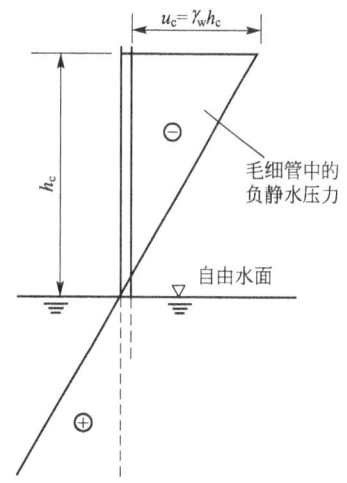

图1.14 毛细水中的张力分布图

【例1.1】 已知某细砂的平均孔隙半径 $r=0.0196$mm，求温度为10℃的毛细水上升高度，以及因毛细水上升引起的粒间压力分布。

【解】 已知10℃时水膜表面张力 $T=7.42\times10^{-5}$kN/m

毛细管平均半径 $r=0.0196$mm$=1.96\times10^{-5}$(m)

取 $\alpha=0°$，由式(1-9)得毛细管上升高度 $h_c=\dfrac{2T\cos\alpha}{r\gamma_w}=\dfrac{2\times7.42}{1.96\times9.81}=0.77$(m)

最大毛细水压力 $p_c=-u_c=h_c\gamma_w=9.8$kN/m$^3\times0.77$m$=7.55$kN/m^2

毛细压力分布成倒三角形，自由水面处 $p_c=0$，如图1.15所示。

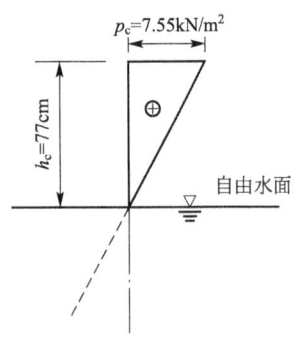

图1.15 例1.1毛细水上升高度及毛细压力分布

（2）重力水。在自由水面以下，土颗粒电分子引力范围以外的水，在重力的作用下运动，称重力水。它存在于较粗大的孔隙中。重力水与普通水相同，能传递静水压力，冰点为0℃，有溶解能力。重力水流动时，对土体产生渗流力（也称动水压力）作用，能冲刷带走土中的细小颗粒，这种作用称为机械潜蚀。重力水还能溶滤土中的水溶盐，这种作用称化学潜蚀。两种潜蚀作用将使土的孔隙增大，增大土的压缩性，降低土的强度。同时，地下水面以下饱水的土重及工程结构的重量，因受重力水的浮托作用，将相对减小。因此，重力水对土中应力状态及地下构筑物稳定分析有重要影响。

（3）气态水和固态水。气态水以水汽状态存在，从气压高的地方向气压低的地方移动。水气可在土粒表面凝聚并转化为其他各种类型的水。气态水的迁移和聚集使土中水和气体的分布状况发生变化，从而改变土的性质。

常压下，当温度低于0℃时，孔隙中的自由水冻结呈固态，往往以冰夹层、冰透镜体、细小的冰晶体等形式存在于土中。冰在土中起暂时胶结作用，提高了土的强度，但解冻后，土体的强度反而会降低，因为从液态水转为固态水时，体积膨胀，使土中孔隙增大，解冻后土的结构变得松散。

1.3.3 土中气体（气相）

土中气体即为土的气相，存在于土孔隙中未被水占据的部分，可分为与大气连通的非封闭气泡和与大气不连通的封闭气泡两种。

在粗颗粒的沉积物中常见到与大气连通的气体，其含量取决于孔隙的体积和孔隙被水填充的程度，它对土的性质影响不大。在细颗粒的沉积物中常见到与大气隔绝的封闭气泡，在受到外力作用时，这种气泡可能压缩或溶解于水中；当压力减小时，气泡会恢复原状或重新游离出来，使土在外力作用下的弹性变形增加，透水性降低。因此，土体中的封闭气泡对土的工程性质影响较大。

土中气体的成分与大气成分相似，但 CO_2、O_2 和 N_2 的含量不同。一般土中气体含有较多的 CO_2，较少的 O_2，较多的 N_2。在淤泥类中，由于微生物的活动和分解作用，土中产生一些可燃气体（如硫化氢、甲烷等），使土层不易在自重作用下压密而形成高压缩性的软土层。

含气体的土称为非饱和土,非饱和土的工程性质是土力学的一个重要的研究方向。

1.4 土的结构和构造

1.4.1 土的结构

试验研究表明,组成相同但结构不同的土,如原状土样和重塑土样(保持含水量不变,将原状土样扰动破碎,在实验室内重新制备的土样,称重塑土),它们的力学性质有很大相差别。甚至用不同的方法制备的重塑土样,尽管它们的物质组成、含水量和密度完全相同,但性质却有差别,这就说明,土的组成和物理状态尚不是决定土性质的全部因素。土的结构对土的性质影响也很大。

土的结构是指土粒或土粒集合体的大小、形状、相互排列与联结关系等因素形成的综合特征。从广义上讲,土都具有一定的结构,是由于土体在形成过程中,经受各种机械的、化学的和生物的因素综合作用。土因其组成、沉积环境和沉积年代不同而形成各种各样的结构。一般将土的结构分为单粒结构、蜂窝结构和絮状结构三种基本类型。

(1) 单粒结构。是由粗大土粒($d>0.075$mm)在水或空气中下沉而形成的,是砂土、砾土的代表性结构。由于砂、砾的粒径较大,比表面积小,在沉积过程中自身的重力远大于颗粒之间的引力,即土粒在沉积过程中主要受重力控制。当土粒下沉时,一旦与已沉积稳定的土粒接触,就会滚落到平衡位置形成单粒结构。这种结构的特征是土粒之间以点接触为主。根据其排列情况,又可分为紧密和疏松两种情况,如图 1.16(a) 和图 1.16(b) 所示。具紧密单粒结构的土,由于其土粒排列紧密,在静荷载及动荷载作用下都不会产生较大的沉降,所以强度大,压缩性小,可作为良好的天然地基。而具疏松单粒结构的土,特别是饱和的粉、细砂,其土骨架不稳定,当受到地震等动荷载作用时,极易产生液化而失去地基承载力,必须引起重视。这类地基未经处理一般不宜作为建筑物的地基。

(a) 疏松单粒结构

(b) 紧密单粒结构

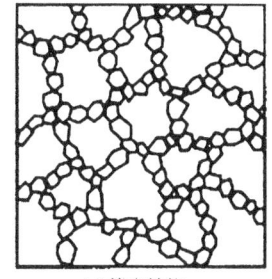
(c) 蜂窝结构

图 1.16 土的结构

(2) 蜂窝结构。主要是较细的土粒,如粉粒(0.005~0.075mm)组成的土的结构形式。研究表明,粒径为 0.075~0.005mm 的土粒在水中沉积时,基本上是以单个土粒下沉,当碰到已经沉积的土粒时,由于土粒之间的分子引力大于土颗粒的重力,因而土粒就停留在最初的接触点上,不再下沉,并彼此接触形成链状体,呈多角环状。土粒链组成弓架结构，由此形成孔隙体积大的蜂窝状结构[图1.16(c)]。

具有蜂窝状结构的土有很大的孔隙,但由于具有一定的结构强度,使其可承担一定的静荷载。当其承受较高水平的荷载或动荷载时,其结构将破坏,导致严重的地基沉降。

(3) 絮状结构。由黏粒($d<0.005$mm)集合体组成的结构形式。黏粒能够在水中长期悬浮,不会因单个颗粒的自重而下沉。这时,黏粒与水作用产生的粒间作用力就凸显出来。粒间作用力有粒间引力和粒间斥力,且两者均会随距离减小而增加,但增长速率不同。粒间斥力主要是两颗土粒靠近时,土粒反离子层间孔隙水的渗透压力产生的渗透斥力,该斥力的大小与双电子的厚度有关,随着水溶液的性质改变而发生明显变化。相距一定距离的两土粒,粒间斥力随着离子的浓度、离子价数及温度的增加而减小。粒间吸引力主要是范德华力,随着粒间距离的增加很快衰减,这种变化取决于土粒的大小、形状、矿物成分、表面电荷等因素,但与土中水溶液的性质几乎无关。粒间作用力的作用范围从几埃到几百埃(单位 Å,$1Å=10^{-10}$m),它们中间既有吸引力又有排斥力,当总的吸引力大于排斥力时表现为净吸力,反之为净斥力,如图1.17所示。若以斥力为主,则土粒间凝聚受阻,土悬浮液处于分散状态,称为胶溶状态;反之,以引力为主,则产生凝聚,称为胶凝状态。

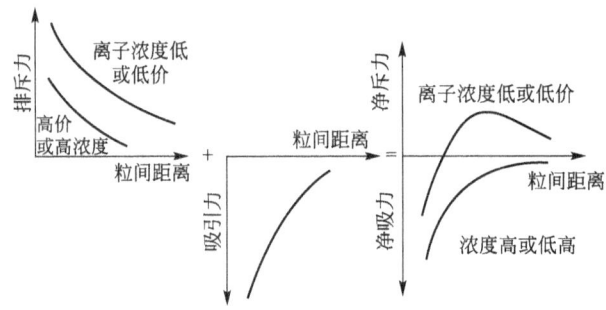

图1.17 两土粒间的相互作用力

在高含盐量的水中沉积的黏性土,由于离子浓度的增加,反离子层减薄,渗透斥力降低。因此,在粒间较大的净吸力作用下,黏土颗粒容易絮凝成集合体下沉,形成盐液中的絮凝结构,如图1.18(a)所示。例如,混浊的河水流入海中,由于海水的高盐度,很容易絮凝沉积为淤泥。在无盐的溶液中,有时也可能产生絮凝,这一方面是由于某些片状黏土颗粒的(断裂的)边缘上存在局部正电荷的缘故。当一个黏粒的边(正电荷)与另一黏粒的面(负电荷)接触时,产生静电吸引力。另一方面悬浮颗粒在做布朗运动过程中,可能形成边-面联结的絮凝结构集合体,并在重力作用下沉积,形成无盐溶液中的絮凝结构,如图1.18(b)所示。当土粒间表现为净斥力时,土粒将在分散状态下缓慢沉积,这时土粒呈定向或半定向排列,片状颗粒在一定程度上平行排列,形成面-面联结的分散型结构,如图1.18(c)所示。

絮状沉积形成的土,在结构上是极不稳定的,随着溶液性质的改变或受到振动后可重新分散。絮凝结构的土体具有一定的联结强度(结构强度),它是由于长期的压密和胶结作用而得到加强。但絮凝结构的土体在施工扰动下,土粒间的联结有可能脱落,造成结构破坏,强度迅速下降。因此,集粒间的联结特征是影响这类土工程性质的主要因素之一。

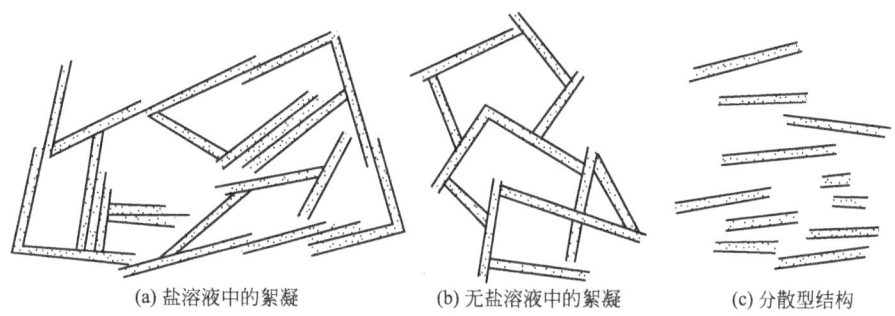

(a) 盐溶液中的絮凝　　(b) 无盐溶液中的絮凝　　(c) 分散型结构

图 1.18　黏土颗粒沉积结构

1.4.2　土的构造

土的构造是指同一层土中的物质成分和颗粒大小都相近的各部分之间的相互关系。土的构造是在土的沉积及形成过程中,与各种因素发生复杂的相互作用而形成的。一般可分为层理构造、裂隙构造和分散构造。

(1) 层理构造。成层性是土的构造最重要的特征,即层理构造。它是在土的形成过程中,由于不同阶段沉积物的物质成分、颗粒大小及颜色等都不相同,而使竖向呈现成层的性状。常见的有水平层理和交错层理,并常带有透镜体、尖灭及夹层等(图 1.19)。

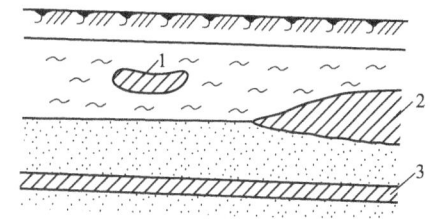

图 1.19　土的层理构造
1—淤泥夹黏土透镜体;
2—黏土尖灭;3—砂土夹黏土层

(2) 裂隙构造。因土体被各种成因的不连续裂隙切割而形成裂隙构造(图 1.20)。裂隙中常充填各种盐类沉积物。裂隙的存在大大降低了土体的强度和稳定性,增大了透水性,对工程不利。此外,也应注意到土中有无腐殖质、贝壳、结核体等包裹物,以及天然或人为洞穴的存在。这些构造特征都容易造成土的不均匀性。

(3) 分散结构。是指颗粒在其搬运和沉积过程中,经过分选的卵石、砾石、砂等因沉积厚度较大而不显层理的一种构造(图 1.21)。分散结构的土比较接近理想的各向同性体。

图 1.20　裂隙构造　　　　图 1.21　分散构造

1.5 土的三相比例指标

1.4节介绍了土的三相组成物质对土物理性质的影响。为了进一步了解土的性质,现从三相物质含量进行分析。表示土的三相各部分的重量或体积定量比例关系的指标,称为三相比例指标,也称土的物理性质指标。它们是重要的土性参数,利用土的物理性质指标可以间接评价土的某些工程性质。

土的固体颗粒、水和气体实际上是交错分布,为方便说明和计算,将三相系中分散交错的固体颗粒、水和气体抽象地集合在一起,构成简化的三相草图(简称三相图)。

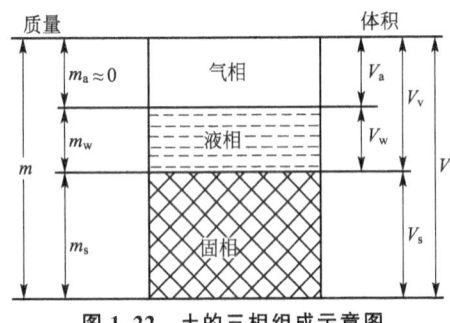

图1.22 土的三相组成示意图

如图1.22所示,在三相图的右侧,表示三相组成的体积;在三相图的左侧,则表示三相组成的质量。图中符号的意义如下:

V为土的总体积,$V=V_s+V_w+V_a$;V_v为土中孔隙体积,$V_v=V_w+V_a$;V_w为土中水的体积;V_a为土中气体的体积;V_s为土中固体土粒的体积;m_w为土中水的质量;m_a为土中气体的质量,通常$m_a≈0$;m_s为土中固体土颗粒的质量;m为土的总质量,$m=m_s+m_w$。

土的三相比例指标共11个(d_s、w、e、n、S_r、ρ、ρ_d、ρ_{sat}、γ、γ_{sat}、γ'),可分为两类:一类是通过试验测定的,如土粒的相对密度d_s、含水量w、土的密度ρ,称为直接指标;另一类是根据直接指标进行换算得到的,如孔隙比e、孔隙率n、饱和度S_r等,称为间接指标。

1.5.1 直接指标(基本物理指标)

1. 土的天然密度ρ

天然状态下单位体积土的质量称为土的密度,用ρ表示,以t/m^3或g/cm^3计

$$\rho=\frac{m}{V} \tag{1-12}$$

天然状态下土的密度变化范围较大。一般黏性土和粉土$\rho=1.8\sim2.2 g/cm^3$;砂土$\rho=1.6\sim2.0 g/cm^3$;腐殖土$\rho=1.5\sim1.7 g/cm^3$。

土的密度一般用"环刀法"测定,用一个圆环刀(刀刃向下)放在削平的原状土样面上,徐徐削去环刀外围的土,边削边压,使保持天然状态的土样压满环刀内,称得环刀内土样的质量,求得它与环刀容积之比值,即为其密度。

天然状态下土的重度(简称土的天然重度)定义为单位体积土的重量,是重力的函数,用γ表示,以kN/m^3计

$$\gamma=\frac{W}{V}=\frac{mg}{V}=\rho \cdot g \tag{1-13}$$

式中：W 为土的重量；g 为重力加速度，$g=9.81\text{m/s}^2$，工程上为了计算方便，有时取 $g=10\text{m/s}^2$。

2. 土粒相对密度 d_s

土的固体颗粒质量与同体积 4℃时纯水的质量之比，称为土粒相对密度，用 d_s 表示，为无量纲量，即

$$d_s = \frac{m_s}{V_s} \cdot \frac{1}{\rho_{w1}} = \frac{\rho_s}{\rho_{w1}} \tag{1-14}$$

式中：ρ_{w1} 为 4℃时纯水的密度，$\rho_{w1}=1\text{g/cm}^3$；ρ_s 为土粒的密度，即单位体积土粒的质量。

土粒相对密度常用比重瓶法测得。将比重瓶加满蒸馏水，称水和瓶的总质量 m_1，然后把烘干土 m_s 装入该空比重瓶，再加满蒸馏水，称总质量 m_2，按下面的公式求得土粒比重

$$d_s = \frac{m_s}{m_1 + m_s - m_2} \tag{1-15}$$

天然土的颗粒是由不同的矿物组成的，其比重各不相同。试验测得的是土粒相对密度的平均值。由于土粒相对密度变化不大，通常可按经验数值选用，一般参考值见表 1-6。有机质土相对密度为 2.4~2.5。

表 1-6 土粒相对密度参考值

土的名称	砂土	粉土	黏性土	
			粉质黏土	黏土
土粒相对密度	2.65~2.69	2.70~2.71	2.72~2.73	2.74~2.76

3. 土的含水量（含水量）w

土的含水量定义为土中水的质量与土粒质量之比，用 w 表示，以百分数计，即

$$w = \frac{m_w}{m_s} \times 100\% \tag{1-16}$$

含水量 w 是表示土湿度的重要物理指标之一。土的含水量对黏性土和粉土的性质影响很大。天然土层的含水量变化范围很大，完全干燥状态时含水量为 0，有的淤泥类土的含水量可高达 300%。土的含水量与土的种类、埋藏条件及其所处的环境等有关。一般来说，对同一类土，当其含水量增大时，则其强度降低，抗变形能力改变。

土的含水量一般用"烘干法"测定。先称小块原状土样的湿土质量 m，然后置于烘箱内维持 100~105℃烘至恒重，再称干土质量 m_s，湿、干土质量之差即为土中水的质量 m_w，可按式 (1-16) 求得土的含水量。

1.5.2 间接指标

在测定土的密度 ρ、土粒比重 d_s 和土的含水量 w 这三个基本指标后，通过换算可得到其他间接指标，如孔隙比、饱和度等。

1. 孔隙比和孔隙率

工程上常用孔隙比 e 或孔隙率 n 表示土中孔隙的含量。孔隙比 e 定义为土中孔隙体积

与土粒体积之比，即

$$e=\frac{V_v}{V_s} \quad (1-17)$$

孔隙比用小数表示，它是一个重要的物理性能指标，可用来评价天然土层的密实程度。一般地，$e<0.6$ 的土是密实的低压缩性土，$e>1.0$ 的土是疏松的高压缩性土。孔隙率 n 定义为土中孔隙体积与土总体积之比，以百分数计，即

$$n=\frac{V_v}{V}\times100\% \quad (1-18)$$

孔隙比和孔隙率都是用来表示孔隙体积含量的概念。容易证明两者之间具有以下关系

$$n=\frac{e}{1+e}\times100\% \quad (1-19)$$

$$e=\frac{n}{1-n} \quad (1-20)$$

2. 土的饱和度

土的饱和度是表示土中含水程度的指标，用土中水的体积与孔隙总体积之比 S_r 表示，以百分率计，即

$$S_r=\frac{V_w}{V_v}\times100\% \quad (1-21)$$

土的饱和度反映了土中孔隙饱水的程度。砂土根据饱和土 S_r 的指标值分为稍湿、很湿和饱和三种湿度状态，其划分标准见表 1-7。显然，干土的饱和度 $S_r=0$，而完全饱和土的饱和度 $S_r=100\%$。

表 1-7 砂土湿度状态的划分

砂土湿度状态	稍湿	很湿	饱和
饱和度 $S_r/(\%)$	$S_r\leqslant50$	$50<S_r\leqslant80$	$S_r>80$

3. 土的密度和重度的几种指标

除了天然密度 ρ（也叫湿密度）以外，工程计算中还常用如下两种土的密度：饱和密度 ρ_{sat} 和干密度 ρ_d。土的饱和密度定义为土中孔隙被水充满时土的密度，表示为

$$\rho_{sat}=\frac{m_s+V_v\rho_w}{V} \quad (1-22)$$

土的干密度定义为单位土体积中土粒的质量，表示为

$$\rho_d=\frac{m_s}{V} \quad (1-23)$$

在计算土中自重应力时，须采用土的重力密度，简称重度。与上述几种土的密度相应的有土的天然重度 γ、饱和重度 γ_{sat}、干重度 γ_d。在数值上，它们等于相应的密度乘以重力加速度 g，即 $\gamma=\rho\cdot g$，$\gamma_{sat}=\rho_{sat}\cdot g$，$\gamma_d=\rho_d\cdot g$。

另外，对于地下水位以下的土体，由于受到水的浮力作用，将扣除水浮力后单位体积土所受的重力称为土的有效重度，以 γ' 表示，当认为水下土是饱和时，它在数值上等于饱和重度 γ_{sat} 与水的重度 γ_w（$\gamma_w=\rho_w\cdot g$）之差，即

$$\gamma' = \frac{m_s g - V_s \gamma_w}{V} = \gamma_{sat} - \gamma_w \qquad (1-24)$$

显然，几种密度和重度在数值上有如下关系：$\rho_{sat} \geq \rho \geq \rho_d$，$\gamma_{sat} \geq \gamma \geq \gamma_d > \gamma'$。

1.5.3 指标的换算

如前所述，在三相比例关系指标中，土的密度 ρ、含水量 w 和相对密度 d_s 三个基本指标需要通过试验测定，其他各个指标则可以根据定义由三个基本指标换算出来。

土的三相比例指标换算图如图 1.23 所示，设土粒体积 $V_s = 1$，则根据孔隙比定义得

$$V_v = V_s e = e$$
$$V = 1 + e$$
$$m_s = d_s \rho_w V_s = d_s \rho_w$$
$$m_w = w m_s = w d_s \rho_w$$
$$m = m_s + m_w = d_s \rho_w (1 + w)$$
$$V_w = \frac{m_w}{\rho_w} = w d_s$$

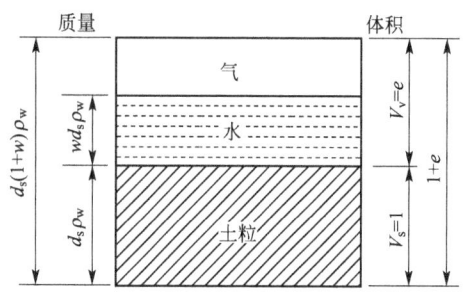

图 1.23 土的三相指标换算示意图

根据图 1.23，可由指标的定义得到下述计算公式

$$\rho = \frac{m}{V} = \frac{d_s(1+w)}{1+e}\rho_w \qquad \rho_d = \frac{m_s}{V} = \frac{d_s \rho_w}{1+e} = \frac{\rho}{1+w}$$

$$\rho_{sat} = \frac{m_s + V_v \rho_w}{V} = \frac{(d_s + e)\rho_w}{1+e} \qquad \rho' = \frac{m_s - V_s \rho_w}{V} = \rho_{sat} - \rho_w$$

$$e = \frac{d_s \rho_w}{\rho_d} - 1 = \frac{d_s(1+w)\rho_w}{\rho} - 1 \qquad n = \frac{V_v}{V} = \frac{e}{1+e}$$

$$S_r = \frac{V_w}{V_v} = \frac{w d_s}{e}$$

在进行土的三相指标计算时，可利用表 1-8 中的公式直接计算，也可利用土的三相图推导土的三相比例指标；常假定 $V_s = 1$（或 $V = 1$），根据已知条件得到各部分的体积和重力，就可求得其他指标。

表 1-8 土的三相比例指标换算公式

名称		符号	三相比例表达式	常用换算公式	单位	常见的数值范围
试验指标	密度	ρ	$\rho = \dfrac{m}{V}$	$\rho = \rho_d(1+w)$ $\rho = \dfrac{d_s(1+w)}{1+e}\rho_w$	g/cm³ t/m³	1.6~2.0
	相对密度	d_s	$d_s = \dfrac{m_s}{V_s \rho_{w1}}$	$d_s = \dfrac{S_r e}{w}$		黏性土：2.72~2.75 粉土：2.70~2.71 砂土：2.65~2.69
	含水量	w	$w = \dfrac{m_w}{m_s} \times 100\%$	$w = \dfrac{S_r e}{d_s} = \dfrac{\rho}{\rho_d} - 1$		20%~60%

(续)

	名　　称	符号	三相比例表达式	常用换算公式	单位	常见的数值范围
换算指标	重度	γ	$\gamma = \rho g$	$\gamma = \gamma_d(1+w)$ $\gamma = \dfrac{d_s(1+w)}{1+e}\gamma_w$	kN/m^3	16～20
	干密度	ρ_d	$\rho_d = \dfrac{m_s}{V}$	$\rho_d = \dfrac{\rho_w d_s}{1+e} = \dfrac{\rho}{1+w}$	g/cm^3 t/m^3	1.3～1.8
	干重度	γ_d	$\gamma_d = \dfrac{W_s}{V} = \rho_d g$	$\gamma_d = \dfrac{\gamma_w d_s}{1+e} = \dfrac{\gamma}{1+w}$	kN/m^3	13～18
	饱和密度	ρ_{sat}	$\rho_{sat} = \dfrac{m_s + \rho_w V_v}{V}$	$\rho_{sat} = \dfrac{\rho_w(d_s+e)}{1+e}$	g/cm^3 t/m^3	1.8～2.3
	饱和重度	γ_{sat}	$\gamma_{sat} = \dfrac{W_s + \gamma_w V_v}{V}$ $= \rho_{sat} g$	$\gamma_{sat} = \dfrac{\gamma_w(d_s+e)}{1+e}$	kN/m^3	18～23
	有效重度 （浮重度）	γ'	$\gamma' = \dfrac{m_s g - V_s \rho_w g}{V}$	$\gamma' = \gamma_{sat} - \gamma_w$ $\gamma' = \dfrac{\gamma_w(d_s-1)}{1+e}$	kN/m^3	0.8～1.2
	孔隙率	n	$n = \dfrac{V_v}{V} \times 100\%$	$n = 1 - \dfrac{\rho_d}{d_s \rho_w} = \dfrac{e}{1+e}$		黏性土：30～60 粉土：30～60 砂土：25～45
	孔隙比	e	$e = \dfrac{V_v}{V_s}$	$e = \dfrac{d_s(1+w)\rho_w}{\rho} - 1$ $e = \dfrac{d_s \rho_w}{\rho_d} - 1$		黏性土：0.4～1.2 粉土：0.4～1.2 砂土：0.3～0.9
	饱和度	S_r	$S_r = \dfrac{V_w}{V_v}$	$S_r = \dfrac{w\rho_d}{n\rho_w} = \dfrac{wd_s}{e}$		0～100%

【例 1.2】 某原状土样经试验测得土的天然重度 $\rho = 1.83 g/cm^3$，$d_s = 2.70$，$w = 20\%$，求干重度 γ_d，饱和重度 γ_{sat}，有效重度 γ'，孔隙比 e，孔隙率 n，饱和度 S_r。

【解】 由定义式计算，设土的体积 $V = 1.0 m^3$。

根据重度定义，由式(1-13)得
$$m = \rho V = 1.83 \times 1.0 = 1.83(t)$$

根据含水量的定义，由式(1-16)得
$$m_w = w m_s = 0.20 m_s$$

由于 $m = m_s + m_w = 0.2 m_s + m_s = 1.2 m_s = 1.83(t)$，则
$$m_s = 1.525 t$$
$$m_w = 1.83 - 1.525 = 0.305(t)$$

根据土粒相对密度定义，由式(1-14)得

土粒体积 $V_s = \dfrac{m_s}{d_s \rho_w} = \dfrac{1.525}{2.70 \times 1.0} = 0.565(m^3)$

孔隙的体积 $V_v = 1 - 0.565 = 0.435 (m^3)$

水的体积 $V_w = \dfrac{m_w}{\rho_w} = \dfrac{0.305}{1.0} = 0.305 (m^3)$

根据干重度定义，由式(1-23)得

$$\gamma_d = \rho_d g = \dfrac{m_s}{V} g = \dfrac{1.525}{1.0} \times 9.81 = 14.96 (kN/m^3)$$

根据饱和重度的定义，由式(1-22)得

$$\gamma_{sat} = \rho_{sat} g = \dfrac{m_s + V_v \rho_w}{V} g = \dfrac{1.525 + 0.435 \times 1.0}{1.0} \times 9.81 = 19.28 (kN/m^3)$$

有效重度 $\gamma' = \gamma_{sat} - \gamma_w = 19.28 - 9.81 = 9.47 (kN/m^3)$

孔隙比 $e = \dfrac{V_v}{V_s} = \dfrac{0.44}{0.56} = 0.79$

孔隙率 $n = \dfrac{V_v}{V} 100\% = \dfrac{0.435}{1.0} \times 100\% = 43.5\%$

饱和度 $S_r = \dfrac{V_w}{V_v} \times 100\% = \dfrac{0.305}{0.435} \times 100\% = 70.1\%$

【例 1.3】 某土样孔隙比 $e = 0.70$，土粒相对密度 $d_s = 2.72$。试计算：(1)土的干重度 γ_d、饱和重度 γ_{sat}、浮重度 γ'；(2)当土的饱和度 $S_r = 75\%$ 时，土的重度 γ 和含水量 w 为多大？

【解】 绘三相草图，见图 1.24，设土粒体积 $V_s = 1.0 m^3$。

(1) 根据孔隙比的定义，有

$$V_v = nV = eV_s = 0.7 \times 1.0 = 0.70 (m^3)$$

根据土粒相对密度的定义，有

$$m_s = d_s V_s \rho_w = 2.72 \times 1.0 \times 1.0 = 2.72 (t)$$

土的总体积为

$$V = V_v + V_s = 0.7 + 1.0 = 1.70 (m^3)$$

根据土的干重度的定义，有

$$\gamma_d = \dfrac{m_s g}{V} = \dfrac{2.72 \times 9.81}{1.70} = 15.70 (kN/m^3)$$

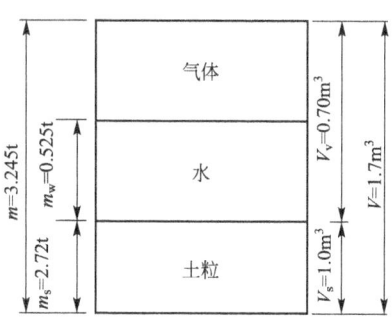

图 1.24 例 1.3 三相草图

当孔隙充满水时，土的质量为

$$m = m_s + V_v \rho_w = 2.72 + 0.70 \times 1.0 = 3.42 (t)$$

根据土的饱和重度的定义，有：$\gamma_{sat} = \dfrac{mg}{V} = \dfrac{3.42}{1.70} \times 9.81 = 19.74 (kN/m^3)$

则浮重度 γ' 为：$\gamma' = \gamma_{sat} - \gamma_w = 19.74 - 9.81 = 9.93 (kN/m^3)$

(2) 当土的饱和度 $S_r = 75\%$ 时，由饱和度定义，有

水的体积：$V_w = S_r V_v = 0.75 \times 0.70 = 0.525 (m^3)$

则水的质量：$m_w = \rho_w V_w = 1.0 \times 0.525 = 0.525 (t)$

土的总质量：$m = m_w + m_s = 0.525 + 2.72 = 3.245 (t)$

由土的重度的定义有：$\gamma = \dfrac{mg}{V} = \dfrac{3.245 \times 9.81}{1.70} = 18.72 (kN/m^3)$

由含水量的定义有 $w=\dfrac{m_w}{m_s}\times 100\%=\dfrac{0.525}{2.72}\times 100\%=19.3\%$

【例 1.4】 某土样的含水量为 6.0%，密度为 1.60g/cm³，土粒比重为 2.70，若设孔隙比不变，为使土样饱和，问 100cm³ 土样中应加多少水？

【解】 已知 $w=6.0\%$，$\rho=1.60\text{g/cm}^3$，$d_s=2.70$，$V=100\text{cm}^3$，则有

$$m=\rho V=160\text{g}$$

$$m_s=\frac{m}{1+w}=\frac{160}{1+6.0\%}=150.94(\text{g})$$

$$m_w=m_s w=150.94\times 0.06=9.06(\text{g})$$

$$V_s=\frac{m_s}{d_s\rho_w}=\frac{150.94}{2.70\times 1}=55.90(\text{cm}^3)$$

$$V_v=V-V_s=44.10(\text{cm}^3)$$

所以，饱和时土中水总重为：$m_{wsat}=V_v\rho_w=44.10\text{g}$

需加入的水重为：$\Delta m_w=m_{wsat}-m_w=44.10-9.06=35.04(\text{g})$

1.6 土的物理状态特性

1.6.1 无黏性土的密实度

无黏性土一般指砂（类）土、碎石（类）土的统称。这两类土中一般黏粒含量很少，不具有可塑性，呈单粒结构。若土粒排列越紧密，土在外荷载作用下，其变形小，强度大，工程性质好，可作为良好的天然地基；若呈疏松状态时则是一种软弱地基，特别是饱和粉细砂，稳定性很差，在地震荷载或周期性荷载作用下，可能产生液化，为不良地基。因此，这类土的工程性质主要与土的结构排列的密实程度相关。

1. 砂（类）土的密实度

砂土的密实状态可以分别用孔隙比 e、相对密度 D_r 和标准贯入锤击数 N 等指标进行评价。采用天然孔隙比 e 的大小来判别砂土的密实度，是一种较简捷的方法。一般当孔隙比 $e<0.6$ 时，属于密实的砂土，是良好的地基；当孔隙比 $e>0.95$ 时，为松散状态，不宜作为天然地基。此方法不足之处是不能反映砂土的级配和颗粒形状的影响。实践表明，有时较疏松的级配良好的砂土孔隙比，比较密实的颗粒均匀的砂土孔隙比还要小。

工程上为了更好地表明砂土所处的密实状态，采用将现场砂土的孔隙比 e 与该种砂土所能达到最密实时的孔隙比 $e_{\min}$ 和最松散时的孔隙比 $e_{\max}$ 相比较的办法，来表示孔隙比 e 时砂土的密实度。这种度量密实度的指标称为相对密度 D_r，定义为

$$D_r=\frac{e_{\max}-e}{e_{\max}-e_{\min}} \tag{1-25}$$

式中：e 指砂土的天然孔隙比；$e_{\max}$ 为砂土的最大孔隙比，由它的最小干密度换算而得；$e_{\min}$ 为砂土的最小孔隙比，由它的最大干密度换算而得。

将式（1-25）中的孔隙比用干密度替换，可得到用干密度表示的相对密度表达式

$$D_r = \frac{(\rho_d - \rho_{dmin})\rho_{dmax}}{(\rho_{dmax} - \rho_{dmin})\rho_d} = \frac{(\gamma_d - \gamma_{dmin})\gamma_{dmax}}{(\gamma_{dmax} - \gamma_{dmin})\gamma_d} \quad (1-26)$$

式中：ρ_d 为砂土的天然干密度；ρ_{max} 为砂土的最大干密度；ρ_{min} 为砂土的最小干密度。

土的最大孔隙比 e_{max} 的测定方法是将松散的风干土样，通过长颈漏斗轻轻地倒入容器，求得土的最小干密度再经换算确定；土的最小孔隙比 ρ_{min} 的测定方法是将松散的风干土样分批装入金属容器内，按规定的方法进行振动或锤击夯实，直至密实度不再提高，求得最大干密度再经换算确定。

当砂土的天然孔隙比 e 接近最小孔隙比 e_{min} 时，则其相对密度 D_r 较大，砂土处于较密实状态。当 e 接近最大孔隙比 e_{max} 时，则其 D_r 较小，砂土处于较疏松状态。用相对密度 D_r 判定砂土的密实度标准如表 1-9 所示。

表 1-9 用 D_r 划分砂土密实度标准

相对密实度	砂土的物理状态
$0 < D_r \leq 1/3$	松散
$1/3 < D_r \leq 2/3$	中密
$2/3 < D_r \leq 1$	密实

应指出，要在实验室测得各种土理论上的 e_{max} 和 e_{min} 是十分困难的。在静水中缓慢沉积形成的土，其孔隙比有时可能比实验室能测得的 e_{max} 还大；同样，在漫长地质年代中堆积形成的土，其孔隙比有时可能比实验室能测得的 e_{min} 还小。此外，在地下深处，特别是地下水位以下的粗粒土的天然孔隙比 e，很难准确对其测定。相对密度 D_r 这一指标虽然从理论上讲能更合理地表征土的密实状态，但由于上述原因，通常用于填方土的质量控制中，对于天然土尚难以应用。

在工程中，在现场对天然砂土进行标准贯入试验，根据标准贯入试验锤击数 N 值的大小，按表 1-10 的标准间接判定天然砂土的密实度。标准贯入试验方法可参见《岩土工程勘察规范》(GB 50021—2001)(2009 版)。

表 1-10 天然砂土的密实度

砂土密实度	松散	稍密	中密	密实
N	$N \leq 10$	$10 < N \leq 15$	$15 < N \leq 30$	$N > 30$

注：N 系指标准贯入试验锤击数。

【例 1.5】 某天然砂土试样，其天然含水量 $w = 15\%$，天然重度 $\gamma = 17.8 \text{kN/m}^3$，最小干密度 $\gamma_{dmin} = 14.3 \text{kN/m}^3$，最大干密度 $\gamma_{dmax} = 18.5 \text{kN/m}^3$，试判断该砂土所处的物理状态。

【解】 根据已知条件，由表 1-8 可计算该砂土的干重度为

$$\gamma_d = \frac{\gamma}{1+w} = \frac{17.8}{1+0.15} = 15.48 (\text{kN/m}^3)$$

由式(1-26)计算砂土的相对密实度为

$$D_r = \frac{(\gamma_d - \gamma_{dmin})\gamma_{dmax}}{(\gamma_{dmax} - \gamma_{dmin})\gamma_d} = \frac{15.48 - 14.3}{18.1 - 14.3} \times \frac{18.5}{15.48} = 0.37$$

由于 $\frac{1}{3}<D_r<\frac{2}{3}$，由表 1-9 可知，该砂土处于中密状态。

2. 碎石(类)土的密实度

由于碎石土较粗，土的天然孔隙比 e、最大孔隙比 e_{max}、最小孔隙比 e_{min} 测不准，以及可贯性差，通常不采用孔隙比 e、相对密度 D_r 和标准贯入锤击数 N 指标进行评价其密实度。《建筑地基基础设计规范》(GB 50007—2011)中规定，碎石(类)土的密实度可按重型圆锥动力触探试验锤击数 $N_{63.5}$ 划分，如表 1-11 所示。

表 1-11 碎石土的密实度

砂土密实度	松散	稍密	中密	密实
$N_{63.5}$	$N_{63.5} \leqslant 5$	$5 < N_{63.5} \leqslant 10$	$10 < N_{63.5} \leqslant 20$	$N_{63.5} > 20$

碎石(类)土可根据野外鉴别可挖性、可钻性和骨架颗粒含量与排列方式，划分为密实、中密、稍密三种密实状态，其划分标准见表 1-12。

表 1-12 碎石土密实度野外鉴别方法

密实度	骨架颗粒含量与排列	可挖性	可钻性
密实	骨架颗粒含量大于总重的 60%～70%，呈交叉排列，连续接触	锹镐挖掘困难，用撬棍方能松动；井壁一般较稳定	钻进极困难；冲击钻探时，钻杆、吊锤跳动剧烈；孔壁较稳定
中密	骨架颗粒含量等于总重的 60%～70%，呈交叉排列，大部分接触	锹镐可挖掘；井壁有掉块现象，从井壁取出大颗粒后，能保持颗粒凹面形状	钻进较困难；冲击钻探时，钻杆、吊锤跳动不剧烈；孔壁有现象坍塌
稍密	骨架颗粒含量小于总重的 60%，排列混乱，大部分不接触	锹可以挖掘；井壁易坍塌，从井壁取出大颗粒后，砂土立即坍落	钻进较容易；冲击钻探时，钻杆稍有跳动；孔壁易坍塌
松散	骨架颗粒含量小于总重的 55%，排列十分混乱，绝大部分不接触	锹易挖掘，坑壁易坍塌	钻进很容易；冲击钻探时，钻杆无跳动；孔壁极易坍塌

注：碎石土密实度的划分，应按表列各项要求综合确定。

1.6.2 黏性土的物理特性

1. 黏性土的界限含水量

黏性土的物理状态特征不同于无黏性土。由于黏性土中黏粒($d<0.005$mm)含量多，黏粒表面带负电，在其周围形成电场，吸引水分子及水中的阳离子向其表面靠近，形成结合水膜，土粒与水相互作用显著。

塑性是黏性土的重要特性，即当黏性土在某含水量范围内，可用外力塑成任何形状而不发生裂纹，当外力去掉后，仍可保持原来的形状不变，土的这种性质叫做可塑性。随着含水量的变化黏性土分别处于固态、半固态，可塑及流动状态，其状态(稠度)也随之而变。

黏性土从一种状态转变为另一状态的含水量称为界限含水量或稠度界限。如图 1.25 所示，当黏性土的含水量很高时，黏性土像液体泥浆那样不能保持其形状，极易流动。当施加剪力时，泥浆将发生连续变形，土的抗剪强度极低。随着黏土中水分的蒸发或上覆沉积层厚度的增加，土的含水量将逐渐减小，体积收缩，从而丧失其流动性，进入可塑状态。若含水量继续减小，黏性土将丧失其可塑性，在外力作用下易于破裂，这时它已进入半固体状态。最后，随着含水量进一步减小，黏性土就进入了固体状态。界限含水量首先是瑞典科学家阿太保(Atterberg，1911 年)提出，故界限含水量又称为阿太保界限。

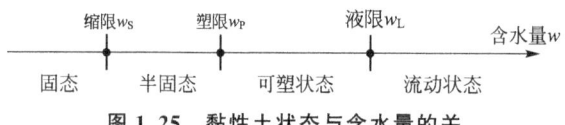

图 1.25 黏性土状态与含水量的关

工程上常用的界限含水量有液限 w_L、塑限 w_P 和缩限 w_S。液限又称液性界限、流限，它是流动状态与可塑状态的界限含水量，也就是可塑状态的上限含水量。塑限又称塑性界限，它是可塑状态与半固体状态的界限含水量，也就是可塑状态的下限含水量。缩限是半固体状态与固体状态的界限含水量，也就是当土由半固体状态不断蒸发水分，体积逐渐缩小，直到体积不再缩小时土的界限含水量称为缩限。黏性土的界限含水量和土粒组成、矿物成分、土粒表面吸附阳离子性质等有关，其大小反映了这些因素的综合影响，因而对黏性土的分类和工程性质的评价有着重要意义。

我国目前采用的液限仪测定黏性土的液限 w_L。如图 1.26 所示，圆锥仪圆锥的质量为 76g、锥角为 30°。试验时，将用于测定液限的土样调成均匀的浓糊状，装满于盛土杯内，刮平杯口表面，再将盛土杯置于圆锥仪底座上，将圆锥体轻放在试样表面的中心，使其在自重作用下徐徐沉入土样，若经 5s 恰好沉入 10mm，则这时土样的含水量为土的 10mm 液限 w_L；若采用沉入 17mm 深度为液限标准，则称这时土样的含水量为土的 17mm 液限 w_L，在试验报告上应注明液限标准。

美国、日本等国家使用碟式液限仪来测定黏性土的液限。试验时将调成浓糊状的试样装在碟内，刮平表面，用开槽器在土中成槽，槽底宽度为 2mm，如图 1.27 所示，然后将碟子抬高 10mm，使碟子自由落下，连贯 25 次，如槽合拢长度为 13mm，这时试样的含水量就是液限。

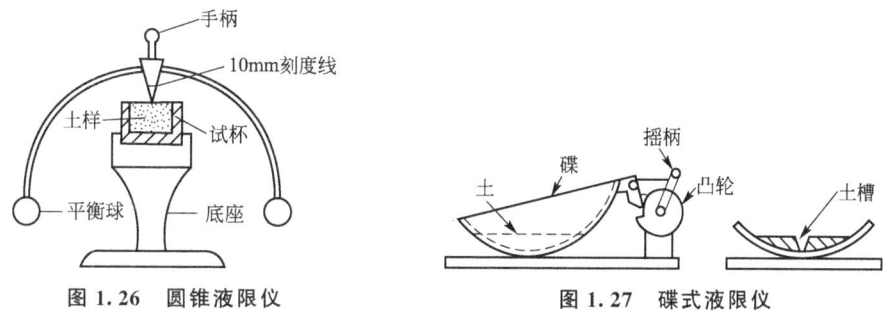

图 1.26 圆锥液限仪　　　　　图 1.27 碟式液限仪

黏性土的塑限 w_P 采用"搓条法"测定。该法是把调制均匀的湿土样，在玻璃板上搓滚成 3mm 直径的土条，若这时土条恰好出现裂缝并开始断裂，此时土条含水量定为土的塑限 w_P 值。

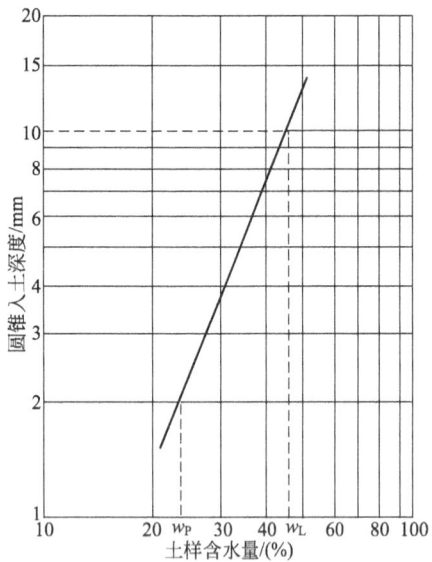

图 1.28 圆锥入土深度与含水量关系

我国《土工试验方法标准》(GB/T 50123—1999)(2007 版)推荐利用锥式液限仪联合测定液、塑限，以减小人为因素的影响。测定时，采取锥式液限仪以电磁放锥法对不同含水量进行若干次试验（一般不少于 3 个含水量），并按测定结果在双对数坐标纸上做出 76g 圆锥体的入土深度与含水量的关系曲线，如图 1.28 所示，根据大量试验资料，它接近于一根直线。如同时采用圆锥仪法和搓条法求液限、塑限试验进行比较，则对应于圆锥体入土深度 10mm 和 2mm 时，土样的含水量分别为土的液限和塑限。

2. 黏性土的塑性指数和液性指数

塑性指数（Plasticity Index）是指液限 w_L 与塑限 w_P 的差值（习惯上省去百分号），用符号 I_P 表示，即

$$I_P = w_L - w_P \tag{1-27}$$

塑性指数 I_P 表示土处于可塑状态的含水量变化的范围，是衡量土的可塑性大小的重要指标。塑性指数 I_P 的大小与土中结合水的含量有关，即与土的颗粒组成、土粒的矿物成分及土中水的离子成分和浓度等因素有关。当土中的结合水的含量愈高，塑性指数 I_P 愈大；土粒越细，土的比表面积越大，可能的结合水含量愈高，因而塑性指数也越大；水中低价离子浓度增加，结合水膜厚度增加，塑性指数变大。由此可见，由于塑性指数在一定程度上反映了影响黏性土特征的各种因素，故可考虑按塑性指数大小对黏性土进行分类，详见表 1 - 25。

液性指数（Liquidity Index）是指黏性土的天然含水量 w 与塑限含水量 w_P 的差值（除去百分号）与塑性指数 I_P 之比值，表征土的天然含水量与界限含水量之间的相对关系，用符号 I_L 表示，即

$$I_L = \frac{w - w_P}{w_L - w_P} = \frac{w - w_P}{I_P} \tag{1-28}$$

液性指数是判定黏性土的稠度（软硬）状态的指标。从图 1.25 可见：当天然含水量 w 小于 w_P 时，即 $I_L < 0$，土体处于坚硬状态；当 w 大于 w_L 时，$I_L > 1$，土体处于流塑状态；当 w 在 $w_P \sim w_L$ 时，$I_L = 0 \sim 1$，则土体处于可塑状态。当 $I_L = 0$ 时 $w = w_P$，土从半固态进入可塑状态；当 $I_L = 1$ 时 $w = w_L$，土从可塑状态进入流动状态。因此，《建筑地基基础设计规范》(GB 50007—2011) 按液性指数大小将黏性土划分为五种稠度，见表 1 - 13。

表 1 - 13 黏性土物理状态的划分

状态	坚硬	硬塑	可塑	软塑	流塑
液性指数 I_L	$I_L \leqslant 0$	$0 < I_L \leqslant 0.25$	$0.25 < I_L \leqslant 0.75$	$0.75 < I_L \leqslant 1.0$	$I_L > 1.0$

【例 1.6】 某土样的液限为 38.6%，塑限为 23.2%，天然含水量为 25.5%，问该土样处于何种状态？

【解】 已知 $w_L=38.6\%$，$w_P=23.2\%$，$w=25.5\%$，则

塑性指数：$I_P = w_L - w_P = 38.6 - 23.2 = 15.4$

液性指数：$I_L = \dfrac{w - w_P}{I_P} = \dfrac{25.5 - 23.2}{15.4} = 0.15$

所以，该黏性土处于硬塑状态。

3. 黏性土的灵敏度和触变性

(1) 黏性土的灵敏度。天然状态下的黏性土在沉积过程中形成了一定的结构。当土体受到外力扰动，结构破坏时，土粒间的胶结物以及土粒、离子、水分子之间所组成的平衡体系受到破坏，土的强度降低，压缩性增大。工程上常用灵敏度 S_t 来衡量黏性土结构性对强度的影响。土的灵敏度是具有天然结构性原状土的无侧限抗压强度与完全扰动后重塑土的无侧限抗压强度之比。对于黏性土的灵敏度 S_t 可按下式计算

$$S_t = \frac{q_u}{q_u'} \tag{1-29}$$

式中：q_u 为原状土的无侧限抗压强度或十字板抗剪强度，kPa；q_u' 为具有与原状土含水量相同并彻底破坏其结构的重塑土的无侧限抗压强度或十字板抗剪强度，kPa。

根据灵敏度可将饱和黏性土分为低灵敏度、中灵敏度、高灵敏度，如表 1-14 所示。

表 1-14 黏性土的灵敏度划分标准

灵敏度等级	S_t 值
低灵敏度	$1.0 < S_t \leq 2.0$
中灵敏度	$2.0 < S_t \leq 4.0$
高灵敏度	$S_t > 4.0$

土的灵敏度愈高，其结构性愈强，受扰动后土的强度降低就愈明显。因此，在基础工程施工中必须注意保护基槽，尽量减少对土结构的扰动破坏。

(2) 黏性土的触变性。黏性土的结构受到扰动后，土的强度降低，但当扰动停止后，土的强度随时间又会逐渐恢复，这是由于土体中土颗粒、离子和水分子体系随时间而逐渐趋于新的平衡状态的缘故，由于土的结构逐步恢复而导致强度的恢复。黏性土结构遭到破坏，强度降低，但随时间发展土体强度恢复的性质称为土的触变性。例如，打桩时会使周围土体的结构扰动，使黏性土的强度降低，而打桩停止后，土的强度会部分恢复，所以打桩时要"一气呵成"，才能进展顺利，提高工效；另外，成桩后一段时间内，随着时间的推移，桩的承载力将增加，这都是由于土的触变性影响的缘故。

4. 黏性土的活动度

黏性土的塑性指数与土中胶粒含量百分数的比值称为活动度 A，用来衡量土中黏性矿物吸附结合水的能力的大小。表达式为

$$A = \frac{I_P}{P_{0.002}} \tag{1-30}$$

式中：I_P 为黏性土的塑性指数；$P_{0.002}$ 为粒径<0.002mm 颗粒的重量占土总重量的百分比。

活动度反映黏性土中所含矿物的活动性。根据活性指数 A 的大小，黏性土可以分如下 3 类：非活性黏土、正常黏土和活性黏土，见表 1-15。

表 1-15 黏性土按活性指数 A 的分类

黏性土类别	活性指数 A
非活性黏土	$A<0.75$
正常黏土	$0.75 \leqslant A \leqslant 1.25$
活性黏土	$A>1.25$

非活性黏土中的矿物成分以高岭石等吸水能力较差的矿物为主，而活性黏土的矿物成分则以吸水能力很强的蒙脱石等矿物为主。

1.7 土的压实性

土的压实性是指土体在压实能量作用下，土颗粒克服粒间阻力，产生位移，使土中的孔隙减小、密度增大的性质。实践中广泛应用填方工程，例如路堤、土坝、桥台、挡土墙、管道埋设、基础垫层及基坑回填等。填土经挖掘、搬运之后，土体的原状结构已被破坏，含水量也发生变化，未经压实的填土强度低，压缩性大而且不均匀，遇水易发生塌陷、崩解等。为了改善这些土的工程性质，常采用夯实、振动或碾压等方法使土变得密实。实践经验表明，压实细粒土宜用夯击机具或压强较大的辗压机具，同时必须控制土的含水量。含水量太高或太低都得不到好的压密效果。压实粗粒土时，则宜采用振动机具，同时要充分洒水。这表明细粒土和粗粒土具有不同的压实性质。

1.7.1 细粒土的压实性

1. 击实试验

击实试验是在室内研究细粒土压实性的基本方法。击实试验分重型和轻型两种。它们分别适用于粒径不大于 20mm 的土和粒径小于 5mm 的黏性土。如图 1.29 所示，击实仪主要包括击实筒、击实锤及导筒等。击锤质量分别为 4.5kg 和 2.5kg，落高分别为 457mm 和 305mm。击实筒用来盛装制备土样，击实锤用来对土样进行夯实。试验时，将同一种土配成 5~6 种含水量不同的试样，将每份土样分层装入击实筒进行试验。轻型击实试验方法简述如下。

(1) 取代表性土样 20kg，风干碾碎，过 5mm 筛，制备 5 份不同含水量的试样，各含水量的差值约为 2%。

(2) 每个试验，将土样分 3 层装入击实筒，击实筒内径 102mm，筒高 116mm，击实锤质量 2.5kg，落高 305mm，每层 25 击。

(3) 测出击实后土试样总质量、含水量，计算干密度。

(4) 在直角坐标中，以含水量 w 为横坐标，以干密度 ρ_d 为纵坐标，绘制 $\rho_d - w$ 关系曲线，为击实曲线。取曲线峰值相应的纵坐标为试样的最大干密度 $\rho_{d\max}$，其对应的横坐标为试样的最优含水量 w_{op}。最优含水量 w_{op} 与土的塑限 w_P 相近，大致为 $w_{op} = w_P + 2\%$。填土中含的黏土矿物愈多，则最优含水量愈大。

2. 压实特性

由图 1.30 可见，击实曲线具有如下特征。

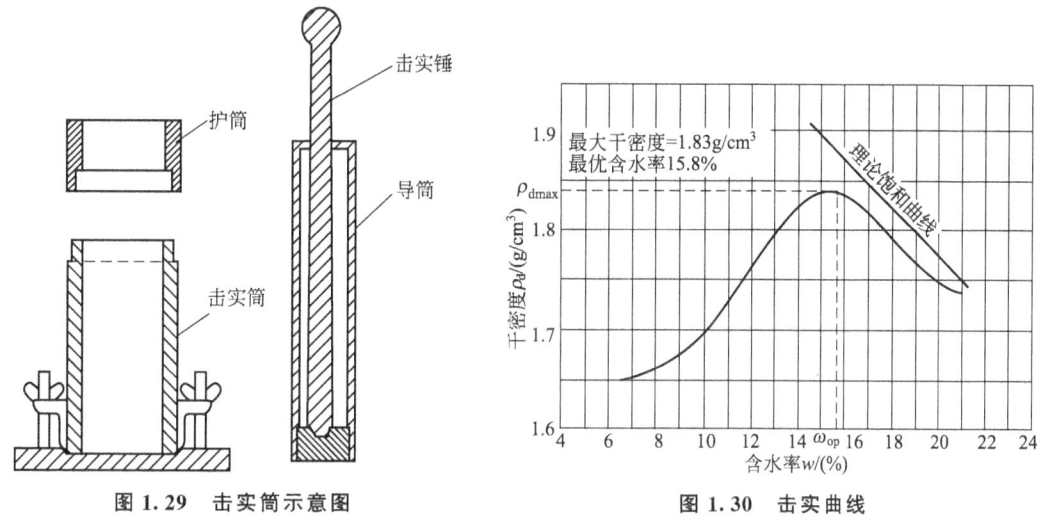

图 1.29　击实筒示意图　　　图 1.30　击实曲线

(1) 曲线具有峰值。峰值点所对应的含水量，称为最优含水量 w_{op}，它表示在这一含水量下，以这种压实方法，能够得到最大干密度 $\rho_{d\max}$。同一种土，干密度愈大，孔隙比愈小，所以最大干密度相应于试验所能达到的最小孔隙比。

(2) 理论饱和曲线。某一含水量下，将土压到最密实，理论上就是将土中所有的气体都从孔隙中排走，使土达到饱和。将不同含水量对应的土体达到饱和状态时的干密度也绘于图 1.30 中，得到理论上所能达到的最大压实曲线，即饱和度 $S_r = 100\%$ 的压实曲线，也称饱和曲线。按照饱和曲线，当含水量很大时，干密度很小，因为这时土体中很大的一部分体积都是水。若含水量很小时，则饱和曲线上的干密度很大。当 $w = 0$ 时，饱和曲线的干密度等于土粒的相对密度，这显然是难以达到的。

(3) 击实曲线的形态。击实曲线在最优含水量两侧的形态不同，曲线左段比右段陡，说明，当土的含水量处于偏干状态（含水量低于 w_{op}）时，含水量变化对土的密实度影响更为显著。

(4) 击实曲线与饱和曲线的关系。击实曲线位于饱和曲线的左下方，不会与饱和曲线有交点。这是因为当土的含水量接近或大于最优含水量时，孔隙中的气体越来越处于与大气不连通的状态，击实作用已不能将其排出土体之外，这样土体不可能被击实到完全饱和状态。

3. 影响击实效果的因素

影响土压实效果的因素很多，主要有土的性质、压实能和含水量。

1) 含水量的影响

含水量的大小对土的压实效果影响极大。研究表明，不同含水量使土中颗粒间的作用力发生变化，改变了土的结构与状态，从而在一定击实能下，直接影响土的压实效果。试验表明：在同一压实能作用下，当土样小于最优含水量时，随含水量增大，压实土干密度增大；而当土样大于最优含水量时，随水量增大，压实土干密度减小。

试验表明，最优含水量与土的塑限有关，工程中常按 $w_{op}=w_P+2\%$。土中黏土矿物含量增多，最优含水量愈大。

2) 土类及级配的影响

试验表明，在相同击实功能条件下，不同土类击实效果不同。土颗粒的粗细、级配、矿物成分和添加的材料等因素都对土的压实效果有影响。颗粒越粗，就能在低含水量时获得最大干密度。如图1.31所示为五种土在同一标准击实试验中得到的击实曲线。由图可知，粗粒含量越多的土样越容易压实，获得的最大干密度越大，而最优含水量越小，即随粗粒增多，曲线向左上方移动。

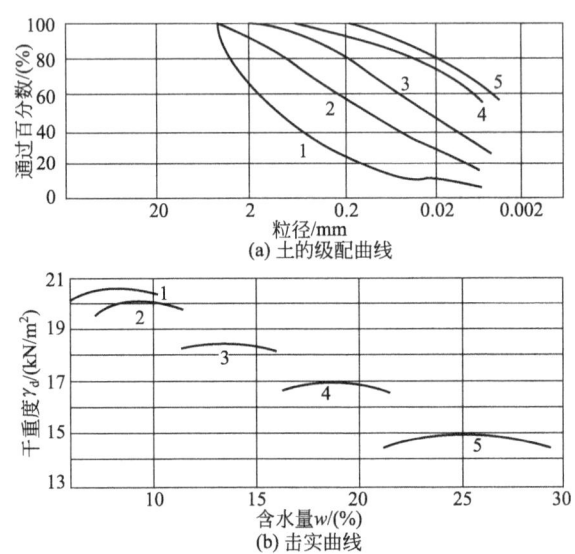

图 1.31 五种土的不同击实曲线

土的级配对击实效果也有影响。级配良好的土压实后比级配均匀土压实后最大干密度大，而最优含水量要小，即级配良好的土容易压实，颗粒均匀的土压实曲线的峰值低、分布范围宽广而平缓。究其原因是在级配均匀的土体内，较粗粒形成的孔隙很少有细土粒去填充；而级配不均匀的土则相反，有足够的细土粒填充，因而可以获得较高的干密度。对于黏性土，压实效果还与土的黏土矿物成分和含量有关；添加木质素和铁基材料可改善土的压实效果。

3) 压实能的影响

压实能（功）是指压实每单位体积土体所消耗的能量。击实试验中的压实能表示为

$$E=\frac{W \cdot d \cdot N \cdot n}{V} \tag{1-31}$$

式中：W 为击锤质量(kg)，标准击实试验中击锤质量为2.5kg；d 为落距(m)，击实试验

中定为 0.3m；N 为每层土的击实次数，标准试验为 25 击；n 为铺土层数，试验中分 3 层；V 为击实筒的体积，为 $1×10^{-3}m^3$。

压实能是影响土的压实效果的重要因素。夯击的击实功能与夯锤的质量、落距、夯击次数以及夯击土层厚度等因素有关；碾压的压实能与碾压机具的质量、接触面积、碾压遍数及土层的厚度等因素有关。

图 1.32 显示了压实能对压实曲线的影响。对于同一种土，加大压实能(功)，可克服较大的粒间阻力，会使土的最大干密度增加。同时，还显示，当土偏干(含水量较小)时，增加压实能效果明显；土偏湿时则收效不大，甚至适得其反。由于随着压实能的增加，最优含水量变小，因此在填土压实工程中，若含水量较小时，需选用夯实功能较大的机具；若土的含水量较大，则应选择压实能较小的机具，否则会出现"橡皮土"现象。

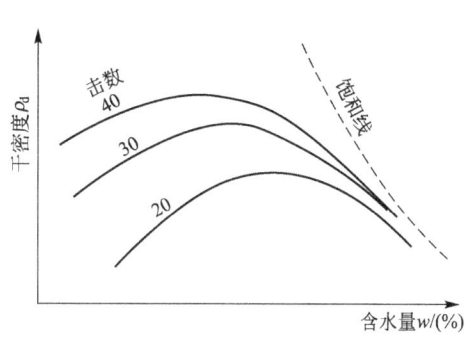

图 1.32 不同击数下的击实曲线

4. 细粒土的压实原理

关于细粒土在外力作用下的压实原理，可以用结合水膜润滑理论及电化学性质来解释。当黏性土中含水量较低、土较干时，由于土粒表面的结合水膜较薄，土中水处于强结合水状态，土粒间距较小，粒间电分子力以引力占优势，土样之间摩擦力、黏结力都很大，土粒的相对移动时阻力大，尽管有击实能的作用，但也还是较难克服这种阻力的作用，因而不易被压实。

当含水量增加时，结合水薄膜增厚，土粒间距也逐渐增大，引力减小，斥力增加，土的状态变软，摩擦力和黏结力减小，压实能比较容易克服粒间引力而使土粒彼移动，趋于密实，压实效果好，表现为干密度增大，至最优含水量时，干密度达最大值。但当土中的含水量继续增大时，虽然也能使粒间引力减小，但土中出现了自由水，同时有以封闭形式存在的气泡存在于土内，难于排出，阻止了土粒的移动，击实仅能导致土粒更高程度的定向排列。而土体几乎不发生体积变化，所以干密度逐渐减小，击实效果反而下降(如图 1.30 所示)。

1.7.2 粗粒土的压实性

试验表明，砂和砂砾等粗粒土的压实性也与含水量有关，但不存在着一个最优含水量。一般在完全干燥或者充分洒水饱和情况下容易压实，得到较大干密度。潮湿状态下，由于毛细压力增加了粒间阻力，最大干密度显著降低。如图 1.33 所示，粗砂含水量为 4%～5%，中砂含水量为 7% 左右时，压实干密度最小。饱和砂土，毛细压力消失，击实效果好。因此，在工程中压实砂砾时，要充分洒水使土料饱和，以便获得最佳压实效果。

粗粒土的压实标准，一般用相对密实度 D_r 控制。以前要求相对密实度达到 0.70 以上，近年来根据地震震害资料的分析结果，认为高烈度区相对密实度仍需提高。室内试验

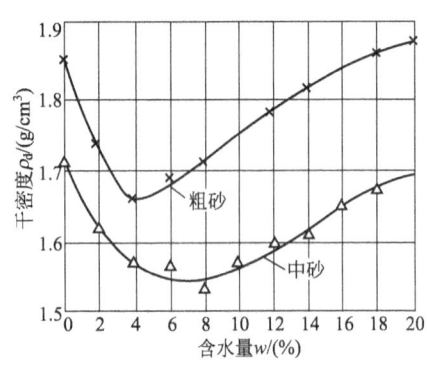

图 1.33 粗粒土的压实曲线

的结果也表明，对于饱和的粗粒土，在静力或动力的作用下，相对密实度大于 0.70～0.75 时，土的强度明显增加，变形显著减小，可以认为相对密实度 0.70～0.75 是力学性质的一个转折点。同时，由于大功率振动辗压机具和技术的发展，使提高辗压密实度成为可能。所以，我国现行的水工建筑物抗震规范规定，位于浸润线以上的粗粒土要求相对密实度达 0.70 以上，而浸润线以下的饱和土，相对密实度则应达 0.75～0.85。这些标准对于有抗震要求的其他类型的填土，也可参照采用。

1.7.3 压实性在工程中的应用

上述土的压实特性均是从室内压实试验中得到的。工程实践中碾压或夯实的情况与室内压实试验条件不同。例如，现场填筑时的碾压机械和压实试验的自由落锤的工作情况不同，前者大都是碾压，而后者则是冲击荷载作用。现场填筑中，土在填方中的变形条件与压实试验时土在刚性击实筒中的变形条件不一样，前者可产生一定的侧向变形，后者为完全侧限。为了把室内的击实试验的结果应用于实际工程设计与施工，研究人员在室内击实试验和现场碾压关系方面进行了相关研究。图 1.34 为羊足碾不同碾压遍数的工地试验结果与室内击实试验结果的比较。从该图的两种试验比较表明，用室内击实试验来模拟工地填土的压实是可靠的。

在工程中，常用土的压实度或压实系数来控制填方工程的质量。压实系数 λ 为工地碾压时要求达到的最大干密度 ρ'_{dmax} 和室内击实试验时得到的最大干密度 ρ_{dmax} 的比值，即

$$\lambda = \frac{\rho'_{dmax}}{\rho_{dmax}} \quad (1-32)$$

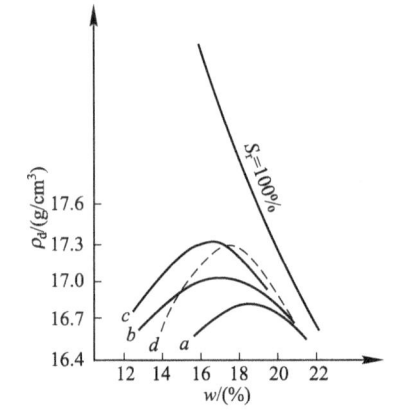

图 1.34 工地试验与击实试验的对比
a—羊足碾，碾压 6 遍；b—羊足碾，碾压 12 遍；
c—羊足碾，碾压 24 遍；d—普氏击实仪

压实系数 λ 值越接近于 1，表明对填土压实质量的要求越高，这应用于主要受力层或者重要工程中。在高速公路路基工程中，要求 $\lambda > 0.95$，但是，对于路基的下层或次要工程，λ 值可取小一些。

从现场填土压实试验和室内击实试验对比可知，室内击实试验是研究土的压实特性的基本方法。通过击实试验，判别在某一击实功能作用下土的击实性是否良好，以及土可能达到的最佳密实度范围与相应的含水量值，为填方工程合理选用填土含水量和填筑密度提供依据。

1.8 土的工程分类

1.8.1 土的分类原则与分类体系

1. 土的分类原则

自然界中土的成分、结构及构造千变万化，表现的工程性质各不相同。对土进行分类的目的是把工程性质接近的土归在同一类，以便大致判断其工程特性，评价其作为建筑地基或建筑材料的适用性以及结合其他物理性质指标确定该地基的承载力，同时便于对不同土类进行比较和评价。土的分类一般遵循以下两个原则。

(1) 简明的原则。分类体系所采用的指标，既要能综合反映土的主要工程性质，又要测定方法简单，且使用方便。

(2) 工程特性差异的原则。土的分类体系所采用的指标要在一定程度上反映不同类工程用土的不同特性。

除此之外，还可依据土的成因、地质年代等原则进行分类。

2. 我国土的分类体系

国内外关于土的分类标准很多，有的根据土的结构构造分类，有的依据土的工程性质分类，有的考虑土的颗粒级配和塑性指数分类，不同的国家根据各自的地域特点和需要，制定了相应的分类系统和分类方法。目前不仅各国尚未统一，就是一个国家的各个部门也都制定了本行业的分类体系和标准。我国土的分类体系大致有三大类。

(1) 第一类是以《土的工程分类标准》(GB/T 50145—2007)为代表，以及《水电水利工程土工试验规程》(DL/T 5355—2006)和《公路土工试验规程》(JTG E40—2007)分类方法；这些对土分类的共同点是：粗粒土按粒度成分分类，细粒土是按塑性图分类。

(2) 第二类是以目前我国工程建设中应用最广泛的《岩土工程勘察规范》(GB 50021—2001)(2009年版)为代表的，及《建筑地基基础设计规范》(GB 50007—2011)、《水运工程岩土勘察规范》(JTS 133—2013)、《公路桥涵地基与基础设计规范》(JTG D63—2007)等的分类方法，它们分类的共同点是粗粒土按粒度成分分类，细粒土是按塑性指数分类。

(3) 第三类是《铁路工程岩土分类标准》(TB 10077—2001)和《铁路工程地质勘察规范》(TB 10012—2007)的分类方法，它的分类特点是粗粒土的分类与第二类方法相同，但细粒土分类是按第一类方法，即按塑性图分类。

由于我国第四纪沉积物成因的复杂性、分布区域性，以及各类工程对土的要求不同，目前关于土的工程分类在不同行业和不同地区略有差别，涉及各类规范数十种。本节主要介绍以《土的工程分类标准》(GB/T 50145—2007)为代表的分类法、建筑地基土分类法、公路路基分类方法、细粒土按塑性图分类方法，以便对土的工程分类有一个较全面的了解。对于这些方法，要辩证地加以分析和理解，在实际工程应用中，合理选择分类方法。

1.8.2 《土的工程分类标准》（GB/T 50145—2007）分类法

为了与国际接轨，我国制定了"土的分类标准"，这一分类体系与一些欧美国家的土分类体系原则相近，仅根据我国的实际情况作了适当修正。主要分类依据：土颗粒组成及其特征、土的塑性指标（w_L、w_P、I_P）和有机质含量。对土进行分类时，首先应判别土属于有机土还是无机土。若土的大部分或全部是有机质时，该土就属于有机土，否则就属于无机土。若属于无机土，则根据土内各粒组的相对含量把土分为巨粒类土、粗粒类土和细粒类土三大类。现行《土的工程分类标准》（GB/T 50145—2007）的总分类体系如图 1.35 所示。

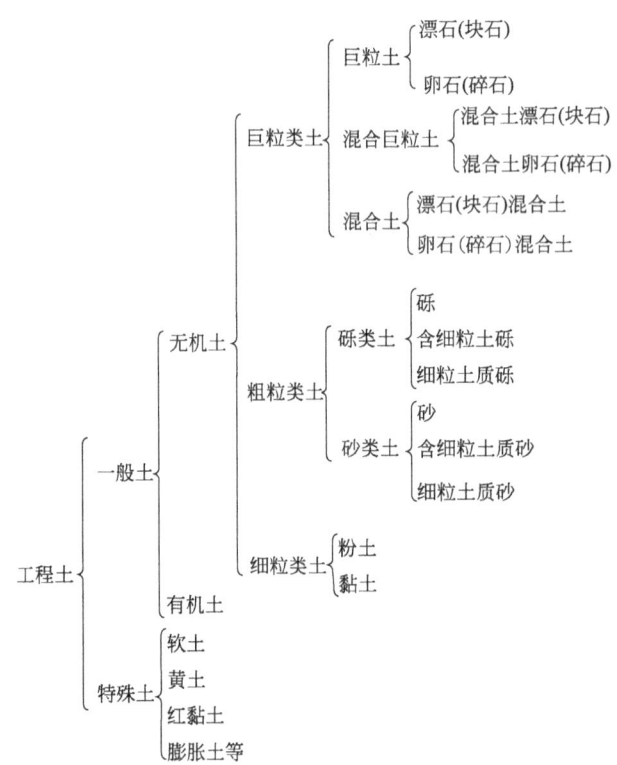

图 1.35 《土的工程分类标准》（GB/T 50145—2007）工程土的总分类体系

1. 巨粒类土

巨粒类土按土中粒径大于 60mm 的巨粒含量区分。若土中巨粒含量多于 75%，则该土属于巨粒土；若土中巨粒含量为 50%~75%，则该土属混合巨粒土；若土中巨粒含量为 15%~50%，则该土属巨粒土混合土。巨粒土和含巨粒土结合漂石粒含量再进一步细分，见表 1-16。

2. 粗粒土的分类

若试样中粒径大于 0.075mm 的粗粒含量超过全重质量 50% 的土称粗粒土。粗粒土分为砾类土和砂类土两大类。若土中的砾粒组含量大于砂粒组含量，则该土属砾类土；若土中的砾粒组含量小于砂粒组含量,则该土属砂类土。砾类土或砂类土按土中粒径小于 0.075mm 的细粒含量及类别、粗粒组的级配划分亚类,见表 1-17 和表 1-18。

表 1-16 《土的工程分类标准》(GB/T 50145—2007)巨粒类土的分类

土类	粒组含量		土的代号	土的名称
巨粒土	巨粒含量 >75%	漂石粒含量大于卵石含量	B	漂石(块石)
		漂石粒含量不大于卵石含量	Cb	卵石(碎石)
混合巨粒土	50%<巨粒含量≤75%	漂石粒含量大于卵石含量	BSl	混合土漂石(块石)
		漂石粒含量不大于卵石含量	CSl	混合土卵石(碎石)
巨粒土混合土	15%<巨粒含量≤50%	漂石粒含量大于卵石含量	SlB	漂石(块石)混合土
		漂石粒含量不大于卵石含量	SlCb	卵石(碎石)混合土

注:巨粒土混合土可根据所含粗粒或细粒的含量进行细分。

表 1-17 《土的工程分类标准》(GB/T 50145—2007)砾类土的分类

土 类	粒组含量		土代号	土名称
砾	细粒含量<5%	$C_u \geq 5$ 且 $C_c = 1 \sim 3$	GW	级配良好砾
		级配:不同时满足上述标准	GP	级配不良砾
含细粒土砾	5%≤细粒含量<15%		GF	含细粒土砾
细粒土质砾	15%≤细粒含量<50%	细粒组中粉粒含量不大于50%	GC	黏土质砾
		细粒组中粉粒含量大于50%	GM	粉土质砾

表 1-18 《土的工程分类标准》(GB/T 50145—2007)砂类土的分类

土类	粒组含量		土代号	土名称
砂	细粒含量<5%	$C_u \geq 5$ 且 $C_c = 1 \sim 3$	SW	级配良好砂
		级配:不同时满足上述标准	SP	级配不良砂
含细粒土砂	5%≤细粒含量<15%		SF	含细粒土砂
细粒土质砂	15%≤细粒含量<50%	细粒组中粉粒含量不大于50%	SC	黏土质砂
		细粒组中粉粒含量大于50%	SM	粉土质砂

3. 细粒土的分类

若试样中粒径小于 0.075mm 的细粒含量大于或等于全部质量 50% 的土称为细粒类土。细粒土中粗粒组含量不大于 25% 的土称细粒土;粗粒组含量大于 25% 且不大于 50% 的土称含粗粒的细粒土;有机质含量小于 10% 且不小于 5% 的土称有机质土。土中有机质(O)应根据未完全分解的动植物残骸和无定形物质判定。有机质呈黑色、青黑色或暗色,有臭味、弹性和海绵感,可采用自测、手摸或嗅觉判别。当不能判别时,可将试样放入 100~110℃ 的烘箱中烘烤。当烘烤后试样的液限小于烘烤前的液限 3/4 时,试样为有机土。

细粒土可按塑性图进一步细分,如图 1.36 所示,A 线方程式为 $I_P=0.73(w_L-20)$,B 线方程为 $w_L=50$。若土的液限和塑性指数落在图中 A 线以上,且 $I_P \geq 7$,表示土的塑性高,属黏土(代号 C)或有机土质黏土(CO)。若土的液限和塑性指数在 A 线以下,且 $I_P<4$,表示土的塑性低,属粉土(M)或有机质粉土(MO)。鉴于土液限的高低可间接反映土的压缩性高低,即土的液限高,它的压缩性也高;反之,液限低,压缩性也低。因此,又用一条竖线 B 把黏土和粉土细分为两类,如表 1-19 所示。若细粒土内含部分有机质,则土名前加形容词有机质,土代号后加 O,如高液限有机质黏土(CHO),低液限有机质粉土(MLO)。若细粒土内粗粒含量为 25%~50%,则该土属含粗粒的细粒土。当粗粒中砾粒占优势,则该土属含砾细粒土,并在土号后加 G,如 CHG、MLG 等。若粗粒中砂粒占优势,则该土属含砂细粒土,并在代号后加 S,如 CLS、MHS。

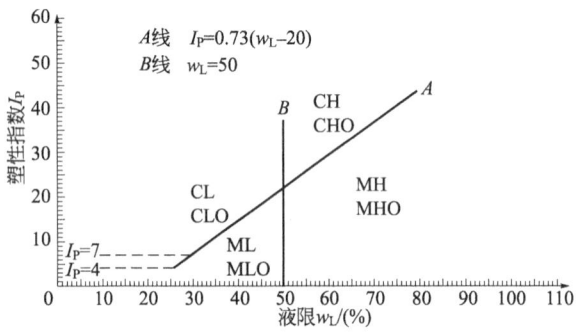

图 1.36 细粒土分类的塑性图

CL—低液限黏土;CH—高液限黏土;ML—低液限粉土;CH—高液限粉土;OL—低液限有机土

表 1-19 细粒土的分类(17mm 液限)

塑性指数(I_P)	液限(w_L)	土名称	土代号
$I_P \geq 0.73(w_L-20)$ 且 $I_P \geq 7$	$w_L \geq 50\%$	高液限黏土	CH
	$w_L < 50\%$	低液限黏土	CL
$I_P < 0.73(w_L-20)$ 且 $I_P < 4$	$w_L \geq 50\%$	高液限粉土	MH
	$w_L < 50\%$	低液限粉土	ML

注:黏土~粉土过渡区(CL~ML)的土可按相邻土层的类别细分。

1.8.3 建筑地基土的工程分类

《建筑地基基础设计规范》(GB 50007—2011)和《岩土工程勘察规范》(GB 50021—2001)(2009 版)分类体系特点:在考虑到土的划分标准时,注重土的天然结构特性和强度,并始终与土的主要工程特性——变形和强度特征紧密联系。因此,首先考虑了按堆积年代和地质成因进行划分,并将区域性特殊土与一般性土区别开来。

土按堆积年代可划分为以下三类。

(1)老堆积土。第四纪晚更新世 Q_3 及其以前堆积的土层,一般呈超固结状态,具有较高的结构强度。

(2) 一般堆积土。第四纪全新世(文化期以前Q_4^1)堆积的土层。

(3) 新近堆积土。自文化期以来新近堆积的土层Q_4^2,一般处于欠压密状态,结构强度较低。

根据地质成因可将土分为残积土、坡积土、洪积土、淤积土、冰积土、风积土和海积土等。

根据有机质含量(按灼失量试验确定)可将土分为无机土、有机质土、泥炭质土和泥炭,其含量分别为<5%,5%~10%,10%~60%,>60%。

按颗粒级配和塑性指数可将地基岩(土)分为岩石、碎石土、砂土、粉土和黏性土、人工填土和特殊土。

1. 岩石

岩石(基岩)是指颗粒间牢固联结,形成整体或具有节理、裂隙的岩体。它作为建筑场地和建筑地基可按下列原则分类。

(1) 岩石按成因分为岩浆岩、沉积岩和变质岩。

(2) 根据岩石坚硬程度可分为坚硬岩、较硬岩、较软岩、软岩和极软岩,如表1-20所示。

表1-20 岩石按坚硬程度分类

坚硬程度类别	坚硬岩	较硬岩	较软岩	软岩	极软岩
饱和单轴抗压强度 f_r/MPa	$f_r>60$	$60 \geqslant f_r>30$	$30 \geqslant f_r>15$	$15 \geqslant f_r>5$	$f_r<5$

(3) 根据风化程度分为未风化、微风化、中等风化、强风化和全风化5种,其中,微风化或未风化的坚硬岩石为良好的地基;强风化或全风化的软弱岩石,为不良地基。

(4) 按软化系数K_R分为软化岩石和不软化岩石。K_R为饱和状态与风干状态的岩石单轴极限抗压强度之比,$K_R<0.75$为软化岩石,$K_R>0.75$为不软化岩石。

(5) 按完整程度可分为完整、较完整、较破碎、破碎和极破碎5种,详见表1-21。

表1-21 岩石按完整程度分类

完整程度等级	完整	较完整	较破碎	破碎	极破碎
完整性指数	>0.75	0.75~0.55	0.55~0.35	0.35~0.15	<0.15

注:完整性指数为岩体纵波波速度与岩块纵波波速度之比的平方,选定岩体和岩块测定波速时应有代表性。

2. 碎石土

粒径大于2mm的颗粒含量超过总质量50%。根据颗粒级配和颗粒形状,按表1-22分为漂石、块石、卵石、碎石、圆砾和角砾。

3. 砂土

粒径大于2mm的颗粒含量不超过土的总量的50%,且粒径大于0.075mm的颗粒含量超过土的总量的50%的土。根据颗粒级配,按表1-23分为砾砂、粗砂、中砂、细砂和粉砂。

表 1-22　碎石土的分类

土的名称	颗粒形状	颗粒级配
漂石	以圆形及亚圆形为主	粒径大于 200mm 的颗粒超过土总质量的 50%
块石	以棱角形为主	
卵石	以圆形及亚圆形为主	粒径大于 20mm 的颗粒超过土总质量的 50%
碎石	以棱角形为主	
圆砾	以圆形及亚圆形为主	粒径大于 2mm 的颗粒超过土总质量的 50%
角砾	以棱角形为主	

注：定名时，应根据颗粒由大到小，以最先符合者确定。

表 1-23　砂土的分类

土的名称	颗粒级配
砾砂	粒径大于 2mm 的颗粒占土总质量的 25%～50%
粗砂	粒径大于 0.5mm 的颗粒超过土总质量的 50%
中砂	粒径大于 0.25mm 的颗粒超过土总质量的 50%
细砂	粒径大于 0.075mm 的颗粒超过土总质量的 85%
粉砂	粒径大于 0.075mm 的颗粒超过土总质量的 50%

注：分类应根据颗粒级配由大到小，以最先符合者确定。

砂土按其密实度分为密实、中密、稍密和松散。砂土的潮湿程度可按饱和度分为饱和、很湿和稍湿三种状态，见表 1-24。常见的砾砂、粗砂、中砂为良好地基，粉、细砂要具体分析，如为饱和疏松状态则为不良地基。

表 1-24　砂土湿度按饱和度 S_r 划分

饱和度 S_r	$S_r \leqslant 0.5$	$0.5 < S_r \leqslant 0.8$	$0.8 < S_r$
湿度	稍湿	很湿	饱和

4. 黏性土

黏性土为塑性指数 I_P 大于 10 的土，可按塑性指数 I_P 分为黏土和粉质黏土，见表 1-25。黏性土的状态按液性指数分为坚硬、硬塑、可塑、软塑和流塑五种状态，见表 1-13。黏性土随其含水量的大小变化处于不同的状态，密实硬塑状态的黏性土为良好地基，疏软流塑状态的黏性土为软弱地基。

表 1-25　黏性土的分类

土的名称	塑性指数 I_P
黏土	$I_P > 17$
粉质黏土	$10 < I_P \leqslant 17$

注：塑性指数由相应于 76g 圆锥体沉入土样中深为 10mm 时测定的液限计算而得。

5. 粉土

塑性指数 I_P 小于或等于 10，且粒径大于 0.075mm 的颗粒含量不超过全重 50% 的土称为粉土，其性质介于砂土与黏性土之间，它按黏粒含量 M_c 可分为黏质粉土和砂质粉土，如表 1-26 所示。

表 1-26 粉土的分类

土的名称	黏粒含量 M_c/(%)
黏质粉土	$M_c \geqslant 10$
砂质粉土	$M_c < 10$

粉土的密实度根据孔隙比划分为密实、中密和稍密，如表 1-27 所示；其湿度根据含水量划分为稍湿、湿和很湿，如表 1-28 所示，密实状态的粉土性质好，强度高，是良好的地基；饱和稍密的粉土地震时易产生液化，为不良地基。

表 1-27 粉土密实度分类

密实度	密实	中密	稍密
孔隙比 e	$e < 0.75$	$0.75 \leqslant e \leqslant 0.90$	$e > 0.9$

表 1-28 粉土湿度分类

湿度	稍湿	湿	很湿
含水量/(%)	$w < 20$	$20 \leqslant w \leqslant 30$	$w > 30$

6. 人工填土

人工填土是指由于人类活动而堆填而成的土。其物质成分较杂，均匀性较差。根据其物质组成和堆填方式，填土可分为素填土、杂填土和冲填土三类。

1）素填土

由黏性土、砂或粉土、碎石等一种或几种材料组成的填土，其中不含杂质或含杂质较少，有机质含量不超过 10%。素填土按其堆积年限分为新素填土和老素填土两类，见表 1-29。当年限不易确定时，可根据其孔隙比指标判定其类别。

（1）黏性老素填土。堆积年限在 10 年以上，或孔隙比 $e \leqslant 1.10$。

（2）非黏性老素填土。堆积年限在 5 年以上，或孔隙比 $e \leqslant 1.00$。

（3）新素填土。堆积年限少于上述年限或指标不满足上列数值的素填土。

经分层辗压或夯实的填实土称为压实填土。

表 1-29 素填土按堆填时间分类

土的名称	堆填时间/年
新素填土	小于 10 年的黏性土，小于 5 年的粉土
老素填土	超过 10 年的黏性土，超过 5 年的粉土

2)杂填土

含大量建筑垃圾、生活垃圾或工业废料等杂物的填土,按其物质组成可分为三类,各自的特征如下。

(1)建筑垃圾杂填土。主要由房渣土组成,其中碎砖、瓦片等杂物占40%以上。碎砖、石、砂等含量愈多,土质愈松散。

(2)生活垃圾杂填土。主要由炉灰、煤渣和菜皮等有机物组成,其中含有未分解的有机物,组成物杂乱和松散。

(3)工业废料杂填土。主要为矿渣、炉渣、金属切削丝和其他工业废料所组成。

3)冲填土

用水力冲填法将水底泥砂等沉积物堆积而成的。按冲填堆积年限可分为老冲填土和新冲填土。

通常人工填土的工程性质较差,表现出强度低,压缩性大且不均匀。其中压实填土相对较好。杂填土因成分复杂,分布不均匀,工程性质最差。

7. 特殊土

我国地域辽阔,从沿海到内陆,从山区到平原,广泛分布着各种各样的土类。土的成因与自然环境密切相关。由于土的形成环境的多样性,形成了众多不同特性的特殊土。这种分布在一定地理区域或具有工程上的特殊成分、状态和结构特征的土称为特殊土,也称区域性土。主要特殊土有软土、黄土、红黏土、膨胀土、盐渍土、冻土、花岗岩残积土等。世界上几种主要的特殊土类,在我国都有分布,如表1-30所示。特殊土从塑性指数来看,有的属于黏性土或粉土,但从成分、状态和结构特征来说,则与一般黏性土有显著的不同。下面简介几种常见特殊土的特性。

表1-30 我国主要特殊性土类

序号	土类名称	主要分布区域	形成环境	主要工程特性
1	软土	东南沿海地区,如上海、天津塘沽、浙江温州、宁波、江苏连云港、广州等地区;内陆湖泊地区	滨海、三角洲相沉积;湖泊沉积	压缩性大、渗透性差、强度低、变形稳定时间长
2	黄土	西北内陆地区,如青海、甘肃、宁夏、陕西、山西等地区	干旱、半干旱气候条件,降雨量少、蒸发量大,年降雨量小于500mm,风成为主	湿陷性
3	红黏土	云南、贵州、广西、广东、安徽、四川东部、鄂西、湘南等地区	碳酸盐岩分布地区,北纬33°以南,温暖湿润气候,残积为主	结构性强、不均匀性、裂隙发育
4	膨胀土	云南、贵州、广西、安徽、四川等地区	温暖湿润、雨量充沛,年降雨量700~1700mm,具有良好的化学风化条件	吸水膨胀、失水收缩特性

(续)

序号	土类名称	主要分布区域	形成环境	主要工程特性
5	盐渍土	新疆、青海、甘肃、宁夏、内蒙古等内陆地区，部分滨海地区	荒漠、半荒漠地区，年降水量小于100mm，蒸发量高达3000mm以上的内陆地区，沿海受海水浸渍或海退影响而成	盐胀性、湿腐蚀性
6	冻土	西藏、青海、黑龙江、内蒙古、新疆等地区	高纬度、寒冷地区	冻胀性和融沉性
7	花岗岩残积土	广东、福建以及桂东南与湘南、赣南等地区	温暖潮湿的花岗岩广泛分布地区，风化作用强烈	不均匀性和各向异性、软化和崩解性、扰动性

1) 软土

软土是指天然孔隙比大($e \geqslant 1.0$)，天然含水量高($w \geqslant w_L$)，压缩性高、强度低和具有灵敏性、结构性的土，包括淤泥、淤泥质土、泥炭、泥炭质土等。其天然含水量大于液限，天然孔隙比大于等于1.5的称为淤泥；当天然孔隙比小于1.5且大于1.0称为淤泥质土；当有机质土大于5%称为有机质土，有机质土大于60%称为泥炭，有机质土在10%~60%称为泥炭质土。

软土多为静水或缓慢流水环境中沉积，并经生物化学作用形成，其成因类型主要有滨海环境沉积、海陆过渡环境沉积(三角洲沉积)、河流环境沉积、湖泊环境沉积和和沼泽环境沉积等。我国软土分布很广，如长江、珠江地区的三角洲沉积；上海、天津塘沽、浙江温州、宁波、江苏连云港、广州等地的滨海相沉积；闽江口平原的溺谷相沉积；洞庭湖、太湖以及昆明滇池等地区的内陆湖泊相沉积；河滩沉积位于各大中河流的中、下游地区；沼泽沉积的有内蒙古，东北大、小兴安岭，南方及西南森林地区等。软土具有如下不良工程特性。

(1) 高压缩性。软土的压缩系数大，一般$a_{1-2}=0.5 \sim 1.5 \mathrm{MPa}^{-1}$，最大可达$5 \mathrm{MPa}^{-1}$；压缩指数$C_c$为0.35~0.75，软土地基的变形特性与其天然固结状态相关，欠固结软土在荷载作用下沉降较大，天然状态下的软土层大多属于正常固结状态。

(2) 低强度。软土的天然不排水抗剪强度一般小于20kPa，其变化范围为5~25kPa，有效内摩擦角φ'为12°~35°，固结不排水剪内摩擦角$\varphi_{cu}=12° \sim 17°$，软土地基的承载力常为50~80kPa。

(3) 低透水性。软土的渗透系数一般为$i \times 10^{-8} \sim i \times 10^{-6} \mathrm{cm/s}$，在自重或荷载作用下固结速率很慢。同时，在加载初期地基中常出现较高的孔隙水压力，影响地基的强度，延长建筑物沉降时间。

(4) 触变性。尤其是滨海相软土一旦受到扰动(振动、搅拌、挤压或搓揉等)，原有结构破坏，土的强度明显降低或很快变成稀释状态。触变性的大小，常用灵敏度S_t来表示，一般S_t为3~4，个别可达8~9。故软土地基在振动荷载下，易产生侧向滑动、沉降及基底向两侧挤出等现象。

(5) 流变性。软土除排水固结引起变形外,在剪应力作用下,土体还会发生缓慢而长期的剪切变形,对地基沉降有较大影响,对斜坡、堤岸、码头及地基稳定性不利。

(6) 不均匀性。由于沉降环境的变化,黏性土层中常局部夹有厚薄不等的粉土使水平和垂直分布上有所差异,使建筑物地基易产生差异沉降。

2) 红黏土

红黏土是指碳酸盐类岩石(石灰岩、白云岩、泥质泥岩等),在亚热带温湿气候条件下,经风化而成的残积、坡积或残坡积的褐红色,棕红色或黄褐色的高塑性黏土,其液限一般大于50%。经黏土经再搬运后仍保持其基本特征,但液限大于45%的土称为次生红黏土。红黏土主要分布在云南、贵州、广西、安徽、四川东部、鄂西、湘南等地。

红黏土的黏粒组分(粒径<0.005mm)含量高,一般可达55%~70%,粒度较均匀,高分散性。黏土颗粒主要是多以高岭石和伊利石类黏土矿物为主,常呈蜂窝状结构,常有很多裂隙(网状裂隙)、结核和土洞。其基本特性如下。

(1) 高塑性和分散性。液限一般为50%~80%,塑限为30%~60%,塑性指数一般为20~50。

(2) 高含水量、低密度。天然含水量一般为30%~60%,饱和度>85%,密实度低,大孔隙明显,孔隙比>1.0;液性指数一般都小于0.4,为坚硬和硬塑状态。

(3) 强度较高,压缩性较低。固结快剪的内摩擦角 $\varphi=8°\sim18°$,黏聚力 c 可达40~90kPa,多属中压缩性土或低压缩性土,压缩模量 E_s 为5~15MPa。

(4) 不具湿陷性,但收缩性明显,失水后强烈收缩,原状土体缩率可达25%。

红黏土在分布上呈如下特征。

沿深度上,随着深度的加大,红黏土的天然含水量、孔隙比、压缩系数都有较大的增高,状态由坚硬、硬塑可变为可塑、软塑,而强度则大幅度降低。

在水平方向上,由于地形地貌和下伏基岩起伏变化,性质变化也很大,地势较高的,由于排水条件好,天然含水量和压缩性较低,强度较高,而地势较低的则相反。

3) 膨胀土

在工程建设中,经常会遇到一种具有特殊变形性质的黏性土,它的体积随含水量变化而变化,具有显著的吸水膨胀和失水收缩特性,其自由膨胀率大于或等于40%的黏性土称为膨胀土。自由膨胀率是指人工制备的烘干土,在水中增加的体积与原体积的比。

大多数膨胀土是上更新世及以前的残坡积、冲积、洪积物,也有晚第三纪至第四纪的湖泊沉积及其风化层。从岩性上看,以黏土为主,具有黄、红、灰、白等色,土中含有较多的黏土,黏土占总数的98%,黏土矿物多为蒙脱石、伊利石和高岭石。蒙脱石含量越多,膨胀性越强烈。

膨胀土的液限、塑限和塑性指数都较大,液限为40%~68%,塑限为17%~35%,塑性指数为18~33。膨胀土的饱和度一般较大,常在80%以上,但天然含水量较小,大部分为17%~30%,一般为20%左右,所以土常处于硬塑或坚硬状态,强度较高,黏聚力较大,内摩擦角普遍较高,压缩性一般中等偏低,故常被简单地认为是很好的地基。但在含水量增加或结构扰动时,其力学性质向不良方向转化较明显。某些资料表明,浸湿后和结构破坏后的土样抗剪程度比原状土降低1/3~2/3,其中黏聚力降低较多,内摩擦角降低较少,压缩系数可能增大1/4~1/2。

膨胀土地基遇水膨胀隆起,失水收缩下沉,会引起地基的不均匀沉降,对建筑物危害极大。

4) 湿陷性黄土

黄土在一定压力作用下受水浸湿,土结构迅速破坏而发生显著附加下沉,导致建筑物破坏,具有湿陷特性的黄土,称湿陷性黄土。黄土的湿陷性一般自地表以下逐渐减弱,埋深七八米以上的黄土湿陷性较强。我国黄土分布面积达60万平方千米,其中有湿陷性的约为43万平方千米。主要分布在黄河中游的甘肃、陕西、晋、宁、河南、青海等省区。

(1) 湿陷性与非湿陷性黄土的判别方法。黄土的湿陷性试验是在室内的固结仪内进行的,其方法是:分级加荷至规定压力,当下沉稳定后,使土样浸水直至湿陷稳定为止,其湿陷系数 δ_s 的计算式是

$$\delta_s = \frac{h_p - h_p'}{h_0} \tag{1-33}$$

式中:h_0 为原状土样的原始高度(cm);h_p 为原状土样在规定压力下,下沉稳定后的高度(cm);h_p' 为上述加压稳定后的土样,在浸水作用下,下沉稳定后的高度(cm)。

利用 δ_s 的值,可判定黄土是否有湿陷性。

当 $\delta_s < 0.015$ 时,为非湿陷性黄土;$\delta_s \geq 0.015$ 时,为湿陷性黄土,且该值越大,湿陷性越强烈。

工程中对湿陷性黄土的进一步划分:一般压力为 200kPa 作用下,当 δ_s 为 0.015~0.03 时,湿陷性轻微;当 δ_s 为 0.03~0.07 时,湿陷性中等;当 $\delta_s > 0.07$ 时,湿陷性强烈。

(2) 自重与非自重湿陷性黄土的判别。

① 自重湿陷性。在上覆土层自重应力作用下,因浸水后土的结构破坏而发生显著附加变形的性质,称自重湿陷性。

② 非自重湿陷性黄土。当某一深度处的黄土层浸水后,除上覆土的饱和自重外,尚需要一定的附加荷载(压力)才发生湿陷的,称非自重湿陷性。

③ 测定方法。也是在室内固结仪上进行,即分级加荷至上覆土层的饱和自重压力,当下沉稳定后,使土样浸水湿陷达稳定为止。

自重湿陷系数 δ_{zs} 的计算公式

$$\delta_{zs} = \frac{h_z - h_z'}{h_0} \tag{1-34}$$

式中:h_0 土样的原始高度(cm);h_z 原始土样加压至土的饱和自重压力时,下沉稳定后的高度(cm);h_z' 为上述加压稳定后的土样,在浸水作用下,下沉稳定后的高度(cm)。

当 $\delta_{zs} < 0.015$ 时,定为非自重湿陷性黄土;$\delta_{zs} \geq 0.015$ 时,为自重湿陷性黄土。

(3) 黄土的工程特性。

① 塑性较弱。液限一般为 23%~33%,塑限常为 15%~20%,塑性指数多为 8~13。

② 含水较少。天然含水量一般为 10%~25%,常处于半固态或硬塑状态,饱和度一般为 30%~70%。

③ 压实程度很差。孔隙较大,孔隙率大,常为 45%~55%(孔隙比为 0.8~1.1),干

密度常为 $1.3 \sim 1.5 \text{g/cm}^3$。

④ 抗水性弱。遇水强烈崩解，膨胀量较小，但失水收缩较明显，遇水湿陷较明显。

⑤ 透水性较强。由于大孔和垂直节理发育，故透水性比粒度成分相类似的一般黏性土要强得多，常具有中等透水性(渗透系数超过 10^{-3} cm/s)，但具有明显的各向异性，垂直方向比水平方向要强得多，渗透系数可大数倍甚至数十倍。

⑥ 强度较高。尽管孔隙率很高，但压缩性仍属中等，抗剪强度较高(一般 φ 值为 $15°\sim 25°$，c 值为 $30\sim 60$ kPa)。但新近堆积黄土的土质松软，强度较低，压缩性较高。击实后的黄土，其强度增高，湿陷性减弱。

5) 冻土

在寒冷地区，当气温低于 0℃ 时，土中液态水冻结为固态冰，冰胶结了土粒，形成一种特殊联结的土，称为冻土。当温度升高时，土中的冰融化为液态水，这种融化了的土称为融土，其中所含水分比未冻结前的土中水分增加很多。所以，冻土的强度较高，压缩性低；而融土的强度剧烈变低，压缩性大大增强。冻结时，土中水分结冰膨胀，土体积随之增大，地基被隆起；融化时，土中的冰融化，土体积缩小，地基沉降。土的冻结和融化，土体膨胀和缩小，常给建筑物带来不利的影响，导致破坏。

冬季冻结，春季融化，冻结和融化具有季节性，这是最常见的现象，这种冻结的土叫"季节冻土"。由于气候条件不同，冻结土的深度也不同。我国秦岭以北及西南高山地区，在冬季，土都具有不同程度的冻结现象，如沈阳、北京、太原及兰州以北的地区，冻结深度都超过 1m，黑龙江北部和青藏高原等地区可达 2m 以上。由于气候寒冷，冬季冻结时间长，春季融化时间短，冻融现象只发生在表层一定深度，而下面土层的温度终年低于零度而不融化。这种多年(3年以上)冻结而不融化的冻土称为"多年冻土"。

土的冻胀程度一般用冻胀率 η(又称冻胀量或冻胀系数)来表示，它是冻结后土体膨胀的体积与未冻结土体体积的百分比，其值愈大，则土的冻胀性愈强。一般按土的冻胀率将土划分为五类：Ⅰ级不冻胀土，$\eta \leqslant 1.0\%$；Ⅱ级弱冻胀土，$1.0\% < \eta \leqslant 3.5\%$；Ⅲ级冻胀土，$3.5\% < \eta \leqslant 6.0\%$；Ⅵ级强冻胀土，$6.0\% < \eta \leqslant 12.0\%$；Ⅴ级特强冻胀土，$\eta > 12.0\%$。

土的冻胀程度除与气温条件有关外，与土的粒度成分、冻前土的含水量和地下水位的关系最为密切，在同样的条件下，粗粒的土比细粒的土冻胀程度小；冻前土的含水量愈小，则土的冻胀程度愈小；无地下水位补给条件比有地下水补给条件土的冻胀程度小。一般认为，冻结期间地下水位低于冻结深度的距离小于毛细上升高时，地下水就能不断补给。试验资料表明，黏性土在无地下水补给条件下开始产生冻胀的含水量 w 基本上接近塑限 w_P，且随着天然含水量的增大其冻胀率也增大。

6) 盐渍土

盐渍土是碱土和盐土以及各种碱化、盐化土壤的统称。盐土是指土壤中可容盐含量达到对作物生长有显著危害的程度的土类。碱土则含有危害植物生长和改变土壤性质的多量交换性钠，又称钠质土。

盐渍土按盐的形成过程可分为现代积盐过程盐渍土、碱化过程盐渍化和残余盐渍土；按盐渍土的盐渍化程度可分为弱、中、强、过盐渍土几类；按含盐的性质可分为氯盐渍土、亚氯盐渍土、亚硫酸盐渍土、硫酸盐渍土，具体分类见表 1-31。碳酸盐渍土属于碱性盐渍土，以 $(CO_3^{2-}+HCO_3^-)/(Cl^-+SO_4^{2-}) > 0.3$ 为界。

表 1-31　盐渍土的工程分类

盐渍土类别	土层的平均含盐量(质量百分数,%)			
	氯盐渍土	亚氯盐渍土	亚硫酸盐渍土	硫酸盐渍土
弱盐渍土	0.3~1.5	0.3~1.0	0.3~0.8	0.3~0.5
中盐渍土	1.5~5.0	1.0~4.0	0.8~2.0	0.5~1.5
强盐渍土	5.0~8.0	4.0~7.0	2.0~5.0	1.5~4.0
过盐渍土	>8.0	>7.0	>5.0	>4.0

注：含盐性质按 Cl^-/SO_4^{2-} 比值划分，>2 时为氯盐渍土，2~3 为亚氯盐渍土，1~0.3 为亚盐酸盐渍土，<0.3 为硫酸盐渍土。

盐渍土中易溶盐对其工程性质影响最大。盐渍土的工程性质较特殊。

(1) 盐渍土的液、塑限随着含盐量的增大而减小，需要在低含水量下压实。

(2) 含盐量过多时会出现结晶现象，在压实后遇水可出现空洞，土的空隙率增大，因此压实要注意控制含盐量。

(3) 湿化后密度降低，使得强度丧失快，干燥后有黏结性，使土体很硬。

(4) 结晶时体积不变化。不出现盐胀，导致土体结构破坏。

(5) 具有吸湿性(泛潮)。氯化物盐渍土中氯盐占优势，碳酸盐、硫酸盐含量弱，由于水分子极性和土颗粒的亲水性，它比其他盐渍土具有更大吸湿性。

(6) 具有可塑性。大量的试验表明，氯盐渍土的可塑性随含盐量的增加而降低。

(7) 具有夯实性。它与土的密实度有直接关系，密实度与含水量相关。含水量过小，使土颗粒间摩擦力增大，不易夯实。含水过多，使水分占据土颗粒空间，也不易夯实。所以只有在最佳含水量时，才能达到最好的压实效果。

(8) 盐分相变对土密实度的影响。氯化物盐渍土与其他盐渍土一样，当水分增大时，盐分呈液态，随盐渍土含水量而变化。当土中水分很小时，盐分固结析出。

7) 花岗岩残积土

位于地表及浅层的岩石在阳光、大气、水和生物等因素影响下发生风化作用，使得其结构、成分、性质等产生不同程度变异后，形成风化岩。残积土是岩石完全风化后，未被搬运残留原地的堆积而成的。

在云贵高原以东，包括秦岭—大别山在内的我国东南部，花岗岩分布相当广泛，尤其在广东、福建，以及桂东南与湘南、赣南一带，更为集中。花岗岩出露面积，在闽、粤两省都占其总面积的30%~40%，桂、湘、赣三省区分别占其总面积的10%~20%。花岗岩残积土在我国分布十分广泛，气候作用对花岗岩的风化程度影响很大，气候条件越温暖潮湿的地区，风化程度越强烈，因此，花岗岩残积土随地域不同，其工程地质特性存在一定差异。

花岗岩残积土的物理力学性质主要表现如下。

(1) 花岗岩残积土的透水性均为弱微透水性土，渗透系数多为 $1 \times 10^{-6} \sim 1 \times 10^{-4} \mathrm{cm/s}$，但同一类土的透水性差异较大，大值为小值的数倍至数十倍。其中砂土的透水性变化比黏性土的透水性变化更大。

(2) 花岗岩残积成因的黏性土和粗粒的砂土都具有黏聚力，黏聚力大小不一，这与其他成因的沉积物有所不同。花岗岩残积土的黏聚力随土的类型变化较大。

(3) 花岗岩残积土的液限大多小于40%，多为低液限土；塑性指数 I_P 多为 10~17，$I_P>17$ 或 $I_P\leq10$ 较少。花岗岩残积土的自由膨胀率小于65%，属非膨胀性土。

(4) 具明显的不均匀性和各向异性。北方气候干燥寒冷，花岗岩残积土风化程度低，这种特性表现得不如南方明显。

(5) 软化和崩解性。花岗岩残积土随含水量增加，其强度降低、压缩性增大的性质，称为花岗岩残积土的软化特性。这是由于它含有较多游离氧化物，游离氧化物可溶于水，随土体含水量的增加，在土体中起胶结作用的游离氧化物的溶解量随之增加，从而使土体强度降低、压缩性增大。崩解是指浸泡在水中的花岗岩残积土呈散粒状、片状及块状等，掉、剥、崩、落的现象。

(6) 是一种结构性很强的特殊土，具有极强的扰动性。由于其通常含有较多的砂砾碎屑(特别是砂砾质残积土)，因此在进行钻探取样和试验试样切取制作时，极易因扰动而破坏其结构性，使其结构强度损失。

1.8.4 公路地基土的工程分类

公路桥涵地基土的分类，目前仍沿用《公路桥涵地基与基础设计规范》(JTG D63—2007)和《公路工程地质勘察规范》(JTG C20—2011)的规定。土的分类与《建筑地基基础设计规范》(GB 50007—2011)基本相同。砂土的分类如表1-23所示，粉土及黏土的分类如表1-32所示。

表1-32 细粒土按塑性指数的分类

土的名称	塑性指数 I_P
黏土	$I_P>17$
粉质黏土	$10<I_P\leq17$
粉土	$I_P\leq10$ (粒径大于0.075mm的颗粒含量不超过全重的50%)

注：塑性指数由相应于76g圆锥体沉入土样中深为10mm时测定的液限计算而得。

公路路基土的分类按《公路工程地质勘察规范》(JTG C20—2011)和《公路土工试验标准》(JTG E40—2007)进行。其中，《公路土工试验标准》参照《土的工程分类标准》(GB/T 50145—2007)，将土分为巨粒土、粗粒土、细粒土和特殊土，分类总体系如图1.37所示。试样中巨粒组质量多于总质量50%的土称巨粒土，分类体系见

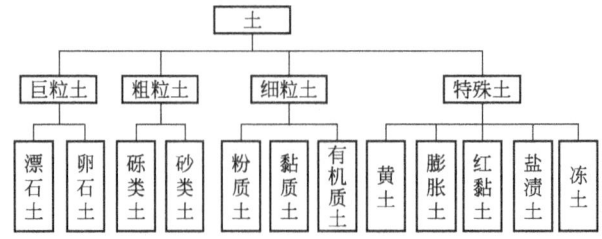

图1.37 土的分类总体系

图1.38。粗粒土中砾粒组质量多于总质量50%的土称砾类土，分类体系见图1.39。粗粒土中砾粒组质量少于或等于总质量50%的土称砂类土，分类体系见图1.40。试样中细粒组质量多于总质量50%的土称细粒土，分类体系见图1.41。

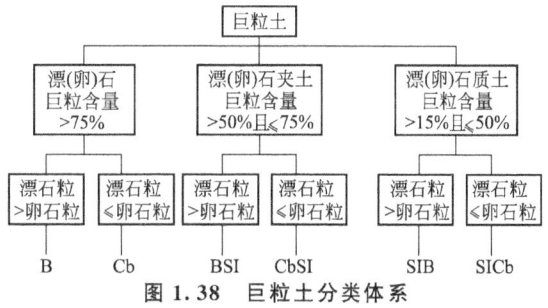

图1.38 巨粒土分类体系

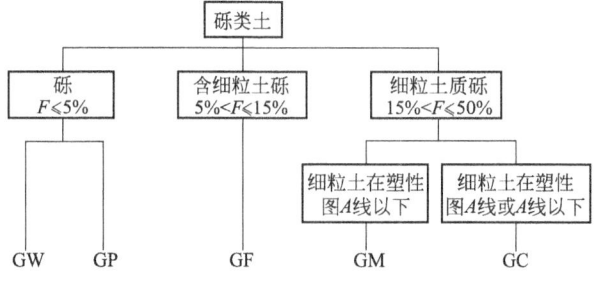

图1.39 砾类土分类体系

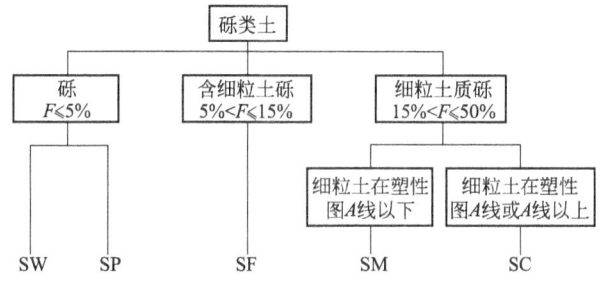

图1.40 砂类土分类体系

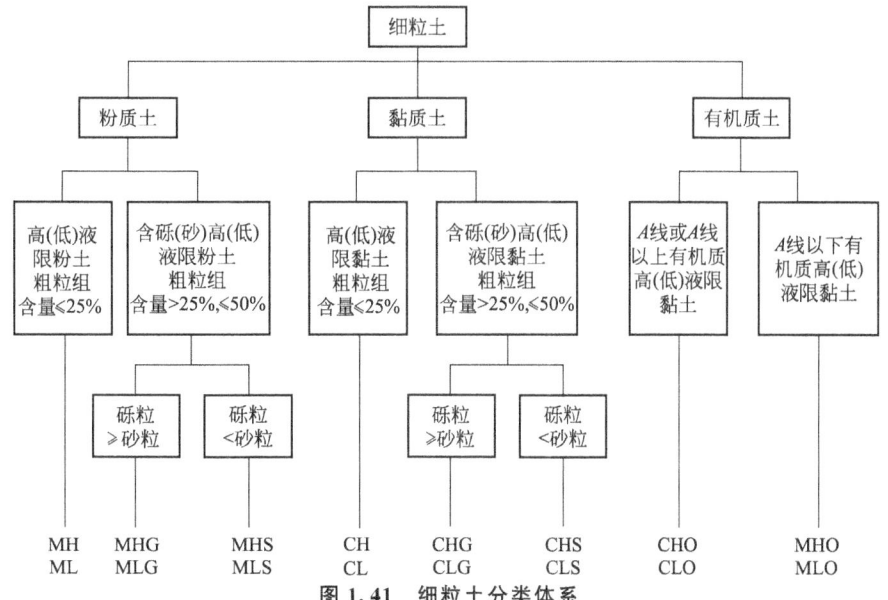

图1.41 细粒土分类体系

1.8.5 对细粒土分类的评述

塑性图由美国卡萨格兰德于1942年提出，现为全世界通用的一种细粒土的分类方法。以塑性指数I_P划分细粒土，虽然I_P也具有能综合反映土的颗粒组成、矿物成分，以及土粒表面吸附阳离子成分等方面特性的优点，但也会出现不同的液限、塑限能给出相同的塑性指数，且土的工程性质却相差很大的现象。由此可见，细粒土的合理分类，应兼顾塑性指数I_P和液限w_P。

在卡萨格兰德的塑性图中，以塑性指数I_P为纵坐标，以液限w_P为横坐标，他将大量的试验数据点在塑性图中，形成了具有良好分布规律的散点条带，其直线方程即为图1.36中的A线，A线方程式为$I_P=0.73(w_L-20)$。为了区分高低液限，又给出了B线方程，B线方程为$w_L=50$。因此，根据细粒土在坐标上的位置，就可方便地进行细粒土的分类。由于土性差异和测定液限的常用习惯不同，卡萨格兰德塑性图难以通用于世界各地，还需要根据本地区的具体情况进行不断完善和补充。因此各个国家在其基础上，经过补充和修改，形成了适合本国国情的塑性图，图1.36为我国国家标准《土的工程分类标准》(GB/T 50145—2007)对细粒土采用的塑性图。

用塑性图划分细粒土，是以扰动土的两个指标(塑性指数I_P和液限w_P)为依据，它能较好反映土粒与水相互作用的一些性质，却忽略了决定天然土工程性质的另一个重要因素——土的结构性。因此，对于以扰动土为材料的工程时，它是一种较好的分类方法，而以天然土为地基时，却还存在着不足。因此，考虑结构性对土的工程性质的影响的分类方法更加合理，土的结构性研究将成为土力学向纵深发展的重要方向。

【例1.7】 对表1-4中的三个土样分别定名。

【解】 根据表中数据求得：

土样A大于0.5mm的颗粒含量为23.5%；大于0.25mm的颗粒含量为65%。

土样B大于2mm的颗粒含量为45%；大于0.5mm的颗粒含量为65.3%。

土样C大于0.075mm的颗粒含量为60%。

由表1-23知，土样A为中砂，土样B为砾砂，土样C为粉砂。

对于土样B，大于0.5mm的颗粒含量为63.5%，虽然也满足粗砂标准，但不能定名为粗砂。因为规范规定了定名时应从粗到细，以最先符合者为准。

【例1.8】 完全饱和的土样含水量为30%，液限为29%，塑限为17%，试按塑性指数分类法定名，并确定其状态。

【解】 已知$w_L=30\%$，$w_P=17\%$，$w=29\%$，则

塑性指数：$I_P=w_L-w_P=29-17=12$

液性指数：$I_L=\dfrac{w-w_P}{w_L-w_P}=\dfrac{30-17}{29-17}=1.08$

按表1-25的规定定名该土样为粉质黏土，按表1-13确定其状态为流塑状态。

【例1.9】 已知某细粒土的液限$w_L=47\%$，塑限$w_P=33\%$，天然含水量$w=43\%$。试分别用《建筑地基基础设计规范》(GB 50007—2011)分类法和《土的工程分类标准》(GB/T 50145—2007)分类法确定土的名称，并比较结果的一致性。

【解】 (1)《建筑地基基础设计规范》(GB 50007—2011)分类方法。

塑性指数：$I_P = w_L - w_P = 47 - 33 = 15$，$10 < I_P < 17$，该土属于粉质黏土。

（2）《土的工程分类标准》(GB/T 50145—2007)分类法。

该土的液限 $w_L = 47\% < 50\%$，该土在塑性图中位于 B 线左边，属于低液限土。

土的塑性指数 $I_P = 15$，而塑性图 A 线的 $I_P = 0.63(w_L - 20) = 0.63 \times (47 - 20) = 15.75$，该土在塑性图中位于 A 线的下方，属于粉土。

根据土的液限和塑性指数，该土位于塑性图的 ML 区，为低液限粉土。

【分析】 对于细粒土，不同的分类方法得出的土名称有可能不一致。本例的前一种方法判别为粉质黏土，后一种方法判为粉土。但由于《建筑地基基础设计规范》(GB 50007—2011)分类法只采用了一个分类指标，即塑性指数 I_P；而《土的工程分类标准》(GB/T 50145—2007)分类法中的塑性图采用两个指标，即土的液限 w_L 和塑性指数 I_P，还考虑有机质的含量，与国际上对细粒土的分类方法较一致。所以，对于细粒土当采用不同分类标准所得结论不一致时，建议以塑性图的结果为准。

本 章 小 结

本章主要讲述土的形成、土的三相组成、土的结构和构造、土的三相比例指标、土的物理状态特性、土的压实性，最后介绍了土的工程分类。

土是由固体颗粒、水和气体组成的三相体系，矿物成分、颗粒形状、级配、结构与构造、三相比例关系不同，土的性质将发生变化。通常用无黏性土的密实度、黏性土的稠度描述其物理状态特性。土的压实性及压实原理在填方工程中被广泛应用。土的物理性质与力学性质有密切的联系，土的工程分类目的在于评价土的工程特性，为地基处理、土质改造或基础设计提供依据。

本章的重点是土的三相比例指标、土的物理状态特性和土的工程分类。

习 题

一、选择题

1. 从某淤泥质土测得原状土和重塑土的抗压强度分别为 18kPa 和 3kPa，该淤泥的灵敏度 S_t 为（　　）。

  A. 3   B. 6   C. 9   D. 10

2. 淤泥和淤泥质土的含水量（　　）。

  A. 大于液限   B. 大于 40%   C. 大于 50%   D. 大于 60%

3. 杂填土的组成物质是（　　）。

  A. 由水力冲填泥砂形成   B. 含有大量工业废料、生活垃圾或建筑垃圾

  C. 符合一定要求的级配砂土   D. 碎石土、砂土、黏性土等一种或数种

二、填空题

1. 土的软硬状态依次可分为（　　）、（　　）、（　　）、（　　），其界限含水量依次是（　　）、（　　）、（　　）。

2. 对于砂土密实度的判断一般可以采用以下三种方法（　　　　）、（　　　　）、（　　　　）。

3. 工程中总是希望在对土进行压实时所用的压实功最小，此时对应含水量叫（　　　　）。当压实功增大时，最大干重度提高，而（　　　　）下降。

三、简答题

1. 什么是土的颗粒级配？什么是土的颗粒级配曲线？
2. 土中水按性质可以分为哪几类？
3. 什么是土的物理性质指标？哪些是直接测定的指标？哪些是计算指标？
4. 甲土的含水量大于乙土，试问甲土的饱和度是否大于乙土？
5. 什么是土的液限、塑限和缩限？什么是土的液性指数、塑性指数？
6. 塑性指数 I_P 对地基土性质有何影响？
7. 说明细粒土分类塑性图的优点。
8. 按《建筑地基基础设计规范》(GB 50007—2011)方法如何对建筑地基岩土进行分类？
9. 甲、乙两土的天然重度和含水量相同，相对密度不同，谁的饱和度大？
10. 简述用孔隙比、相对密度判断砂土密实度的优缺点。
11. 简述野外判别碎石土密实度方法。
12. 什么是土的灵敏度和触变性？试述其在工程中的应用。
13. 什么是土的结构？其基本类型是什么？
14. 什么是土的构造？其主要特征是什么？
15. 影响土的压实性的主要因素是什么？
16. 什么是最优含水量和最大干密度？
17. 试述强、弱结合水对土性的影响。
18. 试述毛细水的性质和对工程的影响。

四、计算题

1. 已知土粒相对密度 d_s、含水量 w、天然密度 ρ。计算孔隙比 e、饱和密度 ρ_{sat}、有效密度 ρ'、干密度 ρ_d、孔隙率 n、饱和度 S_r。

2. 某烘干土样质量为 200g，其颗粒分析结果如表 1-33 所列。试绘制颗粒级配曲线，求特征粒径，并确定不均匀系数以及评价级配均匀情况。

表 1-33　某烘干土样颗分试验结果

粒径/mm	10～5	5～2	2～1	1～0.5	0.5～0.25	0.25～0.1	0.1～0.05	0.05～0.01	0.01～0.005	<0.005
粒组含量/g	10	16	18	24	22	38	20	25	7	20

3. 从某土层中取原状土做试验，测得土样体积为 50cm³，湿土样质量为 98g，烘干后质量为 77.5g，土粒相对密度 2.65。计算土的天然密度 ρ、干密度 ρ_d、饱和密度 ρ_{sat}、有效密度 ρ'、天然含水量 w、孔隙比 e、孔隙率 n、饱和度 S_r。（答案：$\rho=1.96\text{g/cm}^3$，$\rho_d=1.55\text{g/cm}^3$，$\rho_{sat}=1.96\text{g/cm}^3$，$\rho'=0.96\text{g/cm}^3$，$e=0.71$，$w=26.45\%$，$n=42\%$，$S_r=98.70\%$）

4. 某地基土为砂土，取风干后土样 500g，筛分试验结果如表 1-34 所列。试确定砂土名称。

第1章 土的物理性质与工程分类

表 1-34 某土样筛分试验结果

筛孔直径/mm	20	2	0.5	0.25	0.075	<0.075	总计
留在每层筛上土重/g	0	40	70	150	190	50	500
大于某粒径的颗粒占全重的百分率/(%)	0	8	22	52	90	100	

5. 一体积为 50cm^3 的原状土样,其湿土质量为 0.1kg,烘干后质量为 0.07kg,土粒相对密度为 2.7,土的液限 $w_L=50\%$,塑限 $w_P=30\%$。求:①土的塑性指数、液性指数,并确定该土的名称和状态;②若将土样压实使其干密度达到 1.7t/m^3,此时土样孔隙比减少多少?(答案:①黏土,可塑状态;②孔隙比减少 0.34)

6. 已知某中砂层在地下水位以下的饱和重度 $\gamma_{sat}=20.8\text{kN/m}^3$,相对密度 $d_s=2.73$。求该砂层的天然孔隙比 e。若该砂层的最松和最密孔隙比分别为 0.63、0.56,求相对密实度 D_r,并确定该土样的物理状态。

7. 甲、乙两土样的物理性质试验结果见表 1-35。试问下列结论哪几个正确,理由是什么?

表 1-35 甲乙两土样的物理性质试验结果

土样	$w_L/(\%)$	$w_P/(\%)$	$w/(\%)$	d_s	S_r
甲	30.0	12.5	28.0	2.75	1.0
乙	14.0	6.3	26.0	2.70	1.0

A. 甲土样比乙土样的黏粒($d<0.005\text{mm}$ 颗粒)含量多
B. 甲土样的天然密度大于乙土样
C. 甲土样的干密度大于乙土样
D. 甲土样的天然孔隙比大于乙土样

8. 一黏性土相对密度为 2.75,重度为 16.5kN/m^3,饱和度为 85%,液限为 52%,塑限为 37%。求其液性指数,塑性指数,判断其物理状态。

9. 某土料场土料,$d_s=2.71$,$w=20\%$。室内标准功能击实试验测得的最大干密度为 $\rho_{dmax}=1.85\text{g/cm}^3$,设计中取压实度 $\lambda=95\%$,要求压实后土的饱和度 $S_r \leqslant 85\%$。试问土料的天然含水量是否适合于填筑。

10. 用相对密度为 2.70,天然孔隙比为 0.8 的土体做路基填料,要求填筑干密度达到 1.7t/m^3。求填筑 1m^3 土所需原状土的体积。

11. 已知土样 1:液限 $w_L=55\%$,$I_P=25$;土样 2:$w_L=30\%$,$I_P=6$。利用塑性图(图 1.36)判别土的类别。

12. 土料室内击实试验数据如表 1-36 所列。试绘出 ρ_d-w 关系曲线,求最优含水量和最大干密度。

表 1-36 土料室内击实试验数据

含水量 $w/(\%)$	5	10	20	30	40
密度 $\rho/(\text{g/cm}^3)$	1.58	1.76	1.94	2.02	2.06

第2章
土的渗透性

教学目标

本章主要讲述引起渗透的原因、达西（H. Darcy）定律及渗透系数的测定、流网及其应用、渗透力及渗透破坏。通过本章的学习，达到以下目标。
(1) 掌握达西定律的适应范围。
(2) 熟悉渗透系数的测定方法。
(3) 掌握二维流网的特点及其工程应用。
(4) 掌握渗透力的概念。
(5) 掌握渗透破坏的类型以及减少渗透破坏的措施。

教学要求

知识要点	能力要求	相关知识
达西定律及渗透系数的测定	(1) 了解土体产生渗透性的原因； (2) 达西定律的适用范围； (3) 掌握室内渗透系数测定方法（常水头试验、变水头试验）； (4) 掌握野外渗透系数测定方法（现场井孔抽水试验或现场井孔注水试验）； (5) 掌握影响渗透系数的因素； (6) 了解常见土体渗透系数的大致范围； (7) 掌握层状地基在水平及竖向渗流情况下的等效渗透系数的计算	(1) 渗透； (2) 水头； (3) 测管水头； (4) 水力坡降； (5) 起始水力梯度； (6) 渗透系数
二维流网及其应用	(1) 掌握平面渗流的基本方程； (2) 了解二维流网的绘制方法； (3) 掌握流网的特点； (4) 掌握二维流网的应用	(1) 拉普拉斯方程； (2) 流网
渗透力及渗透破坏	(1) 掌握渗透力的概念； (2) 掌握渗透变形的类型及其特点； (3) 掌握常见渗透变形的防治措施	(1) 渗透力； (2) 临界水力坡降； (3) 流土； (4) 管涌

基本概念

达西定律、水力坡降、渗透系数、渗透力、渗透破坏、临界水力坡降、流土、管涌

引例

在许多水利及土木工程中都会遇到渗流问题,如土坝和闸基、水渠、边坡、基坑等,通常都要求计算其渗流量并评判其渗透稳定性。当渗流的流速较大时,由于水流拖曳土体产生的渗透力将导致土体发生渗透变形,并可能危及建筑物或周围设施的安全。因此,在工程设计与施工中,应分析可能出现的渗流情况,必要时采取合理的防渗措施。

Teton 大坝,位于美国爱达荷州的东南部,为高 93m 的土坝。1976 年 6 月 5 日该坝完成后第一次蓄水时即发生破坏,造成 11 人死亡及数百万美元的损失。破坏是由右岸距坝顶约 40m 处的一个漏洞引起的。

2.1 概 述

2.1.1 土体产生渗透的原因

土是由固体的颗粒、孔隙中的液体和气体三相组成的,土中的孔隙是连通的,当土作为水土建筑物的地基或直接把它用作水土建筑物的材料时,若土中两点存在水头差,水就会在水头差作用下从水位高的点向水位低的点流动。这种水在土体孔隙中流动的现象称为渗流,土具有被水等液体透过的性质称为土的渗透性。

2.1.2 渗透产生的主要工程问题

土的渗透问题、强度问题、变形问题是土力学研究的主要课题,三者互相关联、互相影响,许多问题均与土的渗透性密切相关,渗透产生的工程问题可以概述为以下三个方面。

1. 渗流量问题

如土坝坝身、坝基以及渠道的渗漏水量估算 [图 2.1(a)、图 2.1(b)],基坑工程中渗水量及排水量的计算 [图 2.1(c)],以及水井供水量估算 [图 2.1(d)] 等,渗流量的大小直接关系到工程的经济效益。

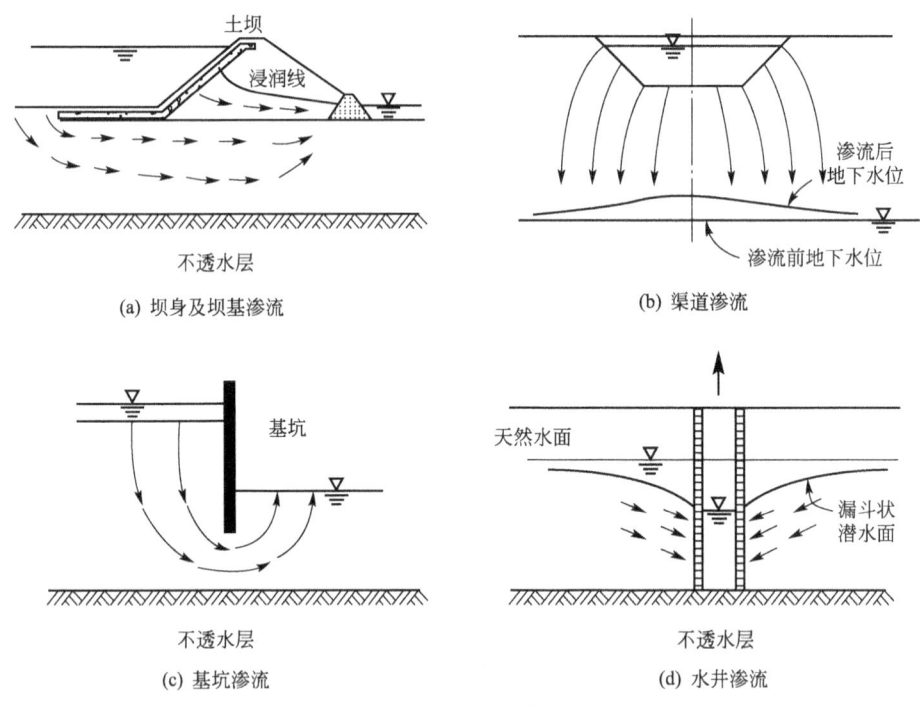

图 2.1 渗流示意图

2. 渗透变形(渗透破坏)问题

水在土体中渗流，水流会对土颗粒产生拖拽的作用力，这种力称为渗透力。当渗透力较大时，就会引起土颗粒的移动，甚至把土颗粒带出而流失，使土体产生变形和破坏，这称为渗透变形或渗透破坏。渗透变形直接关系建筑物的安全与稳定，往往是许多堤防工程、深基坑工程失事的重要原因之一。

3. 渗流控制问题

当渗漏量和渗透变形不能满足设计要求时，需要采取工程措施加以控制，称为渗流控制。

综上所述可知，水在土体中渗透，一方面会造成水量损失，影响工程效益；另一方面将引起土体内部应力状态的变化，从而改变水土建筑物或地基的稳定条件，甚者还会酿成破坏事故。此外，土的渗透性的强弱，对土体的固结、强度以及工程施工都有非常重要的影响。因此，研究土的渗透规律及由于渗透引起的工程问题成为土木工程、水利工程研究的一个重要的课题。

本章将主要讨论水在土体中的渗透性及渗透规律，二维流网及其应用以及渗透力、渗透变形等问题。

由于非饱和土体的渗透性与土的饱和度关系很大，问题较复杂，适用性也较小，因此本章主要研究饱和土体的渗透性。

2.2 土的渗透性概述

2.2.1 达西定律及其适应范围

1. 总水头与水力坡降

水在饱和土体孔隙中流动除满足连续方程以外,尚需符合能量守恒原理即伯努里(D. Bernoulli)定理,在水头差的作用下,水由水头高的区域流向水头低的区域。这里,水头指单位重量水体所具有的能量。根据伯努里定理,某点的总水头 h 由三部分组成

$$h = z + h_p + \frac{v^2}{2g} \tag{2-1}$$

式中:z 为位置水头(从基准面到计算点的高度);$h_p = \frac{u}{\gamma_w}$ 为孔隙水压力产生的压力水头(u 为孔隙水压力,γ_w 为水的重度);$\frac{v^2}{2g}$ 为流速水头(v 为该点流速,g 为重力加速度)。

由于土体中的渗流速度通常很小(<1cm/s),流速水头可忽略不计,这样,土体中的总水头就可表示为

$$h = z + h_p = h_z + \frac{u}{\gamma_w} \tag{2-2}$$

在图 2.2 中,位置水头 $z_A < z_B$,可是总水头(势)$h_1 > h_2$,水是从图 2.2 中的点 A 流向点 B。因此,饱和土体中两点间是否出现渗流完全是由总水头差 Δh ($= h_1 - h_2$) 决定的,只有当两点间的总水头差 $\Delta h > 0$ 时,才会发生水从总水头高的点向总水头低的点流动。图中点 A、B 处立的管子叫做测压管,从测压管的底部到水头的高度是压力水头,从基准面(可以适当地确定)到计算点的高度是位置水头。

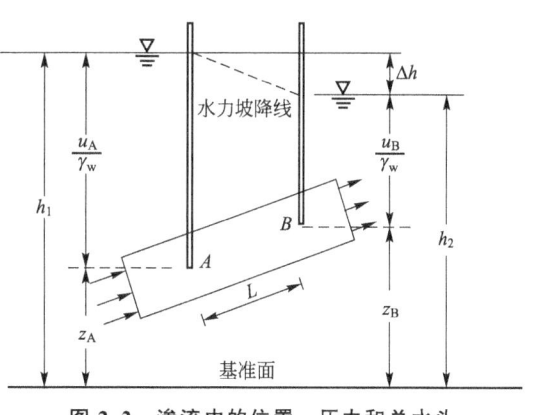

图 2.2 渗流中的位置、压力和总水头

在图 2.2 中,水流由 A 点流到 B 点,由于水与土颗粒之间的黏滞阻力产生的能量损失,总水头由 h_1 减小为 h_2。A、B 两点间的水头损失可用无量纲的形式表示,即

$$i = \frac{\Delta h}{L} = \frac{h_1 - h_2}{L} \tag{2-3}$$

式中,i 称为水力坡降,L 为 A、B 两点间的渗流路径,也就是使水头损失 Δh 的渗流长度。因此水力坡降 i 的物理意义为单位渗流长度上的水头损失。

2. 达西定律

一般土(黏性土及砂土等)的孔隙较小,水在渗流过程中受到的黏滞阻力很大,流速十分缓慢,因此绝大情况下属于层流状态,即相邻两个水分子的运动轨迹相互平行而不混流。为了揭示水在土体中的渗透规律,法国工程师达西经过大量的试验研究,1856年总结得出渗透量损失与渗流速度之间的相互关系,即为达西定律。

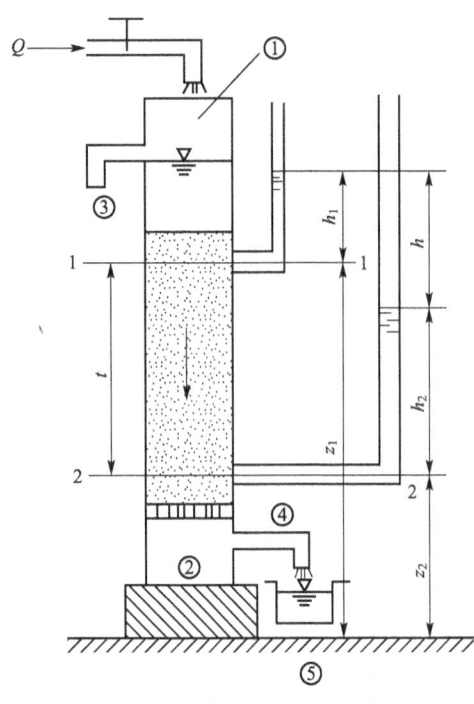

图 2.3 达西渗透试验装置

达西试验的装置如图 2.3 所示。装置中的①是横截面积为 A 的直立圆筒,其上端开口,在圆筒侧壁装有两支相距为 l 的侧压管。筒底以上一定距离处装一滤板②,滤板上填放颗粒均匀的砂土。水由上端注入圆筒,多余的水从溢水管③溢出,使筒内的水位维持一个恒定值。渗透过砂层的水从短水管④流入量杯⑤中,并以此来计算渗流量 q。设 Δt 时间内流入量杯的水体体积为 ΔV,则渗流量为 $q = \Delta V/\Delta t$。同时读取断面 1—1 和断面 2—2 处的侧压管水头值 h_1、h_2,h 为两断面之间的水头损失。

达西通过大量的试验数据分析,发现水的渗透速度与试样两端面间的水头差成正比,而与相应的渗透路径成反比。于是他把渗透速度表示为

$$v = k\frac{h}{l} = ki \tag{2-4a}$$

或渗流量表示为

$$q = vA = kiA \tag{2-4b}$$

式中:v 为断面平均渗流速度(cm/s);i 为水力坡降,$i = \dfrac{h}{l}$;k 为渗透系数(cm/s),其物理意义是当水力梯度 $i=1$ 时的渗透速度;q 为单位时间渗水量(cm³/s);A 为试样截面面积(cm²)。

需要说明的是,由于土试样断面内,仅颗粒骨架间的孔隙是渗水的,而沿试样长度的各个断面,其孔隙大小和分布是不均匀的。达西采用了以整个土样断面面积计算的假想渗流速度,或单位时间内土样通过单位总面积的流量,而不是土样孔隙流体的真正流速。显然,由于土颗粒本身是不能透水的,故真实的过水面积 A_v 小于 A,从而实际平均流速 v_s 大于 v。v_s 与 v 的关系可通过水流连续原理建立,即

$$q = vA = v_s A_v \tag{2-5}$$

若均质砂土的孔隙率为 n,则 $A_v = nA$

故有

$$v_s = \frac{vA}{nA} = \frac{v}{n} \tag{2-6}$$

由于水在土中沿孔隙流动的实际路径十分复杂,也并非渗流的真实速度。要想真正地

确定某一具体位置的真实流动速度，无论理论分析或试验方法都很难做到，且从工程的角度来看，也没有这个必要。对于解决实际工程问题，最重要的是在某一范围内宏观渗流的平均效果，故为了研究方便，渗流计算中均采用假想的平均流速。

3. 达西定律适用范围

由于土中的孔隙一般非常微小，在多数情况下水在孔隙中流动时的黏滞阻力很大，流速缓慢，因此，其流动状态大多属于层流（即水流线互相平行流动）范围。此时土中水的渗流规律符合达西定律，所以达西定律也称层流渗透定律。但以下两种情况被认为超出达西定律的适用范围。

一种情况是在粗粒土（如砾、卵石等）中的渗流（如堆石体中的渗流），且水力梯度较大时，土中水的流动已不再是层流，而是紊流。这时，达西定律不再适用。渗流速度 v 与水力梯度 i 之间的关系不再保持直线而变为次线性的曲线关系[图 2.4(c)]，层流与紊流的界限，即为达西定律适用的上限。该上限值目前尚无明确的方法确定。不少学者曾主张用临界雷诺数 R_c（$R_c=\rho_w vd/\eta$，ρ_w 为水的密度，v 为流速，η 为水的黏滞系数，d 为土颗粒平均粒径）作为确定达西定律上限的指标，也有的学者（A. R. Jumikis）主张用临界流速 v_{cr} 来划分这一界限，目前这一课题还在深入研究中。

另一种情况是发生在黏性很强的致密黏土中。不少学者对原状黏土所进行的试验表明这类土的渗透特征也偏离达西定律，其 v-i 关系如图 2.4(b)所示。实线表示试验曲线，它成超线性规律增长，且不通过原点。使用时，可将曲线简化为如图 2.4(b)虚线所示的直线关系，截距 i_0 称为起始水力梯度。这时，达西定律可修改为

$$v=k(i-i_0) \tag{2-7}$$

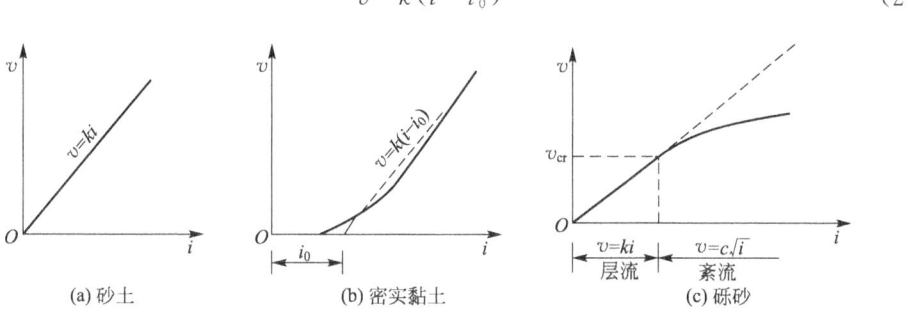

图 2.4 土的渗透速度 v 与水力梯度 i 的关系曲线

当水力梯度很小，$i<i_0$ 时，没有渗流发生。不少学者对此现象作如下解释：密实黏土颗粒的外围具有较厚的结合水膜，它占据了土体内部的过水通道，渗流只有在较大的水力梯度作用下，挤开结合水膜的堵塞才能发生。起始水力梯度 i_0 是用以克服结合水膜阻力所消耗的能量。i_0 就是达西定律适用的下限。

2.2.2 渗透系数的测定方法

渗透系数就是当水力梯度等于 1 时的渗透速度。因此，渗透系数是直接衡量土体透水性强弱的一个重要指标。但它不能由计算求出，只能通过试验直接测定。

渗透系数的测定可以分为现场试验和室内试验两大类。一般现场试验比室内试验所得

到的成果要准确可靠,因此重要工程常需进行现场试验。

1. 室内测定渗透系数

室内测定土的渗透系数的仪器和方法较多,但就其原理而言,可分为常水头试验和变水头试验两种。下面将分别介绍这两种方法的基本原理,有关它们的试验仪器和操作方法请参阅相关试验指导书。

(1) 常水头渗透试验。该试验适用于透水性强的无黏性土。试验装置如图 2.5 所示,圆柱体试样断面面积为 A,试样长度为 L,保持水头差 Δh 不变,测定经过一定时间 t 的透水量 Q,则有

$$Q = vAt$$

根据达西定律,$v = ki$,则

$$Q = kiAt = kAt\frac{\Delta h}{L} \tag{2-8}$$

从而得出渗透系数 k

$$k = \frac{QL}{A\Delta h t} \tag{2-9}$$

(2) 变水头渗透试验。黏性土由于渗透系数很小,流经试样的水量很少,难以直接准确量测,因此需改用变水头试验。如图 2.6 所示,柱体试样断面面积为 A,长度为 L,水头测管的面积为 a。在试验中水头测管的水位在不断下降,测定 t_1 时刻的水头差为 Δh_1,经历时间 t 至 t_2 时刻,测定此时水头差为 Δh_2,通过建立瞬时达西定律,即可推出渗透系数 k 的表达式。

试验过程中任意时刻 t 作用于试样两端的水头差为 Δh,经过 dt 时段后,细水头测管中水位降落 $d(\Delta h)$,在时段 dt 内流经试样的水量为

$$dQ_e = -a\,d(\Delta h)$$

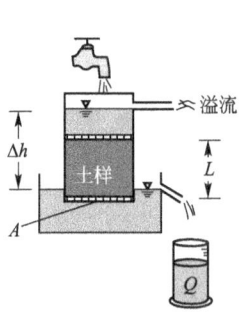

图 2.5 常水头渗透试验装置示意图

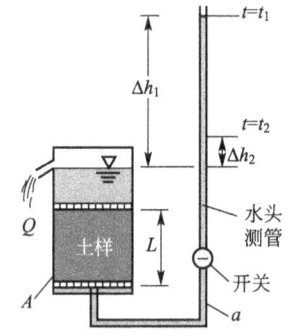

图 2.6 变水头渗透试验装置示意图

式中右端的负号表示水量随 $d(\Delta h)$ 的减小而增加。

dt 时间内流经试样的水量为

$$dQ_o = vA\,dt = k\frac{\Delta h}{L}A\,dt$$

由水流的连续性,可知 $dQ_e = dQ_o$,则有

$$-a\,d(\Delta h) = k\frac{\Delta h}{L}A\,dt$$

$$dt = -\frac{aL}{kA}\frac{d(\Delta h)}{\Delta h}$$

两边分别积分则有

$$\int_{t_1}^{t_2} dt = -\frac{aL}{kA}\int_{\Delta h_1}^{\Delta h_2}\frac{d(\Delta h)}{\Delta h}$$

$$t = \frac{aL}{kA}\ln\frac{\Delta h_1}{\Delta h_2}$$

即可得到渗透系数

$$k = \frac{aL}{At}\ln\frac{\Delta h_1}{\Delta h_2} \tag{2-10}$$

用常用对数表示，上式可改为

$$k = 2.3\frac{aL}{At}\lg\frac{\Delta h_1}{\Delta h_2} \tag{2-11}$$

通过选取几组不同的 Δh_1、Δh_2 值，分别测出它们所需的时间 t，利用式(2-10)或式(2-11)分别计算渗透系数 k，然后取平均值，作为该土样的渗透系数。

2. 现场抽水试验

室内测定渗透系数的方法设备简单，操作方便，费用较低。但由于土的渗透性与土的结构性有很大的关系，取样时难免扰动土体，再者有些土体很难取得有代表性的土样，例如砂土。此时采用室内试验方法测得的渗透系数很难反映现场土的实际渗透性，为了避免室内试验的缺点，获得地基土层的实际渗透系数，可直接采用现场原位试验。原位试验法的试验条件相较于实验室测定法而言，更符合土层的实际渗透情况。该方法测得的渗透系数 k 值为渗流区内较大范围土体的渗透系数平均值，因而是比较可靠的测定方法。但试验规模较大，所需人力物力也较多。现场测定渗透系数的方法较多，常用的有野外注水试验和野外抽水试验等。下面介绍用抽水试验确定 k 值的方法。注水试验的原理与抽水试验类似，可参考相关资料。

现场抽水试验如图 2.7 所示，在现场设置一个抽水井(直径 15cm 以上)和两个以上的观测井。边抽水边观测水位情况，当单位时间从抽水井中抽出的水量稳定，并且抽水井及观测井中的水位稳定之后，根据单位时间抽水量 q 和抽水井的水位，可以按照以下方法求渗透系数 k。这时，水力坡度近似取为 $i \approx dh/dr$，断面面积为 $A = 2\pi rh$(半径为 r、高度为 h 的圆筒侧面积)，由式(2-4b)得

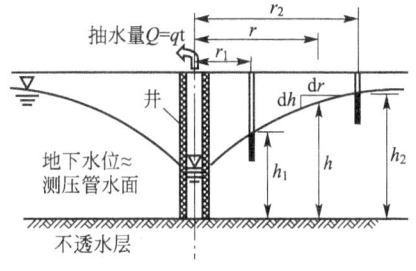

图 2.7 现场抽水试验

$$q = k\frac{dh}{dr}(2\pi rh)$$

对上式分离变量并积分后有

$$q\int_{r_1}^{r_2}\frac{dr}{r} = 2\pi k\int_{h_1}^{h_2} h\,dh$$

$$q\ln\frac{r_2}{r_1} = \pi k(h_2^2 - h_1^2)$$

所以
$$k=\frac{2.3q}{\pi(h_2^2-h_1^2)}\lg\frac{r_2}{r_1} \quad\quad (2-12)$$

式中：h_1、h_2 分别是距抽水井距离为 r_1 和 r_2 的观测井的地下水位。

2.2.3 影响渗透系数的因素

影响土渗透系数的因素很多，主要有土的粒度成分和矿物成分、土的结构和土中气体等。

1. 土的粒度成分及矿物成分的影响

土的颗粒大小、形状及级配会影响土中孔隙大小及其形状，进而影响土的渗透系数。土粒越粗、越均匀时，渗透系数就越大。砂土中含有较多粉土或黏性土颗粒时，其渗透系数就会大大减小。

土中含有亲水性较大的黏土矿物或有机质时，因为结合水膜厚度较厚，会阻塞土的孔隙，土的渗透系数减小。

此外，土的渗透系数还和水中交换阳离子的性质有关系，岩土颗粒表面带有负电荷，能够吸附阳离子。一定条件下，颗粒将吸附地下水中某些阳离子，而将其原来吸附的部分阳离子转为地下水中的组分，这与水中和土颗粒所吸附的阳离子吸附能大小有关。阳离子的吸附能一般取决于它的离子价，同价离子中相对原子质量愈小者吸附能力愈大，按吸附能强弱的顺序为：$H^+>Fe^{3+}>Al^{3+}>Ba^{2+}>Ca^{2+}>Mg^{2+}>K^+>Na^+$。当水中低吸附能离子的浓度较大时，也能交替高吸附能的离子。交替吸附作用能改变地下水的成分和土的性质。

2. 孔隙比的影响

孔隙比的大小直接反映了孔隙所占的比例，土愈密实，孔隙比愈小，渗透系数愈小。

3. 土结构和构造的影响

试验表明扰动土体的渗透性小于原状土的渗透性。另外，天然土层通常不是各向同性的，因此，土的渗透系数在各个方向是不相同的。如黄土具有竖向大孔隙，所以竖向渗透系数要比水平方向大得多。这在实际工程中具有十分重要的意义。

4. 土中气体的影响

当土孔隙中存在密闭气泡时，会阻塞水的渗流，从而减小土的渗透系数。这种密闭气泡有时是由溶解于水中的气体分离出来而形成的，故水中的含气量也影响土的渗透性。

5. 水的性质对渗透系数的影响

水的性质对渗透系数的影响主要是由于黏滞度不同所引起的。温度高时，水的黏滞性降低，渗透系数变大；反之变小。所以，测定渗透系数 k 时，以 10℃ 作为标准温度，不是 10℃ 时要作温度校正。

几种土的渗透系数参考值见表 2-1。

表 2-1　不同土的渗透系数

土 类	渗透系数 $k/(\text{cm/s})$	渗透性
纯砾	$>10^{-1}$	高渗透性
纯砂与砾混合物	$10^{-3} \sim 10^{-1}$	中渗透性
极细砂	$10^{-5} \sim 10^{-3}$	低渗透性
粉土、砂与黏土混合物	$10^{-7} \sim 10^{-5}$	极低渗透性
黏土	$<10^{-7}$	几乎不透水

2.2.4 层状地基的等效渗透系数

天然沉积土往往是由渗透性不同的土层组成。对于与土层层面平行或垂直的简单渗流情况，当各土层的渗透系数和厚度为已知时，可求出整个土层与层面平行或垂直的平均渗透系数，作为进行渗流计算的依据。

1. 水平渗流

如图 2.8(a)所示：假设各层土厚度分别为 H_1、H_2、$\cdots$、H_n，总厚度 H 等于各层土层厚度之和；各土层的水平向渗透系数分别为 k_{1x}、k_{2x}、$\cdots$、k_{nx}。

任取距离为 L 的两断面，两断面间水头损失为 Δh，这种平行于各层面的水平渗流的特点如下所示。

(1) 各土层的水力坡降 $i(=\Delta h/L)$ 与等效土层的平均水力坡降 i 相同。

(2) 若单位时间通过单位宽度的各土层的渗流量分别为 q_{1x}、q_{2x}、$\cdots$、q_{nx}，则通过整个土层的总渗流量 q_x 应为各土层渗流量之总和。即

$$q_x = q_{1x} + q_{2x} + \cdots + q_{nx} = \sum_{j=1}^{n} q_{jx} \tag{2-13}$$

将达西定律代入式(2-13)，可得

$$k_x iH = \sum_{j=1}^{n} k_{jx} i H_j = i \sum_{j=1}^{n} k_{jx} H_j \quad (k_x \text{ 为水平向等效渗透系数})$$

上式两边消去 i 之后，即可得出沿水平方向的等效渗透系数 k_x

$$k_x = \frac{1}{H} \sum_{j=1}^{n} k_{jx} H_j \tag{2-14}$$

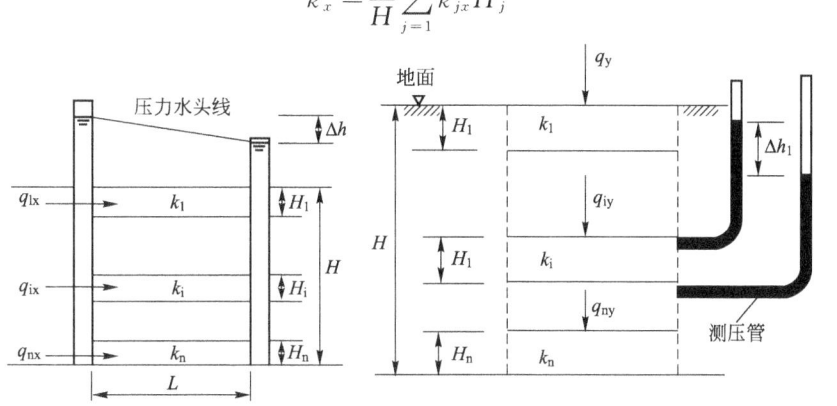

图 2.8　层状土的渗流情况

2. 垂直渗流

当渗流的方向正交于土的层面时，如图 2.8(b)所示，假设承压水流经的土层的总厚度为 H，总水头损失为 Δh，流经各层土的水头损失分别为 Δh_1、Δh_2、$\cdots$、Δh_n。

由于没有水平渗流的分量，根据水流的连续性原理，则单位时间通过单位面积上的各层流量应当相等。即

$$q_z = q_{1z} = q_{2z} = \cdots = q_{nz} \tag{2-15}$$

总水头损失为各分层水头损失之和，即有

$$\Delta h = \Delta h_1 + \Delta h_2 + \cdots + \Delta h_n = \sum_{i=1}^{n} \Delta h_i \tag{2-16}$$

将达西定律代入式(2-15)中，则有

$$k_{1z}\frac{\Delta h_1}{H_1} = k_{2z}\frac{\Delta h_2}{H_2} = \cdots = k_{nz}\frac{\Delta h_n}{H_n} q_z \tag{2-17}$$

从式(2-17)可解得

$$\Delta h_i = q_z \frac{H_i}{k_{iz}} \tag{2-18}$$

设竖直等效渗透系数为 k_z，对等效土层有

$$q_z = k_z \frac{\Delta h}{H}$$

整理上式可得

$$\Delta h = q_z \frac{H}{k_z} \tag{2-19}$$

将式(2-18)、式(2-19)代入式(2-16)中，则有

$$q_z \frac{H}{k_z} = q_z \sum_{i=1}^{n} \frac{H_i}{k_{iz}}$$

处理后，可得竖直等效渗透系数为 k_z 为

$$k_z = \frac{H}{\sum_{i=1}^{n} \frac{H_i}{k_{iz}}} \tag{2-20}$$

也可以证明，对于成层土，水平向平均渗透系数总是大于竖向平均渗透系数，即 $k_x > k_z$。

【例 2.1】 有一粉土地基，粉土厚 10m，但有一厚度为 15cm 的水平砂夹层。已知粉土渗透系数 $k = 2.5 \times 10^{-5}$ cm/s，砂土渗透系数为 $k = 1.5 \times 10^{-2}$ cm/s，设它们本身渗透性都是各向同性的，求这一复合土层的水平和垂直等效渗透系数。

【解】（1）求水平等效渗透系数。

从式(2-14)可直接计算

$$k_x = \frac{H_1 k_{1x} + H_2 k_{2x}}{H_1 + H_2} = \frac{10 \times 2.5 + 0.15 \times 1500}{10 + 0.15} \times 10^{-5} = 2.46 \times 10^{-4} \text{(cm/s)}$$

（2）求垂直等效渗透系数。

从式(2-19)得到

$$k_z = \frac{H_1 + H_2}{H_1/k_{1z} + H_2/k_{2z}} = \frac{10 + 0.15}{10/2.5 + 0.15/1500} \times 10^{-5} = 2.54 \times 10^{-5} \text{(cm/s)}$$

由此可见薄砂夹层的存在对于垂直渗透系数几乎没有影响,可以忽略不计。然而厚度仅为 15cm 的砂夹层却能大大增加土层的水平等效渗透系数,大约增加到没有砂夹层时的 10 倍。基坑开挖时,是否挖穿强透水夹层,将导致基坑中的涌水量相差极大,因而要十分注意。

2.3 二维流网的绘制及应用

单向渗流(即水流的渗流方向都是平行的)可用达西定律直接求解。然而工程上遇到的渗流问题,其边界条件较为复杂,水流形态常是二向或三向,如图 2.9 所示。这种情况下流场内各点的流动特性都是变化的,只能先用微分方程的形式表示,然后再根据边界条件进行求解。工程上的堤坝和土坡,其长度较大,可以认为渗流方向与长轴方向垂直,属二向渗流问题。下面简单讨论二向渗流问题。

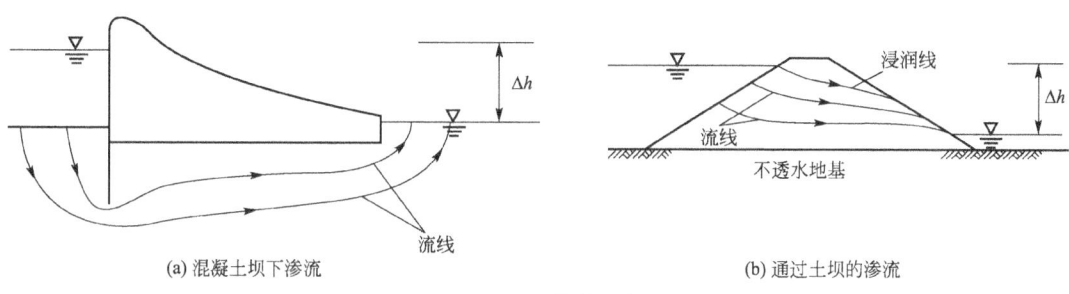

图 2.9 二维渗流示意图

2.3.1 平面渗流的基本方程

如图 2.10 所示,在稳定渗流场中,取一微元体,面积为 $dx \cdot dz$,厚度 $dy=1$,设水是不可压缩流体,根据水流连续性条件,流入土单元的水量与从单元流出的水量相等。即:$v_x dz + v_z dx = \left(v_x + \dfrac{\partial v_x}{\partial x}dx\right)dz + \left(v_z + \dfrac{\partial v_z}{\partial z}dz\right)dx$,进一步简化为

$$\frac{\partial v_x}{\partial x} + \frac{\partial v_z}{\partial z} = 0 \qquad (2-21)$$

根据达西定律

$$v_x = k_x \frac{\partial h}{\partial x}; \qquad v_z = k_z \frac{\partial h}{\partial z}$$

得出

$$k_x \frac{\partial^2 h}{\partial x^2} + k_z \frac{\partial^2 h}{\partial z^2} = 0 \qquad (2-22)$$

若土为各向同性,即 $k_x = k_z$,式(2-22)简化为

$$\frac{\partial^2 h}{\partial x^2} + \frac{\partial^2 h}{\partial z^2} = 0 \qquad (2-23)$$

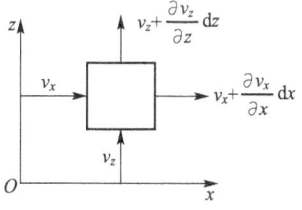

图 2.10 二维渗流连续条件

式(2-23)即为拉普拉斯方程。

若 $k_x \neq k_z$,令 $x' = x \cdot \sqrt{k_z/k_x}$,式(2-22)也可化为拉普拉斯方程。

在简单的边界条件下方程(2-23)可以求得解析解,但对于大多数工程问题,边界条件比较复杂,很难求得解析解。早期常通过电场模拟试验解决边界条件较复杂的问题,近年来随着数值计算手段的发展,越来越多采用渗流数值计算方法解决各种渗流问题,但图解法(或流网法)仍不失为一种简便有效的方法。

2.3.2 二维流网的绘制原则与绘制方法

1. 流网的绘制原则

所谓流网就是根据一定边界条件绘制的由等势线和流线所组成的网状图。流网的绘制应满足以下原则。

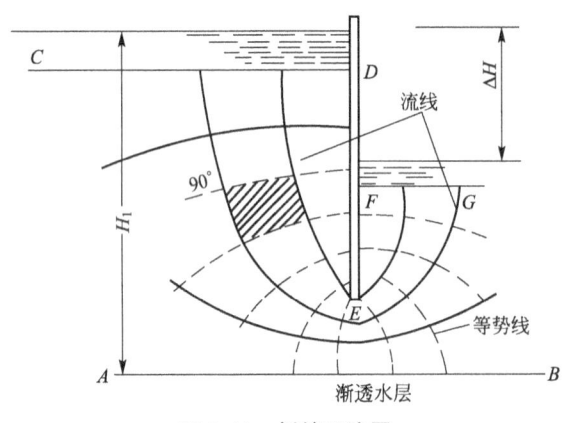

图2.11 板桩下流网

(1) 等势线和流线必须正交。

(2) 为了方便,以等势线和流线为边界围成的网格应尽可能接近于正方形。

(3) 不透水边界上不会有水流穿过,因而不透水边界必定是流线(图2.11中的AB与DEF线)。

(4) 静水位下的透水边界上总水头相等,所以它们是等势线(图2.11中的CD和FG线)。

(5) 在地下水位线或者浸润线上,孔隙水压力$u=0$,其总水头只包括位置水头,它是一条流线(图2.12中PQ线)。

(6) 水的渗出段(图2.12中QR线)由于与大气接触,孔压为0,只有位置水头,所以也是一条流线。

2. 流网的绘制方法

渗流可分为有自由浸润线(图2.12)和无自由浸润线两种情况(图2.11)。在无自由浸润线情况下,绘制流网相对比较容易。首先根据边界条件和上述原则,确定各边界的等势线和流线。然后先绘制几条流线,再根据正交原则按照接近正方形网格描绘等势线,不断试画与修正,最后达到等势线和流线光滑、均匀、正交。

对于有自由浸润线的情况(图2.12),关键在于合理确定渗入线和渗出线。这就困难得多,需要丰富的经验和反复试画。也有与数值计算相配合绘制流网的方法。

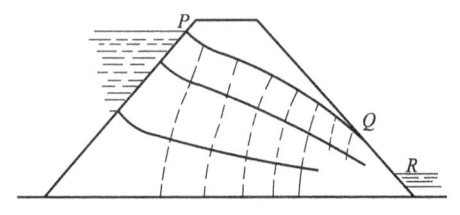

图2.12 土坝中的流网

3. 流网的特征

(1) 流线与等势线互相正交。
(2) 流线与等势线构成的各个网格的长宽比为常数。
(3) 相邻等势线之间的水头损失相等。
(4) 各个流槽的渗流量相等。

2.3.3 流网的应用

以图 2.13 为例，来说明流网的应用。

1. 测管水头

根据流网的特征可知，任意两相邻等势线间的势能差相等，即水头损失相等，根据等势线的数量可以算出两相邻等势线间的水头损失 Δh，即

$$\Delta h = \frac{\Delta H}{N} = \frac{\Delta H}{n-1} \tag{2-24}$$

式中：ΔH 为上、下游间的总水头损失；N 为等势线间隔数；n 为等势线数。

本例中，$n=11$，$N=n-1=11-1=10$，$\Delta H=5.0\text{m}$，故每个等势线间的水头损失为 $\Delta h=5/10=0.5\text{m}$，有了 Δh，选定基准面后就可求得流网中任意一点测管水头。

2. 孔隙水压力

任意一点的孔隙水压力 u，可由该点的测压管水位高度乘以水的重度得到，如图 2.13 中 a 点的孔隙水压力为

$$u_a = h_{ua} \cdot \gamma_w \tag{2-25}$$

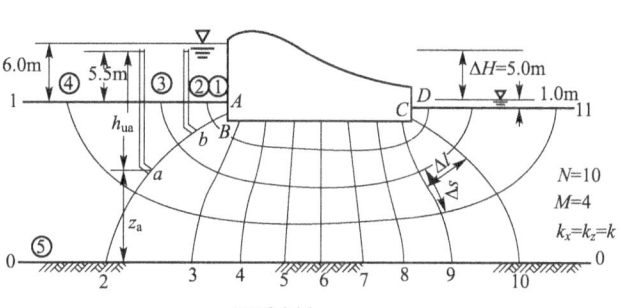

图 2.13 混凝土坝下流网

注意，图中 a、b 两点处于同一条等势线上，因此测管总水头 $h_a = h_b$，但孔隙水压力并不相等，$u_a \neq u_b$。

3. 水力坡降

由于各相邻等势线间的水头差 Δh 都相等，而每网格又接近于正方形，每一网格中水力坡降可以认为是常数

$$i_i = \frac{\Delta h}{\Delta l_i} \tag{2-26}$$

Δl_i 所考虑的是第 i 个网格的平均宽度(两相邻等势线在此网格的平均距离)。从式(2-26)可以看出在网格密集处的水力坡降必然大。

4. 渗透流速

各点水力坡降已知后,根据达西定律,渗透流速的大小为 $v=ki$,其方向为流线的切线方向。

5. 渗透量

第 i 网格所在流槽的渗流水量为

$$\Delta q = v\Delta A = ki \cdot \Delta s \cdot 1 = k\frac{\Delta h}{\Delta l}\Delta s \tag{2-27}$$

当 $\Delta s/\Delta l=1$ 时有

$$\Delta Q = k\Delta h \tag{2-28}$$

则单位宽度(沿平面问题单位长度)上总单宽流量为

$$q = \sum \Delta q = M \cdot \Delta q = Mk\Delta h \tag{2-29}$$

其中,M 为流槽数,$M=m-1$,m 为流线数。

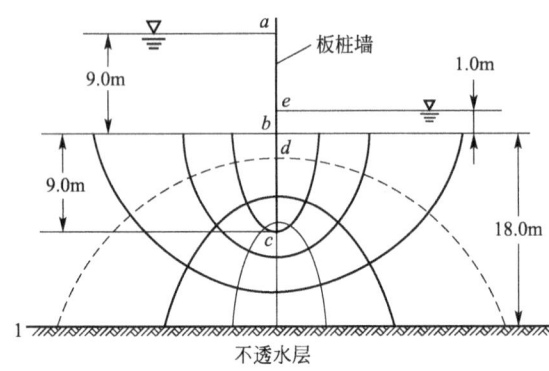

图 2.14 例 2.2 板状墙下的渗流图

【例 2.2】 图 2.14 为一板桩打入透土层后形成的流网。已知透水土层深 18m,渗透系数 $k=3\times 10^{-4}$ mm/s,板桩打入土层表面以下 9.0m,板桩前后水深如图 2.14 所示。试求:(1)图中所示 a、b、c、d、e 各点的孔隙水压力;(2)地基的单位透水量。

【解】 (1)根据图 2.14 可知,等势线数量 $n=9$,上下游总水头差为 $\Delta H=9-1=8$(m),故,每一等势线间的水头损失为 $\Delta h = \dfrac{\Delta H}{n-1}=\dfrac{8}{9-1}=$

1(m)。列表计算 a、b、c、d、e 各点的孔隙水压力如表 2-2 所示(取 $\gamma_w=10$ kN/m³)。

表 2-2 孔隙水压力计算表

位置	位置水头 z/m	测管总水头 h/m	压力水头 h_u/m	孔隙水压力 u /(kN/m²)
a	27.0	27.0	0.0	0.0
b	18.0	27.0	9.0	90.0
c	9.0	23.0	14.0	140.0
d	18.0	19.0	1.0	10.0
e	19.0	19.0	0.0	0.0

(2)地基的单位宽度透水量。

$$q = \sum \Delta q = M \cdot \Delta q = Mk\Delta h$$

将 $M=4$，$\Delta h=1.0\text{m}$，$k=3\times 10^{-4}\text{mm/s}$，代入有

$$q = 4\times 1\times 3\times 10^{-7} = 1.2\times 10^{-6} (\text{m}^3/\text{s})$$

2.4 渗透力及渗透破坏

2.4.1 渗透力和临界坡降

1. 渗透力

水在土中渗流时，受到土颗粒的阻力 J_s 作用，这个力的作用方向与水流方向相反。根据作用力与反作用力相等的原理，水流也必然有一个相等的力作用在土颗粒上。把地下水渗流时渗流水对单位体积内土颗粒的作用力称为渗透力 J，也称动水压力，其方向与水流的方向一致。

图 2.15(a) 为一渗透破坏试验装置示意图，试样长度为 L，截面面积为 A，调整贮水池的位置，当 $h_1 > h_2$ 时，在水头差的作用下将产生向上的渗流，达到某一稳定渗流平衡状态时，此时的水头差为 Δh。为进一步研究渗流力的大小和性质，首先对图 2.15 中的试样土体进行受力分析。

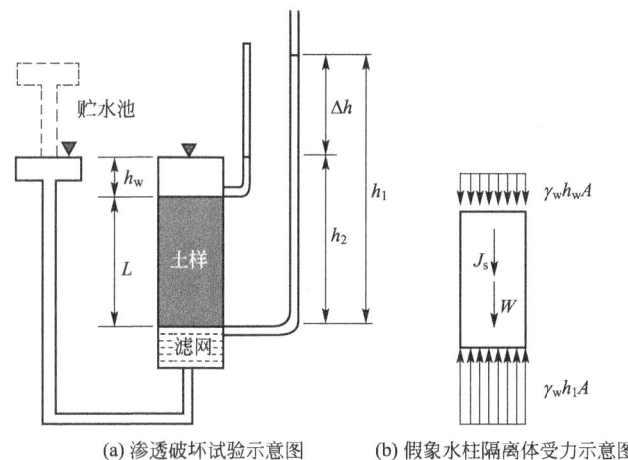

(a) 渗透破坏试验示意图　　(b) 假象水柱隔离体受力示意图

图 2.15　饱和土体中的渗流力计算

在图中可采用两种不同的隔离体取法，来进行受稳定渗流的试样受力分析。方法一是取水-土整体为研究对象，方法二是取水、土隔离体为研究对象。

显然，不管哪种取法，其总效果是一样的，为简单起见，选取水柱隔离体为研究对象，其上的作用力有：顶部所受的水压力 $\gamma_w h_w A$，底部所受的水压力 $\gamma_w h_1 A$，水重＋土粒浮力反作用力 $W = \gamma_w LA$。

土颗粒对水柱的阻力 J_s，与渗透力 J 是作用力与反作用力，故数值上 $J_s = J$。

根据受力平衡有

$$\gamma_w h_w A + \gamma_w L A + J_s = \gamma_w h_w A + \gamma_w L A + J = \gamma_w h_1 A$$

故有

$$J = \gamma_w (h_1 - h_w - L) A = \gamma_w \Delta h A \qquad (2-30)$$

单位体积的渗透力

$$j = \frac{J}{A \cdot L} = \gamma_w \frac{\Delta h}{L} = \gamma_w i \qquad (2-31)$$

从式(2-31)可知渗透力属于体积力，量纲同 γ_w 相同，大小与水力梯度成正比，方向与水流方向一致。渗透力与渗透系数或渗透速度无关，其惯性力甚小，可以忽略不计。

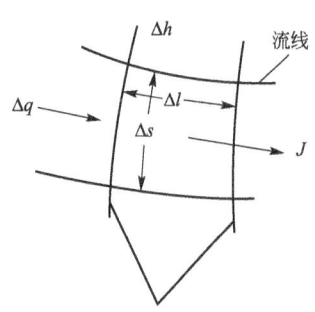

图 2.16 流网中的渗流力计算

对于二维渗流，当流网绘出后，即可方便的求出流网中任意网格上的渗透力及其作用方向，例如图 2.16 为二维流网中的一个网格，已知任两条等势线之间的水头差为 Δh，则网格平均水力坡降 $i = \Delta h / \Delta l$，单位厚度上网格土体的体积 $V = \Delta s \cdot \Delta l \cdot 1$，则作用于该网格土体上的总渗透力为

$$J = jV = \gamma_w i \Delta s \Delta l \cdot 1 = \gamma_w \Delta h \Delta s$$

假定 J 作用于该网格的形心上，方向与流线平行。显然流网中各处的渗透力大小和方向均不相等，在等势线密的区域，由于水力坡降 i 大，因而渗透力 j 也大。例如图 2.13 的流网中，上游的 $A—B$ 入渗处和下游 $C—D$ 出渗处，渗透力均较大，但两处渗透力对土体稳定性的影响却截然相反。在 $A—B$ 入渗处，由于渗透力方向和重力方向一致，故渗透力对土骨架起渗流压密作用，对土体的稳定有利；而在 $C—D$ 出渗处，渗透力方向与重力方向相反，渗透力对土体起浮托作用，对土体的稳定十分不利，甚至当渗透力大到一定数值时，会使该处土体发生浮起而破坏，因此研究渗流溢出区域的渗透力或溢出坡降，对建筑物的安全有很大的意义。

2. 临界坡降

当溢流处向上的渗透力大到克服了土体向下的重力时，则土体发生浮起而处于悬浮状态失去稳定，土粒随水流动，此时的水力梯度称为临界水力梯度，用 i_{cr} 表示。现从渗流溢出处取一单元土体，在向下的有效重力和和向上的渗透力的作用下处于平衡，进行受力分析

向下的有效重力：$G' = \gamma' V$

向上的渗透力：$J = jV = \gamma_w i V$

根据受力平衡，$G' = J$，可得

$$i_{cr} = \frac{\gamma'}{\gamma_w} = \frac{\gamma_{sat}}{\gamma_w} - 1 \qquad (2-32)$$

又因为 $\gamma' = \rho' g = \frac{(d_s - 1)\gamma_w}{1 + e}$，故临界水力坡降 i_{cr} 又可表示为

$$i_{cr} = \frac{d_s - 1}{1 + e} \qquad (2-33)$$

式中：V 为所取单元土体体积；γ_{sat}、γ'、γ_w 分别为土体饱和重度，有效重度，水的重度；d_s 为土颗粒比重；e 为土体孔隙比。

【例 2.3】 如图 2.17 所示，在长为 10cm、面积 5cm² 的圆筒内装满砂土。经测定，砂土的 $d_s=2.65$，$e=0.9$，筒下端与一测压水管相连，管内水位高出筒 5cm（固定不变），水流自下向上通过试样溢出。试求：(1)单位渗透力的大小，判断是否产生流砂现象；(2)临界水力梯度 i_{cr} 的大小。

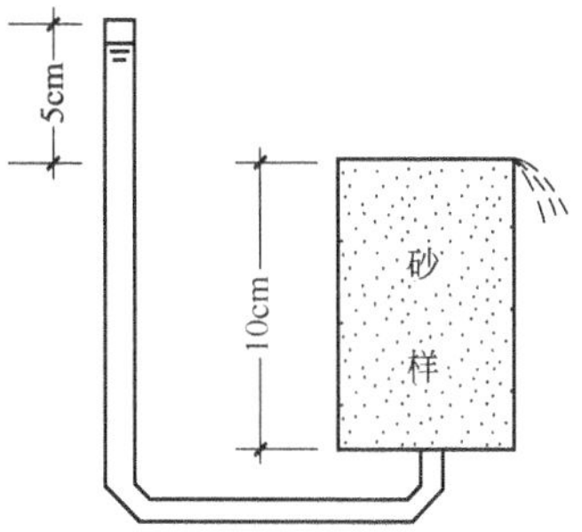

【解】 (1)单位渗透力大小。

$$j=\gamma_w i=\gamma_w \frac{\Delta h}{L}=10\times\frac{5}{10}=5(\text{kN/m}^3)$$

流砂现象判断：

$$\gamma'=\frac{(d_s-1)\gamma_w}{1+e}=\frac{(2.65-1)\times 10}{1+0.9}=8.68(\text{kN/m}^3)>j=5\text{kN/m}^3$$

因此不会发生流砂现象。

(2)临界水力梯度 i_{cr} 的大小。

$$i_{cr}=\frac{\gamma'}{\gamma_w}=\frac{8.68}{10}=0.868$$

图 2.17 例 2.3 图

2.4.2 土的渗透变形(或称渗透破坏)

1. 渗透变形的类型

土工建筑及地基由于渗透作用而出现变形或破坏称为渗透变形或渗透破坏。按照渗透水流所引起的局部破坏的不同特征，渗透变形可分为流土和管涌两种基本形式。但就土本身性质来说，只有管涌和非管涌之分。

1) 流土

流土是指在向上渗流作用下，表层土局部范围内的土体或颗粒群同时发生悬浮、移动的现象，如图 2.18 所示。它主要发生在地基或土坝下游渗流溢出处。渗透水流将土颗粒冲走或局部土体产生移动，导致土体变形。如图 2.18 中，2、3 点渗透力与重力方向正交，可能带走小颗粒；4 点渗透力与重力方向相反，对土体产生向上的作用力。若 4 点的渗透力较大，表层局部土体颗粒同时发生悬浮移动，出现流土现象。基坑或渠道开挖时所出现的流砂现象是流土的一种常见形式。

一般来说，任何类型的土，只要坡降达到一定的大小，都有可能发生流土破坏。

2) 管涌

管涌是渗透变形的另一种形式，它是指在渗透水流作用下，土体中的细颗粒在粗颗粒形成的孔隙通道中发生移动，以至流失；随着土的孔隙的不断扩大，渗流流速不断增加，较粗的颗粒也相继被水流逐渐带走，最终导致土体内形成贯通的渗流通道，造成土体塌陷的现象，如图 2.19 所示。

管涌的形成主要决定于土本身的性质，对于某些土，即使在很大的水力坡降下也不会出现管涌，而对于另一些土(如缺乏中间粒径的砂砾料)却在不大的水力坡降下就可以发生管涌。

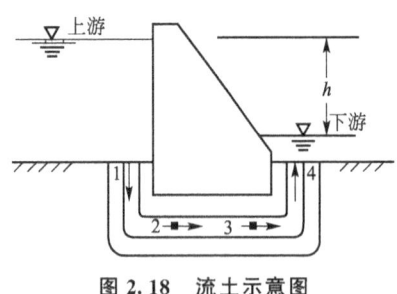
图 2.18 流土示意图

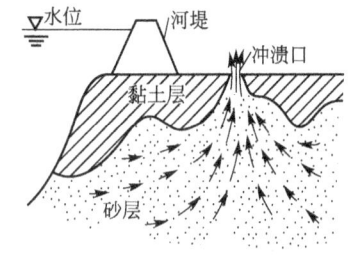
图 2.19 管涌示意图

管涌破坏一般有个时间发育过程,是一种渐进性质的破坏,按其发展的过程,可分为两类:一类土,一旦发生渗透变形就不能承受较大的水力坡降,这类土称为危险性管涌土;另一类土,当出现渗透变形后,仍能承受较大的水力坡降,最后试样表面出现许多大泉眼,渗透量不断增大,或者发生流土,这类土称为非危险性管涌土。

一般来说,黏性土只有流土而无管涌。无黏性土渗透变形的形式主要取决于颗粒级配曲线的形状,其次是土的密度。

3) 渗透破坏的其他类型

除了上述流土和管涌之外,还有不同土层间的接触渗透破坏。例如水从细粒土层垂直流向粗粒土层时,渗流可能引起接触流土;在两层土间沿层面方向渗流时则可能引起接触冲刷。另外,在某些地区分布着所谓的"分散性土",它们一般属于粉土或者黏土,富含钠的蒙脱石矿物,土颗粒之间的排斥力超过了相互吸力(范德华力),一旦接触到水,土体的表面土粒逐渐脱落,在渗流作用下极易冲蚀,其破坏类似于管涌。

2. 渗透破坏类型的判别

1) 流土可能性的判别

对于流土,流土临界水力坡降决定于土的物理性质(d_s、n)流土一般发生在渗流的溢出处,任何土,包括黏性土和无黏性土,只要满足渗流坡降大于临界水力坡降这一受力条件,均要发生流土。因此,只要将渗流溢出处的水力坡降,即溢出坡降 i_{cr} 求出,就可以判别流土的可能性:若 $i<i_{cr}$,土体处于稳定状态;若 $i=i_{cr}$,土体处于临界状态;若 $i>i_{cr}$,土体已发生流土破坏。

在设计时,为保证建筑物安全,通常要求将溢出坡降 i 限制在容许坡降 $[i]$ 之内,即

$$i \leqslant [i] = \frac{i_{cr}}{F_s} \qquad (2-34)$$

式中:F_s 为流土安全系数,常取 1.5~2.0。

2) 管涌可能性的判别

土发生管涌,首先决定于土的性质。一般黏性土(分散性土例外)只会发生流土而不会发生管涌,故属于非管涌土;无黏性土中产生管涌必须具备下列两个条件。

(1) 几何条件。土中粗颗粒所构成的孔隙直径必须大于细颗粒的直径,才可能让细颗粒在其中移动,这是管涌产生的必要条件。

对于不均匀系数 $C_u<10$ 的较均匀土,颗粒粗细相差不多,粗颗粒形成的孔隙直径不比细颗粒大,因此细颗粒不能在孔隙中移动,也就不可能发生管涌。

对于不均匀系数 $C_u>10$ 的较不均匀砂砾土，大量试验表明，这种土既可能发生管涌也可能发生流土，主要取决于土的级配情况和细粒含量。

我国有些学者提出，可用土的孔隙平均直径 $d_0(d_0=0.25d_{20})$ 与最细部分的颗粒粒径相比较，以判别土的渗透变形的类型。具体的判别标准详见表 2-3。

表 2-3 管涌土几何条件判定

级配		孔隙及细粒	判定
较均匀土 $(C_u \leqslant 10)$		粗颗粒形成的孔隙小于细颗粒	非管涌土
不均匀土 $(C_u>10)$	不连续	细粒含量>35%	非管涌土
		细粒含量<25%	管涌土
		细粒含量=25%~35%	过渡型土
	连续 $d_0=0.25d_{20}$	$d_0<d_3$	非管涌土
		$d_0>d_5$	管涌土
		$d_0=d_3 \sim d_5$	过渡型土

（2）水力条件。渗透力能够带动细颗粒在孔隙间滚动或移动是发生管涌的水力条件，可用管涌的水力坡降表示。但至今，管涌的临界水力坡降的计算方法尚不成熟，国内外研究者提出的计算方法较多，算得的结果差异较大，因而还没有一个被公认的公式。对于一些重大的工程，应尽量由渗透破坏试验确定。在无试验条件的情况下，可参考国内外的一些研究成果。

苏联学者伊斯托敏娜（B.C.ИСТОМИНА）根据理论分析，并结合一定数量的试验资料，得出了土的临界水力坡降与不均匀系数的关系，其渗透破坏准则如图 2.20 所示。对不均匀系数 $C_u>20$ 的管涌土，临界水力坡降为 0.25~0.30。考虑安全系数后，允许水力坡降 $[i]=0.1\sim 0.15$。

我国学者在对级配连续与级配不连续的土进行理论分析与试验研究的基础上，提出了管涌土的破坏坡降与允许坡降的范围值如表 2-4 所示。

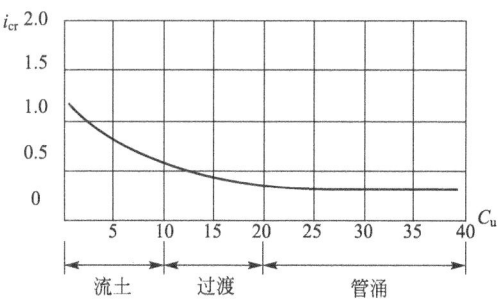

图 2.20 伊斯托敏娜 i_{cr} 与 C_u 关系曲线

表 2-4 管涌的水力坡降范围

水力坡降	级配连续土	级配不连续土
破坏坡降 i_{cr}	0.2~0.4	0.1~0.3
允许坡降 $[i]$	0.15~0.25	0.1~0.2

【例 2.4】 如图 2.21 所示，两排打入砂层的板桩墙，在其中进行基坑开挖，并在基坑内排水，流网如图所示，求：(1) 确定 P、Q 两点水头；(2) 判断基底的渗透稳定性（流土）。

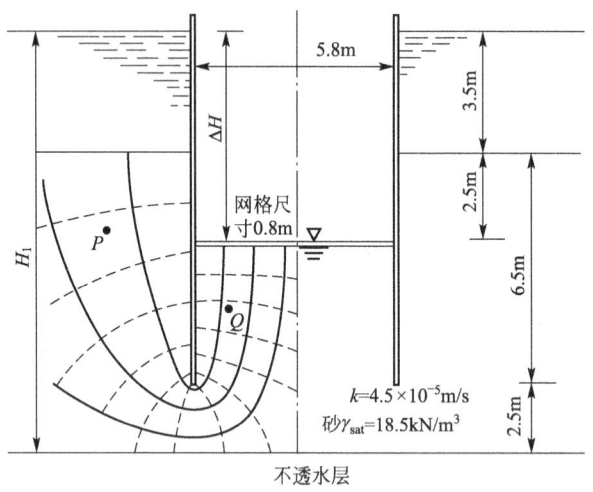

图 2.21 例 2.4 图

【解】 (1) 由图 2.21 可知此基底共有 7 条流道流入（半边为 3.5），有 13 个等势线间隔，即 $N=13$，$M=7.0$，上下游水头差为 $\Delta H=6.0\text{m}$。

以不透水层顶为基准的水头高，P 点的水头为

$$h_P = H_1 - 1.3\Delta h = H_1 - 1.3\frac{\Delta H}{N} = 12.5 - 1.3 \times \frac{6}{13} = 11.9(\text{m})$$

Q 点水头为

$$h_Q = H_1 - 10.8\Delta h = H_1 - 10.8\frac{\Delta H}{N} = 12.5 - 10.8 \times \frac{6}{13} = 7.5(\text{m})$$

(2) 在出口靠板桩处网格

$$i = \frac{\Delta h}{l_n} = \frac{\Delta H}{N l_n} = \frac{6}{13 \times 0.80} = 0.58$$

已知 $\gamma_{sat} = 18.5\text{kN/m}^3$，则流土的临界水力坡降为

$$i_{cr} = \frac{\gamma'}{\gamma_w} = \frac{18.5 - 10}{10} = 0.85$$

由于 $i < i_{cr}$，判断不会发生流土。

2.4.3 减小渗透破坏的措施

1. 水工建筑物渗流处理措施

水工建筑物的防渗工程措施一般以"上堵下疏"为原则：上游截渗，延长渗径；下游通畅渗透水流，减小渗透压力，防止渗透变形。

1) 垂直截渗

主要目的是延长渗径,降低上下游的水力坡度,若垂直截渗能完全截断透水层,防渗效果更好。垂直截渗墙、帷幕灌浆、板桩等均属于垂直截渗,如图 2.22 所示。

2) 设置水平铺盖

上游设置水平铺盖,与坝体防渗体连接,延长了水流渗透路径,如图 2.23 所示。

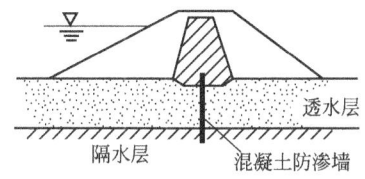

图 2.22 设置垂直截渗示意图

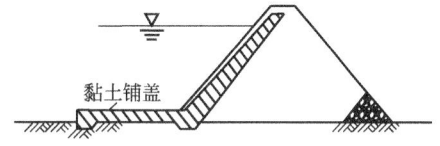

图 2.23 设置水平铺盖示意图

3) 设置反滤层

设置反滤层,既可通畅水流,又起到保护土体、防止细粒流失而产生渗透变形的作用。反滤层可由粒径不等的无黏性土组成,也可由土工布代替,图 2.24 为某河堤基础加筋土工布反滤层。

4) 排水减压

为减小下游渗透压力,在水工建筑物下游,基坑开挖时,设置减压井或深挖排水槽,如图 2.25 所示。

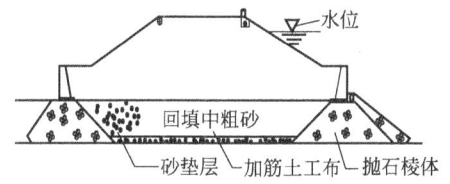

图 2.24 设置反滤层示意图

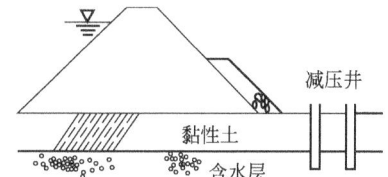

图 2.25 设置减压井示意图

2. 基坑开挖防渗措施

1) 工程降水

采用明沟排水(图 2.26)和井点降水(图 2.27)的方法人工降低地下水位。基坑内(外)设置排水沟、集水井,用抽水设备将地下水从排水沟或集水井排出。要求地下水位降得较深时,采用井点降水。在基坑周围布置一排至几排井点,从井中抽水降低水位。

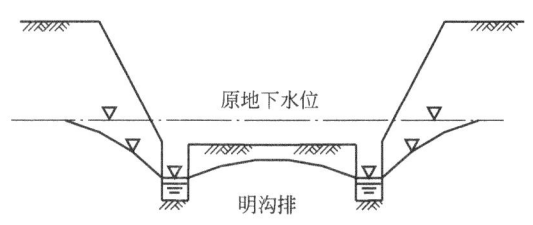

图 2.26 明沟排水示意图

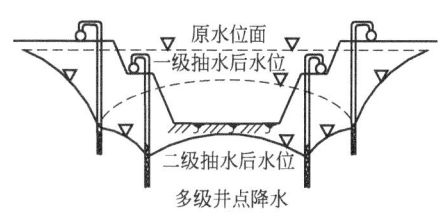

图 2.27 井点排水示意图

2) 设置板桩(图 2.28)

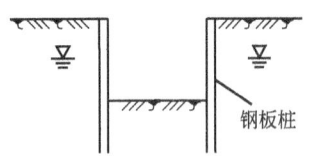

图 2.28 设置板桩示意图

沿坑壁打入板桩，它一方面可以加固坑壁，同时增加了地下水的渗流路径，减小水力坡降。

3) 水下挖掘

在基坑或沉井中用机械在水下挖掘，避免因排水而造成流砂的水头差。为了增加砂的稳定性，也可向基坑中注水，并同时进行挖掘。

基坑开挖防渗措施还有冻结法、化学加固法、爆炸法等。

本 章 小 结

本章主要首先简述引起渗透的原因以及由于渗流产生的主要工程问题，介绍了层流条件下的达西定律及其适用范围，接着分别介绍了室内（常水头及变水头）试验和室外试验（抽水试验）确定渗透系数的方法以及成层土在水平渗流及竖向渗流作用下的等效渗透系数，然后介绍了二维流网的特征及其应用，最后介绍了渗透力、渗透破坏类型及渗透破坏在工程上的防治措施。

本章的重点是流网的应用以及渗透破坏的类型和渗透破坏在工程上的防治措施。

习　　题

一、选择题

1. 下列关于渗流力的描述不正确的是（　　）。

   A. 其数值与水力梯度成正比，其方向与渗流方向一致

   B. 是一种体积力，其量纲与重度的量纲相同

   C. 流网中等势线越密集的区域，其渗流力也越大

   D. 渗流力的存在对土体稳定总是不利的

2. 下列描述正确的是（　　）。

   A. 流网中网格越密处，其水力梯度越小

   B. 位于同一条等势线上的两点，其孔隙水压力总是相同的

   C. 同一流网中，任意两相邻等势线间的势能差相等

   D. 渗透流速的方向为流线的法线方向

3. 下列土样中哪一种更容易发生流砂现象？（　　）

   A. 粗砂和砾砂　　　　B. 细砂和粉砂　　　　C. 粉土　　　D. 黏土

二、填空题

1. 达西定律适用于（　　　　），所以达西定律也称（　　　　）定律。

2. 室内测定土的渗透系数的仪器和方法较多，但就其原理而言，可分为（　　　　）试验和（　　　　）试验两种。

3. 按照渗透水流所引起的局部破坏的特征，渗透变形可分为（　　　　）和

(　　　　)两种基本形式。

三、简答题
1. 简述影响土的渗透性的因素主要有哪些。
2. 流砂与管涌现象有什么区别和联系？
3. 为什么流线与等势线总是正交的？

四、计算题
1. 如图 2.29 所示，在恒定的总水头差之下水自下而上透过两个土样，从土样 1 顶面溢出。

(1) 以土样 2 底面 c—c 为基准面，求该面的总水头和静水头。（答案：90cm，90cm）

(2) 已知水流经土样 2 的水头损失为总水头差的 30%，求 b—b 面的总水头和静水头。（答案：81cm，51cm）

(3) 已知土样 2 的渗透系数为 0.05cm/s，求单位时间内土样横截面单位面积的流速。（答案：0.015cm/s）

(4) 求土样 1 的渗透系数。（答案：0.021cm/s）

2. 如图 2.30 所示，在 5.0m 厚的黏土层下有一砂土层厚 6.0m，其下为基岩（不透水）。为测定该砂土的渗透系数，打一钻孔到基岩顶面并以 10^{-2} m³/s 的速率从孔中抽水。在距抽水孔 15m 和 30m 处各打一观测孔穿过黏土层进入砂土层，测得孔内稳定水位分别在地面以下 3.0m 和 2.5m，试求该砂土的渗透系数。（答案：0.0368cm/s）

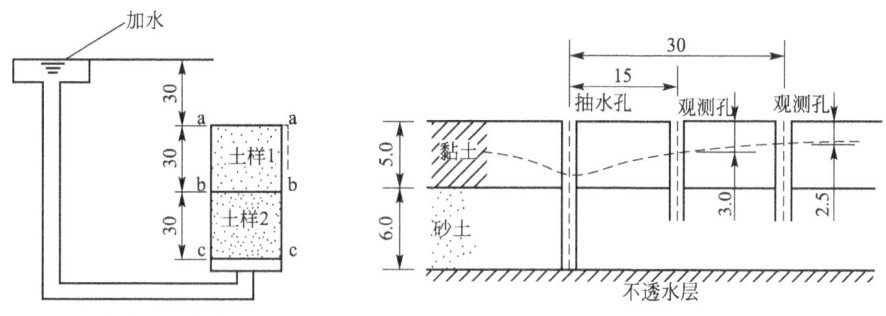

图 2.29　计算题 1 图（单位：cm）　　图 2.30　计算题 2 图（单位：m）

3. 某渗透装置如图 2.31 所示。砂Ⅰ的渗透系数 $k_Ⅰ=2\times10^{-1}$ cm/s；砂Ⅱ的渗透系数 $k_Ⅱ=1\times10^{-1}$ cm/s；砂样断面积 $A=200$ cm²。

(1) 若在砂Ⅰ与砂Ⅱ分界面处安装一测压管，则测压管中水面将升至右端水面以上多高？（答案：20cm）

(2) 砂Ⅰ与砂Ⅱ界面处的单位渗流量 q 多大？（答案：20cm³/s）

4. 定水头渗透试验中，已知渗透仪直径 $D=75$ mm，在 $L=200$ mm 渗流直径上的水头损失 $h=83$ mm，在 60s 时间内的渗水量 $Q=71.6$ cm²，求土的渗透系数。（答案：0.065cm/s）

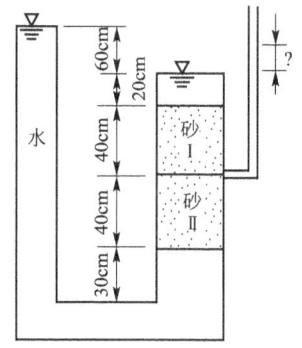

图 2.31　计算题 3 图（单位：cm）

第3章 土中应力计算

教学目标

本章主要讲述土中自重应力和附加应力的概念、计算方法及其分布规律,以及饱和土有效应力概念、原理和一般计算方法。通过本章的学习,达到以下目标。

(1) 掌握土中自重应力和附加应力的概念、计算方法及其分布规律。

(2) 掌握土中有效应力和孔隙压力的概念、饱和土的有效应力原理及有效应力的简单计算方法。

(3) 掌握基底压力和基底附加压力的概念和简化计算方法。

教学要求

知识要点	能力要求	相关知识
土中自重应力计算	(1) 了解土中自重应力的形成原因、研究目的及计算土中自重应力的理论依据; (2) 掌握土的自重应力的概念及其符号规定; (3) 掌握均质土和成层土的自重应力计算公式、单位及其分布规律; (4) 掌握竖向自重应力与水平自重应力之间的关系; (5) 掌握地下水及土层透水性对土中自重应力的影响	(1) 土的特性:天然重度、饱和重度、浮重度、透水性等; (2) 土中自重应力计算假定:土体均质、连续、各向同性,半无限空间体; (3) 土的应力状态; (4) 叠加原理
土中附加应力计算	(1) 了解土中附加应力的形成原因、研究目的及计算土中附加应力的理论依据; (2) 了解基底应力的一般分布规律; (3) 掌握土中附加应力的概念及其符号规定; (4) 掌握各种荷载作用引起的土中附加应力计算方法及其分布规律; (5) 掌握基底压力和基底附加压力的概念和简化计算方法; (6) 掌握基底压力、基底附加压力和地基附加应力的相互关系; (7) 掌握在基底附加压力作用下的土中附加应力计算; (8) 了解非均质、各向异性地基中附加应力计算方法	(1) 土的特性; (2) 土中附加应力计算假定; (3) 角点法
饱和土有效应力计算	(1) 掌握土中总应力、有效应力和孔隙压力的概念; (2) 掌握饱和土的有效应力原理; (3) 掌握饱和土有效应力原理简单应用	(1) 土中应力传递方式; (2) 有效应力原理; (3) 有效应力与孔隙压力

第3章 土中应力计算

自重应力、地基附加应力、基底压力、基底附加压力、总应力、有效应力、孔隙压力

根据建筑物的上部结构条件(建筑物的用途和安全等级、建筑布置、上部结构类型等)和工程地质条件(建筑场地、地基岩土和气候条件等),以及其他方面的要求(工期、施工条件、造价和节约资源等)进行基础工程设计时,其中最基本也是最重要的任务就是遵循确保建筑物安全、经济和正常使用的基本原则,确定基础类型和尺寸,以及地基的沉降、承载力和稳定性等方面是否满足工程要求。而解决这些问题的前提就是要根据上部荷载和地基基础条件分析计算地基土中的应力及其分布规律。因此,在土力学和基础工程中,分析计算地基土的沉降、承载力和稳定性等问题,必须首先计算土中的应力。从工程角度考虑,土中应力计算也是基础工程设计和施工的依据。本章研究土中应力计算问题,为以后各章及基础工程设计奠定基础。

3.1 概 述

建筑物的荷载都由其下部地层(包括土层和岩层)承担,在建筑物荷载影响范围内的地层称为地基(如无特别说明,本书所指地基均为土质地基)。其中由天然地层直接支承建筑物的地基称为天然地基,软弱地层经加固后支承建筑物的地基称为人工地基。与地基相接触的建筑物底部结构称为基础。

建造在土层上的大多数建筑物,其地基受荷载作用而产生相应的应力变化,引起地基变形,包括竖向沉降和侧向位移。由此带来两方面的工程问题,即土体稳定问题和变形问题。如果地基内部产生的应力不超过土的强度,土体则是稳定的,反之,土体就会发生破坏,产生过大变形,甚至引起整个地基产生滑动而失去稳定,造成建筑物倾倒。

地基土中的应力按照形成原因可以分为自重应力(Gravity Stress)和附加应力(Superimposed Stress)两种。由土体自重产生的应力称为自重应力。由土体自重以外的荷载(如建筑物自重、地震惯性力等)在地基内部产生的应力称为附加应力。土体在自重应力作用下,经过漫长的地质年代已经完成固结稳定,一般不会再引起土的变形(新沉积土或近期人工充填土除外)。附加应力是地基中的新增应力,是使地基产生变形和失去稳定的主要原因。

按照土中骨架和孔隙(水、气)的应力承担作用原理或应力传递方式,土中应力可分为有效应力和孔隙应(压)力。由土骨架传递(或承担)的应力称为有效应力。由土中孔隙水和孔隙气体传递(或承担)的应力称为孔隙应(压)力。孔隙水应力通常称为孔隙水压力,按照是否超过静水压力划分,孔隙水压力又分为静孔隙水压力和超静孔隙水压力。

分析计算地基土的沉降、承载力和稳定性,必须首先计算土中应力。从工程角度考虑,土中应力计算也是基础工程设计和施工的依据。本章重点介绍自重应力和附加应力的计算方法,饱和土有效应力概念、原理及其有效应力计算等。

3.1.1 计算土中应力的理论和方法

天然土体的组成和结构构造特征非常复杂，属于非均质、非连续、非完全弹性且常表现为各向异性的介质，这些特性决定了真实土的应力-应变关系非常复杂，难以进行分析计算。实用中通常将土体进行简化处理，将其假定为均质、连续、各向同性的半无限空间弹性体，采用古典弹性理论方法计算土中应力。尽管这种高度简化的假定与实际土体的性质有差别，但理论分析与实践表明，只要土中应力不大，采用弹性理论计算的结果就能满足工程需要。因此，目前工程上计算土中应力仍然大多以计算简单的弹性理论为依据。现对其中的有关概念和原理说明如下。

1. 关于连续介质问题

弹性理论要求受力体是连续介质。而土是由三相物质组成的松散颗粒集合体，不是连续介质。但是对于研究宏观土体的受力问题如建筑物地基沉降问题，土体尺寸远远大于土颗粒尺寸，因此可以将土颗粒和孔隙视为一体，假设土体是连续的，从平均应力的概念出发，用一般材料力学的方法来定义土中的应力。

2. 关于线弹性体问题

理想弹性体的应力与应变成正比直线关系，且应力卸除后变形可以完全恢复。土体则是弹塑性物质，它的应力-应变关系是呈非线性的，且应力卸除后，应变也不能完全恢复，如图3.1所示。但考虑到土中应力增量不是很大，距离土的破坏强度尚远，且其影响区域有限，为此假设土的应力-应变关系为直线，以便直接用弹性理论求土中的应力分布。对于一般工程而言如此处理不仅方便，也足够准确。但对沉降有特殊要求的建筑物，这种假设会造成误差过大，必须采用弹塑性理论分析方法。

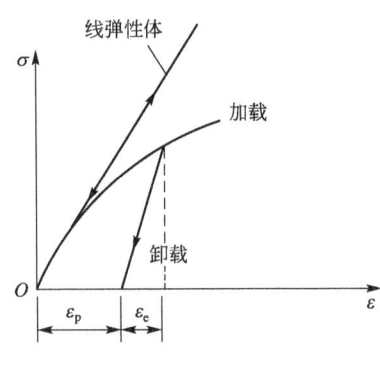

图 3.1 土的应力-应变关系
ε_e—弹性应变；ε_p—塑性应变

3. 关于均质

理想弹性体应是均质的各向同性体。而天然地基往往是由成层土组成的，常为非均质各向异性体。因此将其视为均质各向同性体会有误差。但当土层性质变化不大时，按此假定计算竖向应力引起的误差通常在容许范围之内。否则，应考虑非均质各向异性的影响，进行必要的修正。

3.1.2 地基土中的应力状态

计算土中应力时，通常将土体视为一个具有水平界面、深度和广度都无限大的半无限空间弹性体，如图3.2所示。常见的地基土中应力状态有如下三种类型。

1. 三维应力状态

在局部荷载作用下，土中的应力状态属三维应力状态。例如柱下独立基础的地基应力，如图 3.3 所示。土中每一点的应力都是 x、y、z 的函数，每一点的应力状态都有九个应力分量：σ_{xx}，σ_{yy}，σ_{zz}，τ_{xy}，τ_{yx}，τ_{yz}，τ_{zy}，τ_{xz}，τ_{zx}，写成矩阵形式则为

$$\sigma_{ij} = \begin{bmatrix} \sigma_{xx} & \tau_{xy} & \tau_{xz} \\ \tau_{yx} & \sigma_{yy} & \tau_{yz} \\ \tau_{zx} & \tau_{zy} & \sigma_{zz} \end{bmatrix} \quad (3-1)$$

根据剪应力互等原理，有 $\tau_{xy} = \tau_{yx}$，$\tau_{yz} = \tau_{zy}$，$\tau_{xz} = \tau_{zx}$，因此，该单元体只有六个独立的应力分量，即 σ_{xx}，σ_{yy}，σ_{zz}，τ_{xy}，τ_{xz}，τ_{yz}。

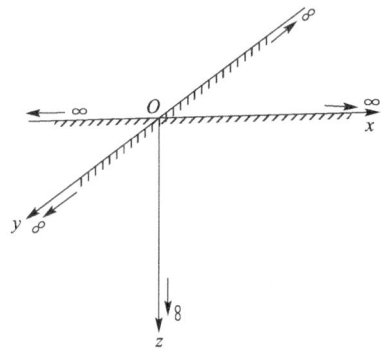

图 3.2 半无限地基空间体

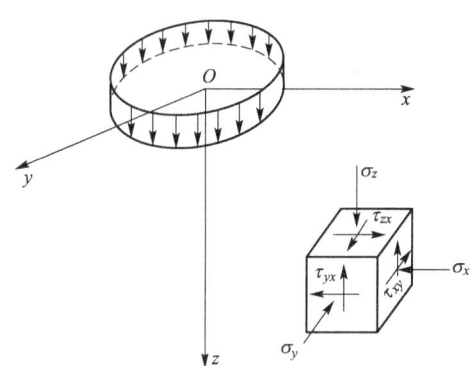

图 3.3 地基中的三维应力状态

2. 二维应变状态（平面应变状态）

当建筑物基础的一个方向尺寸远大于另一方向尺寸，且其每个横截面上的应力大小和分布形式均相同时，其地基中的应力状态可简化为二维平面应变状态。例如堤坝或挡土墙下地基中的应力状态就属于这一类，如图 3.4 所示。二维应变状态的特点是地基中的每一点应力分量只是两个坐标 x、z 的函数。天然地面可看作一个平面，并且沿 y 方向的应变 $\varepsilon_y = 0$，由于对称性，$\tau_{yx} = \tau_{yz} = 0$，这时，每一点的应力状态有五个应力分量：$\sigma_{xx}$，$\sigma_{yy}$，$\sigma_{zz}$，$\tau_{xz}$，$\tau_{zx}$。可用应力矩阵表达为

$$\sigma_{ij} = \begin{bmatrix} \sigma_{xx} & 0 & \tau_{xz} \\ 0 & \sigma_{yy} & 0 \\ \tau_{zx} & 0 & \sigma_{zz} \end{bmatrix} \quad (3-2)$$

3. 侧限应力状态

侧限应力状态是指侧向应变为零的一种应力状态；土体只发生竖直向的变形。例如，地基在自重作用下的应力状态，如图 3.5 所示。在半无限弹性体地基中，同一深度处的土单元受力相同，土体只能发生竖向变形，不可能发生侧向变形。而任何竖直面都是对称面，故在任何竖直面和水平面上都不会有剪应力存在，如图 3.5 所示，即 $\tau_{xy} = \tau_{yz} = \tau_{zx} = 0$，$\sigma_{xx}$、$\sigma_{yy}$ 和 σ_{zz} 均为主应力。用应力矩阵表达为

$$\sigma_{ij} = \begin{bmatrix} \sigma_{xx} & 0 & 0 \\ 0 & \sigma_{yy} & 0 \\ 0 & 0 & \sigma_{zz} \end{bmatrix} \qquad (3-3)$$

由 $\varepsilon_x = \varepsilon_y = 0$ 可知，$\sigma_{xx} = \sigma_{yy}$，并与 σ_{zz} 成正比。

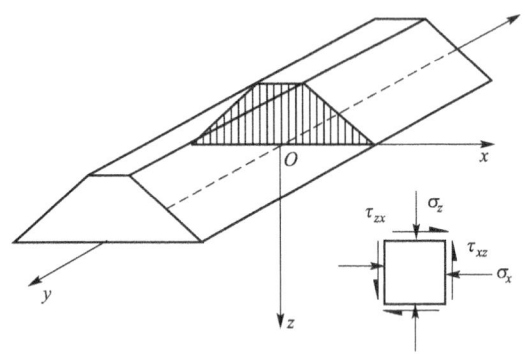

图 3.4 堤坝下的平面应变状态

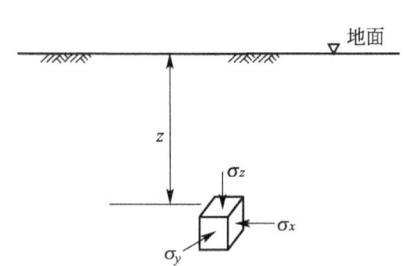

图 3.5 侧限应力状态

3.1.3 土中应力的规定

由于散粒状土体基本不能承受拉应力，在工程上土体中出现拉应力的情况也很少见，因此从实用方面考虑，对土中应力的符号及其正负作如下规定（图 3.6）。

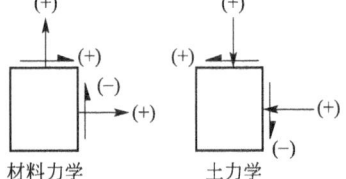

图 3.6 关于应力符号的规定

1. 应力符号的规定

在进行土中应力计算时，应力符号的规定法则与弹性力学相同，但正负与弹性力学相反，即当某一截面上的外法线是沿着坐标轴的正方向，这个截面则称正面；正面上的应力分量以沿坐标轴正方向为负，沿负方向为正。

2. 应力正负的规定

用莫尔（Mohr，1910 年）圆进行应力状态分析时，法向应力仍以压应力为正，剪应力方向以逆时针方向为正。与材料力学和弹性理论的应力正负规定相反。

3.2 土中自重应力的计算

在计算土中的自重应力时，一般将地基视为半无限空间弹性体，土中应力状态属于侧限应力状态。由半无限空间弹性体的边界条件可知，其内部任一与地面平行的平面或垂直的平面上，仅作用着竖向应力 σ_{cz} 和水平向应力 $\sigma_{cx} = \sigma_{cy}$，而竖向和水平各平面上的剪应力均等于零。

3.2.1 竖向自重应力计算

1. 均质土中的竖向自重应力

如图 3.7(b)所示,设土中某单元体离地面的距离为 z,土的重度为 γ,则单元体上竖向自重应力 σ_{cz} 等于单位面积上的土柱有效重量,即

$$\sigma_{cz} = \gamma \cdot z \tag{3-4}$$

式中:σ_{cz} 为距地面以下深度为 z 处的竖向自重应力(kPa);γ 为地面以下深度为 z 范围内土的重度(kN/m³)。计算点位于地下水位以上,取土的天然重度;计算点位于地下水位以下,如砾石土、砂土和流塑状黏土一般取土的有效重度 γ';对于固态或半固态的坚硬黏土、完整岩层等不透水地层,则应取饱和重度 γ_{sat};对介于砂土和坚硬黏土之间的土,工程上通常按具体情况分析选用适当的重度。z 为地面以下的计算深度,m。

由式(3-4)可见,对于均质土,其重度为常数,故土中竖向自重应力 σ_{cz} 为计算深度 z 的线性函数,即地面处($z=0$)竖向自重应力为零,地面以下的竖向自重应力随着深度增大呈三角形分布,如图 3.7(a)所示。

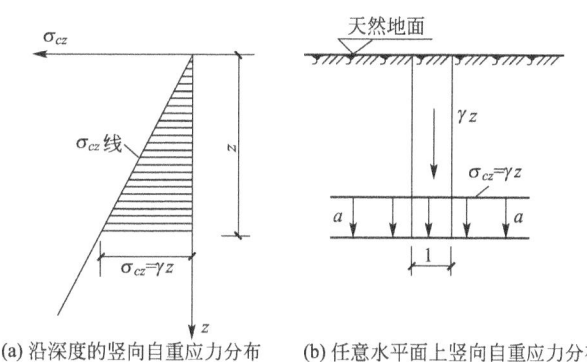

(a) 沿深度的竖向自重应力分布　　(b) 任意水平面上竖向自重应力分布

图 3.7　均质土中的竖向自重应力

2. 成层土的竖向自重应力

天然地基一般由成层土组成。设地面以下第 i 土层的厚度为 h_i,重度为 γ_i,则距地面深度 z 处的竖向自重应力为

$$\sigma_{cz} = \gamma_1 h_1 + \gamma_2 h_2 + \gamma_3 h_3 + \cdots + \gamma_n h_n = \sum_{i=1}^{n} \gamma_i h_i \tag{3-5}$$

式中:n 为距地面深度为 z 处的土层数;其他符号的意义同上。

与均质土类似,根据式(3-5)计算的成层土中竖向自重应力沿深度整体呈折线分布,在土层界面和地下水位处发生转折,同一土层中竖向自重应力则呈直线分布,如图 3.8 所示。

值得指出的是,对于地面以下的不透水层(例如完整岩层或只含结合水的坚硬黏土层等),因其内部不存在水浮力作用,故其层面及层面以下的竖向自重应力应按上覆土层的水土总重计算。这样,紧靠上覆土层和不透水层界面上下的竖向自重应力便有突变,使层面处具有两个不同的自重应力值,如图 3.8(b)所示。

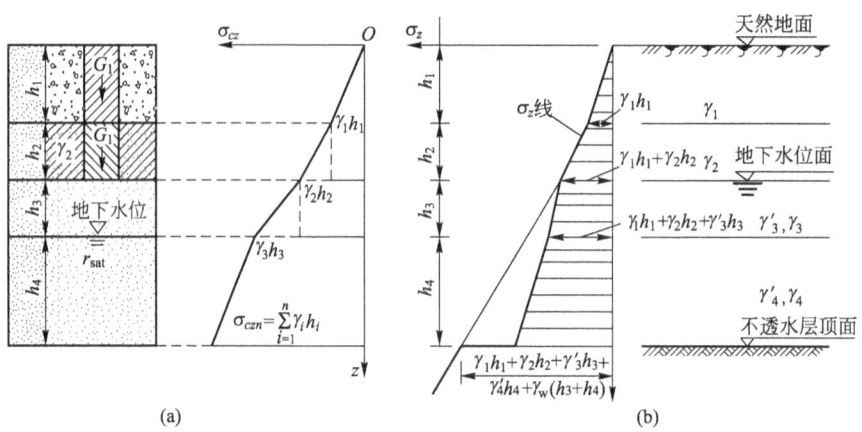

图 3.8 成层土的竖向自重应力分布

【例 3.1】 试计算如图 3.9 所示土层的自重力及作用在基岩顶面的土自重应力和静水压力之和,并绘制自重应力分布图。

【解】 $\sigma_{cz1} = \gamma_1 h_1 = 19 \times 2.0 = 38.0 \text{(kPa)}$

$\sigma_{cz2} = \gamma_1 h_1 + \gamma_1' h_2 = 38.0 + (19.4 - 10) \times 2.5 = 61.5 \text{(kPa)}$

$\sigma_{cz3} = \gamma_1 h_1 + \gamma_1' h_2 + \gamma_2' h_3 = 61.5 + (17.4 - 10) \times 2.5 = 94.8 \text{(kPa)}$

$\sigma_w = \gamma_w (h_2 + h_3) = 10 \times 7.0 = 70 \text{(kPa)}$

作用在基岩顶面处土的自重应力为 94.8kPa,静水压力为 70kPa,总应力 $\sigma_x = 94.8 + 70 = 164.8 \text{(kPa)}$。

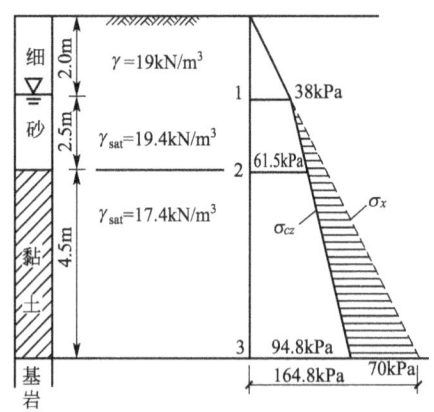

图 3.9 土的自重应力计算及其分布图

尚须注意:①在此所讨论的自重应力是指土颗粒之间接触点传递的粒间应力,故又称为有效自重应力;②一般土层形成地质年代较长,在自重作用下变形早已稳定,故自重应力不再引起建筑物基础沉降,但对于近期沉积或堆积的土层以及地下水位升降等情况,尚应考虑自重应力作用下的变形,这是因为地下水位的变动,引起土的重度改变的结果,如图 3.10 所示。在深基坑开挖中,需大量抽取地下水,以致地下水位大幅度下降,引起土的重度改变(地下水位下降之后的土重度为天然重度 γ)。显然,地下水位下降之后的土重度 γ 大于之前土的有效重度 γ',故自重应力增加,会造成地表大面积下沉。反之,若地下水位长期上升,如大量工业废水渗入地下的地区或在人工抬高蓄水水位地区,水位上升会引起地基承载力的减小、湿陷性土的陷塌等现象,必须引起注意。

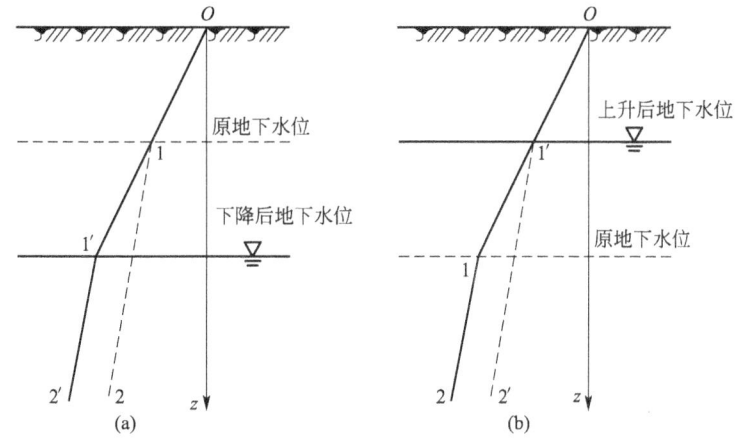

图 3.10 地下水位升降对土中自重应力的影响

(图中 012 线为原来的自重应力分布曲线；01'2'线为地下水位升降后的自重应力分布曲线)

3.2.2 水平自重应力计算

在地基土自重作用下，除了产生竖向自重应力，还有水平自重应力。根据弹性理论，在半无限弹性均质土体内由侧限条件可知土的侧向变形为 0，即 $\varepsilon_x = \varepsilon_y = 0$。因此，该单元体上两个水平向自重应力相等且与竖向自重应力成正比，而竖向和水平剪应力均为 0，即

$$\sigma_{cx} = \sigma_{cy} = K_0 \sigma_{cz} = K_0 \gamma z \quad (3-6)$$

$$\tau_{xy} = \tau_{yz} = \tau_{zx} = 0 \quad (3-7)$$

式中：σ_{cx} 和 σ_{cy} 分别为土中 x、y 方向的水平自重应力(kPa)；γ 的取值与前相同；K_0 为土的静止侧压力系数，数值上等于侧限条件下土中水平向有效应力与竖直有效应力之比，可由试验测定，也可按弹性理论计算 $K_0 = \dfrac{\mu}{1-\mu}$，μ 是土的泊松比。

与竖向自重应力类似，均质土中水平自重应力也沿深度方向呈三角形分布。对于成层土体，水平自重应力可依据式(3-6)进行计算，即

$$\sigma_{cx} = \sigma_{cy} = K_0 \sum_{i=1}^{n} \gamma_i h_i \quad (3-8)$$

水平自重应力是研究土压力的基础，具体内容详见第 6 章。

需要指出的是，上述讨论的竖向和水平向自重应力都是指土颗粒之间接触点传递的应力，也称有效自重应力。以后各章节如没有特别说明，有效自重应力均简称为自重应力。有效自重应力的大小除与计算点的深度有关外，还与地基土的本身性质、所处状态等因素有关。深入的讨论详见有效应力原理等相关内容。

3.3 地基附加应力

在天然地基内，自重应力引起的压缩变形通常已经完成，不再引起地基沉降。附加应

力则是因修建建筑物等工程活动的外荷载(土体自重除外)作用而产生的土体内新增应力,它会使地基产生变形甚至失去稳定。因此,分析计算地基附加应力对于研究土体变形、承载力和稳定性等问题,以及进行基础工程设计极其重要。本节先介绍地表作用不同类型的荷载在地基内产生的附加应力分布规律与计算方法,然后介绍地表以下的基础底面压力和附加应力的分布规律与计算方法。

3.3.1 地表作用不同类型荷载的均质土地基附加应力

在分析计算地基附加应力时,一般假定地基土为连续、均质、各向同性的弹性体,采用弹性理论的基本公式进行计算。为了方便理解与应用,通常按照所研究问题的性质划分为空间(三维)问题和平面(二维)问题。其中矩形、圆形等基础下的附加应力计算属于空间问题,其应力是直角坐标 x、y、z 的函数;条形基础(基础底面长宽比大于等于10,如土石坝、挡土墙等基础)下的附加应力计算属于平面问题,其应力是直角坐标 x、z 的函数。

1. 空间问题的地基附加应力

1) 集中荷载作用下的附加应力

地表作用集中荷载的情形虽然在实际中很少见,但集中荷载作用下的附加应力解答是求解地基附加应力的基础。

(1) 竖直集中力作用下的附加应力。

① 布辛内斯克解答。

如图 3.11 所示,当半无限空间弹性体表面上作用一竖直集中力 P 时,取直角坐标轴 z 为 P 的作用线,坐标系原点 O 为其作用点,其内部任意点 $M(x, y, z)$ 处的六个独立应力分量 σ_x、σ_y、σ_z、$\tau_{xy}=\tau_{yx}$、$\tau_{yz}=\tau_{zy}$、$\tau_{xz}=\tau_{zx}$,以及三个位移分量 u、v、w 可由弹性理论求出,这就是著名的布辛内斯克解答,表达为

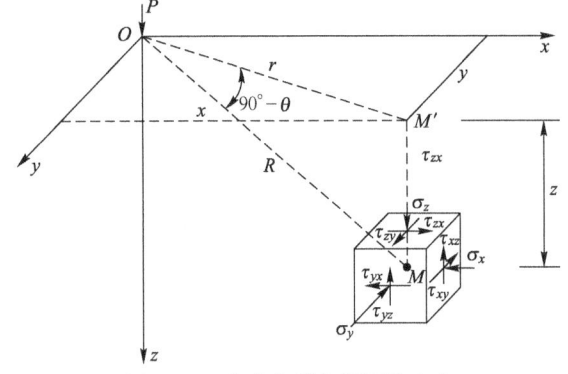

图 3.11 集中荷载作用下的应力

$$\sigma_z = \frac{3P}{2\pi} \cdot \frac{z^3}{R^5} = \frac{3P}{2\pi R^2}\cos^3\theta \tag{3-9a}$$

$$\sigma_x = \frac{3P}{2\pi} \cdot \left\{\frac{x^2 z}{R^5} + \frac{1-2\mu}{3}\left[\frac{R^2-Rr-z^2}{R^3(R+z)} - \frac{x^2(2R+z)}{R^3(R+z)^2}\right]\right\} \tag{3-9b}$$

$$\sigma_y = \frac{3P}{2\pi} \cdot \left\{\frac{y^2 z}{R^5} + \frac{1-2\mu}{3}\left[\frac{R^2-Rr-z^2}{R^3(R+z)} - \frac{y^2(2R+z)}{R^3(R+z)^2}\right]\right\} \tag{3-9c}$$

$$\tau_{xy}=\tau_{yx}=-\frac{3P}{2\pi}\cdot\left[\frac{xyz}{R^5}-\frac{1-2\mu}{3}\cdot\frac{xy(2R+z)}{R^3(R+z)^2}\right] \tag{3-9d}$$

$$\tau_{yz}=\tau_{zy}=\frac{3P}{2\pi}\cdot\frac{yz^2}{R^5}=-\frac{3Py}{2\pi R^3}\cos^2\theta \tag{3-9e}$$

$$\tau_{zx}=\tau_{xz}=\frac{3P}{2\pi}\cdot\frac{xz^2}{R^5}=-\frac{3Px}{2\pi R^3}\cos^2\theta \tag{3-9f}$$

$$u = -\frac{P(1+\mu)}{2\pi E} \cdot \left[\frac{xz}{R^3} - (1-2\mu) \cdot \frac{x}{R(R+z)}\right] \quad (3-9\text{g})$$

$$v = -\frac{P(1+\mu)}{2\pi E} \cdot \left[\frac{yz}{R^3} - (1-2\mu) \cdot \frac{y}{R(R+z)}\right] \quad (3-9\text{h})$$

$$w = -\frac{P(1+\mu)}{2\pi E} \cdot \left[\frac{z^2}{R^3} - 2(1-\mu) \cdot \frac{1}{R}\right] \quad (3-9\text{i})$$

式中：σ_x、σ_y、σ_z 分别为 x、y、z 方向的法向应力（kPa）；τ_{xy}、τ_{xz}、τ_{zy} 均为剪应力（kPa）；u、v、w 分别为 M 点沿 x、y、z 轴的位移（m）；R 为 M 点至集中力作用点 O 的距离（m），$R = \sqrt{x^2+y^2+z^2} = \sqrt{r^2+z^2} = \dfrac{z}{\cos\theta}$；$\theta$ 为 R 线与 z 轴的夹角（°）；r 为 M' 点至集中力作用点 O 的水平距离（m）；E 为土的弹性模量（MPa）；μ 为土的泊松比。

注意，在以上各式中若 $R=0$，即在集中力作用点 O 处，则应力和位移将趋于无穷大，表明该点地基土已经发生塑性变形，按弹性理论的解答已不适用。因此，计算附加应力时所选计算点不应太接近于集中力作用点处。

以上的布辛内斯克解答是求解地基中附加应力的基本公式。其中竖向附加正应力 σ_z 在土力学中具有特别重要的意义，它是使地基土产生压缩变形的原因，因此在工程实践中应用最多。下面着重讨论竖向附加正应力 σ_z 的计算及其分布规律。为了应用方便，由几何关系 $R^2 = r^2 + z^2$，代入式(3-9a)得

$$\sigma_z = \frac{3P}{2\pi} \cdot \frac{z^3}{R^5} = \frac{3P}{2\pi \cdot z^2} \cdot \frac{1}{[1+(r/z)^2]^{5/2}} = \alpha \cdot \frac{P}{z^2} \quad (3-10)$$

式中

$$\alpha = \frac{3}{2\pi} \cdot \frac{1}{[1+(r/z)^2]^{5/2}} \quad (3-11)$$

α 称为竖直集中力作用下的地基竖向附加应力系数，它是 r/z 的函数，可由表 3-1 查取，或根据式(3-11)进行计算。

表 3-1　集中荷载作用下地基竖向附加应力系数 α

r/z	α	r/z	α	r/z	α	r/z	α	r/z	α
0.00	0.4775	0.50	0.2733	1.00	0.0844	1.50	0.0251	2.00	0.0085
0.05	0.4745	0.55	0.2466	1.05	0.0744	1.55	0.0224	2.20	0.0058
0.10	0.4657	0.60	0.2214	1.10	0.0658	1.60	0.0200	2.40	0.0040
0.15	0.4516	0.65	0.1978	1.15	0.0581	1.65	0.0179	2.60	0.0029
0.20	0.4329	0.70	0.1762	1.20	0.0513	1.70	0.0160	2.80	0.0021
0.25	0.4103	0.75	0.1565	1.25	0.0454	1.75	0.0144	3.00	0.0015
0.30	0.3849	0.80	0.1386	1.30	0.0402	1.80	0.0129	3.50	0.0007
0.35	0.3577	0.85	0.1226	1.35	0.0357	1.85	0.0116	4.00	0.0004
0.40	0.3294	0.90	0.1083	1.40	0.0317	1.90	0.0105	4.50	0.0002
0.45	0.3011	0.95	0.0956	1.45	0.0282	1.95	0.0095	5.00	0.0001

② 竖向附加应力 σ_z 的分布。

根据式(3-10)，将竖向附加应力 σ_z 随深度 z 的关系绘制成曲线，如图 3.12 所示。由式(3-10)和图 3.12 可知竖向附加应力 σ_z 的分布规律为

a. 在集中力 P 作用线上，即 $r=0$ 处，$\alpha=\dfrac{3}{2\pi}$，$\sigma_z=\dfrac{3}{2\pi}\cdot\dfrac{P}{z^2}$。当 $z=0$ 时，$\sigma_z\to\infty$；当 $z\to\infty$ 时，$\sigma_z=0$。沿 P 作用线上附加应力 σ_z 随着深度 z 的增加而递减。

b. 当 $r>0$ 时，沿 r 处竖直线上附加应力 σ_z 分布为：在地表处的附加应力 $\sigma_z=0$；随着深度 z 的增加 σ_z 逐渐递增，但到一定深度后 σ_z 又随着深度 z 的增加而减小。

c. 在深度 z 为常数的同一水平面上，附加应力 σ_z 在 $r=0$ 处最大，并随着 r 的增大而减小。随着深度 z 增加，集中力 P 作用线上的 σ_z 减小，水平面上的 σ_z 分布趋于均匀。

d. 在空间上将附加应力 σ_z 相同的点连接成曲面，得到如图 3.13 所示的 σ_z 等值线，其空间曲面形如泡状，称为应力泡。

由上讨论可知，竖直集中力在地基中引起的竖向附加应力是向下和向四周无限扩散的。

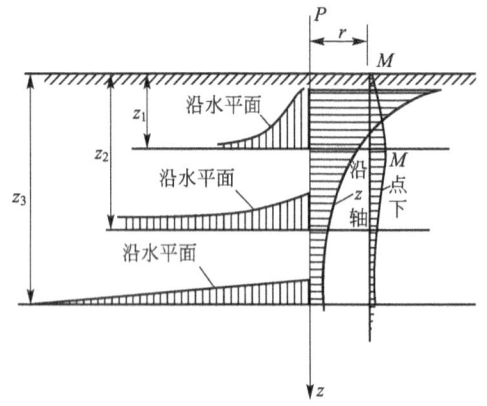

图 3.12　集中荷载作用下土中应力 σ_z 的分布

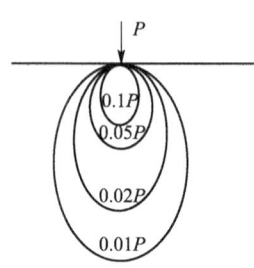

图 3.13　σ_z 的等值线

③ 多个竖向集中力作用的地基附加应力。

如图 3.14 所示，当地面上有多个竖向集中力作用时，可利用弹性理论的叠加原理，先分别求出各集中力在地基中任意点 M 处产生的附加应力，然后将该点的所有附加应力进行叠加，即为集中力系所产生的附加应力，即

$$\sigma_z=\alpha_1\dfrac{P_1}{z^2}+\alpha_2\dfrac{P_2}{z^2}+\cdots+\alpha_n\dfrac{P_n}{z^2} \tag{3-12}$$

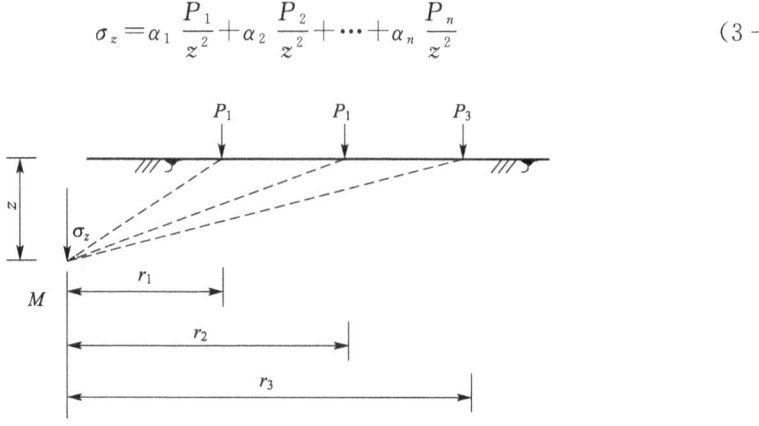

图 3.14　多个集中力作用下的附加应力

式中：α_1，α_2，…，α_n 分别为竖向集中力 P_1，P_2，…，P_n 对应的地基竖向附加应力系数。

图 3.15 为两个竖向集中力作用的地基中附加应力叠加示意图。图中曲线 a 为集中力 P_1 在 z 深度水平线上引起的应力分布，曲线 b 为集中力 P_2 在 z 深度水平线上引起的应力分布，将曲线 a 和曲线 b 相加得到曲线 c 就是该水平线上的总应力。

④ 多个不规则分布荷载作用的地基附加应力。

如图 3.16 所示，对于多个不规则分布的荷载，即荷载分布规律或作用平面形状不规则情形，可将荷载面分成若干形状规则的面积单元，将每个单元上的分布荷载视为集中力，采用式（3-12）近似计算地基中任意点 M 的附加应力。此法称为等代荷载法。其计算精度取决于划分单元面积的大小。

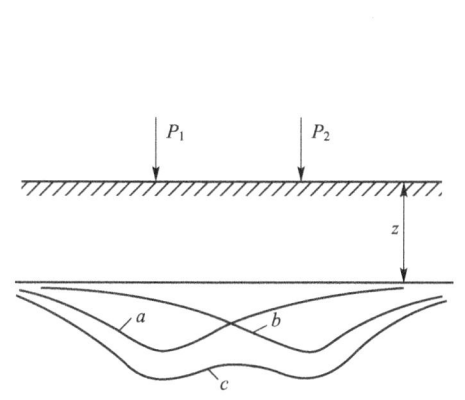

图 3.15 两个集中力作用下地基中 σ_z 的叠加

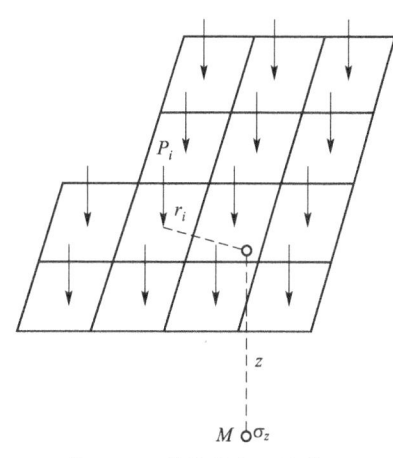

图 3.16 等代荷载法计算 σ_z

（2）水平集中力作用下的附加应力。

如图 3.17 所示，在地表作用一水平集中力 P_h 时，地基中任意点 $M(x, y, z)$ 处的竖向附加应力 σ_z 由西罗提（V. Cerruti）解答给出

$$\sigma_z = \frac{3P_h}{2\pi} \cdot \frac{xz^3}{R^5} \quad (3-13)$$

式中：P_h 为作用于地表的水平集中力（kN）。其他符号同前。

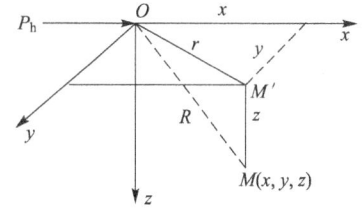

图 3.17 水平集中力作用于地基表面

【例 3.2】 在地表面作用集中力 $F = 200\text{kN}$，计算地面下深度 $z = 3\text{m}$ 处水平面上的附加应力 σ_z 分布，以及距 F 的作用点 $r = 1\text{m}$ 处竖直面上的附加应力 σ_z 分布。

【解】 各点的附加应力 σ_z 可按式（3-10）计算，并列于表 3-2 及表 3-3 中，同时可绘出 σ_z 的分布图（图 3.18）。

表 3-2　$z = 3\text{m}$ 处水平面上附加应力 σ_z 计算

r/m	0	1	2	3	4	5
r/z	0	0.33	0.67	1	1.33	1.67
α	0.478	0.369	0.189	0.084	0.038	0.017
σ_z/kPa	10.6	8.2	4.2	1.9	0.8	0.4

表 3-3 $r=1\mathrm{m}$ 处竖直面上附加应力 σ_z 计算

z/m	0	1	2	3	4	5	6
r/z	∞	1	0.5	0.33	0.25	0.20	0.17
α	0	0.084	0.273	0.369	0.410	0.433	0.444
σ_z/kPa	0	16.8	13.7	8.2	5.1	3.5	2.5

2) 分布荷载作用的地基附加应力

根据集中荷载作用下的附加应力计算方法，应用叠加原理或等代荷载法可以求解各种分布荷载作用下的地基附加应力。如图 3.19 所示，设半无限土体表面作用一连续的竖向分布荷载 $p(x, y)$，为求地基内某点 $M(x, y, z)$ 的附加应力 σ_z，先在荷载面积范围内取一微单元面积 $\mathrm{d}A = \mathrm{d}\xi \mathrm{d}\eta$，作用在微单元面积 $\mathrm{d}A$ 上的分布荷载可用集中力 $\mathrm{d}F = p(\xi, \eta)\mathrm{d}\xi\mathrm{d}\eta$ 表示，用式(3-9a)在荷载面积 A 上积分可得 σ_z，即

$$\sigma_z = \iint_A \mathrm{d}\sigma_z = \frac{3z^3}{2\pi}\iint_A \frac{p(\xi, \eta)\mathrm{d}\xi\mathrm{d}\eta}{[(x-\xi)^2 + (y-\eta)^2 + z^2]^{5/2}} \quad (3-14)$$

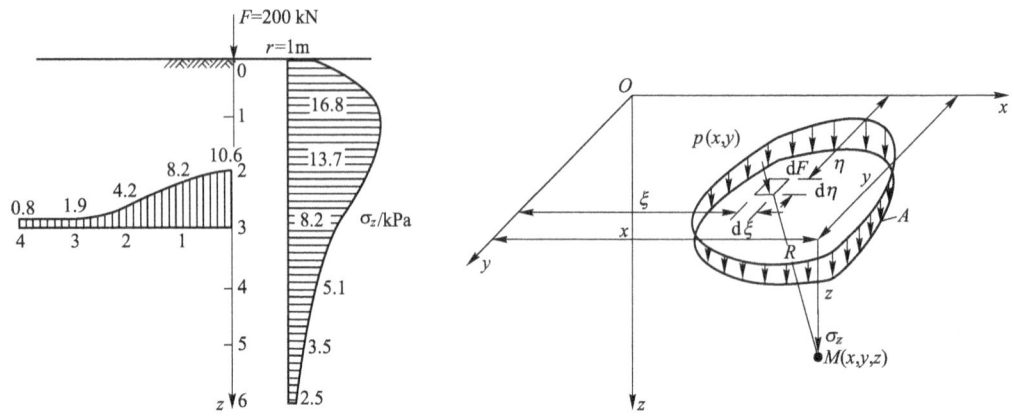

图 3.18 竖向集中力作用下土中 σ_z 分布　　图 3.19 分布荷载作用下土中应力计算

式(3-14)是求解分布荷载作用下的地基附加应力的基本公式。其解取决于下列三个条件。

(1) 分布荷载 $p(x, y)$ 的分布规律及其大小。
(2) 分布荷载 $p(x, y)$ 的分布面积 A 的集合形状及其大小。
(3) 计算点 $M(x, y, z)$ 的坐标 x、y、z 的值。

一般情况下，式(3-14)的求解比较复杂，只有分布荷载 $p(x, y)$ 的分布及其作用面积形状较为简单的情形才能求出解析解。

对于分布荷载及其作用面积的形状均为简单的情形，为方便应用，工程上通常通过无量纲化处理，以 l/b、z/b 编制成表格，根据 l/b、z/b 查表得出附加应力系数 α，再按式(3-15)求得附加应力 σ_z，即

$$\sigma_z = \alpha p_0 \quad (3-15)$$

式中：p_0 为作用于地表的竖向分布荷载(kPa)；α 为地基竖向附加应力系数。

考虑实际工程中的建筑物基础多为矩形底面，下面重点介绍矩形面积上常见分布荷载（矩形、三角形）作用下的竖向地基附加应力计算方法，对圆形面积上分布荷载作用下的竖向地基附加应力计算仅作简单介绍。

(1) 矩形面积常见分布荷载作用的竖向地基附加应力。

① 矩形面积竖向均匀分布荷载作用的竖向地基附加应力。

如图3.20所示，设矩形荷载面的长度和宽度分别为 l、b，作用于地表的竖向分布荷载为 p_0，取所计算的角点为坐标原点，则角点下任意一点 M 的坐标为 $(0, 0, z)$，分布荷载 $p(x, y) = p_0$，微单元面积 $\mathrm{d}x\mathrm{d}y$ 上的作用力 $\mathrm{d}P = p_0 \mathrm{d}x \mathrm{d}y$ 可视为集中力，该集中力在基础角点 O 以下深度为 z 处的 M 点所引起的竖向附加应力为

$$\mathrm{d}\sigma_z = \frac{3p_0}{2\pi} \cdot \frac{1}{[1+(r/z)^2]^{5/2}} \cdot \frac{\mathrm{d}x\mathrm{d}y}{z^2} \tag{3-16}$$

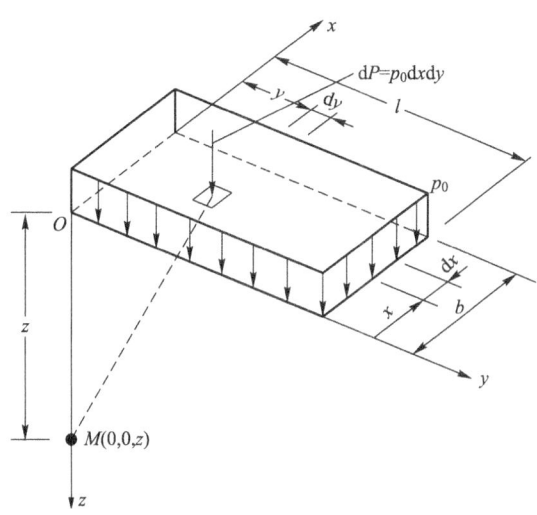

图3.20 均匀矩形荷载角点下的附加应力 σ_z

代入式(3-14)，沿着整个矩形面积积分，可得矩形面积角点下任意点深度处的竖向附加应力 σ_z 为

$$\sigma_z = \int_0^b \int_0^l \frac{3p_0}{2\pi} \cdot \frac{z^3 \mathrm{d}x\mathrm{d}y}{\left(\sqrt{x^2+y^2+z^2}\right)^5}$$

$$= \frac{p_0}{2\pi} \left[\frac{mn}{\sqrt{1+m^2+n^2}} \cdot \left(\frac{1}{m^2+n^2} + \frac{1}{1+n^2} \right) + \arctan\left(\frac{m}{\sqrt{1+m^2+n^2}} \right) \right]$$

$$= \alpha_c p_0 \tag{3-17}$$

$$\alpha_c = \frac{1}{2\pi} \left[\frac{mn}{\sqrt{1+m^2+n^2}} \cdot \left(\frac{1}{m^2+n^2} + \frac{1}{1+n^2} \right) + \arctan\left(\frac{m}{\sqrt{1+m^2+n^2}} \right) \right] \tag{3-18}$$

式中：$m = l/b$，$n = z/b$，注意其中 l、b 必须为矩形荷载面的长度和宽度；α_c 称为均布矩形角点下的竖向附加应力系数，简称角点应力系数。

$\alpha_c = f(m, n)$，是 m、n 的函数，可按 m、n 从表3-4中查得 α_c，或根据式(3-18)应用 Excel 电子表格计算 α_c，从而求得 σ_z。

表 3-4 均布的矩形荷载角点下的竖向附加应力系数

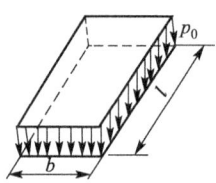

z/b	l/b											
	1.0	1.2	1.4	1.6	1.8	2.0	3.0	4.0	5.0	6.0	10.0	条形
0.0	0.250	0.250	0.250	0.250	0.250	0.250	0.250	0.250	0.250	0.250	0.250	0.250
0.2	0.249	0.249	0.249	0.249	0.249	0.249	0.249	0.249	0.249	0.249	0.249	0.249
0.4	0.240	0.242	0.243	0.243	0.244	0.244	0.244	0.244	0.244	0.244	0.244	0.244
0.6	0.223	0.228	0.230	0.232	0.232	0.233	0.234	0.234	0.234	0.234	0.234	0.234
0.8	0.200	0.207	0.212	0.215	0.216	0.218	0.220	0.220	0.220	0.220	0.220	0.220
1.0	0.175	0.185	0.191	0.195	0.198	0.200	0.203	0.204	0.204	0.204	0.205	0.205
1.2	0.152	0.163	0.171	0.176	0.179	0.182	0.187	0.188	0.189	0.189	0.189	0.189
1.4	0.131	0.142	0.151	0.157	0.161	0.164	0.171	0.173	0.174	0.174	0.174	0.174
1.6	0.112	0.124	0.133	0.140	0.145	0.148	0.157	0.159	0.160	0.160	0.160	0.160
1.8	0.097	0.108	0.117	0.124	0.129	0.133	0.143	0.146	0.147	0.148	0.148	0.148
2.0	0.084	0.095	0.103	0.110	0.116	0.120	0.131	0.135	0.136	0.137	0.137	0.137
2.2	0.073	0.083	0.092	0.098	0.104	0.108	0.121	0.125	0.126	0.127	0.128	0.128
2.4	0.064	0.073	0.081	0.088	0.093	0.098	0.111	0.116	0.118	0.118	0.119	0.119
2.6	0.057	0.065	0.072	0.079	0.084	0.089	0.102	0.107	0.110	0.111	0.112	0.112
2.8	0.050	0.058	0.065	0.071	0.076	0.080	0.094	0.100	0.102	0.104	0.105	0.105
3.0	0.045	0.052	0.058	0.064	0.069	0.073	0.087	0.093	0.096	0.097	0.099	0.099
3.2	0.040	0.047	0.053	0.058	0.063	0.067	0.081	0.087	0.090	0.092	0.093	0.094
3.4	0.036	0.042	0.048	0.053	0.057	0.061	0.075	0.081	0.085	0.086	0.088	0.089
3.6	0.033	0.038	0.043	0.048	0.052	0.056	0.069	0.076	0.080	0.082	0.084	0.084
3.8	0.030	0.035	0.040	0.044	0.048	0.052	0.065	0.072	0.075	0.077	0.080	0.080
4.0	0.027	0.032	0.036	0.040	0.044	0.048	0.060	0.067	0.071	0.073	0.076	0.076
4.2	0.025	0.029	0.033	0.037	0.041	0.044	0.056	0.063	0.067	0.070	0.072	0.073
4.4	0.023	0.027	0.031	0.034	0.038	0.041	0.053	0.060	0.064	0.066	0.069	0.070
4.6	0.021	0.025	0.028	0.032	0.035	0.038	0.049	0.056	0.061	0.063	0.066	0.067
4.8	0.019	0.023	0.026	0.029	0.032	0.035	0.046	0.053	0.058	0.060	0.064	0.064
5.0	0.018	0.021	0.024	0.027	0.030	0.033	0.043	0.050	0.055	0.057	0.061	0.062
6.0	0.013	0.015	0.017	0.020	0.022	0.024	0.033	0.039	0.043	0.046	0.051	0.052
7.0	0.009	0.011	0.013	0.015	0.016	0.018	0.025	0.031	0.035	0.038	0.043	0.045
8.0	0.007	0.009	0.010	0.011	0.013	0.014	0.020	0.025	0.028	0.031	0.037	0.039
9.0	0.006	0.007	0.008	0.009	0.010	0.011	0.016	0.020	0.024	0.026	0.032	0.035
10.0	0.005	0.006	0.007	0.007	0.008	0.009	0.013	0.017	0.020	0.022	0.028	0.032
12.0	0.003	0.004	0.005	0.005	0.006	0.006	0.009	0.012	0.014	0.017	0.022	0.026
14.0	0.002	0.003	0.004	0.004	0.004	0.005	0.007	0.009	0.011	0.013	0.018	0.023

(续)

z/b	l/b											
	1.0	1.2	1.4	1.6	1.8	2.0	3.0	4.0	5.0	6.0	10.0	条形
16.0	0.002	0.002	0.003	0.003	0.003	0.004	0.005	0.007	0.009	0.010	0.014	0.020
18.0	0.001	0.002	0.002	0.002	0.003	0.003	0.004	0.006	0.007	0.008	0.012	0.018
20.0	0.001	0.001	0.002	0.002	0.002	0.002	0.004	0.005	0.006	0.007	0.010	0.016
25.0	0.001	0.001	0.001	0.001	0.001	0.002	0.002	0.003	0.004	0.004	0.007	0.013
30.0	0.001	0.001	0.001	0.001	0.001	0.001	0.002	0.002	0.003	0.003	0.005	0.011
35.0	0.000	0.000	0.001	0.001	0.001	0.001	0.001	0.002	0.002	0.002	0.004	0.009
40.0	0.000	0.000	0.000	0.000	0.001	0.001	0.001	0.001	0.001	0.002	0.003	0.008

式(3-17)是计算矩形面积竖向均匀分布荷载作用的角点下地基附加应力的基本公式。当应力计算点 M 不在角点正下方时，可以利用式(3-17)并按叠加原理进行计算，因此，这种方法称之为"角点法"。按照计算点 M 在荷载面的水平投影 M' 的不同位置，采用角点法计算竖向均布矩形荷载下的地基附加应力的方法如图3.21所示，通过计算角点 M' 点作平行于原矩形各边的直线，划分成若干个具有公共角点 M' 的新矩形，分别计算每个矩形在角点 M' 下的竖向附加应力系数，然后应用叠加原理求得原矩形均布荷载下的竖向附加应力系数。必须注意，采用角点法要求：a. 计算角点 M' 必须位于所划分各矩形的公共角点；b. 划分矩形的总面积等于原有荷载面积；c. 所有分块的矩形荷载面，其长度和宽度必须分别为 l、b。

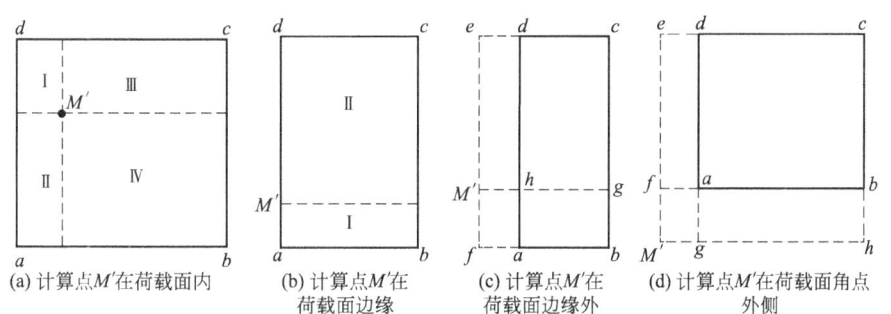

图 3.21 采用角点法计算均布矩形荷载下的地基附加应力

按图3.21，采用角点法计算竖向均布矩形荷载下的竖向地基附加应力的结果如下。

a. M' 点在荷载面内，如图3.21(a)所示。

$$\sigma_z = (\alpha_{cI} + \alpha_{cII} + \alpha_{cIII} + \alpha_{cIV}) p_0 \quad (3-19a)$$

若 M' 点位于荷载面中心，则 $\alpha_{cI} = \alpha_{cII} = \alpha_{cIII} = \alpha_{cIV}$，$\sigma_z = 4\alpha_{cI} p_0$。

b. M' 点在荷载面边缘，如图3.21(b)所示。

$$\sigma_z = (\alpha_{cI} + \alpha_{cII}) p_0 \quad (3-19b)$$

c. M' 点在荷载面边缘外侧，如图3.21(c)所示。

$$\sigma_z = (\alpha_{cI} - \alpha_{cII} + \alpha_{cIII} - \alpha_{cIV}) p_0 \quad (3-19c)$$

其中，矩形荷载面Ⅰ、Ⅱ、Ⅲ、Ⅳ分别为图中的矩形 $M'fbg$、$M'fah$、$M'ecg$、$M'edh$。

d. M' 点在荷载面角点外侧，如图 3.21(d)所示。
$$\sigma_z = (\alpha_{cI} - \alpha_{cII} - \alpha_{cIII} + \alpha_{cIV}) p_0 \tag{3-19d}$$
其中，矩形荷载面 Ⅰ、Ⅱ、Ⅲ、Ⅳ 分别为图中的矩形 $M'hce$、$M'hbf$、$M'gde$、$M'gaf$。

【例 3.3】 如图 3.22 所示，有一矩形基础 $b=4\mathrm{m}$，$l=6\mathrm{m}$，其上作用均布满荷载 $p_0=100\mathrm{kPa}$，用角点法计算矩形基础外 k 点下深度 $z=6\mathrm{m}$ 处 N 点竖向应力 σ_z 值。

【解】 将 k 点置于假设的矩形受荷面积的角点处，按角点法计算 N 点的附加应力。N 点的附加应力是由受荷面积($ajki$)与($iksd$)引起的附加应力之和，减去矩形受荷面积($bjkr$)与($rksc$)引起的附加应力，即
$$\sigma_z = \sigma_{z(ajki)} + \sigma_{z(iksd)} - \sigma_{z(bjkr)} - \sigma_{z(rksc)}$$
相应的 α_c 的计算结果如表 3-5 所示，因此有
$$\sigma_z = 100 \times (0.131 + 0.051 - 0.084 - 0.033)$$
$$= 100 \times 0.065 = 6.5 (\mathrm{kPa})$$

表 3-5 例 3.3 计算表

荷载作用面积	l/b	z/b	α_c
$ajki$	$9/3=3$	$6/3=2$	0.131
$iksd$	$9/1=9$	$6/1=6$	0.051
$bjkr$	$3/3=1$	$6/3=2$	0.084
$rksc$	$3/1=3$	$6/1=6$	0.033

【例 3.4】 某相邻基础如图 3.23 所示，计算甲基础中点 O 及角点 m 下深度 $z=2\mathrm{m}$ 处的附加应力 σ_z。

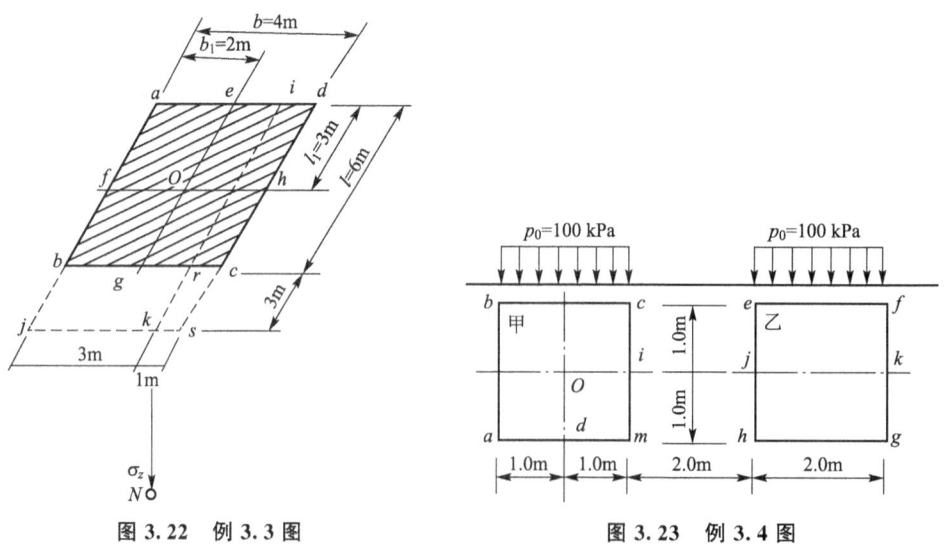

图 3.22 例 3.3 图 图 3.23 例 3.4 图

【解】 （1）中点 O 下，$z=2\mathrm{m}$ 处的附加应力。
甲基础本身的影响。

矩形 $Oimd$ 共 4 块：$l/b=1$，$z/b=2$，$\alpha_c=0.084$。

乙基础的影响。

矩形 $Okgd - Ojhd$ 共 2 块：

$Okgd$：$l/b=5$，$z/b=2$，$\alpha_c=0.136$。

$Ojhd$：$l/b=3$，$z/b=2$，$\alpha_c=0.131$。

$\sigma_z = [4\times 0.084 + 2\times(0.136-0.131)]\times 100 = 34.6(\text{kPa})$

(2) 角点 m 下，$z=2\text{m}$ 处的附加应力。

甲基础的影响。矩形 $mabc$：$l/b=1$，$z/b=1$，$\alpha_c=0.175$。

乙基础的影响。矩形 $mgfc - mhec$：

$mgfc$：$l/b=2$，$z/b=1$，$\alpha_c=0.2$。

而矩形 $mhec$ 与矩形 $mabc$ 完全一致，故

$\sigma_z = (0.175+0.2-0.175)\times 100 = 20(\text{kPa})$

② 矩形面积竖向三角形分布荷载作用的竖向地基附加应力。

如图 3.24 所示，矩形荷载面上作用竖向三角形分布荷载，最大值为 p_0。沿荷载变化方向矩形基底的长度为 b，矩形基底另一边的长度为 l。取分布荷载为零的角点 1 作为坐标原点，角点 1 以下任意一点 M 的坐标为 $(0,0,z)$，分布荷载 $p(x,y)=p_0 x/b$，则微单元面积 $\mathrm{d}x\mathrm{d}y$ 上的作用力 $\mathrm{d}P = \dfrac{xp_0}{b}\mathrm{d}x\mathrm{d}y$ 可视为集中力，于是角点 1 以下任意深度 z 处的竖向附加应力可按竖向集中力 $\mathrm{d}P$ 作用下产生的竖向地基附加应力 $\mathrm{d}\sigma_z$ 沿着整个矩形荷载面积积分来求得，即

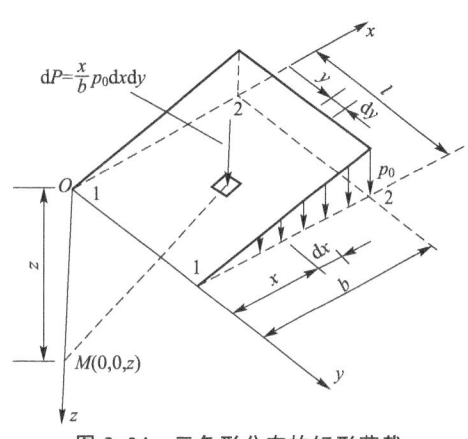

图 3.24 三角形分布的矩形荷载

$$\sigma_z = \frac{3z^3 p_0}{2\pi b}\int_0^l\int_0^b \frac{x\mathrm{d}x\mathrm{d}y}{(x^2+y^2+z^2)^{5/2}} = \alpha_{t1}p_0 \quad (3-20)$$

$$\alpha_{t1} = \frac{1}{2\pi b}\left[\frac{z}{\sqrt{b^2+l^2}} - \frac{z^3}{(b^2+l^2)\sqrt{b^2+l^2+z^2}}\right]$$

$$= \frac{mn}{2\pi}\left[\frac{1}{\sqrt{m^2+n^2}} - \frac{n^2}{(1+n^2)\sqrt{1+m^2+n^2}}\right] \quad (3-21)$$

同理可求得荷载最大值边角点 2 以下任意深度 z 处的竖向附加应力为

$$\sigma_z = \alpha_{t2}p_0 \quad (3-22)$$

$$\alpha_{t2} = \alpha_c - \alpha_{t1} \quad (3-23)$$

式中：α_{t1}、α_{t2} 为矩形基底受竖直三角形分布荷载作用时的竖向附加应力分布系数，可按 $m=l/b$，$n=z/b$ 查表 3-6 求得，或根据式(3-21)和式(3-23)进行计算。

对于基底范围内(或外)任意点下的竖向附加应力，可以利用"角点法"和叠加原理进行计算。但需注意：a. 计算点必须落在三角形分布荷载强度为零的一点垂线上；b. b 必须为荷载变化方向矩形基底的边长。

矩形面积竖向梯形分布荷载作用的竖向地基附加应力，可按三角形荷载和均布荷载之

和引起的附加应力进行计算。具体计算时，从应力计算点 M 的地面投影处将梯形荷载分为Ⅰ、Ⅱ两部分，每一部分均按三角形荷载和均布荷载分别计算，然后将两部分应力进行叠加即可。

表 3-6 三角形分布的矩形荷载角点下的竖向附加应力系数 α_{t1} 和 α_{t2}

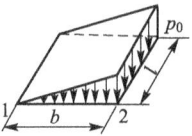

z/b	l/b									
	0.2		0.4		0.6		0.8		1.0	
	1	2	1	2	1	2	1	2	1	2
0.0	0.0000	0.2500	0.0000	0.2500	0.0000	0.2500	0.0000	0.2500	0.0000	0.2500
0.2	0.0223	0.1821	0.0280	0.2115	0.0296	0.2165	0.0301	0.2178	0.0304	0.2182
0.4	0.0269	0.1094	0.0420	0.1604	0.0487	0.1781	0.0517	0.1844	0.0531	0.1870
0.6	0.0259	0.0700	0.0448	0.1165	0.0560	0.1405	0.0621	0.1520	0.0654	0.1575
0.8	0.0232	0.0480	0.0421	0.0853	0.0553	0.1093	0.0637	0.1232	0.0688	0.1311
1.0	0.0201	0.0346	0.0375	0.0638	0.0508	0.0852	0.0602	0.0996	0.0666	0.1086
1.2	0.0171	0.0260	0.0324	0.0491	0.0450	0.0673	0.0546	0.0807	0.0615	0.0901
1.4	0.0145	0.0202	0.0278	0.0386	0.0392	0.0540	0.0483	0.0661	0.0554	0.0751
1.6	0.0123	0.0160	0.0238	0.0310	0.0339	0.0440	0.0424	0.0547	0.0492	0.0628
1.8	0.0105	0.0130	0.0204	0.0254	0.0294	0.0363	0.0371	0.0457	0.0435	0.0534
2.0	0.0090	0.0108	0.0176	0.0211	0.0255	0.0304	0.0324	0.0387	0.0384	0.0456
2.5	0.0063	0.0072	0.0125	0.0140	0.0183	0.0205	0.0236	0.0265	0.0284	0.0318
3.0	0.0046	0.0051	0.0092	0.0100	0.0135	0.0148	0.0176	0.0192	0.0214	0.0233
5.0	0.0018	0.0019	0.0036	0.0038	0.0054	0.0056	0.0071	0.0074	0.0088	0.0091
7.0	0.0009	0.0010	0.0019	0.0019	0.0028	0.0029	0.0038	0.0038	0.0047	0.0047
10.0	0.0005	0.0004	0.0009	0.0010	0.0014	0.0014	0.0019	0.0019	0.0023	0.0024

z/b	l/b									
	1.2		1.4		1.6		1.8		2.0	
	1	2	1	2	1	2	1	2	1	2
0.0	0.0000	0.2500	0.0000	0.2500	0.0000	0.2500	0.0000	0.2500	0.0000	0.2500
0.2	0.0305	0.2184	0.0305	0.2185	0.0306	0.2185	0.0306	0.2185	0.0306	0.2185
0.4	0.0539	0.1881	0.0543	0.1886	0.0545	0.1889	0.0546	0.1891	0.0547	0.1892
0.6	0.0673	0.1602	0.0684	0.1616	0.0690	0.1625	0.0694	0.1630	0.0696	0.1633
0.8	0.0720	0.1355	0.0739	0.1381	0.0751	0.1396	0.0759	0.1405	0.0764	0.1414
1.0	0.0708	0.1143	0.0735	0.1176	0.0753	0.1202	0.0766	0.1215	0.0774	0.1225
1.2	0.0664	0.0962	0.0698	0.1007	0.0721	0.1037	0.0738	0.1055	0.0749	0.1069
1.4	0.0606	0.0817	0.0644	0.0864	0.0672	0.0897	0.0692	0.0921	0.0707	0.0937
1.6	0.0545	0.0696	0.0586	0.0743	0.0616	0.0780	0.0639	0.0806	0.0656	0.0826
1.8	0.0487	0.0596	0.0528	0.0644	0.0560	0.0681	0.0585	0.0709	0.0604	0.0730
2.0	0.0434	0.0513	0.0474	0.0560	0.0507	0.0596	0.0533	0.0625	0.0553	0.0649
2.5	0.0326	0.0365	0.0362	0.0405	0.0393	0.0440	0.0419	0.0469	0.0440	0.0491
3.0	0.0249	0.0270	0.0280	0.0302	0.0307	0.0333	0.0331	0.0359	0.0352	0.0380
5.0	0.0104	0.0108	0.0120	0.0123	0.0135	0.0139	0.0148	0.0154	0.0161	0.0167
7.0	0.0056	0.0056	0.0064	0.0066	0.0073	0.0074	0.0081	0.0083	0.0089	0.0091
10.0	0.0028	0.0028	0.0033	0.0032	0.0037	0.0037	0.0041	0.0042	0.0046	0.0046

(续)

z/b	l/b									
	3.0		4.0		6.0		8.0		10.0	
	1	2	1	2	1	2	1	2	1	2
0.0	0.0000	0.2500	0.0000	0.2500	0.0000	0.2500	0.0000	0.2500	0.0000	0.2500
0.2	0.0306	0.2186	0.0306	0.2186	0.0306	0.2186	0.0306	0.2186	0.0306	0.2186
0.4	0.0548	0.1894	0.0549	0.1894	0.0549	0.1894	0.0549	0.1896	0.0549	0.1894
0.6	0.0701	0.1638	0.0702	0.1639	0.0702	0.1640	0.0702	0.1640	0.0702	0.1640
0.8	0.0773	0.1423	0.0776	0.1424	0.0776	0.1426	0.0776	0.1426	0.0776	0.1426
1.0	0.0790	0.1244	0.0794	0.1248	0.0795	0.1250	0.0796	0.1250	0.0796	0.1250
1.2	0.0774	0.1096	0.0779	0.1103	0.0782	0.1105	0.0783	0.1105	0.0783	0.1105
1.4	0.0739	0.0973	0.0748	0.0982	0.0752	0.0986	0.0752	0.0987	0.0753	0.0987
1.6	0.0697	0.0870	0.0708	0.0882	0.0714	0.0887	0.0715	0.0888	0.0715	0.0889
1.8	0.0652	0.0782	0.0666	0.0797	0.0673	0.0805	0.0675	0.0806	0.0675	0.0808
2.0	0.0607	0.0707	0.0624	0.0726	0.0634	0.0734	0.0636	0.0736	0.0636	0.0738
2.5	0.0504	0.0559	0.0529	0.0585	0.0543	0.0601	0.0547	0.0604	0.0548	0.0605
3.0	0.0419	0.0451	0.0449	0.0482	0.0469	0.0504	0.0474	0.0509	0.0476	0.0511
5.0	0.0214	0.0221	0.0248	0.0256	0.0283	0.0290	0.0296	0.0303	0.0301	0.0309
7.0	0.0124	0.0126	0.0152	0.0154	0.0186	0.0190	0.0204	0.0207	0.0212	0.0216
10.0	0.0066	0.0066	0.0084	0.0083	0.0111	0.0111	0.0128	0.0130	0.0139	0.0141

③ 矩形面积水平均布荷载作用的竖向附加应力。

如图 3.25 所示,当矩形基底受到水平均布荷载 p_h 作用时,角点下任意深度 z 处的竖直附加应力可以利用式(3-13) $\sigma_z = \dfrac{3p_h}{2\pi} \cdot \dfrac{xz^3}{R^5}$ 积分求得

$$\sigma_z = \pm \frac{mp_h}{2\pi} \left[\frac{1}{\sqrt{m^2+n^2}} - \frac{n^2}{(1+n^2)\sqrt{1+m^2+n^2}} \right] = \pm \alpha_h p_h \quad (3-24a)$$

$$\alpha_h = \frac{1}{\sqrt{m^2+n^2}} - \frac{n^2}{(1+n^2)\sqrt{1+m^2+n^2}} \quad (3-24b)$$

式中:α_h 矩形基底受水平均布荷载作用时的竖向附加应力系数,可按 $m=l/b$,$n=z/b$,查表 3-7 求得,或根据式(3-24b)应用 Excel 电子表格进行计算。其中:b 为平行于水平荷载作用方向的矩形基底的长度,l 为矩形基底另一边的长度。

当计算点在水平均布荷载作用方向的终止端以下时取"+"(b,d 点下);当计算点在水平均布荷载作用方向的起始端以下时取"-"(a,c 点下)。

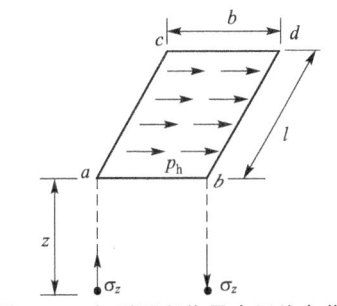

图 3.25 矩形面积作用水平均布荷载

计算点在基底范围内(或外)任意位置,均可利用"角点法"和叠加原理来进行计算。

表 3-7 矩形面积受水平均布荷载作用时角点下的应力系数 α_h 值

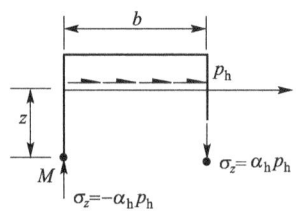

$n=z/b$	$m=l/b$										
	1.0	1.2	1.4	1.6	1.8	2.0	3.0	4.0	6.0	8.0	10.0
0.0	0.1592	0.1592	0.1592	0.1592	0.1592	0.1592	0.1592	0.1592	0.1592	0.1592	0.1592
0.2	0.1518	0.1523	0.1526	0.1528	0.1529	0.1529	0.1530	0.1530	0.1530	0.1530	0.1530
0.4	0.1328	0.1347	0.1356	0.1362	0.1365	0.1367	0.1371	0.1372	0.1372	0.1372	0.1372
0.6	0.1091	0.1121	0.1139	0.1150	0.1156	0.1160	0.1168	0.1169	0.1170	0.1170	0.1170
0.8	0.0861	0.0900	0.0924	0.0939	0.0948	0.0955	0.0967	0.0969	0.0970	0.0970	0.0970
1.0	0.0666	0.0708	0.0735	0.0753	0.0766	0.0774	0.0790	0.0794	0.0795	0.0796	0.0796
1.2	0.0512	0.0553	0.0582	0.0601	0.0615	0.0624	0.0645	0.0650	0.0652	0.0652	0.0652
1.4	0.0395	0.0433	0.0460	0.0480	0.0494	0.0505	0.0528	0.0534	0.0537	0.0537	0.0538
1.6	0.0308	0.0341	0.0366	0.0385	0.0400	0.0410	0.0436	0.0443	0.0446	0.0447	0.0447
1.8	0.0242	0.0270	0.0293	0.0311	0.0325	0.0336	0.0362	0.0370	0.0374	0.0375	0.0375
2.0	0.0192	0.0217	0.0237	0.0253	0.0266	0.0277	0.0303	0.0312	0.0317	0.0318	0.0318
2.5	0.0113	0.0130	0.0145	0.0157	0.0167	0.0176	0.0202	0.0211	0.0217	0.0219	0.0219
3.0	0.0070	0.0083	0.0093	0.0102	0.0110	0.0117	0.0140	0.0150	0.0156	0.0158	0.0159
5.0	0.0018	0.0021	0.0024	0.0027	0.0030	0.0032	0.0043	0.0050	0.0057	0.0059	0.0060
7.0	0.0007	0.0008	0.0009	0.0010	0.0012	0.0013	0.0018	0.0022	0.0027	0.0029	0.0030
10.0	0.0002	0.0003	0.0003	0.0004	0.0004	0.0005	0.0007	0.0008	0.0011	0.0013	0.0014

④ 圆形面积竖向均匀分布荷载作用的竖向地基附加应力。

如图 3.26 所示,以圆心为极坐标原点 O,圆形荷载面上作用竖向均匀分布荷载 p_0,微单元面积 $dA=rdrd\theta$,其作用力 $dP=p_0 rdrd\theta$ 可视为集中力,该集中力在圆心 O 以下深度为 z 处的 M 点所引起的竖向附加应力为

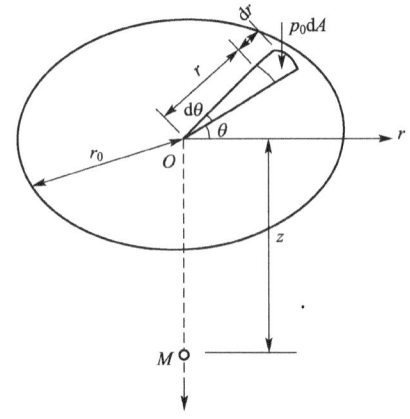

$$\sigma_z = \frac{3p_0}{2\pi}\int_0^{r_0}\int_0^{2\pi}\frac{rz^3 dr d\theta}{(r^2+z^2)^{5/2}} = p_0\left[1-\left(\frac{z^2}{z^2+r_0^2}\right)^{3/2}\right] = \alpha_0 p_0 \quad (3-25)$$

$$\alpha_0 = 1-\left(\frac{z^2}{z^2+r_0^2}\right)^{3/2} \quad (3-26)$$

式中:α_0 为均布圆形荷载中心下的竖向附加应力系数,可按 z/r_0 查表 3-8 求得,或根据式(3-26)进行计算。

同理,均布圆形荷载周边的竖向附加应力为

$$\sigma_z = \alpha_r p_0 \quad (3-27)$$

式中:α_r 为均布圆形荷载周边下的竖向附加应力系数,可按 z/r_0 查表 3-8 求得。

图 3.26 均布圆形荷载下的 σ_z

表 3-8 均布圆形荷载中心点及圆周边下的附加应力系数 α_0、α_r

z/r_0	系数 α_0	系数 α_r	z/r_0	系数 α_0	系数 α_r	z/r_0	系数 α_0	系数 α_r
0.0	1.000	0.500	1.6	0.390	0.243	3.2	0.130	0.108
0.1	0.999	0.494	1.7	0.360	0.230	3.3	0.124	0.103
0.2	0.992	0.467	1.8	0.332	0.218	3.4	0.117	0.098
0.3	0.976	0.451	1.9	0.307	0.207	3.5	0.111	0.094
0.4	0.949	0.435	2.0	0.285	0.196	3.6	0.106	0.090
0.5	0.911	0.417	2.1	0.264	0.186	3.7	0.101	0.086
0.6	0.864	0.400	2.2	0.245	0.176	3.8	0.096	0.083
0.7	0.811	0.383	2.3	0.229	0.167	3.9	0.091	0.079
0.8	0.756	0.366	2.4	0.210	0.159	4.0	0.087	0.076
0.9	0.701	0.349	2.5	0.200	0.151	4.2	0.079	0.070
1.0	0.647	0.332	2.6	0.187	0.144	4.4	0.073	0.065
1.1	0.595	0.316	2.7	0.175	0.137	4.6	0.067	0.060
1.2	0.547	0.300	2.8	0.165	0.130	4.8	0.062	0.056
1.3	0.502	0.285	2.9	0.155	0.124	5.0	0.057	0.052
1.4	0.461	0.270	3.0	0.146	0.118	6.0	0.040	0.038
1.5	0.424	0.256	3.1	0.138	0.113	10.0	0.015	0.014

2. 平面问题的地基附加应力

如图 3.27 所示,对于无限长条形的分布荷载,即荷载面积的长宽之比 l/b 趋于无穷大时,地基内部任意一点 M 的应力仅与平面坐标 (x,z) 有关,而与荷载在长度方向的坐标 y 无关。这种情况属于平面应变问题。在实际工程中,当 $l/b \geqslant 10$ 时,计算竖向附加应力 σ_z 与按 $l/b=\infty$ 时的解极为接近,因此,实践中常把墙基、路基、坝基、挡土墙基础等视为平面应变问题计算。

1) 竖直线荷载作用下的附加应力

如图 3.28 所示,沿地面无限长直线上作用竖直均布荷载 $\bar{p}$(单位为 kN/m),取该直线为 y 轴,作用在微段 dy 上的荷载 $\bar{p}dy$ 可视为集中力,由式(3-9a)得 M 点的 $d\sigma_z$ 为

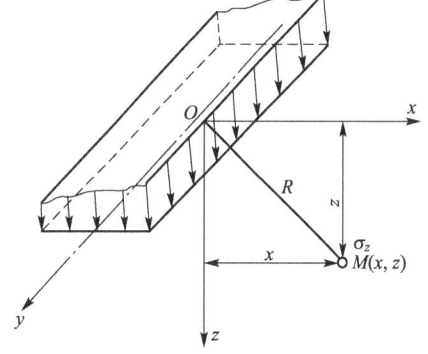

图 3.27 无限长条分布荷载

$$d\sigma_z = \frac{3z^3 \bar{p} dy}{2\pi R^5}$$

对上式积分得到 M 点的附加应力为

$$\sigma_z = \int_{-\infty}^{+\infty} d\sigma_z = \frac{2\bar{p}z^3}{\pi R_1^4} = \frac{2\bar{p}}{\pi z}\cos^4\beta = \frac{2\bar{p}z^3}{\pi(x^2+z^2)^2} \tag{3-28}$$

式中:$\bar{p}$ 为单位长度上的线荷载(kN/m);x、z 为 M 点的坐标(m);R_1 为计算点 M 到坐标系原点的距离(m),$R_1 = \sqrt{x^2+z^2}$;β 为线段 $\overline{OM}$ 与 z 轴的夹角(°)。

同理可得

$$\sigma_x = \frac{2\bar{p}}{\pi z}\cos^2\beta\sin^2\beta = \frac{2\bar{p}x^2 z}{\pi(x^2+z^2)^2} \tag{3-29}$$

$$\tau_{zx} = \tau_{xz} = \frac{2\bar{p}}{\pi z}\cos^3\beta\sin\beta = \frac{2\bar{p}xz^2}{\pi(x^2+z^2)^2} \tag{3-30}$$

因为线荷载沿 y 轴均匀分布且无限延伸，故与 y 轴垂直的任一平面上其应力状态均相同。根据弹性理论可得费拉曼(Flamant)解为

$$\tau_{xy} = \tau_{yx} = \tau_{yz} = \tau_{zy} = 0 \tag{3-31}$$

$$\sigma_y = \mu(\sigma_z + \sigma_x) \tag{3-32}$$

2) 条形竖直均布荷载作用的附加应力

如图 3.29 所示，均布条形荷载 p_0 沿 x 轴微分段 dx 上作用的荷载可用线荷载 $\bar{p} = p_0 dx$ 表示，由图 3.29 可得

$$\bar{p} = p_0 dx = \frac{p_0 R_1}{\cos\beta}d\beta \tag{3-33}$$

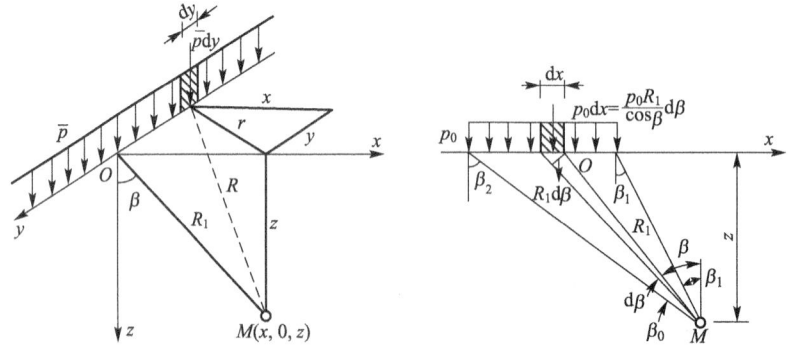

图 3.28 线荷载作用　　　　图 3.29 均布荷载作用

由微分段 dx 上荷载 $\bar{p}$ 在任意点 M 所引起的竖向附加应力增量为

$$d\sigma_z = \frac{2p_0 z^3 dx}{\pi R_1^4} = \frac{2p_0}{\pi}\cos^2\beta d\beta \tag{3-34}$$

由条形荷载在地基中任意点 M 所引起的竖向附加应力 σ_z 为 $d\sigma_z$ 在 x 轴上积分，即

$$\sigma_z = \int_{\beta_1}^{\beta_2} d\sigma_z = \frac{2p_0}{\pi}\int_{\beta_1}^{\beta_2}\cos^2\beta d\beta$$

$$= \frac{p_0}{\pi}[\sin\beta_2\cos\beta_2 - \sin\beta_1\cos\beta_1 + (\beta_2 - \beta_1)] \tag{3-35}$$

式中：β_1、β_2 分别为图示条形荷载右端点和左端点至计算点 M 的连线与 z 轴的夹角(°)。当点 M 位于荷载分布宽度两端点竖直线之间时，β_1 取负值，反之取正值。

同理可得

$$\sigma_x = \frac{p_0}{\pi}[-\sin(\beta_2-\beta_1)\cos(\beta_2-\beta_1) + (\beta_2-\beta_1)] \tag{3-36}$$

$$\tau_{zx} = \tau_{xz} = \frac{p_0}{\pi}[\sin^2\beta_2 - \sin^2\beta_1] \tag{3-37}$$

由式(3-35)~式(3-37)可得地基中任意计算点 M 的大、小主应力为

$$\genfrac{}{}{0pt}{}{\sigma_1}{\sigma_3} = \frac{\sigma_z+\sigma_x}{2} \pm \sqrt{\left(\frac{\sigma_z-\sigma_x}{2}\right)^2 + \tau_{xz}^2} = \frac{p_0}{\pi}[(\beta_2-\beta_1) \pm \sin(\beta_2-\beta_1)] \tag{3-38}$$

设 β_0 为 M 点与条形荷载两端连线的夹角，且 $\beta_0 = \beta_2 - \beta_1$（当 M 点在荷载宽度范围内时 $\beta_0 = \beta_2 + \beta_1$），则上式进一步简化为

$$\begin{matrix} \sigma_1 \\ \sigma_3 \end{matrix} = \frac{p}{\pi}(\beta_0 \pm \sin\beta_0) \qquad (3-39)$$

σ_1 的作用方向与 β_0 角平分线一致。上式为研究平面问题的地基承载力计算提供了重要公式。

为了计算方便，将式(3-35)~式(3-37)改用直角坐标表示，取条形荷载的中点为坐标原点，则 $M(x,z)$ 点的附加应力分量为

$$\sigma_z = \alpha_{sz} p_0 \qquad (3-40)$$

$$\sigma_x = \alpha_{sx} p_0 \qquad (3-41)$$

$$\tau_{xz} = \alpha_{sxz} p_0 \qquad (3-42)$$

以上式中 α_{sz}、α_{sx}、α_{sxz} 分别为均布条形荷载下相应的三个附加应力系数

$$\alpha_{sz} = \frac{1}{\pi}\left[\arctan\frac{1-2n}{2m} + \arctan\frac{1+2n}{2m} - \frac{4m(4n^2-4m^2-1)}{(4n^2+4m^2-1)^2+16m^2}\right] \qquad (3-43)$$

$$\alpha_{sx} = \frac{1}{\pi}\left[\arctan\frac{1-2n}{2m} + \arctan\frac{1+2n}{2m} - \frac{4m(4n^2-4m^2-1)}{(4n^2+4m^2-1)^2+16m^2}\right] \qquad (3-44)$$

$$\alpha_{sxz} = \frac{1}{\pi}\frac{32m^2 n}{(4n^2+4m^2-1)^2+16m^2} \qquad (3-45)$$

根据 $m=z/b$ 和 $n=x/b$，可查表 3-9 求得附加应力系数，或根据式(3-43)~式(3-45)进行计算。

表 3-9 均布条形荷载下的附加应力系数

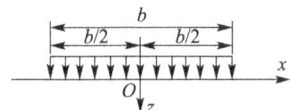

z/b	x/b																	
	0.00			0.25			0.50			1.00			1.50			2.00		
	α_{sz}	α_{sx}	α_{sxz}	α_{sz}	α_{sx}	α_{sxz}	α_{sz}	α_{sx}	α_{sxz}	α_{sz}	α_{sx}	α_{sxz}	α_{sz}	α_{sx}	α_{sxz}	α_{sz}	α_{sx}	α_{sxz}
0.00	1.00	1.00	0	1.00	1.00	0	0.50	0.50	0.32	0	0	0	0	0	0	0	0	0
0.25	0.96	0.45	0	0.90	0.39	0.13	0.50	0.35	0.30	0.02	0.17	0.05	0.00	0.07	0.01	0	0.04	0
0.50	0.82	0.18	0	0.74	0.19	0.16	0.48	0.23	0.26	0.08	0.21	0.13	0.02	0.12	0.04	0	0.07	0.02
0.75	0.67	0.08	0	0.61	0.10	0.13	0.45	0.14	0.20	0.15	0.22	0.16	0.04	0.14	0.07	0.02	0.10	0.04
1.00	0.55	0.04	0	0.51	0.05	0.10	0.41	0.09	0.16	0.19	0.15	0.16	0.07	0.14	0.10	0.03	0.13	0.05
1.25	0.46	0.02	0	0.44	0.03	0.07	0.37	0.06	0.12	0.20	0.11	0.14	0.10	0.12	0.10	0.04	0.11	0.07
1.50	0.40	0.01	0	0.38	0.02	0.06	0.33	0.04	0.10	0.21	0.08	0.13	0.11	0.10	0.10	0.06	0.10	0.07
1.75	0.35	—	0	0.34	0.01	0.04	0.30	0.03	0.08	0.21	0.06	0.11	0.13	0.09	0.10	0.07	0.09	0.08
2.00	0.31	—	0	0.31	—	0.03	0.28	0.02	0.06	0.20	0.05	0.10	0.14	0.07	0.10	0.08	0.08	0.08
3.00	0.21	—	0	0.21	—	—	0.20	0.01	0.03	0.17	0.02	0.06	0.13	0.05	0.07	0.10	0.04	0.07
4.00	0.16	—	0	0.16	—	0.01	0.15	—	0.02	0.14	0.01	0.03	0.12	0.02	0.05	0.10	0.03	0.05
5.00	0.13	—	0	0.13	—	—	0.12	—	—	0.12	—	—	0.11	—	—	0.09	—	—
6.00	0.11	—	0	0.10	—	—	0.10	—	—	0.10	—	—	0.10	—	—	—	—	—

利用以上有关各式可作出 σ_z、σ_x 和 τ_{xz} 的等值线图如图 3.30 所示。由图可得如下结论。

（1）条形荷载和方形荷载在地基内引起的附加应力 σ_z 向下扩散形式相同。

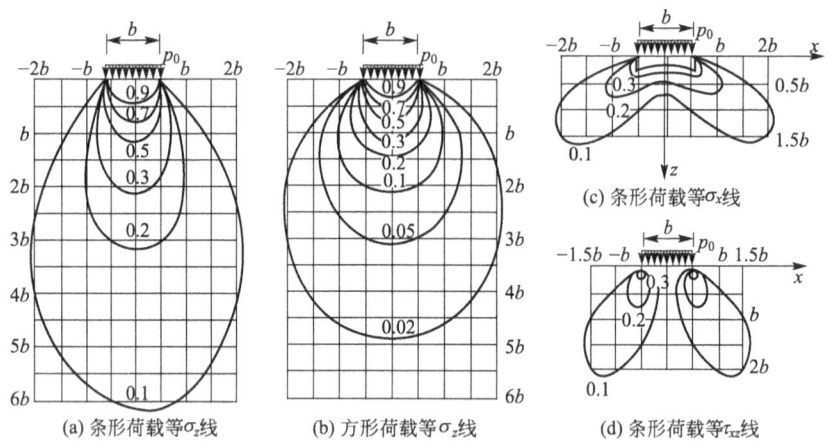

图 3.30 地基附加应力等值线

（2）条形均布荷载 p_0 引起的附加应力 σ_z，其影响深度要比同宽度方形均布荷载 p_0 对应的附加应力 σ_z 的影响深度大得多。这是由于在均布荷载 p_0 及其分布宽度相同的条件下，条形荷载的分布面积更大引起的。

（3）条形荷载引起的 σ_x 的影响范围比较浅。因此，地基土的侧向变形主要发生在浅层。

（4）条形荷载引起的 τ_{xz} 的最大值位于荷载面积边缘，因此，位于基础边缘下的土易于发生剪切破坏。

【例 3.5】 某条形基础如图 3.31 所示，作用于基底的平均附加应力为 250kPa，试计算：（1）基底 O 点下的地基附加应力分布；（2）深度 $z=2m$ 的水平面上的附加应力分布。并分析其变化规律。

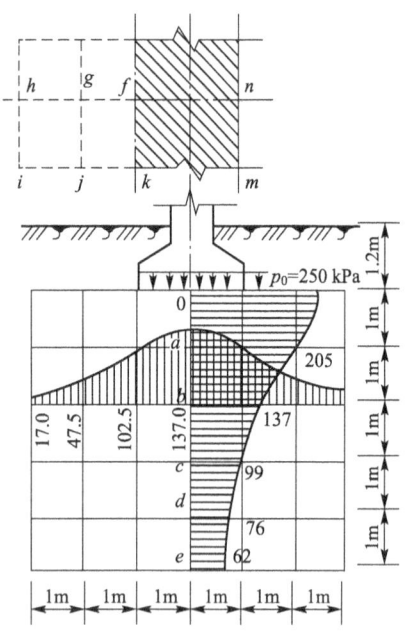

图 3.31 例 3.5 附图（单位：kPa）

【解】 可用两种方法来解。

方法一：利用"角点法"进行列表计算，如表 3-10 所示。

说明：

f 点，荷载面边缘：$z/b=2/2=1$，$\alpha_c=2\times0.205=0.41$，$\sigma_z=\alpha_c p_0=0.41\times250=102.5(\text{kPa})$

g 点，荷载面外：$\sigma_z=(\alpha_{cI}-\alpha_{cII})p_0$

α_{cI} 为荷载面积 $gjmn$ 应力系数：$z/b=2/3=0.67$，$\alpha'_{cI}=0.232$，$\alpha_{cI}=2\times0.232$

α_{cII} 为荷载面积 $fgjk$ 应力系数：$z/b=2/1=2$，$\alpha'_{cII}=0.137$，$\alpha_{cII}=2\times0.137$

$\sigma_z=2\times(0.232-0.137)\times250=47.5(\text{kPa})$

h 点在荷载面外，其中：

α_{cI} 为荷载面积 $nhim$ 应力系数：$z/b=2/4=0.5$，$\alpha'_{cI}=0.239$，$\alpha_{cI}=2\times 0.239$

α_{cII} 为荷载面积 $hijk$ 应力系数：$z/b=2/2=1$，$\alpha'_{cII}=0.205$，$\alpha_{cII}=2\times 0.205$

$\sigma_z=2\times(0.239-0.205)\times 250=17(kPa)$

方法二：直接利用表 3-9 计算，结果如表 3-11 所示。

表 3-10 利用角点法计算的各系数值

计算面	点号	z/m	l/b	z/b	α_c	$\sigma_z=\alpha_c p_0/kPa$
竖直面	0	0	条形	0	4×0.250	250.0
	a	1		1	4×0.205	205.0
	b	2		2	4×0.137	137.0
	c	3		3	4×0.099	99.0
	d	4		4	4×0.076	76.0
	e	5		5	4×0.062	62.0
水平面	f	2	条形	见表后说明	0.41	102.5
	g	2			0.19	47.5
	h	2			0.068	17.0

表 3-11 例 3.5 计算表

点号	z/m	x/m	x/b	z/b	α_{sz}	σ_z
0	0	0	0	0	1.000	250.0
a	1	0	0	0.5	0.820	205.0
b	2	0	0	1	0.548	137.0
c	3	0	0	1.5	0.396	99.0
d	4	0	0	2.0	0.304	76.0
e	5	0	0	2.5	0.248	62.0
f	2	1	0.5	1	0.410	102.5
g	2	2	1	1	0.190	47.5
h	2	3	1.5	1	0.068	17.0

由图 3.31 可得条形均布荷载下地基附加应力的分布规律如下。

(1) 竖向附加应力 σ_z 自基底起算，随深度呈曲线衰减。

(2) σ_z 具有一定的扩散性，它分布在基底和基底以外的较大范围内。

(3) 基底下任意深度水平面上的 σ_z，在基底中轴线上最大，距中轴线上越远越小。

3) 条形面积竖直三角形荷载作用的附加应力

如图 3.32 所示，设条形面积上竖直三角形分

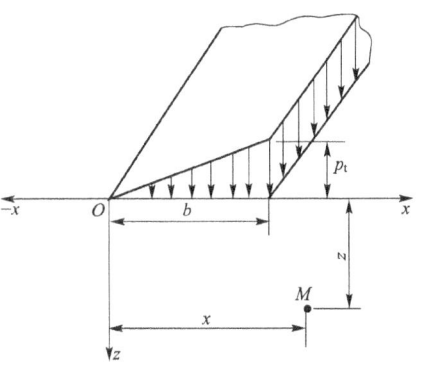

图 3.32 条形面积竖直三角形荷载

布荷载的最大分布强度为 p_t，分布强度为 0 处为坐标系原点 O，则由该荷载引起的点 O 下竖向附加应力 σ_z 同样可利用基本公式(3-9a)进行求解。先求出微分宽度 $\mathrm{d}x$ 上作用的线荷载 $\mathrm{d}\bar{p} = \dfrac{p_t}{b} x \mathrm{d}x$，再计算点 M 所引起的竖向附加应力 $\mathrm{d}\sigma_z$，然后沿宽度 b 积分，即可得到整个三角形分布荷载对 M 点引起的竖向附加应力为

$$\sigma_z = \frac{p_t}{\pi}\left\{m\left[\arctan\left(\frac{m}{n}\right) - \arctan\left(\frac{m-1}{n}\right)\right] - \frac{(m-1)n}{(m-1)^2 + n^2}\right\} = \alpha_z^t p_t \quad (3-46)$$

式中：α_z^t 为条形竖向三角形分布荷载作用的竖向附加应力分布系数，按 $m = x/b$，$n = z/b$，查表 3-12，或根据式(3-46)进行计算。

表 3-12　条形竖向三角形分布荷载作用的竖向附加应力分布系数 α_z^t 值

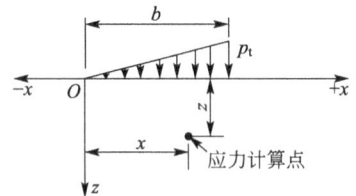

$m = x/b$	$n = z/b$									
	0.01	0.1	0.2	0.4	0.6	0.8	1.0	1.2	1.4	2.0
0	0.003	0.032	0.061	0.110	0.140	0.155	0.159	0.154	0.151	0.127
0.25	0.249	0.251	0.255	0.263	0.258	0.243	0.224	0.204	0.186	0.143
0.50	0.500	0.498	0.498	0.441	0.378	0.321	0.275	0.239	0.210	0.153
0.75	0.750	0.737	0.682	0.534	0.421	0.343	0.286	0.246	0.215	0.155
1.00	0.497	0.468	0.437	0.379	0.328	0.285	0.250	0.221	0.198	0.147
1.25	0.000	0.010	0.050	0.137	0.177	0.188	0.184	0.176	0.165	0.134
1.50	0.000	0.002	0.009	0.043	0.080	0.106	0.121	0.126	0.127	0.115
−0.25	0.000	0.002	0.009	0.036	0.066	0.089	0.104	0.111	0.114	0.108

条形面积上竖直梯形荷载作用的附加应力可按三角形荷载和均布荷载之和引起的附加应力进行计算。如图 3.33 所示，从应力计算点 M 作竖直线将梯形荷载分为 Ⅰ、Ⅱ 两部分，每一部分均按三角形荷载和均布荷载分别计算，其中 $\alpha_{z1}' p$ 表示荷载 Ⅰ 对 M 点引起的应力，$\alpha_{z2}' p$ 表示荷载 Ⅱ 对 M 点引起的应力，然后将两部分应力进行叠加即可。

4）条形面积上水平均布荷载作用的附加应力

如图 3.34 所示，对于分布强度为 p_h 的条形面积上水平均布荷载，同样可以利用弹性理论求得角点 O 下任意点 M 所引起的竖向附加应力为

$$\sigma_z = \frac{p_h}{\pi}\left[\frac{n^2}{(m-1)^2 + n^2} - \frac{n^2}{m^2 + n^2}\right] = \alpha_z^h p_h \quad (3-47)$$

式中：α_z^h 为条形水平均布荷载作用的竖向附加应力分布系数，可由 $m = x/b$，$n = z/b$，查表 3-13 求得，或根据式(3-47)进行计算。

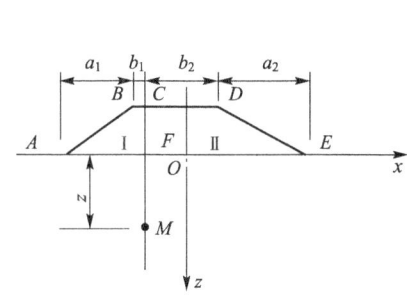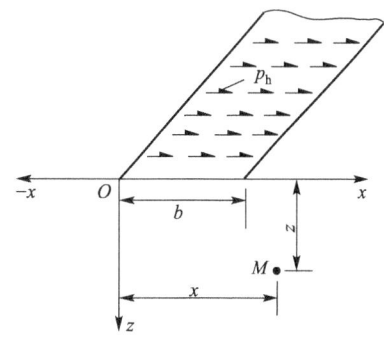

图 3.33 条形面积上竖直梯形荷载　　　图 3.34 条形面积上水平均布荷载

表 3-13　条形水平均布荷载作用的竖向应力分布系数 α_c^h

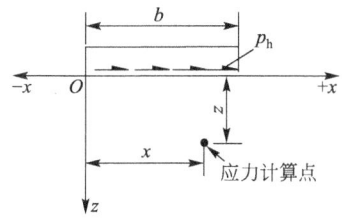

$m=x/b$	$n=z/b$									
	0.01	0.1	0.2	0.4	0.6	0.8	1.0	1.2	1.4	2.0
0	−0.318	−0.315	−0.306	−0.274	−0.234	−0.194	−0.159	−0.131	−0.108	−0.064
0.25	−0.001	−0.039	−0.103	−0.159	−0.147	−0.121	−0.096	−0.078	−0.061	−0.034
0.50	0.000	0.000	0.000	0.000	0.000	0.000	0.000	0.000	0.000	0.000
0.75	0.001	0.039	0.103	0.159	0.147	0.121	0.096	0.078	0.061	0.034
1.00	0.318	0.315	0.306	0.274	0.234	0.194	0.159	0.131	0.108	0.064
1.25	0.001	0.042	0.116	0.199	0.212	0.197	0.175	0.153	0.132	0.085
1.50	0.001	0.011	0.038	0.103	0.144	0.158	0.157	0.147	0.133	0.096
−0.25	−0.001	−0.042	−0.116	−0.199	−0.212	−0.197	−0.175	−0.153	−0.132	−0.085

3.3.2　非均质和各向异性地基土中的附加应力

以上将地基土视为均质连续和各向同性的线弹性体，按弹性理论计算地表作用不同类型荷载的地基附加应力。事实上，天然地基并非均质和各向同性，大多是由不同压缩性土组成的成层地基；有些地基土（如砂土），同一层内土的压缩性也会随深度增加而减少；还有些土层在竖直方向和水平方向的性质不同，所有这些都影响附加应力的分布。此时应考虑地基不均匀和各向异性对附加应力的影响。

1. 双层地基

1) 上软下硬土层

在山区,通常基岩埋藏较浅,其表层为可压缩的土层呈现上软下硬的情况,如图 3.35(a)所示。此时,土层中的附加应力值比均质土层(图中虚线)有所增大,即存在所谓应力集中现象。岩层埋藏愈浅,应力集中的影响愈显著,当可压缩土层的厚度小于或等于荷载面积宽度的一半时,荷载面积下的 σ_z 几乎不扩散,即可认为中点下的 σ_z 不随深度变化。这个重要概念将在第 4 章中得到应用。

可见,应力集中与荷载面的宽度 b、压缩土层厚度 h 及界面上的摩擦力等有关,叶戈洛夫给出了竖向均布条形荷载下,上软下硬土层沿荷载面中轴线上各点的附加应力计算公式为

$$\sigma_z = \alpha_D p_0 \tag{3-48}$$

式中:α_D 为附加应力系数,查表 3-14。

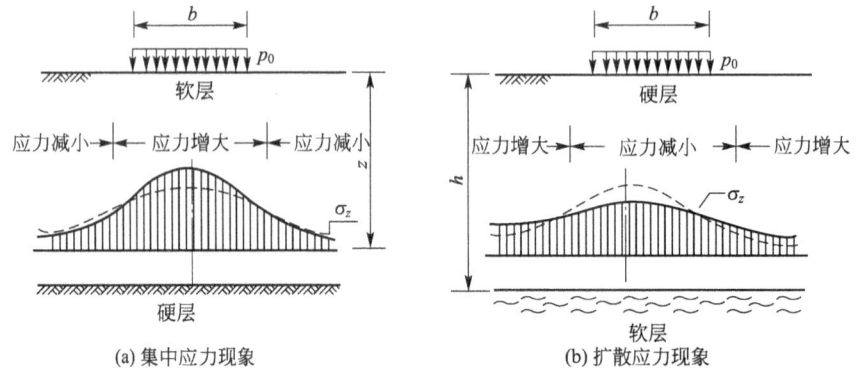

图 3.35 非均质地基对附加应力的影响

(虚线表示均质地基中水平面上的附加应力分布)

表 3-14 附加应力系数 α_D

z/h	下卧硬层的埋藏深度		
	$h=0.5b$	$h=b$	$h=2.5b$
0	1.000	1.00	1.00
0.2	1.009	0.99	0.87
0.4	1.020	0.92	0.57
0.6	1.024	0.84	0.44
0.8	1.023	0.78	0.37
1.0	1.022	0.76	0.36

2) 上硬下软土层

当土层出现上硬下软情况时,则往往出现应力扩散现象,如图 3.35(b)所示。

如图 3.36 所示,在坚硬的上层与软弱的下卧层中引起的应力扩散现象,随上层土厚

度的增大而更加显著，它还与双层地基的变形模量 E、泊松比 μ 有关，即随参数 f 的增加而显著。在图 3.36 中的荷载中心竖直线上，曲线 1 表示均质地基情况；曲线 2 为上软下硬情况下 σ_z 产生应力集中现象；曲线 3 为上硬下软情况下 σ_z 产生应力扩散现象。

$$f=\frac{E_{01}(1-\mu_1^2)}{E_{02}(1-\mu_2^2)} \quad (3-49)$$

式中：E_{01} 和 E_{02} 分别为上、下层地基的变形模量（MPa）；μ_1 和 μ_2 分别为上、下层地基的泊松比。

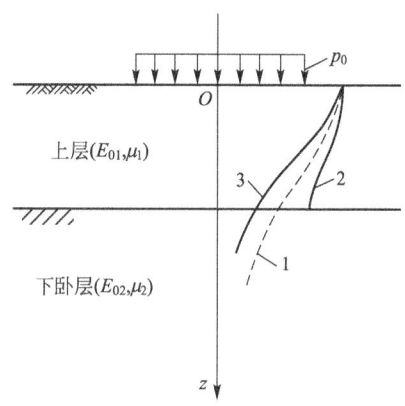

图 3.36 双层地基竖向应力分布的比较

为了计算简便，叶戈洛夫引出了不计土层上下界面摩擦力时，在竖向均布条形荷载作用下，土层界面上任意一点 M 点的附加应力计算公式为

$$\sigma_z = \alpha_E p_0 \quad (3-50)$$

式中：α_E 为附加应力系数，见表 3-15。

表 3-15 附加应力系数 α_E

$b/2h$	$f=1$	$f=2$	$f=10$	$f=15$
0	1.00	1.00	1.00	1.00
0.5	1.02	0.95	0.87	0.82
1.0	0.90	0.69	0.58	0.52
2.0	0.60	0.41	0.33	0.29
3.33	0.39	0.36	0.20	0.18
5.0	0.27	0.17	0.16	0.12

注：b 为荷载的宽度，h 为土层的厚度，f 的计算公式见式(3-49)。

2. 变形模量随深度增大的地基

对于砂土类沉积地基，变形模量 E_0 通常随深度增大而增大。从试验和理论上已经证实，这种情况下沿荷载中心线下的地基附加应力 σ_z 将产生应力集中现象。对于一个集中力作用下的地基附加应力 σ_z，可采用弗罗克利（Frohlich）半经验公式进行计算［对式(3-9a)进行修正］，即

$$\sigma_z = \frac{\nu P}{2\pi R^2}\cos^\nu\theta \quad (3-51)$$

式中：ν 为应力集中因数。对于黏土或完全弹性体，$\nu=3$；对于硬土，$\nu=6$；对于介于砂土和黏土之间的土，$\nu=3\sim6$；式中其他符号详见式(3-9a)。

3. 各向异性地基

天然沉积形成的某些水平薄层交互的地基，其水平变形模量 E_{0h} 常大于竖向变形模量 E_{0v}。沃尔夫（Wolf，1935 年）假定这种地基竖向和水平方向的泊松比相同而变形模量不

同,求得均布荷载下各向异性地基的附加应力 σ'_z 为

$$\sigma'_z = \sigma_z/m \tag{3-52}$$

式中:σ_z 为线荷载下均质地基的附加应力,由式(3-28)求得;m 为地基土的水平方向变形模量 E_{0h} 与竖直方向变形模量 E_{0v} 之比的平方根,即 $m=\sqrt{E_{0h}/E_{0v}}$。

当非均质地基的 $E_{0h}>E_{0v}$ 时,地基中将出现应力扩散现象;而当 $E_{0h}<E_{0v}$ 时,则出现应力集中现象。

3.4 基底压力

在 3.3 节中介绍了作用在地基表面各种荷载在地基中引起的附加应力计算及其分布规律。实际上,所有建筑物的荷载都是通过基础传给地基的。由基础底面传递给地基的压力称为基底压力。基底压力是作用于基础与地基接触面上的力,故也称为基底接触压力。基底压力既是基础作用于地基表面的力,也是地基作用于基础的反作用力。可见,基底压力既是计算地基中附加应力的外荷载,也是计算基础结构内力的外荷载。因此,在计算上部荷载引起的地基附加应力或建筑物基础内力时,必须首先研究基底压力的分布规律和计算方法。

3.4.1 基底压力分布

基底压力的大小和分布形态对地基附加应力有着十分重要的影响。但是,精确确定基底压力的大小和分布形态是一个很复杂的问题,尚处于研究阶段。它涉及上部结构、基础和地基三者之间的共同作用问题,与三者的变形特性(如建筑物和基础的刚度、土的压缩性等)有关,其影响因素很多,如基础与地基之间的刚度差异;基础的平面形状、尺寸和埋置深度;上部荷载的性质、大小和分布情况;地基土的性质;等等。因此,为将问题简化,这里仅对基底压力分布规律及主要影响因素作定性的讨论与分析,且不考虑上部结构的影响。

1. 基础刚度的影响

为了便于分析,按照基础与地基的相对抗弯刚度(基础材料的弹性模量 E 与截面惯性矩 I 的乘积 EI)将基础分为完全柔性基础、绝对刚性基础和有限刚性基础三种类型分别进行讨论。

1) 弹性地基上的完全柔性基础($EI=0$)

当基础上作用如图 3.37(a)所示的均布条形荷载时,由于基础是完全柔性的,就像置于地上的柔软薄膜,在竖向荷载作用下没有抵抗弯曲变形的能力,可以完全适应地基的变形。因此基底压力与作用在基础上的荷载分布完全一致,也是均布的,如图 3.37(b)所示。根据 3.3 节讨论的地基中附加应力分布规律,均布条形荷载在地基中任意深度水平面上引起的附加应力 σ_z 分布呈中间大两边小。显然,由此均布条形荷载引起的地面沉降也是中间大两边小的曲面形状。实际工程中没有完全柔性基础($EI=0$),工程上常把刚性很小的基础如土坝(堤)基础、油罐等钢板基础近似视为柔性基础,其基底压力大小和分布规

律与作用在基础上的荷载大小和分布规律相同。

2) 弹性地基上的绝对刚性基础（$EI\to\infty$）

如图 3.38 所示，对于刚度趋于无穷大的绝对刚性基础，在均布荷载作用下，基础只能保持平面下沉而不能弯曲。但是均布基底压力将使地基产生不均匀沉降，如图 3.38(a)中虚线所示。因此，地基与基础的变形不协调，基底中部将会与地基脱开。此时基底压力分布必然进行重新调整，使两端增大中间减小，保持地基均匀沉降，以适应绝对刚性基础的变形，如图 3.38(c)所示。对于完全弹性地基，由弹性理论解得基底压力分布如图 3.38(b)中实线所示，基础边缘处压力将为无穷大。

综上可知，刚性基础的基底压力与上部荷载的分布形式不一致。

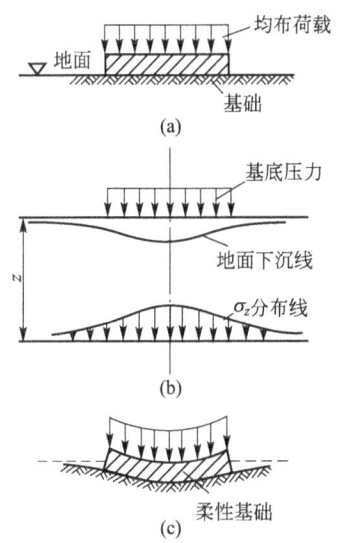

图 3.37　柔性基础的基底压力分布

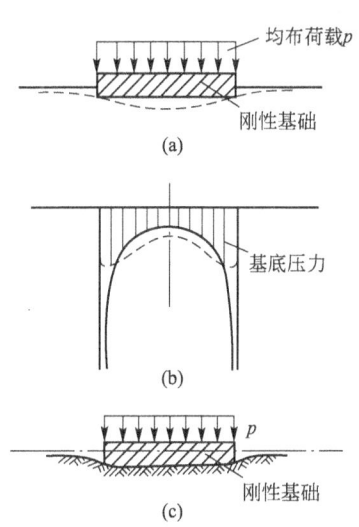

图 3.38　刚性基础的基底压力分布

3) 弹性地基上的有限刚性基础（$0<EI<\infty$）

实际工程中并不存在绝对刚性基础和完全柔性基础，工程实践中常见的是介于绝对刚性基础和完全柔性基础之间的有限刚性基础。由于绝对刚性基础仅是一种理想假定，地基也不是完全弹性，因此图 3.38(b)中实线所示的基底压力实际上是不可能出现的。因为当基底两端的压力足够大，超过土的极限强度后，地基就会形成塑性区，此时基底两端处地基土所受压力不能再增大，多余压力会自行调整向中间转移。加上基础不是绝对刚性，可产生一定弯曲，因此应力重分布的结果可使基底压力分布成为更加复杂的形式。例如马鞍形分布，其基底两端压力不会无穷大，而中间压力将比理论值大些，如图 3.38(b)中虚线所示。具体的基底压力分布形状与地基、基础的材料特性，以及基础尺寸、荷载形状、大小等因素有关。

2. 荷载和土性的影响

实测资料表明，刚性基础底面上的压力分布形状常见有如图 3.39 所示的几种情况。当荷载较小时，基底压力分布形状如图 3.39(a)所示，接近于弹性理论解；荷载增大，基底压力可呈前述的马鞍形分布，如图 3.39(b)所示；荷载增大到一定程度后，基础两端处的地基内塑性破坏区逐渐扩大，所增加荷载逐渐靠基础中部压力的增大来平衡，基底压力分布图形可变为抛物线状［图 3.38(d)］或倒钟状［图 3.39(c)］分布。

实测资料还表明，当受到中心荷载作用的刚性基础置于砂土地基上时，由于砂土颗粒之间无黏聚力，地基侧向移动导致基础边缘的压力向中部转移，形成基底压力呈抛物线状分布［图 3.39(d)］。且随着荷载增加，基底压力分布的抛物线曲率也随之增大。对于刚性基础下的黏性土地基，其基底压力则通常呈中间小边缘大的马鞍形分布［图 3.39(b)］，但随荷载增加，基底压力逐渐变化为中间大边缘小的倒钟状分布。

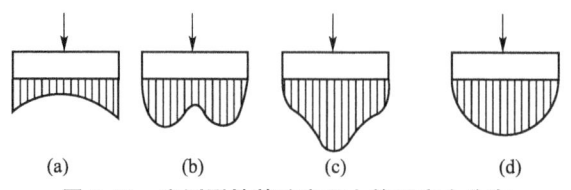

图 3.39　实测刚性基础底面上的压应力分布

3.4.2　基底压力的简化计算

由上分析可知，基底压力分布的形式是十分复杂的。但因其作用在地表附近，根据弹性理论的圣文南原理可知，基底压力分布形式对地基中应力计算的影响将随深度增加而减小，达到一定深度后，地基中应力分布几乎与基底压力的分布形式无关，而只取决于荷载合力的大小和位置。因此，在工程应用中，对于具有一定刚度以及尺寸较小的扩展基础，其基底压力可近似按直线分布的材料力学方法进行简化计算。而对于比较复杂的基础（如柱下条形基础、筏形基础、箱形基础等），简化方法会对基础内力和结构计算造成较大的误差，因此一般需考虑地基、基础和上部结构的影响，采用弹性地基梁（板）的方法计算。下面介绍简化计算方法。

1. 中心荷载作用

如图 3.40 所示，作用在基底上的荷载合力通过基底中心，基底压力假定为均匀分布，平均压力标准值 p 可按下式计算

$$p=\frac{F+G}{A} \qquad (3-53)$$

式中：p 为基底平均压力标准值(kPa)；F 为基础顶面的竖向力标准值(kN)；G 为基础自重及其上回填土自重之和(kN)。$G=\gamma_G A d$，其中 γ_G 为基础及回填土之平均重度，一般取 20kN/m^3，地下水位以下部分应扣除其浮力；d 为基础深埋(m)，一般从室外设计地面或室内外平均设计地面算起；A 为基底面积(m^2)，矩形基础 $A=l\times b$，l 和 b 分别为矩形基底的长度和宽度；对于条形基础，可沿长度方向取 1m 计算，则上式中 F、G 代表每延米内的相应荷载值(kN/m)。

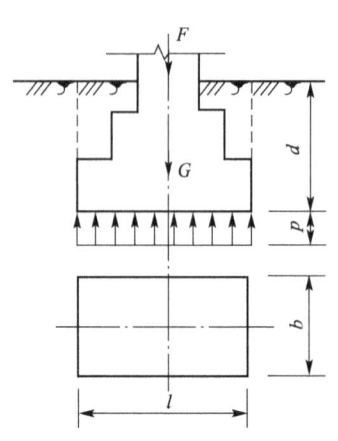

图 3.40　中心荷载下基底压力分布

2. 偏心荷载作用

常见的偏心荷载作用于矩形基底的一个主轴上（称

为单向偏心），可将基底长边 l 方向取与偏心方向一致。此时两短边 b 边缘最大压力 p_{max} 与最小压力 p_{min} 标准值（kPa）可按材料力学短柱偏心受压公式计算

$$\begin{matrix}p_{max}\\p_{min}\end{matrix}=\frac{F+G}{A}\pm\frac{M}{W}=\frac{F+G}{A}\left(1\pm\frac{6e}{l}\right) \quad (3-54)$$

式中：M 为作用在基底形心上的力矩标准值（kN·m）；$M=(F+G)e$，e 为荷载偏心距（m）；W 为基础底面的抵抗矩（m³）；对矩形基础 $W=bl^2/6$。

从式（3-54）可知，按荷载偏心距 e 的大小，基底压力的分布可能出现下列三种情况，如图 3.41 所示。

（1）当 $e<l/6$ 时，由式（3-54）知 $p_{min}>0$，基底压力呈梯形分布如图 3.41(a)所示。

（2）当 $e=l/6$ 时，由式（3-54）知 $p_{min}=0$，基底压力呈三角形分布如图 3.41(b)所示。

（3）当 $e>l/6$ 时，由式（3-54）知 $p_{min}<0$，也即在基底处产生拉应力，如图 3.41(c)所示。由于基底与地基之间不能承受拉应力，此时产生拉应力部分的基底将与地基土局部脱开，致使基底压力重新分布。根据偏心荷载与基底反力平衡的条件，荷载合力 $F+G$ 应通过三角形反力分布图的形心 [图 3.41(c)]，由此可得

$$p_{max}=\frac{2(F+G)}{3b(l/2-e)} \quad (3-55)$$

3. 基底附加压力

综上所述，土的自重应力一般不引起地基变形，只有新增的建筑物荷载，即作用于地基表面的附加压力，才是使地基压缩变形的主要原因。实际上，一般基础都埋置于地面下一定深度，该处原有自重应力因

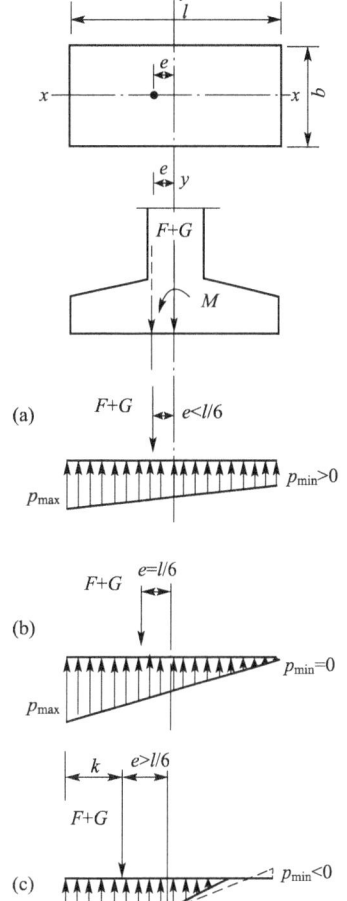

图 3.41 偏心荷载下的基底压力分布

基坑开挖而卸除。因此，在计算由建筑物造成的基底附加压力时，应扣除基底标高处土中原有的（建筑前的）自重应力 σ_{cd} 后，才是基底平面处新增加于地基的基底附加压力，亦即引起地基附加应力的地基表面荷载。如图 3.42 所示，基底平均附加压力 p_0 值按下式计算

$$p_0=p-\sigma_{cd}=p-\gamma_0 d \quad (3-56)$$

式中：p 为基底压力标准值（kPa）；σ_{cd} 为基底处土的自重力标准值（kPa），$\sigma_{cd}=\gamma_0 d$，γ_0 为基底标高以上天然土层的加权平均重度，地下水位以下取有效重度（kN/m³）；d 为基础埋置深度（m），必须从天然地面算起，$d=h_1+h_2+h_3+\cdots$；h_i 为天然地面下基础埋置深度范围内第 i 层土的厚度（m）。

基底附加压力，可把它作为作用在弹性半空间表面上的局部荷载，由此采用 3.3 节有关公式求出建筑物基础底面以下地基中的附加应力。应特别注意，在计算地基附加应力

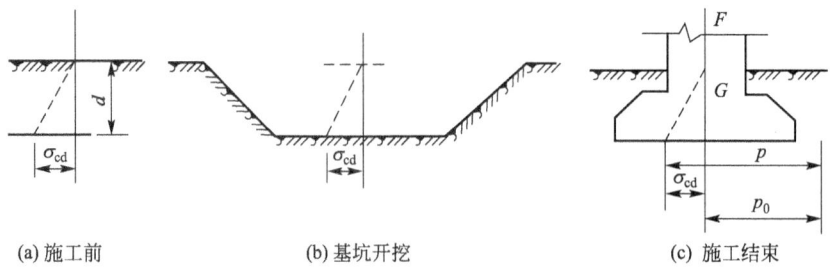

(a) 施工前   (b) 基坑开挖   (c) 施工结束

图 3.42 基底平均附加应力的计算

时，必须将 3.3 节各附加应力计算公式中的地面荷载用基底附加压力代替。

必须指出，由于一般基础都埋置于地面下一定深度，基底附加压力实际上是作用在地表下一定深度处，因此，假设它作用在半空间表面上，而运用弹性理论解答所得的结果只是近似的。不过对于一般浅基础来说，这种假设所造成的误差可以忽略不计。

另外，当基坑的平面尺寸和深度较大时，坑底回弹比较明显，且基坑中部的回弹大于边缘点。在沉降计算中，为了适当考虑这种坑底的回弹和再压缩而增加沉降，改取 $p_0 = p - \alpha \sigma_{cd}$，其中 α 为 0~1 的系数。此外，采用式(3-56)计算时，尚应保证坑底土体不发生浸水膨胀。

3.5 有效应力原理

如图 3.43(a)所示，在土中某点截取一水平截面，其面积为 A，截面上作用应力 σ。它是由上面的土体的重力、静水压力及外荷载 p 所产生的应力，称为总应力。这一应力一部分是由土颗粒间的接触面承担，称为有效应力；另一部分是由土体孔隙内的水及气体承受，称为孔隙应力(也称孔隙压力)。

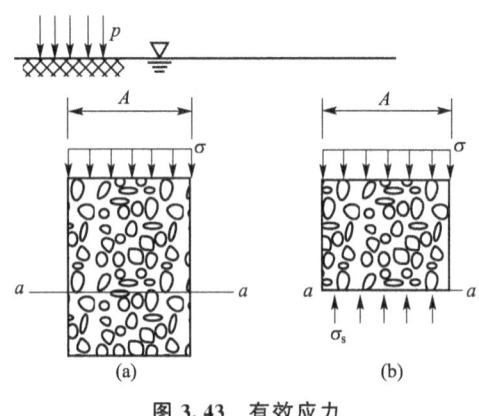

图 3.43 有效应力

考虑图 3.43(a)中的土体平衡条件，沿 a—a 截面取分离体，如图 3.43(b)所示。a—a 截面是沿着土颗粒间接触面截取的曲线状截面，在此截面上土颗粒接触面间的作用法向应力为 σ_s，各土颗粒间接触面积之和为 A_s。孔隙内的水压力为 u_w，气体压力为 u_a，其相应的面积为 A_w 及 A_a。由此可建立平衡条件

$$\sigma A = \sigma_s A_s + u_w A_w + u_a A_a$$

对于饱和土，上式中的 u_a、A_a 均等于零，则此式可写成

$$\sigma A = \sigma_s A_s + u_w A_w = \sigma_s A_s + u_w (A - A_s)$$

或

$$\sigma = \frac{\sigma_s A_s}{A} + u_w \left(1 - \frac{A_s}{A}\right)$$

由于颗粒间的接触面积 A_s 是很小的，毕肖普及伊尔丁(Bishop 和 Eldin，1950 年)根

据粒状土的试验结果认为 A_s/A 一般小于 0.03。因此,上式中第二项内的 A_s/A 可略去不计,但第一项中因为土颗粒间的接触应力 σ_s 很大,故不能略去。此时上式可写为

$$\sigma = \frac{\sigma_s A_s}{A} + u_w$$

式中第一项实际上是土颗粒间的接触应力在截面积上的平均应力,称为有效应力,通常用 σ' 表示,并把孔隙间水压力 u_w 用 u 表示。于是上式变为

$$\sigma = \sigma' + u \qquad (3-57)$$

式中:σ 为图 3.43 中 a—a 截面上的总应力(kPa);σ' 为图示 a—a 截面上的有效应力(kPa);u 为图示 a—a 截面上的孔隙水压力(kPa)。

上式说明,饱和土中的总应力 σ 为有效应力 σ' 和孔隙水压力 u 之和,或者说有效应力 σ' 等于总应力 σ 减去孔隙水压力 u。在工程实践中,直接测定有效应力 σ' 比较困难,通常是在已知总应力 σ 和测定了孔隙水压力 u 后,利用下式反求 σ'

$$\sigma' = \sigma - u \qquad (3-58)$$

式(3-58)也称饱和土的有效应力原理。

式(3-58)首先是由太沙基提出来的。他从试验中观察到土的变形及强度性状与有效应力密切相关,只有通过颗粒接触点传递的应力,才能引起土的变形和影响土的沉降;而土中任意点的孔隙水压力对各个方向作用是相等的,因此它只能使土颗粒产生压缩(由于土颗粒本身的压缩量是很微小的,在土力学中可不考虑),而不能使土颗粒产生位移。土颗粒间的有效应力作用,则会引起土颗粒的位移,使孔隙体积改变,土体发生压缩变形。同时有效应力的大小也影响土的抗剪强度,这是土力学有别于其他力学(如固体力学)的重要原理之一。

对于非饱和土,同理可导出有效应力公式为

$$\sigma' = \sigma - u_a + \chi(u_a - u_w) \qquad (3-59)$$

式(3-59)是毕肖普等人在 1961 年提出的,式中 χ 是与饱和度有关的参数。一般认为有效应力原理能正确地应用于饱和土。对于非饱和土,由于水、气界面上的表面张力和弯曲液面的存在,问题较为复杂,尚有待深入研究。具体内容见有关专著。

作为有效应力原理的简单应用实例,以下介绍毛细水上升时以及土中水渗流时有效应力的计算。

3.5.1 毛细水上升时土中有效自重应力的计算

如图 3.44 所示,设地基土层在深度 h_1 的 B 线下的土已完全饱和,但地下水的自由表

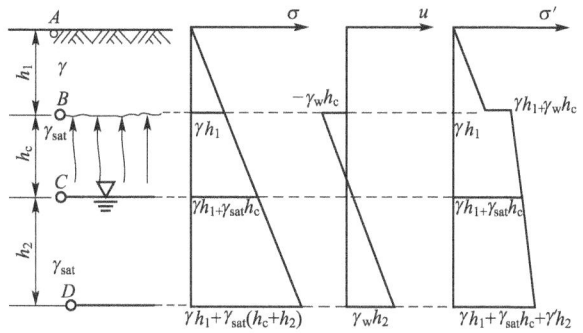

图 3.44 毛细水上升时土中总应力、孔隙水压力及有效应力计算

面(潜水面)却在其下的 C 线处。这是由于 C 线下的地下水在空气-水截面的表面张力作用下,沿着彼此联通的土孔隙形成的复杂毛细网络上升所致。毛细水上升高度 h_c 与土类别有关(详见第 2 章)。

为了求解有效自重应力,按照有效应力原理,应先计算总应力 σ(这里也就是自重应力)。此处,对 B 线以下的土,应以饱和重度计算。分布图如图 3.44 所示。竖向有效自重应力为总应力与孔隙水压力之差,具体计算见表 3-16。

表 3-16 毛细水上升时土中总应力、孔隙水压力及有效应力计算

计算点		总应力 σ	孔隙水压力 u	有效应力 σ'
A		0	0	0
B	B 点上	γh_1	0	γh_1
	B 点下		$-\gamma_w h_c$	$\gamma h_1 + \gamma_w h_c$
C		$\gamma h_1 + \gamma_{sat} h_c$	0	$\gamma h_1 + \gamma_{sat} h_c$
D		$\gamma h_1 + \gamma_{sat}(h_c + h_2)$	$\gamma_w h_2$	$\gamma h_1 + \gamma_{sat} h_c + \gamma' h_2$

在毛细水上升区,由于表面张力的作用使孔隙水压力为负值,即 $u = -\gamma_w h_c$(因为静水压力值以大气压力为准,所以紧靠 B 线下的孔隙水压力为负值),而使有效应力增加,在地下水位以下,由于水对土颗粒的浮力作用,使土的有效应力减少。

3.5.2 土中水渗流时(一维渗流)有效应力计算

在第 2 章中已经讨论过,当土中水渗流时,土中水将对土颗粒作用动水力,这就必然影响土中有效应力分布。现通过图 3.45 所示三种情况,以说明土中水渗流时对有效应力分布的影响。

图 3.45(a)所示土中水静止不动,也即土中 a、b 两点的水头相等;图 3.45(b)所示土中 a、b 两点有水头差 h,水自上向下流;图 3.45(c)所示土中 a、b 两点的水头差也是 h,但水自下向上渗流。现按上述三种情况计算土中总应力 σ、孔隙水压力 u 及有效应力 σ' 值,列于表 3-17 中,并绘出分布(图 3.45)。

表 3-17 土中水渗流时总应力 σ、孔隙水压力 u 及有效应力 σ' 的计算

计算点	总应力 σ	孔隙水压力 u	有效应力 σ'
图 3.45(a)a	γh_1	0	γh_1
图 3.45(a)b	$\gamma h_1 + \gamma_{sat} h_2$	$\gamma_w h_2$	$\gamma h_1 + (\gamma_{sat} - \gamma_w) h_2$
图 3.45(b)a	γh_1	0	γh_1
图 3.45(b)b	$\gamma h_1 + \gamma_{sat} h_2$	$\gamma_w(h_2 - h)$	$\gamma h_1 + (\gamma_{sat} - \gamma_w) h_2 + \gamma_w h$
图 3.45(c)a	γh_1	0	γh_1
图 3.45(c)b	$\gamma h_1 + \gamma_{sat} h_2$	$\gamma_w(h_2 + h)$	$\gamma h_1 + (\gamma_{sat} - \gamma_w) h_2 - \gamma_w h$

从表 3-17 及图 3.45 的计算结果可见,三种不同情况水渗流时土中的总应力 σ 的分

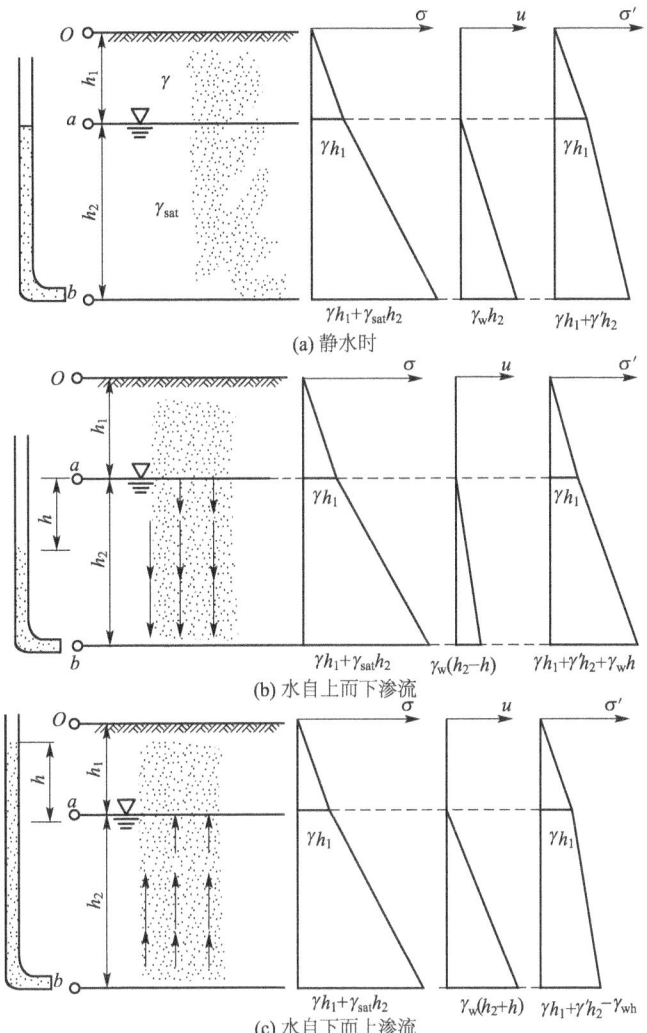

图 3.45 土中水渗流时的总应力、孔隙水压力及有效应力分布

布是相同的,土中的渗流不影响总应力值。水渗流时土中产生渗透力,致使土中有效应力及孔隙水压力发生变化。土中水自上向下渗流时,水渗透方向与土的重力方向一致,于是有效应力增加,而孔隙水压力相应减少。反之,土中水自下向上渗流时,导致土中有效应力减少,孔隙水压力相应增加。

【例 3.6】 有一 10m 厚饱和黏土层,其下为砂土,如图 3.46 所示。砂土层中有承压水,已知其水头高出 A 点 6m。现要在黏土层中开挖基坑,试求基坑开挖的最大深度 H。

【解】 若基坑开挖深度达到 H 后坑底土将隆起失稳,考虑此时 A 点的稳定条件。

A 点的总应力

$$\sigma_A = \gamma_{sat}(10-H) = 18.9 \times (10-H)$$

A 点的孔隙水压力

$$u_A = \gamma_w h = 9.81 \times 6 = 58.86 (\text{kPa})$$

若 A 点隆起,则其有效应力为 $\sigma'_A = 0$,即

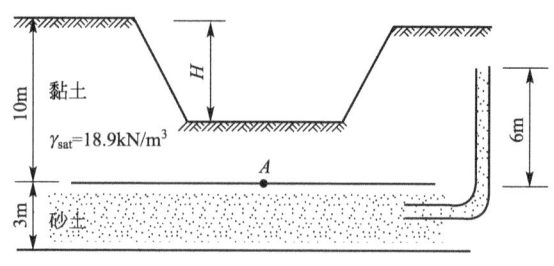

图 3.46 例 3.6 图

$$\sigma'_A = \sigma_A - u_A = 18.9 \times (10 - H) - 58.86 = 0$$

解得 $H = 6.89\text{m}$，故当基坑开挖深度超过 6.89m 后，坑底土将隆起破坏。

本 章 小 结

本章首先简述计算土中应力的目的、计算土中应力的理论依据和方法，介绍了土中应力的有关概念以及土中应力的分类，接着重点介绍了土中自重应力和附加应力的分布规律和计算方法。对于地基中附加应力计算，本章先基于作用在地表的各种荷载在地基中所产生附加应力的一般计算方法，然后将基底压力简化为相应分布荷载再计算其产生的附加应力。本章最后介绍了饱和土的有效应力原理及其简单计算与应用。

本章的重点是土中自重应力与附加应力的概念、计算方法及其分布规律；基础底面压力的简化计算；矩形和条形均布荷载作用下角点附加应力的计算、附加应力的分布规律。

习 题

一、选择题

1. 地下水位升高会引起自重应力（　　）。

　　A. 增大　　　　　　B. 减小　　　　　　C. 不变

2. 当地基中附加应力随深度呈矩形分布时，则地面的荷载形式为（　　）。

　　A. 无穷均布荷载　　B. 矩形均布荷载　　C. 条形均布荷载

3. 有两个不同的方形基础，其基底平均压力相同。问在同一深度处，哪个基础在地基中产生的附加应力大？（　　）

　　A. 宽度大的基础产生的附加应力大

　　B. 宽度小的基础产生的附加应力大

　　C. 两个基础产生的附加应力相等

二、填空题

1. 附加应力自（　　　　）起算，自重应力自（　　　　）起算。

2. （　　　　）应力引起土体压缩，（　　　　）应力影响土体的抗剪强度。

3. 计算自重应力时，地下水位以上的土层采用（　　　　）重度，地下水位以下的土层应采用（　　　　）重度。

三、简答题

1. 刚性基础的基底应力分布有何特征？工程中如何计算刚性基础的基底压力？
2. 计算地基附加压力的基本假设是什么？
3. 简述太沙基的有效应力原理。

四、计算题

1. 在某建筑场地的地质剖面如图 3.47 所示，试计算各土层界面及地下水位面的自重应力，并绘制自重应力曲线。

2. 如图 3.47 中，中砂层以下为坚硬的整体岩石，试绘制其自重应力曲线。

3. 某条形基础如图 3.48 所示，作用在基础上的荷载为 250kN/m，基础深度范围内土的重度为 17.5kN/m^3，试计算 0—3、4—7 及 5—5 剖面各点的竖向附加应力，并绘制应力曲线。

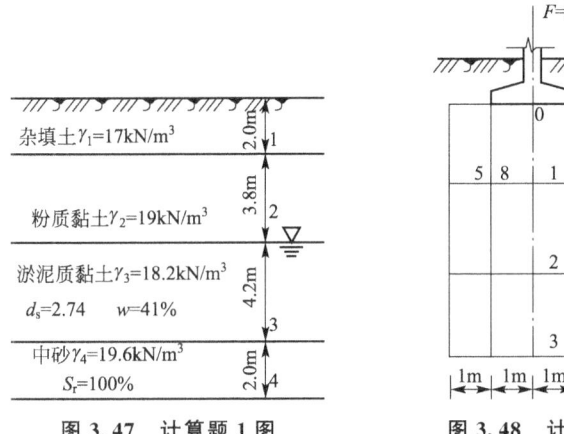

图 3.47　计算题 1 图　　　图 3.48　计算题 3 图

4. 试用最简方法计算图 3.49 所示荷载下，m 点下深度 $z=2.0\text{m}$ 处的附加应力。

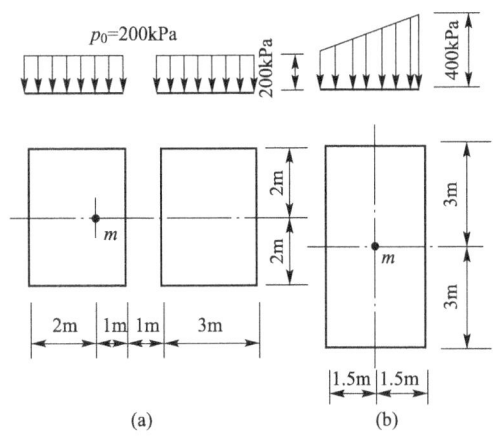

图 3.49　计算题 4 图

5. 某方形基础底面宽 $b=2\text{m}$，埋深 $d=1\text{m}$，深度范围内土的重度为 18.0kN/m^3，作

用在基础上的竖向荷载 $F=600\text{kN}$，力矩 $M=100\text{kN}\cdot\text{m}$，试计算基底最大压力边角下深度 $z=2\text{m}$ 处的附加应力。

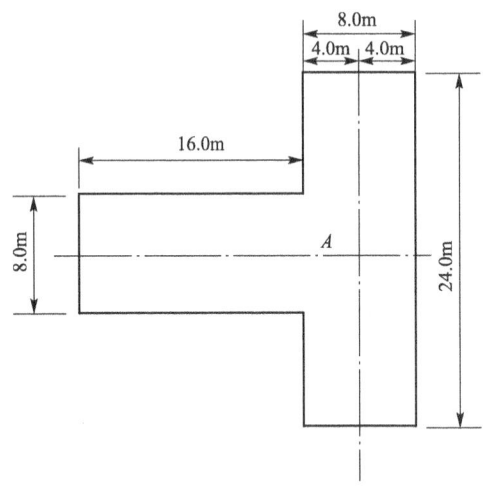

图 3.50　计算题 6 图

6. 某基础平面图形呈 T 形截面(图 3.50)，作用在基底的附加压力 $p_0=150\text{kN}/\text{m}^2$。试求 A 点下 10m 深处的附加压力。

7. 如图 3.51 所示矩形面积(ABCD)上作用均布荷载 $p=100\text{kPa}$，使用角点法计算 G 点下深度 6m 处 M 点的附加应力值 σ_z。

8. 如图 3.52 所示条形线性分布荷载 $p=150\text{kPa}$，计算 G 点下深度 3m 处的附加应力 σ_z。

9. 某场地土层的分布自上而下为：砂土，层厚 2m，重度为 $17.5\text{kN}/\text{m}^3$；黏土，层厚 3m，饱和重度 $20\text{kN}/\text{m}^3$；砾石，层厚 3m，饱和重度 $20\text{kN}/\text{m}^3$。地下水位在黏土层处。试绘出这三个土层中总应力 σ、孔隙水压力 u 和有效应力 σ' 沿深度的分布图形。

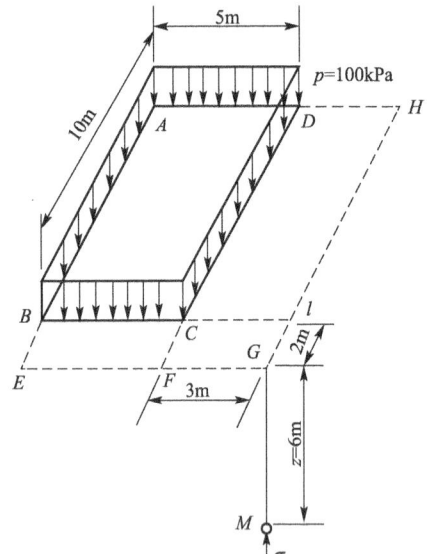

图 3.51　计算题 7 图

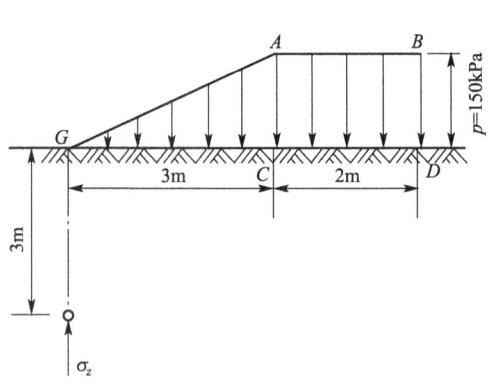

图 3.52　计算题 8 图

第4章
土的压缩特性和地基沉降计算

教学目标

本章主要讲述土的压缩特性和地基沉降计算。通过本章的学习,应达到以下目标。
(1) 理解土压缩变形的机理,了解土的变形与应力历史的关系。
(2) 掌握利用侧限压缩试验结果绘制压缩曲线、确定压缩性指标和判断土压缩性大小的方法。
(3) 掌握载荷试验的原理及试验结果的整理方法。
(4) 掌握地基最终沉降量计算的分层总和法与规范法。
(5) 掌握先期固结压力的确定方法以及利用超固结比对土分类的方法。
(6) 了解地基变形的类型以及考虑应力历史时地基沉降量的计算方法。
(7) 掌握饱和土的渗透固结原理,以及一维固结条件下任意时刻地基固结变形(或固结度)的计算方法。

教学要求

知识要点	能力要求	相关知识
土的压缩性	(1) 理解土的压缩性、固结和地基沉降的概念; (2) 掌握利用侧限压缩试验结果绘制压缩曲线、确定压缩性指标和判断土压缩性大小的方法; (3) 掌握载荷试验的原理及 $p-s$ 曲线绘制方法	(1) 压缩曲线($e-p$ 曲线和 $e-\lg p$ 曲线); (2) 压缩性指标; (3) 载荷试验; (4) 先期固结压力和超固结比
地基最终沉降量计算	(1) 掌握分层总和法和规范法,包括几种特殊情况下地基沉降量的计算方法; (2) 了解地变形的类型以及考虑应力历史时地基沉降量的计算方法	(1) 分层总和法; (2) 规范法; (3) 地基沉降的类型; (4) 考虑应力历史时地基沉降量的计算方法
地基变形与时间的关系	(1) 掌握饱和土的渗透固结原理; (2) 理解饱和土固结过程中有效应力与孔隙水压力的转化机理; (3) 掌握地基平均固结度的概念及计算方法; (4) 掌握不同情况下任意时刻地基固结沉降量(或固结度)的计算方法	(1) 饱和土的渗透固结及太沙基一维渗透固结理论; (2) 地基的平均固结度; (3) 任意时刻地基固结沉降量(或固结度)的计算方法

土的压缩性与固结；地基沉降量与最终沉降量；压缩系数与压缩指数；侧限压缩模量与变形模量；先期固结压力与超固结比；正常固结土、超固结土与欠固结土；瞬时沉降、固结沉降与次固结沉降；固结度及地基平均固结度

土与其他材料一样，受荷后也会产生变形。由于建筑物的基础是建在地基中的，因此，地基的变形必然引起建筑物随之变形。显然，如果地基的变形导致建筑物的变形超过了其容许变形能力，则可能使建筑物无法正常工作，甚至倒塌、破坏。有鉴于此，确定地基的变形就成为地基基础设计中的一个重要内容。

4.1 概　　述

土在物质成分上由土粒及存在于孔隙中的水和气组成，在空间上由土粒体积和孔隙体积组成。由于在通常的建筑荷载作用下，土粒的变形在总变形中所占比例很小，可以忽略不计，因此土的变形就是土中孔隙的变化（通常为减小）。当土受荷后，根据有效应力原理，该荷载将使孔隙中的水和气承受压力、使土粒间产生有效应力。这样，孔隙中的水和气将在孔隙水压力和气压力的作用下逐渐向外排出，土粒将在粒间有效应力的作用下向孔隙内移动并重新排列，从而使土的孔隙逐渐减小，变形逐渐增大。与此同时，孔隙水压力和气压力逐渐减小，有效应力逐渐提高，该过程一直延续到土粒间的抗剪强度能平衡外力在土中引起的应力为止。由此可见，土的变形不是瞬间完成的，而是随时间变化的，并且，土的变形取决于有效应力。人们将土的变形随时间增大的过程称之为固结；将土在压力作用下体积减小的特性称之为土的压缩性。土固结的快慢与土的压缩性和透水性密切相关。例如，与砂土相比，黏性土因其孔隙小、透水透气性差，完成固结的时间就远长于砂土。正因如此，黏性土的固结就是土力学中的一个重要问题。而对具有良好排水性能的砂土地基，一般认为建筑物竣工时已基本完成固结，因此，通常不考虑固结问题。

值得注意的是，由于地基在修建建筑物之前就已存在，并且大多在自重应力作用下已经压缩稳定，因此，地基变形通常是以开始修建建筑物为计算起点的，引起变形的主要原因是建筑物的荷载在地基内产生的附加应力。此外，虽然地基既有竖向压缩变形——沉降，也有侧向剪切变形，但主要发生的是沉降，因此沉降是关注的重点。

本章主要介绍地基变形的计算方法，包括地基沉降随固结过程的变化以及最终沉降量的计算方法。由于地基变形与土的压缩性密切相关，因此，在介绍沉降计算方法之前，有必要先研究土的压缩变形特性。

4.2 土的压缩性

研究土的压缩性大小及其特征的试验称为土的压缩试验。一般工程常用室内侧限压缩试验(也称固结试验)来研究土的压缩性。在该试验中,土的侧向因受到限制而不能变形。

4.2.1 侧限压缩试验和压缩曲线

该试验是在压缩仪(也称固结仪)上进行的,试验装置如图 4.1 所示。试验前,用内径 80mm、高 20mm 的金属环刀从土中取样,然后将土样连同环刀装入刚性护环内。土样的上、下都放有滤纸和透水石,以便土中的水和气自由排出。当做饱和土的试验时,水槽内还应充水淹没试样。作用于试样上的垂直压力由传压板施加。试验时,竖向压力应分级施加,并且在上一级荷载作用下土样压缩稳定(一般每小时变形量不超过 0.005mm)后,方可施加下一级荷载。如有必要,也可做加载—卸载—再加载试验。某级荷载 p_i 作用下试样压缩稳定后的竖向压缩量 s_i 可用百分表测出。显然,由于受刚性护环的约束,土样只能产生竖向变形,其应力状态如同第 3 章的侧限情况。

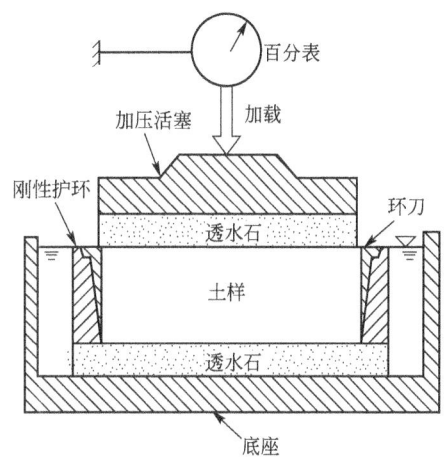

图 4.1 侧限压缩试验装置

利用试验过程中量测到的各级荷载 p_i 作用下的竖向压缩量 s_i,即可换算出相应的孔隙比 e_i。其换算方法和公式如下。

设试验开始时土样的起始孔隙比为 e_0,高度为 H_0,截面积为 A_0,体积 $V_0 = H_0 A_0$,那么,土样内的起始土粒体积 $V_{s0} = V_0/(1+e_0) = H_0 A_0/(1+e_0)$。同理,如果设第 p_i 级荷载作用下土样压缩稳定时的高度 $H_i = H_0 - s_i$,截面积为 A_i,体积 $V_i = H_i A_i$,则相应的土粒体积 $V_{si} = V_i/(1+e_i) = H_i A_i/(1+e_i) = (H_0 - s_i) A_i/(1+e_i)$。由于压缩过程中土样无侧向变形,截面积不变,因此 $A_0 = A_i$。此外,如前所述,由于土粒的压缩量忽略不计,因此土样压缩前、后的土粒体积保持不变。这样即有

$$V_{s0} = \frac{H_0 A_0}{1+e_0} = V_{si} = \frac{(H_0 - s_i) A_0}{1+e_i} \tag{4-1}$$

即

$$s_i = \frac{e_0 - e_i}{1+e_0} H_0 \tag{4-2}$$

或者

$$e_i = e_0 - (1+e_0) \frac{s_i}{H_0} \tag{4-3}$$

式中的起始孔隙比 e_0 表达为

$$e_0 = \frac{d_s(1+w_0)\rho_w}{\rho} - 1$$

利用式(4-3),即可计算出荷载 p_i 作用下土样压缩稳定时对应的孔隙比 e_i,然后做出整个压缩过程中孔隙比 e 随压力 p 变化的关系曲线(简称为 $e-p$ 曲线),如图 4.2(a)所示。如果将该图的横坐标改为对数,则如图 4.2(b)所示(简称为 $e-\lg p$ 曲线)。

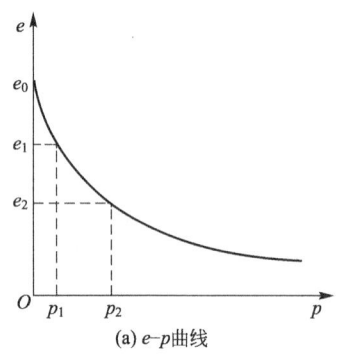 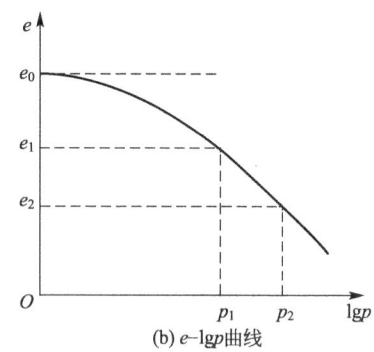

图 4.2 土的压缩曲线

设相邻两级荷载 p_1 和 $p_2 = p_1 + \Delta p$（其中 Δp 为压力增量）作用下土样压缩稳定时的高度分别为 H_1 和 H_2，相应的孔隙比分别为 e_1 和 e_2，则利用式(4-1)和式(4-2)，不难得到压力增量 Δp 作用下产生的压缩量 Δs 为

$$\Delta s = s_2 - s_1 = H_1 - H_2 = \frac{e_1 - e_2}{1 + e_1} H_1 \tag{4-4}$$

应当注意的是，由于试验过程中试样充分排水排气，并且某级荷载作用下只有试样压缩稳定后方可施加下一级荷载，因此，当施加下一级外荷载时，以前施加的外荷已全部转换为土骨架上的有效应力。换言之，压缩曲线横坐标的压力 p 是有效应力 p'，但为书写方便，略去了上标"'"。

4.2.2 压缩性指标

1. 压缩系数和压缩指数

土的压缩试验结果表明：①即使同种土，压缩过程中孔隙比与压力之间也不成线性变化，如图 4.2 所示。起始阶段曲线坡度较陡，而后期平缓，表明在相同的压力增量下，孔

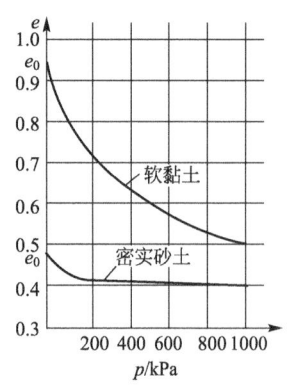

图 4.3 软黏土和密砂的压缩曲线

隙比的减小量逐渐变小，土越来越难以压缩。②不同种类的土，因其压缩性质不同，压缩曲线的形态也不同。如图 4.3 的软黏土和密砂的压缩曲线。③虽然 $e-p$ 关系不是直线，但在一个较小的压力变化范围 Δp 内，其曲线可以近似用直线代表，如图 4.4 所示。该直线的斜率 a 为

$$a = \tan\alpha = -\frac{\Delta e}{\Delta p} = \frac{e_1 - e_2}{p_2 - p_1} \tag{4-5}$$

显然，斜率 a 越大，表明土越易于压缩或压缩性越大。因此，a 反映了土压缩的难易程度，称之为压缩系数（kPa^{-1} 或 MPa^{-1}）。

值得注意的是，由于地基土通常在自重应力作用下已经压缩稳定，只有附加应力（应力增量 Δp）才会产生新的地基沉降，因此，式(4-5)

中的 p_1 一般指的是地基计算深度处土的自重应力 σ_c，p_2 指的是地基计算深度处受到的总的应力，即该处自重应力 σ_c 与附加压力 σ_z 之和；而 e_1 和 e_2 分别为 $e-p$ 曲线上相应于 p_1 和 p_2 的孔隙比。

由于压缩系数 a 不是常量，难以用于比较不同种类土的压缩性大小，因此，为了统一标准，通常采用 $p_1=100$ kPa 至 $p_2=200$ kPa 间隔的压缩系数 a_{1-2} 来评定土的压缩性的高低，并且规定当 $a_{1-2}<0.1$ MPa^{-1} 时，为低压缩性土；0.1 MPa$^{-1} \leqslant a_{1-2}<0.5$ MPa^{-1} 时，为中等压缩性土；$a_{1-2} \geqslant 0.5$ MPa^{-1} 时，为高压缩性土。

将 $e-p$ 曲线转化为半对数坐标中的 $e-\lg p$ 曲线后，最明显的特点是该曲线的大部分接近直线，如图 4.5 所示。该直线的斜率是一个无量纲的常量，称为土的压缩指数 C_c。即

$$C_c = \frac{e_1-e_2}{\lg p_2 - \lg p_1} = \frac{e_1-e_2}{\lg(p_2/p_1)} \tag{4-6}$$

压缩指数 C_c 与压缩系数 a 具有相同的意义。即 C_c 越大，表明土越易压缩或压缩性越大。一般认为，如果 $C_c<0.2$，则为低压缩性土；$C_c>0.4$ 时为高压缩性土；$C_c=0.2\sim0.4$ 时为中等压缩性土。

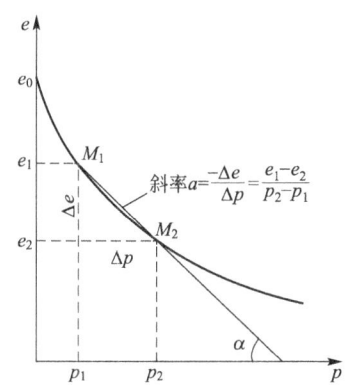

图 4.4 用 $e-p$ 曲线确定压缩系数

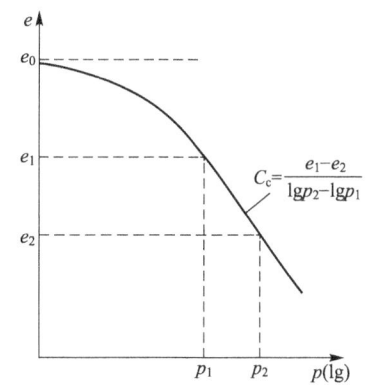

图 4.5 用 $e-\lg p$ 曲线确定压缩指数

2. 侧限压缩模量与体积压缩系数

土在侧向无变形条件下，竖向附加应力 σ_z 与相应的竖向应变 ε_z 之比，称之为侧限压缩模量 E_s，即

$$E_s = \frac{\sigma_z}{\varepsilon_z} \tag{4-7}$$

如前所述，由于通常取 $p_1=\sigma_c$，$p_2=\sigma_c+\sigma_z$，因此 $\sigma_z=p_2-p_1=\Delta p$。另一方面，如果设 p_1 和 p_2 作用下土压缩稳定时的高度分别为 H_1 和 H_2，那么，该压缩过程中土的竖向应变 ε_z 为

$$\varepsilon_z = \frac{\Delta H}{H_1} = \frac{H_1-H_2}{H_1}$$

将式(4-4)代入，有

$$\varepsilon_z = \frac{e_1-e_2}{1+e_1} = \frac{-\Delta e}{1+e_1}$$

将式(4-5)和上式代入式(4-7)可得

$$E_s = \frac{1+e_1}{a} \quad (4-8)$$

侧限压缩模量 E_s(kPa 或 MPa)也是评价土的压缩性大小的指标。由于 E_s 与压缩系数 a 成反比,因此,E_s 越大,土越难以压缩,其压缩性也越小。一般认为,如果 $E_s<4$MPa,则为高压缩性土;$E_s>15$MPa 时为低压缩性土;$E_s=4\sim15$MPa 时为中等压缩性土。

土的体积压缩系数 m_v(kPa^{-1} 或 MPa^{-1})定义为土样的体积应变增量与压应力增量的比值。在侧限压缩条件下即为模量 E_s 的倒数

$$m_v = \frac{1}{E_s} = \frac{a}{1+e_1} \quad (4-9)$$

4.2.3 应力历史对土的变形的影响

1. 回弹曲线和再压缩曲线

实际工程中土的受力未必总是加载。例如,对埋深较大的基础,修建之前要先开挖基坑,此过程将使拟建基础以下的部分土体的压力减小(减压),产生回弹变形。当修建基础及其上部结构时,该部分土体的压力又将增大,使其再压缩。这种受力条件下土的压缩特性可以通过加载—卸载—再加载试验模拟。

在压缩试验过程中,当土样压缩到某一压力值 p_i〔如图 4.6(a)中的 b 点〕后,逐级卸去压力(卸载),土骨架将发生回弹,体积膨胀,孔隙比增大。根据回弹量可以计算出相应的孔隙比,由此绘出相应的孔隙比与压力之间的关系曲线〔如图 4.6(a)中的 bc 段〕,称为回弹曲线或膨胀曲线。从该图可以看出,卸荷后的回弹曲线并不沿初次压缩的曲线 ab 原路返回,而要平缓很多,孔隙比也恢复不到起始值 e_0。出现这种现象的原因是,土在之前的压缩过程中结构遭到了不可恢复的改变,产生了不可恢复的塑性残余变形。由此可见,土是一种非弹性材料,其变形是由可恢复的弹性变形与不可恢复的残余变形两部分组成的,并且以后者为主。

如果卸荷结束后再加载,并计算出各级荷载下压缩稳定时的孔隙比,则可得到土的再压缩曲线〔如图 4.6(a)中的 cdf 段〕。如果再加载的压力 $p<p_i$,则该曲线略高于回弹曲线,并且两者在 b 点稍前处相交,形成一个环(称为滞回环或滞后环)。此外,该段再加载曲线的坡度也比初次加载的 ab 段平缓,说明再加载时土的压缩性要小于初次加载。

如果再加载的压力继续增加,超过了它在历史上受过的最大压力 p_i,则再压缩曲线与原来的初次压缩曲线基本重合,土好像没有经过卸载与再加载一样。

值得注意的一个现象是,在图 4.6(b)的 e-$\lg p$ 坐标中,初次压缩阶段的孔隙比 e 与压力 p 之间大致为直线,而再加载时如果压力不超过 p_i,则表现为上凸型曲线,如果超过 p_i,则基本与初次加载的直线重合。该现象表明,土在历史上受过的最大压力 p_i 就在再压缩的上凸曲线与随后的直线相交的位置附近,或者说在再压缩曲线曲率变化最大的位置附近。利用再压缩曲线的这种特性,即可确定出 p_i。

2. 应力历史对土的变形的影响(先期固结压力)

如果留意一下土在加载—卸载—再加载过程中压缩曲线的变化,就会发现,即使承受

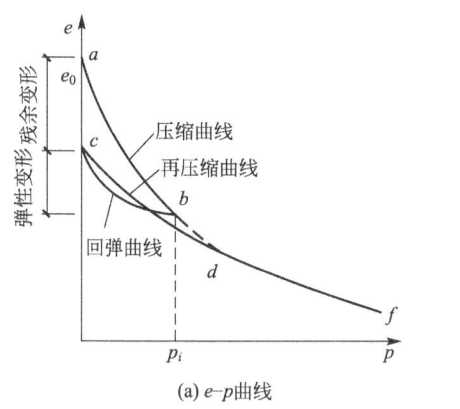 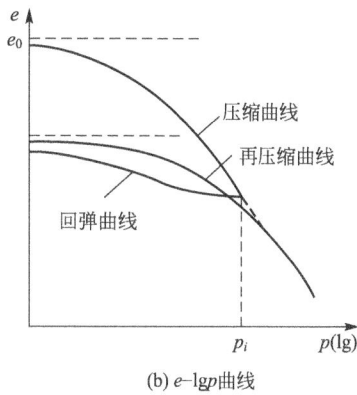

(a) e–p 曲线 (b) e–lg$p$ 曲线

图 4.6　土的回弹曲线和在压缩曲线

同样大小的压力，土的压缩变形量或者孔隙比的变化也未必相同。出现上述现象的主要原因是，土在此之前经受的应力历史不同。不同的应力历史使土的结构产生了不同的变化，因而也表现出不同的变形性质。由此可见，应力历史对土的变形有显著的影响。至于如何在沉降计算中考虑该因素，将在本章的 4.3 节中加以讨论。

显然，在研究应力历史对土的变形影响时，一个重要的物理量就是土在固结历史上曾经受过的最大有效压力，称之为先期固结压力，用 p_c 表示。应当注意的是，这里的"历史"是指土从形成到完成固结的整个过程。如果将土现在受到的有效上覆压力用 p_1 表示，并且将 p_c 与 p_1 的比值称为超固结比 OCR，即

$$\text{OCR} = \frac{p_c}{p_1} \tag{4-10}$$

那么，根据 OCR 的大小，可将土划分为以下三类。

1) 正常固结土

该种土自形成以来，就在上覆自重压力作用下固结，并且现在已经固结稳定。显然，它现在受到的有效上覆压力 p_1 就是固结完成时的应力，也是历史上曾经受到过的最大压力，因此 $p_1 = p_c$，OCR = 1，如图 4.7(a) 所示。

2) 超固结土

土在漫长的地质年代中，可能经受了不同的应力作用。例如冰川的消融、覆盖层的剥蚀或者地下水位的上升，都会使它现在受到的有效竖向压力 p_1 小于先期固结压力 p_c[如图 4.7(b) 所示]，即 $p_1 < p_c$，OCR > 1。这种土称之为超固结土。与正常固结土相比，超固结土强度较高、压缩性较小，因而是良好的地基。

3) 欠固结土

这类土是指目前在自重作用下尚未完成固结的土[如图 4.7(c) 所示]。譬如人工填土和新近沉积的黏性土，以及由于地下水位下降引起土中自重应力变化需要再固结的黏性土。由于它们在自重作用下尚未完成固结，土中孔隙水压力仍在消散中，因此，等到完成固结时的压力 p_c 必然小于目前受到的有效上覆压力 p_1（参见图 4.2 压缩曲线），即 $p_1 > p_c$，OCR < 1。

如果对上述三种土做压缩试验，不难发现，正常固结土和欠固结土的压缩曲线对应于图 4.6 中的初次压缩曲线，而超固结土的压缩曲线对应于回弹或再压缩曲线。但应注意的

是，由于欠固结土尚未完成固结，仍在压缩过程中，因此，其最终压缩变形量必然大于正常固结土。

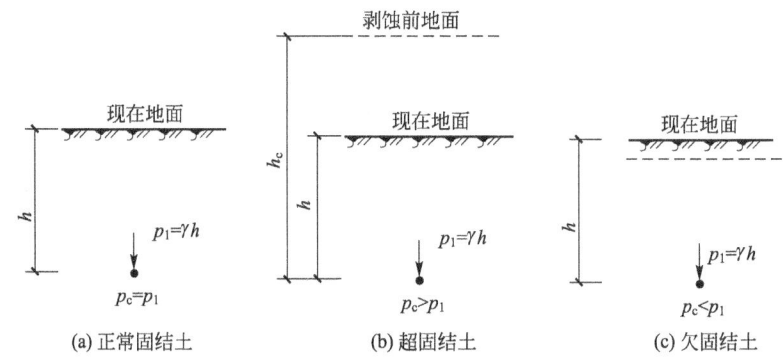

(a) 正常固结土　　　　(b) 超固结土　　　　(c) 欠固结土

图 4.7　沉积土层按先期固结压力 p_c 分类

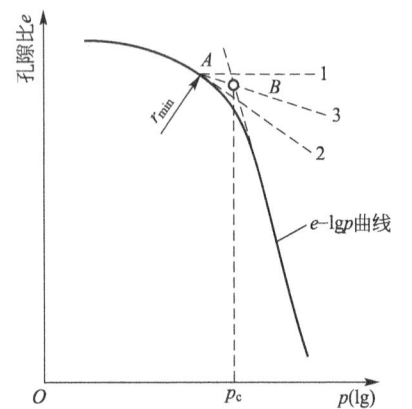

图 4.8　用卡萨格兰德方法确定先期固结压力 p_c

先期固结压力 p_c 取决于土漫长的受力历史，一般难于查明。但土在加载—卸载—再加载过程中压缩性质的变化特点可知，p_c 就在再压缩曲线曲率变化最大的位置附近。卡萨格兰德(A. Casagrande)据此提出了如下经验作图法(参见图 4.8)。

(1) 在 e-$\lg p$ 曲线上找出曲率半径最小(即曲率变化最大)的点 A。

(2) 过点 A 做水平线 $A1$ 和切线 $A2$。

(3) 做 $\angle A1A2$ 的平分线 $A3$，$A3$ 与 e-$\lg p$ 曲线中直线段的延长线相交于 B 点，则 B 点对应的有效应力就是先期固结压力 p_c。

应当注意，采用这种方法确定的先期固结压力只是近似值。因为取土和制样过程中对土的扰动等因素使得室内压缩曲线不能完全反映现场的实际情况。此外，经验表明，绘制 e-$\lg p$ 曲线时要选择适当的比例，否则，很难找到突变的 A 点。

4.2.4　载荷试验和土的变形模量

用室内试验研究土的压缩性，一般方法简单，成本较低。但该类方法也存在一些缺点。如试验的应力与变形条件可能与实际土不符(如侧限压缩试验)、有时难于取得原状样(如对饱和软土和砂土)以及试验过程中对试样的扰动等。显然，如能在现场做原位试验，则可以克服上述部分缺陷。但应说明的是，原位试验通常成本高，操作麻烦，因此，应与室内试验配合使用。

载荷试验也称为平板载荷试验，是一种比较可靠的现场测定土的压缩性和地基承载力的方法。它利用一个刚性承压板将外荷载传递给地基，测定出地基在分级施加的压力 p 作用下压缩稳定时压板对应的沉降 s，然后画出 p-s 关系曲线，分析土的变形与承载能力，其试验装置如图 4.9 所示。

试验用的承压板为方形或圆形，底面积一般为 $0.25\sim 0.50\text{m}^2$；对均质密实土（如密实砂土、老黏性土等）可用 $0.1\sim 0.25\text{m}^2$；对软弱土和人工填土则不应小于 0.5m^2。

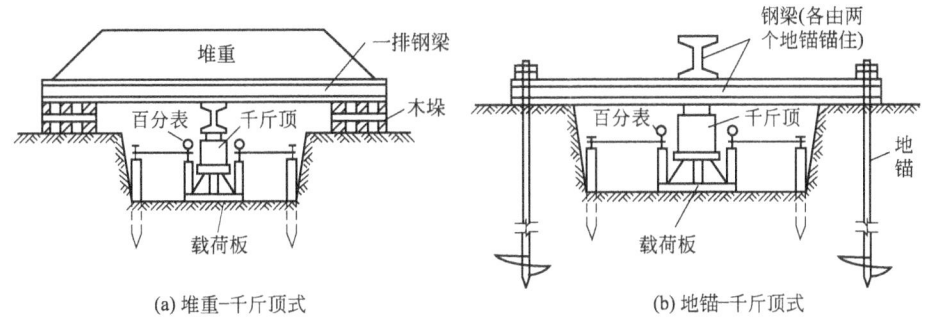

图 4.9 地基载荷试验示意图

该验前，应先在现场挖掘一个试坑。试坑的宽度不应小于承压板宽度或直径的 3 倍，坑的深度应视所需测试土层的深度而定。应注意保持试验土层的原状结构和天然湿度。在承压板与测试土层的接触处，宜铺设厚度不超过 20mm 的粗砂或中砂层，以便于承压板的水平放置以及与土层的均匀接触。如果测试土层为软塑或流塑状态的黏性土或饱和松软土，则应在承压板周围铺设 $200\sim 300$mm 厚的原状土作为保护层。当试坑底部低于地下水位时，应先将水位降至坑底以下，并铺设一层厚 50mm 左右的砂垫层，待水位恢复后再进行试验。

对承压板施加压力的方式通常有如图 4.9(a)、(b)所示的堆重-千斤顶式和地锚-千斤顶式两种。堆重-千斤顶式是直接在承压板上设置加荷平台，然后在平台上逐次堆放重物（如铁块、混凝土块甚至袋装土包和砂包等）。这种方法操作简单，成本较低，能够就地取材，但工作量较大。地锚-千斤顶式是利用千斤顶加载，用地锚提供反力。此法加荷方便，劳动强度较小，但应注意两个问题：一是千斤顶的行程必须满足地基变形的要求；二是地锚的反力要大于最大加载。

试验的加载标准为：加载级数不应少于 8 级；最大加载不应小于设计荷载的 2 倍；第一级荷载（包括设备重量）宜接近开挖试坑所卸去土的自重，其后每级加载的增量，对松软土一般按 $10\sim 25$kPa，对较坚硬的土按 50kPa。每级加载后，按间隔 10min、10min、10min、15min、15min、以后每 30min 测读一次压板沉降。每加一级荷载后，若连续两小时内每小时的沉降量小于 0.1mm，则认为地基在该级荷载下已基本压缩稳定，可施加下一级荷载。当出现下列情况之一时，即可终止加载。

(1) 承压板周围的土明显侧向挤出（砂土）或产生裂纹（黏性土和粉土）。
(2) 沉降 s 急剧增大，p-s 曲线出现陡降段。
(3) 在某级荷载下，24h 内沉降速率不能达到稳定标准。
(4) $s/b \geqslant 0.06$（b 为承压板的宽度或直径）。

满足终止加载前三种情况之一时，其对应的前一级荷载定为地基的极限荷载 p_u。

利用每级总加载计算出承压板底面单位面积上的压力 p，然后与相应的沉降 s 绘出 p-s 曲线，如图 4.10 所示。该曲线的起始部分接近直线，表明地基土大致处于弹性变形阶段，因而可以结合弹性力学理论（见 4.3 节），确定出土的变形模量 E_0 为

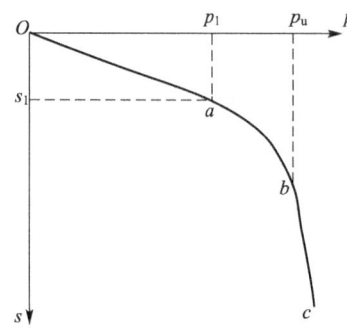

图 4.10 载荷试验的 $p-s$ 曲线

$$E_0 = \omega(1-\mu^2)\frac{p_1 b}{s_1} \quad (4-11)$$

式中：E_0 为地基土的变形模量(kPa 或 MPa)；μ 为土的泊松比；b 为承压板的边长或直径(cm)；ω 为沉降影响系数(对刚性方形压板 $\omega=0.88$；对刚性圆形压板 $\omega=0.79$)；p_1 为地基的比例界限荷载(kPa)，相当于地基的临塑荷载 p_{cr}（见第 8 章）；s_1 为在 $p-s$ 曲线上与比例界限荷载 p_1 对应的沉降(cm)。

应当注意的是，这里所确定的变形模量是土体侧向变形无限制条件下的。

4.2.5 变形模量与侧限压缩模量之间的关系

虽然模量都定义为应力与应变的比值，但如前所述，侧限压缩模量 E_s 是土体无侧向变形条件下得到的，而变形模量 E_0 是在无侧向限制条件下得到的。由于两者对应的变形条件不同，因此具有不同的含义。另一方面，如果认为土体都处于弹性状态，那么，两者之间也可以建立互算关系。

依据广义虎克定律，若土在 x、y 和 z 三个方向分别作用应力 σ_x，σ_y 和 σ_z，则沿这三个方向的变形为

$$\varepsilon_x = \frac{1}{E_0}[\sigma_x - \mu(\sigma_y + \sigma_z)] \quad (4-12)$$

$$\varepsilon_y = \frac{1}{E_0}[\sigma_y - \mu(\sigma_z + \sigma_x)] \quad (4-13)$$

$$\varepsilon_z = \frac{1}{E_0}[\sigma_z - \mu(\sigma_x + \sigma_y)] \quad (4-14)$$

式中的 μ 为土的泊松比。若侧向为 x 方向和 y 方向，那么，当这两个方向受限而无变形时 $\varepsilon_x = \varepsilon_y = 0$。将该条件代入式(4-12)和式(4-13)可得

$$\sigma_x = \sigma_y = \frac{\mu}{1-\mu}\sigma_z = K_0 \sigma_z \quad (4-15)$$

式中的 K_0 称为静止土压力系数。将式(4-15)代入式(4-14)，有

$$\frac{\sigma_z}{\varepsilon_z} = \frac{E_0}{\beta} \quad (4-16)$$

式中

$$\beta = 1 - \frac{2\mu^2}{1-\mu} \quad (4-17)$$

注意到式(4-16)是在土侧向无变形条件下得到的，因此，根据式(4-7)的定义，左端的应力与应变之比就是侧限压缩模量 E_s。即

$$E_0 = \beta E_s \quad (4-18)$$

由于弹性条件下 $0 \leqslant \mu \leqslant 0.5$，因此从式(4-17)不难得到 $0 \leqslant \beta \leqslant 1$。这意味着 $E_0 \leqslant E_s$。但因实际土不是纯粹的弹性体，加之测定 E_0 和 E_s 时受到许多因素的影响，因此 E_0 可能是 E_s 的数倍。一般来说，土越坚硬则倍数越大，而软土的 E_0 与 βE_s 比较接近。另外，应

当注意变形模量与弹性模量的差别。因土的变形包括弹性变形与塑性变形两部分,而弹性材料只有弹性变形,故两者在性质上是有区别的。

4.3 地基最终沉降量的计算

如前所述,地基的沉降源于土中孔隙体积的逐渐减小。由于孔隙的减小是逐渐发生的,因此,沉降必然是时间的函数。但另一方面,由于给定荷载作用下土压密到一定程度后就趋于稳定了,因此,沉降增大到一定程度后也就不可能再增加了。我们将地基在建筑物荷载作用下压缩稳定时地基表面的沉降量,称为地基的最终沉降量。

计算地基最终沉降量的目的,在于预知建筑物修建之后可能产生的最大沉降量、沉降差或倾斜等,并判断这些变形值是否超过了允许范围,以便在建筑物设计时,为采取相应的工程措施提供科学依据,保证建筑物的安全和正常使用。

地基最终固结沉降量的常用计算方法有:分层总和法、《建筑地基基础设计规范》(GB 50007—2011)方法和弹性力学法。

4.3.1 分层总和法

分层总和法是计算地基沉降的基本方法,其计算原理是:假定地基的沉降主要发生在基底以下某一深度(称为沉降计算深度)范围内,并将该深度范围内的地基划分为若干个薄层;利用各层土压缩试验得到的压缩曲线($e-p$ 曲线或 $e-\lg p$ 曲线)或压缩性指标,计算出每分层的最终沉降量。这样,整个地基的最终沉降量就等于各层最终沉降量之和。即

$$s = \sum_{i=1}^{n} \Delta s_i \qquad (4-19)$$

式中:s 为地基的最终沉降量(mm);Δs_i 为第 i 分层土的最终沉降量(mm);n 为沉降计算深度范围内划分的总土层数。

无论地基土是正常固结的还是超固结的,抑或是欠固结的,分层总和法都是适用的。但应注意的是,由于不同类型的土具有不同的压缩特性,并且土的变形与其应力历史密切相关,因此,应在综合考虑这些因素基础上,分别对不同类型的土,选择相应的压缩曲线或压缩性指标进行计算。

1. 基本假定

(1) 地基是均质、连续、各向同性的半无限线弹性变形体。

该假定表明,地基中的附加应力可按第 3 章中的方法确定。

(2) 地基在外荷载作用下像侧限压缩试验中的土样,只产生竖向变形,没有侧向变形。

该假定表明,计算沉降量时所需的压缩性指标(如压缩系数等),可以由侧限压缩试验测定。但应注意的是,实际地基除了产生竖向变形(沉降)外,同时也产生侧向变形。如果不考虑侧向变形,计算出的沉降量可能偏小。

(3) 计算地基沉降量时,采用基础底面中心点下的竖向附加应力。

该假定是为了弥补假定(2)计算出的沉降量偏小的缺点。这是因为,地基中竖向附加

应力沿深度的分布在基础中点下最大。

(4) 计算地基沉降时，仅计算到基底以下某一深度(称为沉降计算深度)z_n即可。

由第 3 章可知，从理论上讲，基础荷载在地基内产生的竖向附加应力只有在无穷远处才为零，因此，确定由附加应力产生的地基变形时也应从基底开始一直计算到无穷深处。但另一方面，由于土的变形模量随深度的增加而增大，加之附加应力沿深度衰减较快，当超过某一深度z_n之后，附加应力相对于该处原有的自重应力已经很小，由此产生的压缩变形可以忽略不计，因此，沉降计算到该深度即可。

2. 计算步骤(图 4.11)

(1) 将地基土划分为若干薄层。

分层的一般原则是：①每层厚度$h_i \leqslant 0.4b$(b为基础的宽度)且不超过 4m；②天然土层的交界面为分层面；③地下水位面为分层面。

(2) 按照第 3 章所介绍的方法，计算基底中心点下地基内各分层面处的竖向自重应力σ_c和附加应力σ_z。

自重应力应从天然地面开始算起，附加应力应从基底开始算起。但应注意，如果有相邻荷载的影响，在计算附加应力时应叠加上相邻荷载产生的附加应力。

(3) 确定地基沉降计算深度z_n。

确定的原则是：①一般要求在深度z_n处$\sigma_{zn} \leqslant 0.2\sigma_c$；②如果$z_n$下方还存在高压缩性土，则要求$\sigma_{zn} \leqslant 0.1\sigma_c$。③当计算深度范围内存在基岩时，$z_n$可取至基岩表面。

(4) 计算各分层内的平均自重应力$\bar{\sigma}_{ci}$和平均附加应力$\bar{\sigma}_{zi}$。

侧限压缩试验中的试样很薄，竖向压缩应力沿层厚基本不变(均匀分布)。当依照假定(2)计算地基内各分层的压缩量时，也应将层内不均匀分布的自重应力和附加应力折算成均匀分布。显然，用层顶和层底应力的均值代表层内均匀分布的应力是一种最简单的方法。即

$$\bar{\sigma}_{ci} = \frac{\sigma_{ci-1} + \sigma_{ci}}{2}, \quad \bar{\sigma}_{zi} = \frac{\sigma_{zi-1} + \sigma_{zi}}{2} \tag{4-20}$$

式中：σ_{ci-1}和σ_{ci}为第i层顶面和底面处的自重应力(kPa)；σ_{zi-1}和σ_{zi}为第i层顶面和底面处的附加应力(kPa)。

对正常固结土地基，由于它在自重应力作用下已经压缩稳定，其沉降是由附加应力引起的，因此，对第i分层来说，自重应力$p_{1i} = \bar{\sigma}_{ci}$就是产生沉降的起始应力，而自重应力与附加应力之和$p_{2i} = (\bar{\sigma}_{ci} + \bar{\sigma}_{zi})$就是沉降完成时的应力。

(5) 计算各分层的最终沉降量。

对厚度为h_i的第i分层，在该层土侧限压缩试验得到的$e-p$曲线上查出p_{1i}和p_{2i}分别对应的孔隙比e_{1i}和e_{2i}，利用式(4-4)，即可计算出其最终沉降量Δs_i

$$\Delta s_i = \frac{e_{1i} - e_{2i}}{1 + e_{1i}} h_i \tag{4-21}$$

如果已知该层土的压缩系数a_i或侧限压缩模量E_{si}等，则可利用式(4-5)和式(4-8)，将式(4-21)改写为

$$\Delta s_i = \frac{a_i \Delta p_i}{1 + e_{1i}} h_i = \frac{a_i \bar{\sigma}_{zi}}{1 + e_{1i}} h_i \tag{4-22}$$

$$\Delta s_i = m_{vi} \Delta p_i h_i = \frac{\Delta p_i h_i}{E_{si}} = \frac{\bar{\sigma}_{zi} h_i}{E_{si}} \qquad (4-23)$$

式中的 $\Delta p_i = p_{2i} - p_{1i} = \bar{\sigma}_{zi}$，$m_{vi}$ 为第 i 层土的体积压缩系数。

(6) 利用式(4-19)，计算出地基的最终沉降量 s。

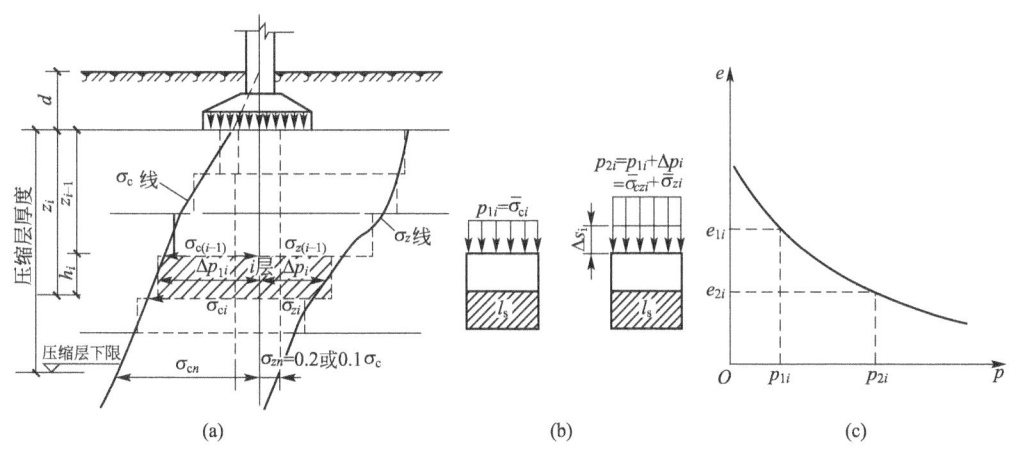

图 4.11　地基最终沉降量计算的分层总和法

【例 4.1】　某正常固结土地基自天然地面向下的土层情况为：第一层为厚度 1.5m 的杂填土，重度 $\gamma=18 \text{kN/m}^3$；第二层为厚度 3m 的粉质黏土，重度 $\gamma=19.5 \text{kN/m}^3$；其下为淤泥质土，重度 $\gamma=19.1 \text{kN/m}^3$。地下水位在杂填土底面处。现拟在该地基内修建一个柱下独立基础，设计地面在天然地面以下 0.5m，埋深 1.0m，底面尺寸为 3m×2m。作用在设计地面处的竖向力 $N=762 \text{kN}$，弯矩 $M=80 \text{kN·m}$（沿基础长边方向）。粉质黏土和淤泥质土侧限压缩试验的 $e-p$ 结果见例 4.1 附表（表 4-1～表 4-2）或附图（图 4.12）。试用分层总和法计算该地基的最终沉降量。

表 4-1　粉质黏土侧限压缩试验结果

压力 p/kPa	0	50	100	200	300
孔隙比 e	0.866	0.799	0.770	0.736	0.721

表 4-2　淤泥质土侧限压缩试验结果

压力 p/kPa	0	50	100	200	300
孔隙比 e	1.085	0.960	0.890	0.803	0.748

【解】　(1) 基底中点处的基底压力 p 与弯矩无关，故

$$p = \frac{N}{A} + \gamma_G d = \frac{762}{3 \times 2} + 20 \times 1.0 = 147 \text{(kPa)}$$

基底处自重应力 $\sigma_c = 18 \times 1.5 = 27 \text{(kPa)}$

故基底中点处的基底附加压力为

$$p_0 = p - \sigma_c = 147 - 27 = 120 \text{(kPa)}$$

(2) 对地基分层。

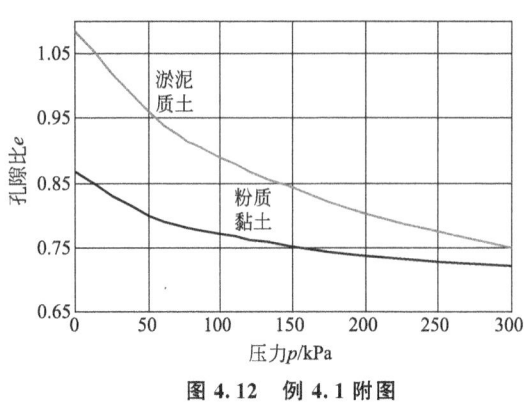

图 4.12 例 4.1 附图

分层厚度 $\leqslant 0.4b = 0.4 \times 2 = 0.8$(m)，取层厚 0.6m。

(3) 计算各分层面处的自重应力和附加应力。

自重应力应从天然地面算起，且地下水位以下土层的重度应采用有效重度 γ'；附加应力应从基底算起。当地基内有软弱土层时，沉降计算深度 z_n 按标准 $\sigma_z \leqslant 0.1\sigma_c$ 确定。对本算例，当采用角点法计算基础中心点以下的附加压力 σ_z 时，$\sigma_z = 4p_0\alpha_c$；当查表确定角点附加应力系数 α_c 时，$l = 3/2 = 1.5$m，$b = 2/2 = 1$m，$l/b = 1.5/1 = 1.5$。沉降计算深度 $z_n = 6.6$m。计算过程见例 4.1 表（表 4-3）。

(4) 计算各分层最终沉降量及地基最终沉降量。

计算过程见例 4.1 表（表 4-3）。基础的最终沉降量 $s = 113$mm。

4.3.2 《建筑地基基础设计规范》方法

《建筑地基基础设计规范》（GB 50007—2011）方法（简称"规范法"），是对分层总和法的简化和改进。具体体现在以下几个方面：一是改变了分层原则，减小了分层数，避免了分层总和法的繁琐计算。一般按天然土层分界面分层，同层内不再分层。二是引入了平均附加应力系数的概念。三是重新规定了沉降计算深度 z_n 的确定标准。四是利用大量工程沉降观测资料统计分析基础上得到的沉降计算经验系数 ψ_s，修正计算地基最终沉降量。

1. 计算原理

从式（4-23）可以看出，第 i 分层沉降量计算公式中的分子项"$\sigma_{zi}h_i$"，就是该层内竖向附加应力沿深度分布图形的面积，即图 4.13 中阴影部分的面积 $A_{5643} = A_{1234} - A_{1256}$。为便于计算面积 A_{1234}，可将它用长度 z_i、宽度 $\bar{\alpha}_i p_0$ 的同面积矩形代换 [图 4.13(b)]，即 $A_{1234} = \bar{\alpha}_i p_0 z_i$。同理可得 $A_{1256} = \bar{\alpha}_{i-1} p_0 z_{i-1}$ [图 4.13(c)]。其中 $\bar{\alpha}_i$ 和 $\bar{\alpha}_{i-1}$ 分别称为深度 z_i 和 z_{i-1} 范围内的竖向平均附加应力系数。由此可得 $A_{5643} = \bar{\alpha}_i p_0 z_i - \bar{\alpha}_{i-1} p_0 z_{i-1}$，式（4-23）也可以改写为

$$\Delta s_i' = \frac{p_0}{E_{si}}(\bar{\alpha}_i z_i - \bar{\alpha}_{i-1} z_{i-1}) \qquad (4-24)$$

将式（4-24）代入式（4-19），有

$$s' = \sum_{i=1}^{n} \Delta s_i' = \sum_{i=1}^{n} \frac{p_0}{E_{si}}(\bar{\alpha}_i z_i - \bar{\alpha}_{i-1} z_{i-1}) \qquad (4-25)$$

当基础底面为矩形时，如果基底附加压力 p_0 为均匀分布，则角点以下深度 z 处的平均附加应力系数 $\bar{\alpha}$ 可查表 4-4 获取；如果基底附加压力 p_0 为三角形分布，则查表 4-5 获取。对均布荷载 p_0 作用下的条形基础，基础边缘下方的平均附加应力系数可近似查表 4-4 中 $l/b = 10.0$ 的一列。如果计算点不在角点以下，可仿照第 3 章土中附加应力的角点法，计算平均附加应力系数。

第4章 土的压缩特性和地基沉降计算

表 4-3 用分层总和法计算基础最终沉降量（$l=1.5\text{m}$，$b=1\text{m}$，$l/b=1.5$）

计算点	从基底起算的深度 z_i/m	自重应力 σ_{ci}/kPa	附加应力系数 α_c	附加应力 $\sigma_{zi}=4\alpha_c p_0$ /kPa	层厚 h_i/m	层内平均自重应力 $\sigma_{ci}=p_{1i}/\text{kPa}$	层内平均附加应力 $\bar{\sigma}_{zi}/\text{kPa}$	层内平均自重应力与附加应力之和 $p_{2i}=(\bar{\sigma}_{ci}+\bar{\sigma}_{zi})/\text{kPa}$	受压前孔隙比 e_{1i}	受压后孔隙比 e_{2i}	分层最终沉降量/mm $\Delta s_i=\dfrac{e_{1i}-e_{2i}}{1+e_{1i}}h_i$
0	0	27.00	0.2500	120.00							
1	0.6	32.70	0.2308	110.78	0.6	29.85	115.39	145.24	0.826	0.755	23.33
2	1.2	38.40	0.1732	83.14	0.6	35.55	96.96	132.51	0.818	0.759	19.47
3	1.8	44.10	0.1207	57.94	0.6	41.25	70.54	111.79	0.811	0.766	14.91
4	2.4	49.80	0.0846	40.61	0.6	46.95	49.28	96.23	0.803	0.772	10.32
5	3.0	55.50	0.0612	29.38	0.6	52.65	35.00	87.65	0.798	0.777	7.01
6	3.6	60.96	0.0457	21.94	0.6	58.23	25.66	83.89	0.948	0.913	10.78
7	4.2	66.12	0.0325	15.60	0.6	63.69	18.77	82.46	0.941	0.915	8.04
8	4.8	71.88	0.0278	13.34	0.6	69.15	14.47	83.62	0.933	0.913	6.21
9	5.4	77.34	0.0222	10.66	0.6	74.61	12.00	86.61	0.926	0.909	5.30
10	6.0	82.80	0.0185	8.88	0.6	80.07	9.77	89.81	0.918	0.904	4.38
11	6.6	88.26	0.0162	7.76	0.6	85.53	8.32	93.85	0.910	0.899	3.46
										$\sum \Delta s_i=$	113

表 4-4 均布矩形载荷角点下的平均附加应力系数 $\bar{\alpha}$

z/b	l/b														
	1.0	1.2	1.4	1.6	1.8	2.0	2.4	2.8	3.2	3.6	4.0	5.0	10.0
0.0	0.2500	0.2500	0.2500	0.2500	0.2500	0.2500	0.2500	0.2500	0.2500	0.2500	0.2500	0.2500	0.2500
0.2	0.2496	0.2497	0.2497	0.2498	0.2498	0.2498	0.2498	0.2498	0.2498	0.2498	0.2498	0.2498	0.2498
0.4	0.2474	0.2479	0.2481	0.2483	0.2483	0.2484	0.2485	0.2485	0.2485	0.2485	0.2485	0.2485	0.2485
0.6	0.2423	0.2437	0.2444	0.2448	0.2451	0.2452	0.2454	0.2455	0.2455	0.2455	0.2455	0.2455	0.2456
0.8	0.2346	0.2372	0.2387	0.2395	0.2400	0.2403	0.2407	0.2408	0.2409	0.2409	0.2410	0.2410	0.2410
1.0	0.2252	0.2291	0.2313	0.2326	0.2335	0.2340	0.2346	0.2349	0.2351	0.2352	0.2352	0.2353	0.2353
1.2	0.2149	0.2199	0.2229	0.2248	0.2260	0.2268	0.2278	0.2282	0.2285	0.2286	0.2287	0.2288	0.2289
1.4	0.2043	0.2102	0.2140	0.2164	0.2190	0.2191	0.2204	0.2211	0.2215	0.2217	0.2218	0.2220	0.2221
1.6	0.1939	0.2006	0.2049	0.2079	0.2099	0.2113	0.2130	0.2138	0.2145	0.2146	0.2148	0.2150	0.2152
1.8	0.1840	0.1912	0.1960	0.1994	0.2018	0.2034	0.2055	0.2066	0.2073	0.2077	0.2079	0.2082	0.2084
2.0	0.1746	0.1822	0.1875	0.1912	0.1938	0.1958	0.1982	0.1996	0.2004	0.2009	0.2012	0.2015	0.2018
2.2	0.1659	0.1737	0.1793	0.1833	0.1862	0.1883	0.1911	0.1927	0.1937	0.1943	0.1947	0.1952	0.1955
2.4	0.1578	0.1657	0.1715	0.1757	0.1789	0.1812	0.1843	0.1862	0.1873	0.1880	0.1885	0.1890	0.1895
2.6	0.1503	0.1583	0.1642	0.1686	0.1719	0.1745	0.1779	0.1799	0.1812	0.1820	0.1825	0.1832	0.1838
2.8	0.1433	0.1514	0.1574	0.1619	0.1654	0.1680	0.1717	0.1739	0.1753	0.1763	0.1769	0.1777	0.1784
3.0	0.1369	0.1449	0.1510	0.1556	0.1592	0.1619	0.1658	0.1682	0.1698	0.1708	0.1715	0.1725	0.1733
3.2	0.1310	0.1390	0.1450	0.1497	0.1533	0.1562	0.1602	0.1628	0.1645	0.1657	0.1664	0.1675	0.1685
3.4	0.1256	0.1334	0.1394	0.1441	0.1478	0.1508	0.1550	0.1577	0.1595	0.1607	0.1616	0.1628	0.1639
3.6	0.1205	0.1282	0.1342	0.1389	0.1427	0.1456	0.1500	0.1528	0.1548	0.1561	0.1570	0.1583	0.1595
3.8	0.1158	0.1234	0.1293	0.1340	0.1378	0.1408	0.1452	0.1482	0.1502	0.1516	0.1526	0.1541	0.1554
4.0	0.1114	0.1189	0.1248	0.1294	0.1332	0.1362	0.1408	0.1438	0.1459	0.1474	0.1485	0.1500	0.1516
4.2	0.1073	0.1147	0.1205	0.1251	0.1289	0.1319	0.1365	0.1396	0.1418	0.1434	0.1445	0.1462	0.1479
4.4	0.1035	0.1107	0.1164	0.1210	0.1248	0.1279	0.1325	0.1357	0.1379	0.1396	0.1407	0.1425	0.1444
4.6	0.1000	0.1070	0.1127	0.1172	0.1209	0.1240	0.1287	0.1319	0.1342	0.1359	0.1371	0.1390	0.1410
4.8	0.0967	0.1036	0.1091	0.1136	0.1173	0.1204	0.1250	0.1283	0.1307	0.1324	0.1337	0.1357	0.1379
5.0	0.0935	0.1003	0.1057	0.1102	0.1139	0.1169	0.1216	0.1249	0.1273	0.1291	0.1304	0.1325	0.1348
6.0	0.0805	0.0866	0.0916	0.0957	0.0991	0.1021	0.1067	0.1101	0.1126	0.1146	0.1161	0.1185	0.1216
7.0	0.0705	0.0761	0.0806	0.0844	0.0877	0.0904	0.0949	0.0984	0.1008	0.1028	0.1044	0.1071	0.1109
8.0	0.0627	0.0678	0.0720	0.0755	0.0785	0.0811	0.0853	0.0886	0.0912	0.0932	0.0984	0.0976	0.1020
10.0	0.0514	0.0556	0.0592	0.0622	0.0649	0.0672	0.0710	0.0739	0.0763	0.0783	0.0799	0.0829	0.0880
12.0	0.0435	0.0471	0.0502	0.0529	0.0552	0.0573	0.0606	0.0634	0.0656	0.0674	0.0690	0.0719	0.0774
16.0	0.0332	0.0361	0.0385	0.0407	0.0425	0.0442	0.0469	0.0492	0.0511	0.0527	0.0540	0.0567	0.0625
20.0	0.0269	0.0292	0.0312	0.0330	0.0345	0.0359	0.0383	0.0402	0.0418	0.0432	0.0444	0.0468	0.0524

注：b 为矩形的短边，l 为矩形的长边。

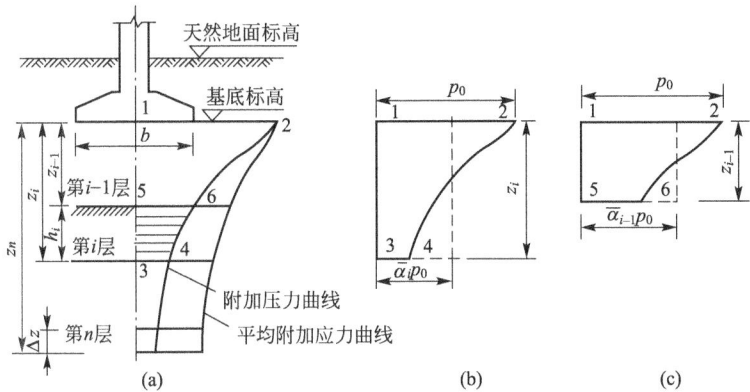

图 4.13 采用平均附加压力系数 $\bar{\alpha}_i$ 计算地基沉降的分层示意

表 4-5 三角形分布的矩形荷载角点下的平均竖向附加应力系数 $\bar{\alpha}$

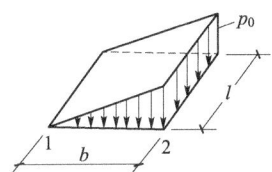

z/b	l/b									
	0.2		0.4		0.6		0.8		1.0	
	1	2	1	2	1	2	1	2	1	2
0.0	0.0000	0.2500	0.0000	0.2500	0.0000	0.2500	0.0000	0.2500	0.0000	0.2500
0.2	0.0112	0.2161	0.0140	0.2308	0.0148	0.2333	0.0151	0.2339	0.0152	0.2341
0.4	0.0179	0.1810	0.0245	0.2084	0.0270	0.2153	0.0280	0.2175	0.0285	0.2184
0.6	0.0207	0.1505	0.0308	0.1851	0.0355	0.1966	0.0376	0.2011	0.0388	0.2030
0.8	0.0217	0.1277	0.0340	0.1640	0.0405	0.1787	0.0440	0.1852	0.0459	0.1883
1.0	0.0217	0.1104	0.0351	0.1461	0.0430	0.1624	0.0476	0.1704	0.0502	0.1746
1.2	0.0212	0.0970	0.0351	0.1312	0.0439	0.1480	0.0492	0.1571	0.0525	0.1621
1.4	0.0204	0.0865	0.0344	0.1187	0.0436	0.1356	0.0495	0.1451	0.0534	0.1507
1.6	0.0195	0.0779	0.0333	0.1082	0.0427	0.1247	0.0490	0.1345	0.0533	0.1405
1.8	0.0186	0.0709	0.0321	0.0993	0.0415	0.1153	0.0480	0.1252	0.0525	0.1313
2.0	0.0178	0.0650	0.0308	0.0917	0.0401	0.1071	0.0467	0.1169	0.0513	0.1232
2.5	0.0157	0.0538	0.0276	0.0769	0.0365	0.0908	0.0429	0.1000	0.0478	0.1063
3.0	0.0140	0.0458	0.0248	0.0661	0.0330	0.0786	0.0392	0.0871	0.0439	0.0931
5.0	0.0097	0.0289	0.0175	0.0424	0.0236	0.0476	0.0285	0.0576	0.0324	0.0624
7.0	0.0073	0.0211	0.0133	0.0311	0.0180	0.0352	0.0219	0.0427	0.0251	0.0465
10.0	0.0053	0.0150	0.0097	0.0222	0.0133	0.0253	0.0162	0.0308	0.0186	0.0336

(续)

z/b	l/b									
	1.2		1.4		1.6		1.8		2.0	
	1	2	1	2	1	2	1	2	1	2
0.0	0.0000	0.2500	0.0000	0.2500	0.0000	0.2500	0.0000	0.2500	0.0000	0.2500
0.2	0.0153	0.2342	0.0153	0.2343	0.0153	0.2343	0.0153	0.2343	0.0153	0.2343
0.4	0.0288	0.2187	0.0289	0.2189	0.0290	0.2190	0.0290	0.2190	0.0290	0.2191
0.6	0.0394	0.2039	0.0397	0.2043	0.0399	0.2046	0.0400	0.2047	0.0401	0.2048
0.8	0.0470	0.1899	0.0476	0.1907	0.0480	0.1912	0.0482	0.1915	0.0483	0.1917
1.0	0.0518	0.1769	0.0528	0.1781	0.0534	0.1789	0.0538	0.1794	0.0540	0.1797
1.2	0.0546	0.1649	0.0560	0.1666	0.0568	0.1678	0.0574	0.1684	0.0577	0.1689
1.4	0.0559	0.1541	0.0575	0.1562	0.0586	0.1576	0.0594	0.1585	0.0599	0.1591
1.6	0.0561	0.1443	0.0580	0.1467	0.0594	0.1484	0.0603	0.1494	0.0609	0.1502
1.8	0.0556	0.1354	0.0578	0.1381	0.0593	0.1400	0.0604	0.1413	0.0611	0.1422
2.0	0.0547	0.1274	0.0570	0.1303	0.0587	0.1324	0.0599	0.1338	0.0608	0.1348
2.5	0.0513	0.1107	0.0540	0.1139	0.0560	0.1163	0.0575	0.1180	0.0586	0.1193
3.0	0.0476	0.0976	0.0503	0.1008	0.0525	0.1033	0.0541	0.1052	0.0554	0.1067
5.0	0.0366	0.0661	0.0382	0.0690	0.0403	0.0714	0.0421	0.0734	0.0435	0.0749
7.0	0.0277	0.0496	0.0299	0.0520	0.0318	0.0541	0.0333	0.0558	0.0347	0.0572
10.0	0.0207	0.0359	0.0224	0.0379	0.0239	0.0395	0.0252	0.0409	0.0263	0.0403

显然，采用平均附加应力系数的一个优点是不需要计算地基中的附加应力分布。

现分析平均附加应力系数 $\bar{\alpha}_i$ 的含义。设深度 $z(0 \leqslant z \leqslant z_i$，其中 z 从基底算起)处的竖向附加应力为 σ_z，则 $0 \sim z_i$ 范围内 σ_z 分布图形的面积 A_i 为

$$A_i = \int_0^{z_i} \sigma_z \, dz = \int_0^{z_i} p_0 \alpha_{zi} \, dz = p_0 \int_0^{z_i} \alpha_{zi} \, dz$$

式中的 α_{zi} 为深度 z 处的竖向附加应力系数。另外，因 A_i 可用长度 z_i、宽度 $\bar{\alpha}_i p_0$ 的同面积矩形代换，故

$$\bar{\alpha}_i = \int_0^{z_i} \alpha_{zi} \, dz / z_i$$

由此可见，$\bar{\alpha}_i$ 就是深度 z_i 范围内附加应力系数 α_{zi} 的平均值，故称之为平均附加应力系数。

2. 地基沉降计算深度 z_n 的确定

规范法规定，沉降计算深度 z_n 应根据试算法确定。即深度 z_n 应满足下式要求

$$\Delta s'_n \leqslant 0.025 \sum_{i=1}^{n} \Delta s'_i \tag{4-26}$$

式中：$\Delta s'_i$ 为在计算深度范围内，第 i 分层土的计算沉降量(mm)；$\Delta s'_n$ 由计算深度处向上取厚度 Δz 的土层的计算沉降量(mm)，Δz 按表 4-6 确定。

若按上式确定的沉降计算深度下有软弱土层时，应当继续向下计算，直至软弱土层中所取厚度 Δz 的计算沉降量满足上式为止。

试算沉降计算深度 z_n 时，可先假定一个 z_n，并依据表4-6取最后一层的厚度为 Δz，分别计算出 z_n 范围内的总沉降[即式(4-26)右端的求和部分]及最后一层的沉降[即式(4-26)的左端项]，然后按式(4-26)校核。如不满足，应增大 z_n，继续试算。

表4-6 厚度 Δz 值

基底宽度 b/m	≤2	2<b≤4	4<b≤8	>8
Δz/m	0.3	0.6	0.8	1.0

当无相邻荷载影响，基础宽度在1～30m范围内时，基础中点的地基沉降计算深度也可按下式计算

$$z_n = b(2.5 - 0.4\ln b) \quad (4-27)$$

式中：b 为基础宽度(m)，$\ln b$ 为 b 的自然对数值。

此外，在沉降计算深度范围内存在基岩时，z_n 可取至基岩表面为止；当存在较厚的坚硬黏性土层，其孔隙比小于0.5、压缩模量大于50MPa，或存在较厚的密实砂卵石层，其压缩模量大于80MPa时，z_n 可取至该土层表面。

3. 地基最终沉降量

将式(4-25)计算出的地基沉降量 s' 与大量沉降观测资料结果对比后发现，对低压缩性的地基土，s' 计算值偏大；而对高压缩性地基土，s' 计算值又偏小。为此，规范法引入了沉降计算经验系数 ψ_s，以对式(4-25)进行修正。即地基最终沉降量的计算公式为

$$s = \psi_s s' = \psi_s \sum_{i=1}^{n} \frac{p_0}{E_{si}}(\bar{\alpha}_i z_i - \bar{\alpha}_{i-1} z_{i-1}) \quad (4-28)$$

式中：ψ_s 为沉降计算经验系数，根据地区沉降观测资料及经验确定，无地区经验时，也可按表4-7取用。其他符号意义同前。

应指出的是，沉降计算经验系数 ψ_s 是以实际工程实测沉降结果为基础得到的，它综合考虑了造成分层总和法计算结果与实测结果偏差的多项因素（如被忽略了的瞬时沉降、次固结沉降、施工扰动、加荷速率、荷载的应力水平、应力历史、非一维压缩固结等），以使计算结果接近于实际沉降值。

表4-7 沉降计算经验系数 ψ_s

地基附加压力	$\bar{E}_s$/MPa				
	2.5	4.0	7.0	15.0	20.0
$p_0 \geq f_{ak}$	1.4	1.3	1.0	0.4	0.2
$p_0 \leq 0.75 f_{ak}$	1.1	1.0	0.7	0.4	0.2

注：1. f_{ak} 系地基承载力特征值，见第8章。

2. $\bar{E}_s$ 为沉降计算深度范围内压缩模量的当量值，应按下式计算

$$\bar{E}_s = \frac{\sum \Delta A_i}{\sum \dfrac{\Delta A_i}{E_{si}}} = \frac{p_0 z_n \bar{\alpha}_n}{s'}$$

其中的 $\Delta A_i = p_0(z_i \bar{\alpha}_i - z_{i-1}\bar{\alpha}_{i-1})$ 为第 i 层土内竖向附加应力分布图形的面积；z_n 和 $\bar{\alpha}_n$ 为沉降计算深度和相应的平均附加应力系数。

【例 4.2】 试用规范法计算例 4.1 地基的最终沉降量。设地基承载力特征值 $f_{ak}=150\text{kPa}$。

【解】 (1) 由例 4.1 知，基底附近压力 $p_0=120\text{kPa}$。

(2) 对地基分层。

本地基有 3 层天然土层，但第一层的杂填土与沉降计算无关，加之地下水位刚好位于第一、二层的分界面上，故可分为粉质黏土和淤泥质土两层。

(3) 确定沉降计算深度 z_n。

因本基础无相邻荷载的影响，故 z_n 按式(4-27)确定。即
$$z_n = b(2.5-0.4\ln b) = 2(2.5-0.4\ln 2) = 4.5(\text{m})$$

(4) 确定各层的侧限压缩模量 E_s。

当分层厚度不大时，各层的平均侧限压缩模量可近似取层中点的值。

对粉质黏土层，层中点 $z=1.5\text{m}$，自重应力 $\sigma_c=27+(19.4-10)\times1.5=41.25$ (kPa)，查 $e-p$ 曲线可得对应的起始孔隙比 $e_1=0.811$；附加压力 $\sigma_z=4p_0\alpha_c=4\times120\times0.14505=69.62(\text{kPa})$，自重应力与附加压力之和 $\sigma_c+\sigma_z=41.25+69.62=110.87(\text{kPa})$，对应的孔隙比 $e_2=0.766$，故该层的 E_s 为
$$E_s = \frac{1+e_1}{e_1-e_2}\Delta p = \frac{1+0.811}{0.811-0.766}\times69.62 \approx 2802(\text{kPa})$$

对淤泥质土层，层中点 $z=3+(4.5-3)/2=3.75(\text{m})$，自重应力 $\sigma_c=27+(19.4-10)\times3+(19.1-10)\times0.75=62.33(\text{kPa})$，查 $e-p$ 曲线可得对应的起始孔隙比 $e_1=0.943$；附加压力 $\sigma_z=4p_0K_c=4\times120\times0.03945=18.94(\text{kPa})$，自重应力与附加压力之和 $\sigma_c+\sigma_z=62.33+18.94=81.27(\text{kPa})$，对应的孔隙比 $e_2=0.916$，故该层的 E_s 为
$$E_s = \frac{1+e_1}{e_1-e_2}\Delta p = \frac{1+0.943}{0.943-0.916}\times18.94 = 1393(\text{kPa})$$

(5) 计算地基最终沉降量 s'。

虽然本算例 $l/b=1.5/1=1.5$ 在表 4-4 中无对应的平均附加应力系数 $\bar{\alpha}_z$ 值可查，但可取 $l/b=1.4$ 与 $l/b=1.6$ 的平均值。此外应注意，表 4-4 给出的是角点以下的 $\bar{\alpha}_z$，当计算基础中心点以下的 $\bar{\alpha}_z$ 时，应采用角点法。鉴于本算例基底附加压力作用范围是矩形，因此中点下的平均附加应力系数应当为角点下的 4 倍。计算过程见例 4.2 表(表 4-8)。地基沉降量 $s'=102\text{mm}$。

表 4-8 用规范法计算基础最终沉降量($l=1.5\text{m}$, $b=1\text{m}$, $l/b=1.5$)

从基底算起的深度 z/m	z/b	角点下 $\bar{\alpha}_i$	$\bar{\alpha}_i z_i$	$\bar{\alpha}_i z_i - \bar{\alpha}_{i-1} z_{i-1}$	E_s/kPa	分层最终沉降量/mm $\Delta s_i = \frac{4p_0}{E_{si}}(z_i\bar{\alpha}_i - z_{i-1}\bar{\alpha}_{i-1})$
0	0	0.2500	0			
3	3	0.1533	0.4599	0.4599	2802	78.95
4.5	4.5	0.1168	0.5256	0.0657	1393	22.64
						$\sum \Delta s_i = 102$

(6) 确定 $\overline{E}_s$ 及 ψ_s。

因基础中心点以下沉降计算深度 $z_n = 4.5 \text{m}$ 处的平均附加应力系数 $\overline{\alpha}_n = 4 \times 0.168 = 0.4656$，故

$$\overline{E}_s = \frac{p_0 z_n \overline{\alpha}_n}{s'} = \frac{120 \times 4.5 \times 0.4656}{0.102} = 2.465(\text{MPa}) < 2.5 \text{MPa}$$

又因 $f_{ak} = 150 \text{kPa} > p_0 = 120 \text{kPa} > 0.75 f_{ak} = 0.75 \times 150 = 112.5 (\text{kPa})$，故 ψ_s 在 1.4 与 1.1 之间线性内插。即

$$\psi_s = 1.1 + \frac{1.4 - 1.1}{f_{ak} - 0.75 f_{ak}}(p_0 - 0.75 f_{ak}) = 1.1 + \frac{0.3}{0.25 \times 150}(120 - 0.75 \times 150) = 1.16$$

(7) 地基最终沉降量。

$$s = \psi_s s' = 1.16 \times 102 = 118(\text{mm})$$

4.3.3 弹性力学法

如图 4.14 所示，如果将地基看成弹性半空间体，则当表面作用有竖向集中荷载 F 时，根据 Boussinesq 公式，地表($z=0$)上任意一点 $M(x, y)$ 处的竖向位移(沉降)s 为

$$s = \frac{F(1-\mu^2)}{\pi E_0 \sqrt{x^2 + y^2}} \quad (4-29)$$

如果在地表作用的是分布荷载 $p(\xi, \eta)$ (图 4.15)，则 M 点的沉降可通过对上式积分得到

$$s = \frac{1-\mu^2}{\pi E_0} \iint_A \frac{p(\xi, \eta)}{\sqrt{(x-\xi)^2 + (y-\eta)^2}} \mathrm{d}\xi \mathrm{d}\eta \quad (4-30)$$

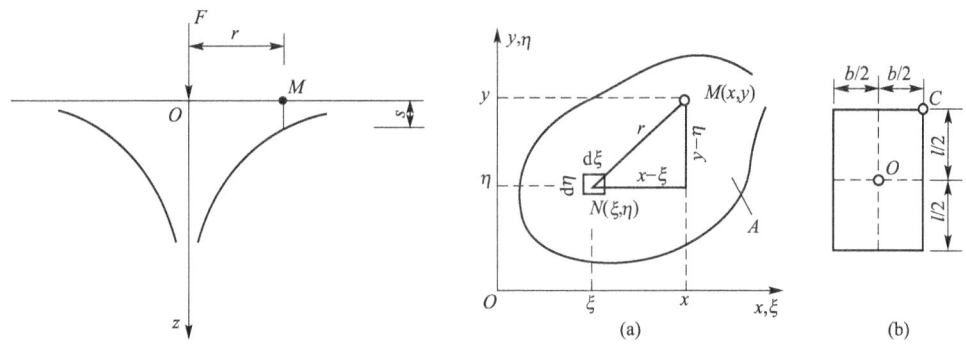

图 4.14 竖向集中荷载作用下地表沉降曲线　　**图 4.15 竖向分布荷载作用下地表沉降计算**

对矩形或圆形均布荷载，$p(\xi, \eta) = p_0$，积分上式，可得地基沉降的计算公式为

$$s = \frac{1-\mu^2}{E_0} \omega b p_0 \quad (4-31)$$

式中：ω 为沉降影响系数，按表 4-9 查取。该表中的 ω_c、ω_0 和 ω_m 分别为柔性基础(均布荷载)角点、中点和平均值的影响系数；ω_r 为刚性基础在轴心荷载作用下(平均压力为 p_0)的沉降影响系数。刚性基础一般指具有非常大的抗弯刚度、受荷后不弯曲的基础。

虽然按照弹性力学方法计算地基的沉降量非常简便，但应注意的是，由于地基通常具

有成层性(非均质),变形模量一般随深度而增大(非各向同性),并且具有明显的塑性(非纯弹性),因此按弹性力学方法计算出的结果往往偏大。此外,式(4-31)中的变形模量 E_0 也不是通常意义上的弹性模量。

表 4-9 沉降影响系数 ω

计算点位置		圆形荷载面	方形荷载面	矩形(l/b)荷载面									
		—	1.0	1.5	2.0	3.0	4.0	5.0	6.0	7.0	8.0	9.0	10.0	100.0
柔性基础	ω_c	0.64	0.56	0.68	0.77	0.89	0.98	1.05	1.11	1.16	1.20	1.24	1.27	2.00
	ω_0	1.00	1.12	1.36	1.53	1.78	1.96	2.10	2.22	2.32	2.40	2.48	2.54	4.01
	ω_m	0.85	0.95	1.15	1.30	1.52	1.70	1.83	1.96	2.04	2.12	2.19	2.25	2.70
刚性基础	ω_r	0.79	0.88	1.08	1.22	1.44	1.61	1.72	—	—	—	—	2.12	3.40

4.3.4 特殊情况下的地基沉降计算

1. 大面积堆载和地下水位下降

当在自重作用下已经完成固结的地基上大面积堆载(如填方)时,堆载将在地基中产生新的附加应力,引起地基再次固结,产生新的沉降。这里,"大面积"是指堆载作用的范围远大于可压缩土层厚度的情况,可理解为荷载的作用范围趋于无穷大。如果堆载是均匀的,在地基表面单位面积上的压力为 p_0,那么,根据角点法,在堆载范围内地基表面以下深度 z 处由于堆载而产生的附加应力 σ_z 为

$$\sigma_z = 4 p_0 \alpha_c$$

其中的角点附加应力系数 α_c 可利用第 3 章中的方法确定。即

$$\alpha_c = \frac{3z^3}{2\pi} \int_0^\infty \int_0^\infty \frac{1}{(x^2+y^2+z^2)^{5/2}} dx dy = \frac{1}{4}$$

因此

$$\sigma_z = p_0 \quad (4-32)$$

由此可见,大面积堆载在地基中产生的附加应力与堆载压力相同,且不随深度变化。这样,计算地基沉降时就可以按照天然土层分层,同层内不需要再分层。尤其对均质地基,按一层考虑即可。但应注意,在堆载边缘附近,按上述方法计算出的沉降量可能误差较大。

如果地基内的地下水位大范围急剧下降,地基中也会产生新的压缩变形。这是因为地下水位下降后,水位下降范围内土的重度 γ 将变得大于下降前的有效重度 γ',从而使原地下水位以下土中的自重应力增大。如果水位下降的幅度为 Δh_w,新增加的自重应力为 $\Delta \sigma_z$,那么,$\Delta \sigma_z$ 在水位变化范围内将呈三角形分布,且在原水位面处 $\Delta \sigma_z = 0$,在新水位面处 $\Delta \sigma_z = (\gamma - \gamma')\Delta h_w$。另外,对新水位面以下的土层而言,相当于在新水位面上作用了 $\Delta \sigma_z = (\gamma - \gamma')\Delta h_w$ 的"大面积堆载",因此,新水位面以下土层沉降量的计算方法就与前述大面积堆载时相同。

2. 薄压缩层地基

当可压缩土层底面以下为坚硬土层(如基岩)且土层厚度不超过基底宽度一半时，由于基础底面和硬层表面摩擦阻力对可压缩土层的约束作用，基底中心点下土层内的附加应力几乎不发生扩散，沿土层厚基本均匀分布，因此，薄压缩层的沉降量计算方法仍与前述大面积堆载时相同。

【例 4.3】 某饱和软黏土层厚 7m，在自重作用下已压缩稳定，底面以下为不透水的岩层，地下水位在土层顶面以上 1.2m 处。现拟在该土层上大面积填土，填料为中砂，重度为 $20kN/m^3$，厚度为 3m。填土前从黏土层中取样测得的天然重度为 $18kN/m^3$，侧限压缩试验结果见表 4-10。不计填土前后黏土重度的变化。

表 4-10 饱和软黏土压力与孔隙比的关系

压力 p/kPa	0	25	50	100	200
孔隙比 e	1.500	1.388	1.297	1.153	0.951

(1) 试确定填土作用下黏土层的最终压缩量。

(2) 如果该黏土层在填土作用下固结完成后地下水位突然下降至黏土层顶面，试计算黏土层由此而产生的沉降量。

【解】 (1) 填土前黏土层内的平均自重应力 $\sigma_c = p_1 = [0+(18-10)\times 7]/2 = 28(kPa)$

注意到 1.2m 厚的填土在地下水位面以下，因此填土作用在黏土层顶面上的压力 p_0 为

$$p_0 = 20\times(3-1.2)+(20-10)\times 1.2 = 48(kPa)$$

这样，填土后黏土层内的平均应力 $p_2 = \sigma_c + p_0 = 28+48 = 76(kPa)$

$p_1 = 28kPa$ 对应的孔隙比 e_1 可根据压缩曲线在 $p=25\sim 50kPa$ 范围内线性内插。即

$$e_1 = 1.388 + \frac{1.388-1.297}{25-50}(28-25) = 1.377$$

同理可得 $p_2 = 76kPa$ 对应的孔隙比 $e_2 = 1.297 + \frac{1.297-1.153}{50-100}(76-50) = 1.222$

这样，黏土层的沉降量 $s = \frac{e_1-e_2}{1+e_1}h = \frac{1.377-1.222}{1+1.377}\times 7000 = 457(mm)$

(2) 当黏土层在填土作用下压缩稳定后，填土荷载 p_0 在土层内已全部转化为有效应力，因此，地下水位下降前黏土层内的平均有效应力就是 $\bar{p}_1 = p_2 = 76kPa$，相应的孔隙比 $\bar{e}_1 = e_2 = 1.222$。此外，由于砂土的透水性较大，当地下水位再下降后，它将在黏土层固结之前迅速完成固结，因此，水位下降范围内砂土的重度将由下降前的 $\gamma' = 20-10 = 10$ (kN/m^3) 变为 $\gamma = 20kN/m^3$，由此在土层内增加的应力 $\Delta p = (\gamma - \gamma')\Delta h_w = (20-10)\times 1.2 = 12(kPa)$。这样，当黏土层再次完成固结后的平均应力 $\bar{p}_2 = \bar{p}_1 + \Delta p = 76+12 = 88$ (kPa)，相应的孔隙比 $\bar{e}_2$ 为

$$\bar{e}_2 = 1.297 + \frac{1.297-1.153}{50-100}\times(88-50) = 1.188$$

故沉降量 $\Delta s = \frac{\bar{e}_1 - \bar{e}_2}{1+\bar{e}_1}h' = \frac{1.222-1.188}{1+1.222}\times(7000-457) = 101(mm)$

4.3.5 地基沉降的类型

1. 黏性土地基的沉降

根据引起黏性土地基沉降的不同原因，可以认为其总沉降 s 是由以下三部分（或类型）组成的（图 4.16）

$$s = s_d + s_c + s_s \tag{4-33}$$

式中：s_d 为瞬时沉降（也称为初始沉降）；s_c 为固结沉降（也称为主固结沉降）；s_s 为次固结沉降（也称为蠕变沉降）。

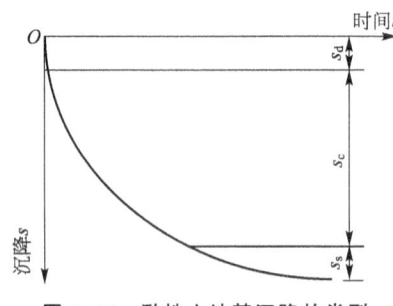

图 4.16 黏性土地基沉降的类型

（1）瞬时沉降 s_d。

瞬时沉降是指加荷后地基瞬时产生的沉降。受荷后的地基中会产生剪切应变，特别在靠近基础边缘应力集中的部位，剪应变更大。这种剪应变使土体产生侧向变形（挤出），从而引起地基沉降。对于饱和或接近饱和的黏性土来说，虽然加载瞬间土中的水来不及排出，土基本无体应变，体积恒定，但土的形状会变化（即畸变），从而也引起侧向变形，造成地基瞬时沉降。

瞬时沉降 s_d 一般采用弹性理论[即式（4-31）]计算。注意到产生瞬时沉降时土中的水来不及排出，土的体积不变，因此泊松比 $\mu = 0.5$，并且应采用不排水条件下的变形模量 E_u。这样可得

$$s_d = \omega (1 - \mu^2) \frac{p_0 b}{E_u} = \omega \frac{0.75 p_0 b}{E_u} \tag{4-34}$$

式中：b 和 p_0 分别为基础的边长（m）和基底附加压力（kPa）。其他符号同式（4-31）。不排水条件下的变形模量 E_u 常用现场十字板试验（见第 5 章）测得的不排水强度 c_u 求得

$$E_u = \eta c_u$$

式中：η 为系数，变化范围为 500~1500，随着土的塑性指数和有机质含量的增大而减小，并随应力比 p_0/p_c 的增大而增大。对塑性指数和有机质含量较大者，取大值，反之，取小值，然后用应力比予以调整。

（2）固结沉降 s_c。

固结沉降是指饱和或接近饱和的黏性土在地基荷载作用下，随着孔隙水的逐渐排出，土骨架产生变形，孔隙体积相应减小、土体逐渐压密所产生的沉降。

固结沉降的发展速率取决于孔隙水的排出速率。由于孔隙水的排出受孔隙水压力大小、土的渗透性和压缩性的控制，因此，随着时间的增长及孔压的逐渐消散，孔隙水的排出速率将逐渐减小。一旦孔压消散为零、孔隙水停止排水，土的有效应力将维持不变，固结沉降也就不再增加了。

固结沉降是黏性土沉降的主要部分，其计算方法通常采用前述的分层总和法。

（3）次固结沉降 s_s。

次固结沉降是指主固结结束（土中孔压已经消散、有效应力保持不变）后，由于土骨架

的蠕变而引起的沉降。蠕变是指材料在荷载不变的情况下，变形随时间的增加而增大的现象。土骨架的蠕变主要由粒间剪应力的逐渐调整和变化、薄膜水的塑性变形以及土粒结构的重新排列等原因引起的。

次固结与孔隙水的排出速率无关，主要取决于土骨架的蠕变性质。对一般黏性土来说，数值不大，但对塑性指数较大的正常固结软黏土，尤其是有机土，次固结沉降可能较大，应当予以考虑。

次固结沉降一般采用下述半经验方法估算。

首先由室内压缩试验得到孔隙比 e 与时间的对数 $\lg t$ 关系图（图 4.17），并取曲线反弯点前、后两段直线的交点为主固结与次固结的分界点。时间 t_1 相当于主固结完成时的时间（也是次固结开始的时刻）。由于 $t > t_1$ 以后的次固结段基本为直线，因此可以测出该直线的斜率 C_α（称为次固结系数）。然后将地基划分成若干层（譬如 n 层）。这样，经过时间 $t (t > t_1)$ 地基的次固结沉降量 s_s 可按下式计算

$$s_s = \sum_{i=1}^{n} \frac{H_i}{1+e_{0i}} C_{\alpha i} \lg \frac{t}{t_1}$$

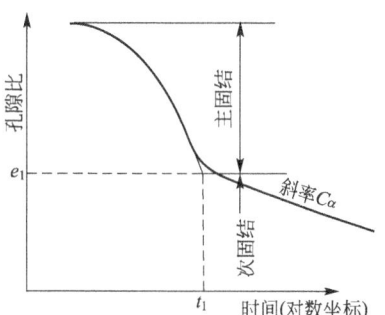

图 4.17 次固结沉降计算示意图

研究结果表明，次固结系数 C_α 与土的种类、含水量及温度有关。塑性指数愈大、含水量和温度愈高，则 C_α 愈大。一般情况下，对正常固结黏土，$C_\alpha = 0.005 \sim 0.02$；对高塑性黏土和有机土，$C_\alpha \geq 0.03$；对 OCR$>2$ 的超固结黏土，$C_\alpha < 0.001$。

应当指出的是，将黏性土地基的沉降截然分成上述三部分仅是一种简化。实际上，主固结过程中已有次固结沉降，只不过次固结沉降的数量相对于主固结沉降很小而已；当孔压消散得差不多后，主固结沉降愈来愈小，而次固结沉降则愈来愈显著，并逐渐成为沉降的主要部分。

2. 无黏性土地基的沉降

由于无黏性土的透水能力较强，大部分沉降在施工期间已经完成，建筑物竣工时已基本完成固结，并且也基本无蠕变，因此，一般不像黏性土地基那样，对其变形类型进行划分。

无黏性土地基沉降的绝对量一般不大，但不均匀沉降可能对建筑物造成损害，因此也应予以重视。

计算无黏性土地基的沉降量，原则上也可采用黏性土那样的分层总和法。但困难在于不易取得有代表性的原状土样。即使在室内将砂土压实到与现场相同的密实度，也无法再现与现场相同的结构。鉴于此，准确预估无黏性土地基的沉降量是比较困难的。

目前，一般采用薛迈脱曼（J. H. Schmertmann）提出的下述方法计算无黏性土地基的沉降量

$$s = C_1 C_2 p_0 \sum_{i=1}^{n} \left(\frac{I_z}{E_i}\right) h_i \qquad (4-35)$$

式中：C_1 为基础埋深修正系数。$C_1 = 1 - 0.5(\sigma_0/p_0) \geq 0.5$。其中 σ_0 为基底处有效自重应

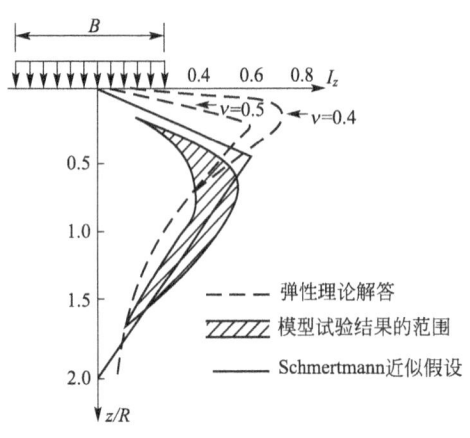

图 4.18 砂土地基竖向应变影响系数 I_z

力(kPa);C_2 为蠕变修正系数。考虑到由于混杂在砂层中的黏性土以及下卧层的黏性土层等因素所引起的沉降随时间的增长值,$C_2=1+0.2\lg(t/0.1)$,其中时间 t 以年计;p_0 为基底附加压力(kPa);E_i 为第 i 分层的变形模量,$E_i=2q_c$,其中 q_c 为现场静力触探试验测得的锥尖阻力(kPa);h_i 为第 i 分层的厚度(cm 或 m);I_z 为各分层中点处的竖向应变的影响系数,可查图 4.18 获取。应注意,由于 I_z 是由圆形基础推导得到的,当应用于矩形或长条形基础时,其计算结果可能偏小。该图中 ν 为泊松比,R 为圆形基础的半径。

4.3.6 考虑应力历史的地基最终沉降量计算

由于从现场取土和制样过程中无可避免地会对土体产生扰动,并且当土取出地面后应力已基本释放,因此,即使正常固结土,前述室内侧限压缩试验得到的压缩曲线,也已经不能完全代表现场地基土的实际压缩性状。此外,对于超固结和欠固结土,如前所述,由于它们经受的应力历史不同于正常固结土,因此,其压缩曲线也不相同。显然,如能利用现有室内侧限压缩试验的压缩曲线,推求出符合现场土的初始(或原始)压缩曲线,并据此计算地基的沉降量,则应更符合实际情况。

1. 正常固结土初始压缩曲线的推求及地基沉降量计算

研究结果表明,对正常固结土,$e-\lg p$ 坐标内的初始压缩曲线可用下述方法推求(图 4.19)。

(1)按前述方法确定先期固结压力 p_c。根据正常固结土的定义,p_c 就是现存的现场上覆压力 p_1。

(2)确定 b 点。该点的坐标代表了取样位置处正常固结土的现场上覆压力 p_1 和孔隙比 e_0。应当注意,如果忽略对土样的扰动和应力释放使土的回弹,孔隙比 e_0 就是室内压缩试验的起始孔隙比。

(3)确定 c 点。该点位于室内压缩试验的 $0.42e_0$ 处。这是因为,许多室内压缩试验发现,虽然不同程度扰动的土样所得压缩曲线的形状各不相同,但大致都通过 $e=0.42e_0$ 处。由此推想,原始压缩曲线也大致通过该点。

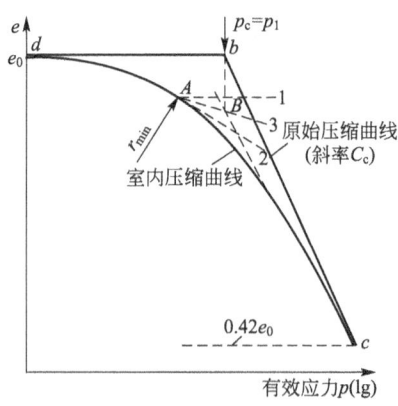

图 4.19 正常固结土的原始压缩曲线

(4)作直线 bc。该段直线就是推求的原始压缩曲线,并且其斜率就是正常固结土的压缩指数 C_c。

一旦确定出原始压缩曲线,则可以利用前述分层总和法计算地基的沉降量。计算步骤基本与采用 $e-p$ 曲线时相同,所不同的是要根据现场的原始压缩曲线来查取孔隙比 e 随

压力 p 的变化。此外，若采用压缩指数 C_c，则第 i 分层的沉降量为

$$\Delta s_i = \frac{h_i}{1+e_{0i}} C_{ci} \lg\left(\frac{p_{1i}+\Delta p_i}{p_{1i}}\right) \quad (4-36)$$

式中：e_{0i} 为第 i 分层土的初始孔隙比；C_{ci} 为按图 4.18 方法所得原始压缩曲线的压缩指数。

2. 超固结土初始压缩曲线的推求及地基沉降量的计算

对超固结土，如图 4.20 所示，相应于原始压缩曲线 abc 中 b 点的压力就是土样的先期固结压力 p_c。后来有效应力减小到现有土自重应力 p_1（相当于原始回弹曲线 bb_1 上 b_1 点的压力，$p_1 < p_c$）。在现场应力增量的作用下，孔隙比将沿着再压缩曲线 b_1c 变化。当压力超过先期固结压力后，曲线将与原始压缩曲线的延长线（图 4.20 中的虚线 bc 段）重新连接。同样，由于土样扰动的影响，在孔隙比保持不变情况下仍然引起了有效固结压力的降低（图 4.20 中的水平线 b_1d 段）。当试样在室内加压时，孔隙比变化将沿着室内压缩曲线发展。

基于以上分析，超固结土的原始压缩曲线可按下列步骤推求（图 4.21）。

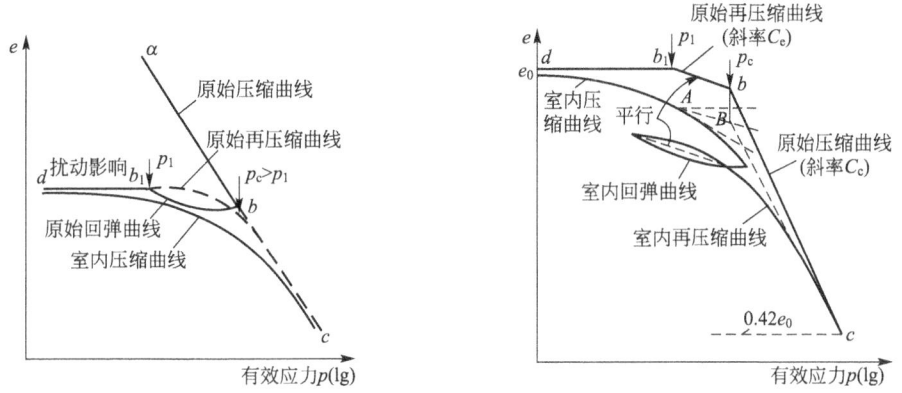

图 4.20 超固结土样的扰动对压缩性的影响　图 4.21 超固结土的原始压缩曲线和原始再压缩曲线

(1) 确定 b_1 点。该点的坐标代表了取样位置处土的现场上覆压力 p_1 和孔隙比 e_0。

(2) 过 b_1 点作一直线，其斜率等于室内回弹曲线与再压缩曲线的平均斜率，该直线与过 B 点垂线（其横坐标相应于先期固结压力值）交于 b 点，b_1b 就是原始再压缩曲线，其斜率为回弹指数 C_e。

(3) 确定 c 点。该点位于室内压缩试验的 $0.42e_0$ 处。

(4) 连接 bc 直线，即为原始压缩曲线的直线段，取其斜率作为压缩指数 C_c。

地基的沉降量可按下述方法计算。

设第 i 分层的（平均）先期固结压力为 p_{ci}，厚度为 h_i，平均自重应力为 $p_{1i}=\bar{\sigma}_{ci}$，平均自重应力 p_{1i} 与附加应力 $\bar{\sigma}_{zi}(=\Delta p_i)$ 之和为 p_{2i}，即 $p_{2i}=p_{1i}+\Delta p_i$，则

情况 1：如果第 i 分层中的 $p_{2i} \leqslant p_{ci}$ 或 $\Delta p_i \leqslant (p_c - p_{1t})$ [图 4.22(b)]。

在该情况下，分层土的孔隙比将只沿原始再压缩曲线 b_1b 段减少 $\Delta e_i'$。即

$$\Delta e_i' = C_{ci} \lg\left(\frac{p_{2i}}{p_{1i}}\right) \quad (4-37)$$

如果所有满足 $p_{2i} \leqslant p_{ci}$ 的分层总数为 m_1，则总的沉降量为

$$s_i = \sum_{i=1}^{m_1} \frac{h_i}{1+e_{0i}} C_{ei} \lg\left(\frac{p_{2i}}{p_{1i}}\right) \tag{4-38}$$

式中：C_{ei} 为第 i 分层图的回弹指数，其值等于原始再压缩曲线的斜率。

情况 2：如果第 i 分层中的 $p_{2i} > p_{ci}$ [图 4.22(a)]。

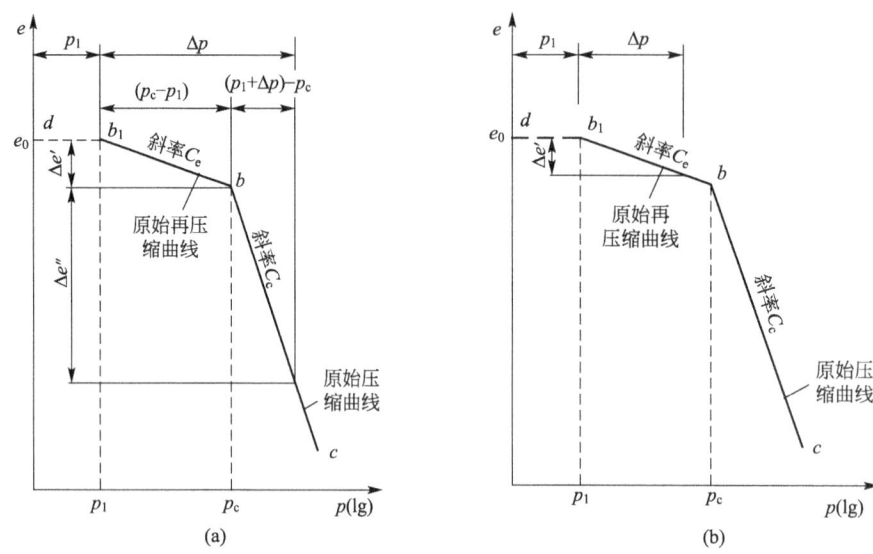

图 4.22 超固结土的孔隙比变化

在该情况下，分层土的孔隙比将先沿着原始再压缩曲线 b_1b 段减少 $\Delta e_i'$，然后再沿着原始压缩曲线 bc 段减少 $\Delta e_i''$。其中 $\Delta e_i'$ 按式(4-37)计算，而 $\Delta e_i''$ 按式(4-39)计算

$$\Delta e_i'' = C_{ci} \lg\left(\frac{p_{2i}}{p_{ci}}\right) \tag{4-39}$$

如果所有满足 $p_{2i} > p_{ci}$ 的分层总数为 m_2，则总的沉降量为

$$s_2 = \sum_{i=1}^{m_2} \frac{h_i}{1+e_{0i}} \left[C_{ei} \lg\left(\frac{p_{ci}}{p_{1i}}\right) + C_{ci} \lg\left(\frac{p_{2i}}{p_{ci}}\right) \right] \tag{4-40}$$

情况 3：如果整个沉降计算深度范围内共有 m_1 分层满足情况 1，而 m_2 分层满足情况 2。

在该情况下，地基的沉降量应等于这两部分孔隙比 $\Delta e_i'$ 和 $\Delta e_i''$ 减小量各自产生的沉降之和。即

$$s = s_1 + s_2 \tag{4-41}$$

3. 欠固结土初始压缩曲线的推求及地基沉降量的计算

由于欠固结土尚未完成固结，以后受到的应力作用也不可预知，因此，只能近似按前述正常固结土所得的原始压缩曲线，预估地基的沉降。

欠固结土的沉降由两部分应力引起：一部分是地基中的附加应力，另一部分是自重应力中尚未完成固结的那部分自重应力(图 4.23)，因此，地基的沉降量为

$$s = \sum_{i=1}^{n} \frac{h_i}{1+e_{0i}} C_{ci} \lg\left(\frac{p'_{1i} + \Delta p_i}{p'_{1i}}\right) \tag{4-42}$$

式中：p'_{1i} 为附加应力作用时第 i 分层土中已经完成固结的那部分自重应力，小于完成固结

时的自重应力 p_{1i}；$\Delta p_i = \bar{\sigma}_{zi}$ 为第 i 分层土内的平均附加应力。

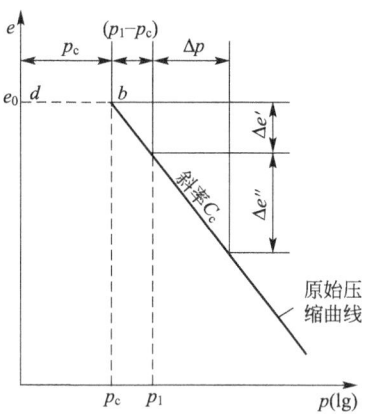

图 4.23 欠固结土的孔隙比变化

4.4 地基变形与时间的关系

鉴于外荷作用下地基中孔压的消散、孔隙的减小是逐渐发生的，因此地基的沉降必然是时间的函数。4.3 节中讨论的最终沉降量，只是孔压完全消散或固结时间 $t \to \infty$ 时的沉降量。但在实际工程中，除了需要知道地基的最终沉降量外，往往还需要知道沉降随时间的变化过程。例如从建筑物开始施工，经过某一时间后的地基沉降量。此外，在研究土体的稳定性时，也需要知道土中孔隙水压力或有效应力随时间的变化，以便了解土的强度增长情况，防止土体失稳破坏。例如，对饱和软黏土进行堆载预压处理时，就需要根据土中孔压的发展情况，决定分级堆载的速率及下一级堆载开始的时间。

本节仅讨论饱和土的一维渗透固结，这里，渗透固结是指饱和土在外荷作用下，随着时间的增长，土中孔隙水被逐渐排出，孔隙体积逐渐减小的过程。此外，考虑到无黏性土的透水性较好，完成固结的时间很短，因此，以下讨论的对象为饱和黏性土或饱和粉土。

4.4.1 饱和土的一维渗透固结

饱和土的一维渗透固结过程，可借助图 4.24 的弹簧—活塞模型予以说明。在一个盛满水的圆筒中，装着一个带有弹簧的活塞（重量忽略不计），弹簧上、下分别连接着活塞和筒底，活塞上有许多小孔，也与筒壁无摩擦。模型中的弹簧比拟土的骨架，筒中的水比拟饱和土中的自由水，带孔的活塞比拟土的透水性。显然，该模型代表了一个微小的饱和土单元。用 σ_z 代表作用在活塞单位面积上的外荷载（即总应力），u 代表由外荷 σ_z 作用在孔隙水中产生的超静孔隙水压力（以测压管中水的上升高度 h 表示，即 $u = \gamma_w \cdot h$），而以 σ' 表示弹簧中的应力。注意到活塞无荷载作用（即 $\sigma_z = 0$）时，弹簧不受力（即 $\sigma' = 0$），筒内的水只有静水压力（即 $u = 0$）。

（1）在活塞上施加荷载（即 $\sigma_z > 0$）的瞬间（即 $t = 0$ 时刻），筒中的水来不及从活塞孔中排出,加之水不可压缩,体积不变,因此活塞不动,弹簧没有变形(压缩),也不受力(即 $\sigma'=0$)。根据活塞竖向受力平衡条件,此刻的外荷全部由水承担(即 $u=\sigma_z$),测压管中水位上升。

(2) 当 $t>0$ 以后,筒中水在孔压 u 作用下开始从活塞孔中逐渐排出,受压活塞随之下降,弹簧开始变形并受力(即 $\sigma'>0$)。随着时间 t 的增大,弹簧的变形量逐渐增加,受力也逐渐增大。同样根据活塞竖向受力平衡条件可知,该过程中孔压 u 逐渐减小,测压管中水位逐渐下降。

(3) 当外荷持续足够长的时间后(即 $t\to\infty$),弹簧变形产生的反力等于外荷(即 $\sigma'=\sigma_z$),孔隙水压力为零,孔隙水不再排出,活塞竖向保持平衡也不再下降。

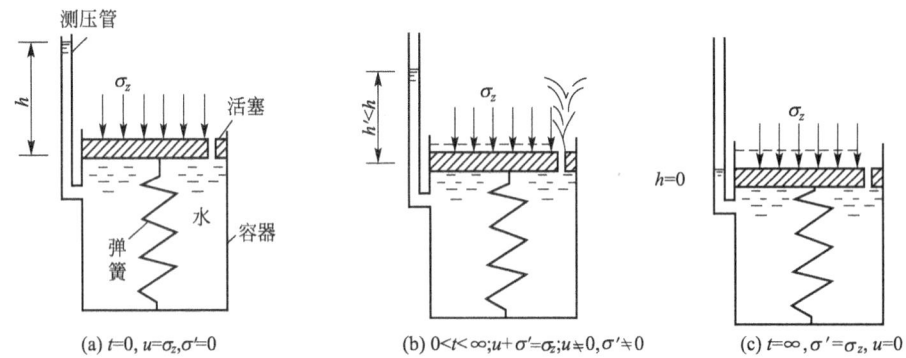

图 4.24 饱和土的渗透固结模型

上述过程可总结于表 4-11。由此可得下述结论。

① 饱和土的渗透固结就是孔隙水压力逐渐减小、有效应力逐渐增大、两者相互转化的过程。转化过程中孔压 u、有效应力 σ' 与总应力 σ_z 三者始终遵从有效应力原理。即

$$u+\sigma'=\sigma_z \tag{4-43}$$

② 固结过程中土的变形是由有效应力产生的。

③ 土中某点有效应力的大小变化程度,反映了该处土的固结压缩完成的程度。

表 4-11 弹簧-活塞模型模拟饱和土的固结过程

时间	弹簧-活塞模型			饱和土			
	活塞	筒中水	弹簧变形及受力	土中水	土骨架变形	有效应力 σ'	孔压 u
$t=0$	不动	不排出	无	不排出	无	$\sigma'=0$	$u=\sigma_z$
$\infty>t>0$	逐渐下降	逐渐排出	逐渐增大	逐渐排出	逐渐增大	逐渐增大但 $\sigma_z>\sigma'>0$	逐渐减小但 $\sigma_z>u>0$
$t\to\infty$	不动	停止排出	维持不变	停止排出	维持不变	$\sigma'=\sigma_z$	$u=0$

4.4.2 太沙基一维固结理论

一维固结是指饱和土固结过程中孔隙水只沿一个方向发生渗流,同时土骨架也仅在该方向产生变形。其适用条件为荷载作用范围远大于压缩层厚度(如大面积堆载)。因为在该

条件下，地基中的孔隙水主要沿竖向渗流，土骨架侧向基本无变形，主要产生的是竖向压缩变形。当然，实际土中的渗流和土骨架的变形是多向的，一维固结只是一种简化。一维固结过程中某一时刻地基的变形，通常采用太沙基提出的一维固结理论进行计算。

1. 孔隙水压力控制微分方程及其解答

(1) 基本假定。

① 土是均质、各向同性和完全饱和的。
② 土粒和水本身不可压缩。
③ 土层的压缩和土中水的渗流仅沿一个方向（竖向）。
④ 土中水的渗流符合达西定律，且固结过程中渗透系数 k 不变。
⑤ 固结过程中土的孔隙比的变化 de 与有效应力的变化 $d\sigma'$ 成正比。即

$$-de/d\sigma' = a \tag{4-44}$$

式中压缩系数 a 也保持不变。
⑥ 作用在压缩层顶面上的外荷载是一次瞬时施加的。

(2) 微分方程的推导及其解答。

如图 4.25 所示，设饱和黏土层的厚度为 H，在自重作用下已完成固结，顶面透水，底面不透水。现在该黏土层顶面骤然作用一个无限均布荷载 p。注意到无限均布荷载作用下地基中的附加应力 σ_z 沿深度不变，呈均匀分布，并且 $\sigma_z = p$，见式(4-32)。由于荷载是瞬时施加的，且水不可压缩，土中水来不及排出，因此根据式(4-43)可知，在 $t=0$ 的加载瞬间，土中任意一点 z 处的起始孔隙水压力 u 也等于附加应力 σ_z，整个土层中初始孔压的分布与附加应力完全相同。应指出的是，虽然在一维固结条件下附加应力沿深度不变，但因固结过程中孔压是随时间变化的，并且不同深度处孔压也不相同，因此孔压（及有效应力）是时间 t 和深度 z 的函数，即 $u = u(z, t)$。

在距饱和土层顶面以下 z 处取一个截面 $A = dx \cdot dy$、厚度为 dz 的微立方土单元。注意到在图 4.25 条件下水是自下往上渗流的，这样，经过 t 时间的加载后，在随后的 dt 时段内，从土单元底面流入的水量体积为

$$dq' = ki'A dt = k\left(-\frac{\partial h}{\partial z}\right)dx dy dt = \frac{k}{\gamma_w}\left(-\frac{\partial u}{\partial z}\right)dx dy dt \tag{4-45}$$

式中：h 为深度 z 处的超静水头，$h = u/\gamma_w$，γ_w 为水的重度；i' 为深度 z 处的水力梯度。因孔压随 z 的增大而减小，因此，i' 前面应加负号"—"。

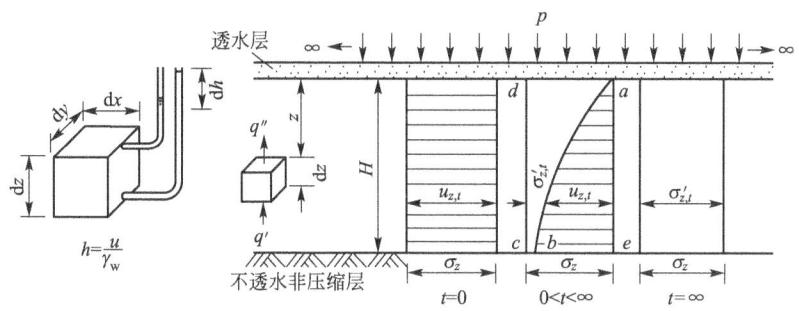

图 4.25 饱和土的一维固结过程

同理，dt 时段内从土单元顶面流出的水量体积为

$$dq'' = ki''A dt = k(i' + di) A dt = \frac{k}{\gamma_w}\left(-\frac{\partial u}{\partial z} - \frac{\partial^2 u}{\partial z^2} dz\right) dt dx dy \tag{4-46}$$

式中：i'' 为深度 $(z-dz)$ 处的水力梯度；di 为 dz 范围内水力梯度的增量。

由此可见，dt 时段内土单元内水量体积的变化为

$$dq = dq' - dq'' = \frac{k}{\gamma_w} \frac{\partial^2 u}{\partial z^2} dt dx dy dz \tag{4-47}$$

另一方面，若固结开始时土的孔隙比为 e_1，则对应的土粒体积为 $V_s = dxdydz/(1+e_1)$。又因孔隙体积 $V_v = eV_s$，并且假定固结过程中土粒不可压缩（即体积不变），故 dt 时段内土单元孔隙体积的变化为

$$dV_v = deV_s = \frac{de}{1+e_1} dx dy dz \tag{4-48}$$

由于土粒和水不可压缩，因此，dt 时段内土单元水量体积的变化应等于土中孔隙体积的变化，即

$$dq = dV_v$$

将式(4-47)和式(4-48)代入上式，有

$$\frac{k}{\gamma_w} \frac{\partial^2 u}{\partial z^2} = \frac{1}{1+e_1} \frac{de}{dt} \tag{4-49}$$

由于总应力 $\sigma_z = p_0$ 不随时间变化，对式(4-43)两边微分有 $d\sigma' = -du$。再利用式(4-44)可得

$$de = a du$$

将上式代入式(4-49)并注意到 u 是 t 和 z 的二元函数，故

$$C_v \frac{\partial^2 u}{\partial z^2} = \frac{\partial u}{\partial t} \tag{4-50}$$

式中

$$C_v = \frac{k(1+e_1)}{a\gamma_w} \tag{4-51}$$

称为土的竖向固结系数，其他符号的意义同前。注意 k 为渗流方向（竖向）上土的渗透系数。

式(4-50)就是图 4.25 所示土层一维固结过程中 z 点孔压 u 随时间 t 变化应满足的方程，该式可用分离变量法求解。孔压 u 应当满足的边界（即可压缩土层顶 $z=0$ 处和底面 $z=H$ 处）条件以及与时间 t 有关的条件为

当 $t=0$ 和 $0 \leqslant z \leqslant H$ 时，$u = \sigma_z = p$；$0 < t < \infty$ 和 $z = 0$（透水面）时，$u = 0$；$0 < t < \infty$ 和 $z = H$（不透水面）时，$\frac{\partial u}{\partial t} = 0$；$t \to \infty$ 和 $0 \leqslant z \leqslant H$ 时，$u = 0$。

利用上述条件求得式(4-50)的解为

$$u_{z,t} = \frac{4}{\pi} \sigma_z \sum_{m=1}^{\infty} \frac{1}{m} \sin\left(\frac{m\pi z}{2H}\right) \exp\left(-\frac{m^2\pi^2}{4} T_v\right) \tag{4-52}$$

式中：$u_{z,t} = u(z,t)$ 为深度 z 处 t 时刻的孔压；m 为正奇数（1，3，5，…）；exp 为自然对数的底；H 为压缩土层最远的排水距离。当土层为单面排水时（不区分排水面是在层顶或层底），H 取压缩土层的厚度；当土层为双面排水时，H 取压缩土层厚度的一半；T_v

第4章 土的压缩特性和地基沉降计算

为时间因数（无量纲），$T_v = C_v t / H^2$，其中 t 为时间。

利用式(4-52)，即可绘出压缩层中不同时刻孔隙水压力随深度的变化，如图4.25所示。

2. 固结度

从饱和土的固结过程不难看出，对土中某点来说，某时刻的有效应力 σ' 与总应力 α_z 的比值 σ'/α_z（即相对大小），反映了该点土在该时刻的固结完成程度，称之为一点的固结度。显然，因开始固结时有效应力为零，孔压等于附加应力，故该点的固结度为零；当固结完成后，有效应力等于附加应力，孔压为零，该点固结度将趋于无穷大。但另一方面，从图4.25也可以看出，即使同一时刻，因地基内不同深度处的孔压（或有效应力）不同，故各点的固结度也不相同。为此，有必要计算地基的平均固结度。

某时刻 t 地基的平均固结度 U_t，定义为该时刻地基的固结沉降量 s_{ct} 与最终固结沉降量 s_c 之比。即

$$U_t = \frac{s_{ct}}{s_c} \tag{4-53}$$

式中：最终固结沉降量 s_c 可参照分层总和法确定。

当可压缩层均质、压缩系数 a 或压缩模量 E_s 不随固结变化时，根据式(4-23)，有

$$s_{ct} = \frac{H}{E_s} \bar{\sigma}'_t = \frac{H}{E_s} \frac{\int_0^H \sigma'_{z,t} \mathrm{d}z}{H} = \frac{1}{E_s} \int_0^H \sigma'_{z,t} \mathrm{d}z \tag{4-54}$$

式中：$\bar{\sigma}'_t$ 为 t 时刻可压缩层内的平均有效应力；$\sigma'_{z,t}$ 为 t 时刻深度 z 处的有效应力。

由于固结完成后，孔压为零，有效应力等于附加应力，故最终固结沉降量为

$$s_c = \frac{H}{E_s} \bar{\sigma}_z = \frac{1}{E_s} \int_0^H \sigma_z \mathrm{d}z \tag{4-55}$$

将式(4-54)和式(4-55)代入式(4-53)，有

$$U_t = \frac{\int_0^H \sigma'_{z,t} \mathrm{d}z}{\int_0^H \sigma_z \mathrm{d}z} = \frac{\int_0^H (\sigma_z - u_{z,t}) \mathrm{d}z}{\int_0^H \sigma_z \mathrm{d}z} = 1 - \frac{\int_0^H u_{z,t} \mathrm{d}z}{\int_0^H \sigma_z \mathrm{d}z} \tag{4-56}$$

式(4-56)表明，某时刻地基的平均固结度，等于该时刻层内有效应力分布图形的面积与附加应力分布图形面积的比值。由于开始固结($t=0$)时地基内各点有效应力均为零，故 $U_t = 0$；当地基固结完成时，各点孔压均为零，故 $U_t = 1$。由此可见，$1 \geqslant U_t \geqslant 0$，且 U_t 越大，表明地基固结完成的程度越高。

3. 某时刻地基固结沉降量的计算

从式(4-53)可以看出，如果知道某时刻地基的平均固结度，则该时刻的地基沉降量也就可以确定了。

(1) 单面排水。对前述的一维固结（即图4.26中的情况0），将式(4-52)代入式(4-56)，并注意到 $\int_0^H \sigma_z \mathrm{d}z = \sigma_z H$，可得

$$U_{t0} = 1 - \frac{8}{\pi^2} \sum_{n=1}^{\infty} \frac{1}{(2n-1)^2} \exp\left[-\frac{(2n-1)^2 \pi^2}{4} T_v\right] \tag{4-57}$$

式中：n 为正整数($1, 2, 3 \cdots$)；U_{t0} 为附加压力为图4.26中情况0分布时地基的平均固结度。

式(4-57)也可以用下式近似代换，其误差不超过1%。

$$U_{t0} = \sqrt[6]{\frac{T_v^3}{0.5 + T_v^3}} \quad (4-58)$$

式(4-57)还可以简化为

当 $U_{t0} < 0.6$ 时

$$U_{t0} = \frac{\sqrt{4T_v}}{\pi} \quad (4-59\text{a})$$

当 $1.0 > U_{t0} \geq 0.6$ 时

$$U_{t0} = 1 - \frac{8}{\pi^2} \exp\left(-\frac{\pi^2}{4} T_v\right) \quad (4-59\text{b})$$

当 $U_{t0} = 1.0$ 时

$$U_{t0} = \frac{1}{3} T_v \quad (4-59\text{c})$$

当地基中的附加应力分布为图4.26中的情况1时，可根据相应的边界条件，求解方程式(4-50)，再将孔压代入式(4-56)，同样可得地基的平均固结度为

$$U_{t1} = 1 - \frac{32}{\pi^3} \sum_{n=1}^{\infty} \frac{(-1)^{n-1}}{(2n-1)^3} \exp\left[-\frac{(2n-1)^2 \pi^2}{4} T_v\right] \quad (4-60)$$

当地基中的附加应力分布如图4.26中的情况2、3和4时，可以利用应力叠加原理以及情况0和情况1的固结度 U_{t0} 及 U_{t1}，计算出相应的地基平均固结度

$$U_t = \frac{2\alpha U_{t0} + (1-\alpha) U_{t1}}{1+\alpha} \quad (4-61)$$

式中

$$\alpha = \frac{\text{透水面上的附加压力}}{\text{不透水面上的附加压力}} = \frac{\sigma_z'}{\sigma_z''} \quad (4-62)$$

图4.26中5种情况汇总如表4-12所示。当式(4-57)和式(4-60)中级数求和取20项时，几种不同 α 值下的 U_t-T_v 关系曲线如图4.28所示，也可查表4-13。

表4-12 不同情况的 α

情况	附加压力分布	α	相应工程情况
0	均匀	1	土层在自重作用下已固结，基础底面很大而压缩层较薄
1	正三角形	0	大面积新填饱和土层在自重作用下固结；或地下水位下降范围内土层由于重度变化的再固结
2	倒三角形	$\alpha = \infty$	土层在自重作用下已固结，但基底面积较小、压缩层很厚、层底附加应力接近0
3	正梯形	$0 < \alpha < 1$	土层在自重作用下未固结，又在其上修建建筑物基础
4	倒梯形	$1 < \alpha < \infty$	与情况2类似，但土层不太厚，在层底附加应力还不接近于0

(2) 双面排水。若压缩层顶面和底面均排水，则无论土层中的附加应力分布属于图4.26中的那种情况，只要土层是均质的，则均按情况0计算。但在计算土层固结时，最大排水距离应取土层厚度的一半。这可以利用附近应力为梯形分布的情况4为例加以说明(图4.27)。

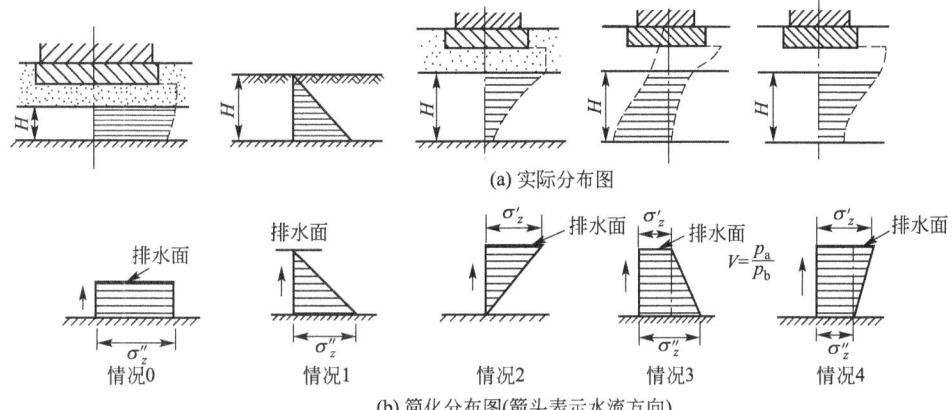

图 4.26 固结土层中附加应力分布图

图 4.27 中附加应力分布面积为 $abcd$，土中水可向上、下两面排出。在三角形应力 fbe 作用下，水向上排出产生的变形，应等于三角形应力 egc 作用时向下排水所产生的变形。因此，梯形分布应力 $abcd$ 可以用矩形均布应力 $afgd$ 代换。换言之，双面排水时，随深度直线变化的附加应力均可按情况 0 计算。但应注意，当附加应力为均匀分布时，根据对称性，层中面处的水不可能发生渗流，中面也就相当于一个不透水面了，因此，在计算土层固结时，最大排水距离应取土层厚度的一半，或者将整个土层的厚度视为 $2H$。

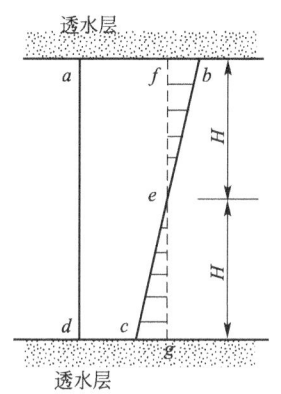

图 4.27 双面排水与情况 0 的关系

但应注意的是，由于最终固结沉降量 s_c 是整个土层固结完成时的沉降量，或者说是外荷全部转化为有效应力所产生的沉降量，排水条件的优劣只影响外荷全部转化为有效应力所需的时间长短，并不影响最终固结沉降量的数值大小，因此，在计算 s_c 时，H 应当取整个压缩层的厚度。

(3) 地基固结的计算问题。当地基的固结特性、排水条件和附加压力等条件已知时，与固结有关的计算可分为如下两类。

第Ⅰ类：给定固结历时 t，求达到该历时的固结度 U_t 和固结沉降量 s_{ct}。

对该类问题，先根据地基的土性参数（压缩系数 a、渗透系数 k、起始孔隙比 e_1 等）确定出固结系数 C_v，根据地基顶面和底面的排水条件确定出最远排水距离 H（单面排水时等于土层厚度，双面排水时为厚度的一半）、根据地基中的附加应力分布情况确定出 α，再结合已知的时间 t 计算出时间因数 T_v，然后查图 4.28 或表 4-13，即可得到固结度 U_t 及固结沉降量 $s_{ct}=U_t \cdot s_c$，其中的最终固结沉降量 s_c 可参照分层总和法确定。

第Ⅱ类：给定固结度 U_t 或某一固结沉降量 s_{ct}，求所需的历时 t。

解答该类问题的顺序与第Ⅰ类刚好相反。不过，如果已知 s_{ct}，则应先计算出 s_c 后再确定 $U_t=s_{ct}/s_c$。根据给定的 U_t 及 α 查图 4.28 或表 4-13，得到时间因数 T_v，再计算历时 $t=H^2 T_v/C_v$。

在情况 0 条件下，因为 $T_v=2.47$ 时固结度 U_t 已非常接近于 1，因此完成固结所需时间 t 可直接按下式计算

$$t = 2.47 \frac{H^2}{C_v}$$

（4）固结历时与土层厚度及排水条件的关系。根据固结的计算公式及图 4.28 可知，土层的固结度 U_t 是时间因数 T_v 的单值函数，即 $U_t=f(T_v)$。由此可见，当附加应力和排水条件相同时，两个厚度不同和土性不同（以 C_v 反映）的土层要达到相同的固结度，其时间因数 T_v 必须相同。即

$$T_v = \frac{C_{v1}}{H_1^2}t_1 = \frac{C_{v2}}{H_2^2}t_2$$

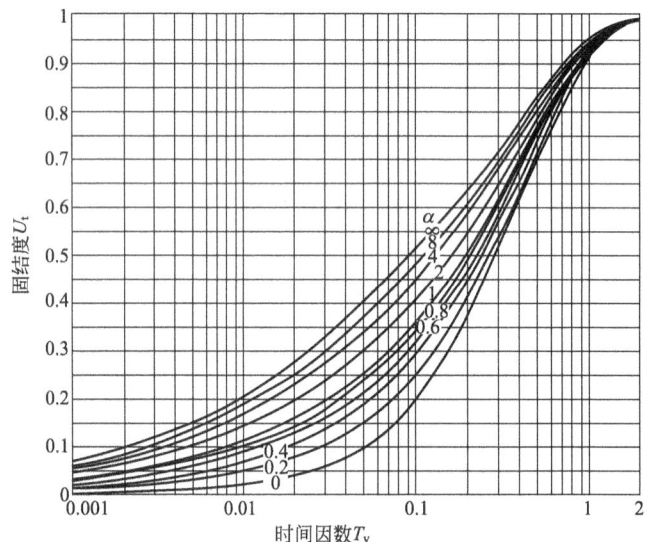

图 4.28　固结度 U_t 与时间因数 T_v 关系曲线

如果两土层的土性相同，即 $C_{v1}=C_{v2}$，则

$$\frac{t_1}{t_2} = \frac{H_1^2}{H_2^2}$$

上式表明，相同土性不同厚度的两个土层，在相同的附加压力和排水条件下，达到相同固结度所需时间之比，等于两层土最远排水距离的平方之比。工程实践中常有该关系及侧限压缩试验所得的固结过程曲线，推求地基的变形过程。

从该式还可以看出，如果土层厚度和土性相同，则达到相同固结度时单面排水所需时间是双面排水时的 4 倍。这是因为双面排水时的最远排水距离仅是单面时的一半。由此可见，为了加快地基的排水固结，应尽量减小排水路径的长度或加大层面处的排水能力。

【例 4.4】 如果例 4.3 中黏土层的渗透系数 $k=5\times10^{-7}\mathrm{cm/s}=15.768\times10^{-2}\mathrm{m/}$年，其他基本资料相同，试确定：

（1）填土后 3 年黏土层的沉降量；

（2）黏土层平均固结度达到 0.5 时需要的时间。

【解】（1）由例 4.3 知，该黏土层的起始孔隙比 $e_1=1.377$，填土作用下固结完成后

的孔隙比 $e_2 = 1.222$，使黏土层产生压缩变形的附加应力 $\Delta p = p_0 = 48\text{kPa}$，故

$$a = -\frac{\Delta e}{\Delta p} = \frac{e_1 - e_2}{p_0} = \frac{1.377 - 1.222}{48} = 3.23 \times 10^{-3} (\text{kPa}^{-1})$$

$$C_v = \frac{k(1+e_1)}{a\gamma_w} = \frac{15.768 \times 10^{-2} \times (1+1.377)}{3.23 \times 10^{-3} \times 10} = 11.6 (\text{m}^2/\text{年})$$

注意到黏土层底面不透水，故 $T_v = C_v t/H^2 = 11.6 \times 3/7^2 = 0.71$。将该 T_v 代入式(4-58)有 $U_t = 0.864$。这样，填土 3 年黏土层的沉降量 $s_t = U_t \cdot s_c = 0.864 \times 457 = 395(\text{mm})$。

(2) 将 $U_t = 0.5$ 代入式(4-58)有

$$T_v = \sqrt[3]{\frac{0.5 U_t^6}{1 - U_t^6}} = \sqrt[3]{\frac{0.5 \times 0.5^6}{1 - 0.5^6}} = 0.2$$

故黏土层平均固结度达到 0.5 时需要的时间为

$$t = \frac{H^2 T_v}{C_v} = \frac{7^2 \times 0.2}{11.6} = 0.843(\text{年}) \approx 10 \text{ 个月}$$

表 4-13 固结度 U_t 与时间因数 T_v 之间的关系

T_v	α										
	0	0.2	0.4	0.6	0.8	1	2	4	6	8	∞
0.001	0.0020	0.0132	0.0213	0.0273	0.032	0.0357	0.0469	0.0559	0.0598	0.0619	0.0694
0.002	0.0040	0.0195	0.0306	0.0388	0.0453	0.0505	0.0660	0.0783	0.0837	0.0866	0.0969
0.003	0.0060	0.0246	0.0379	0.0479	0.0556	0.0618	0.0804	0.0953	0.1017	0.1052	0.1176
0.004	0.0080	0.0291	0.0442	0.0555	0.0643	0.0714	0.0925	0.1094	0.1166	0.1206	0.1347
0.005	0.0100	0.0333	0.0499	0.0623	0.0720	0.0798	0.1031	0.1217	0.1296	0.1341	0.1496
0.006	0.0120	0.0371	0.0551	0.0686	0.0790	0.0874	0.1125	0.1326	0.1413	0.1461	0.1628
0.007	0.0140	0.0408	0.0599	0.0743	0.0855	0.0944	0.1212	0.1427	0.1518	0.1569	0.1748
0.008	0.0160	0.0443	0.0645	0.0797	0.0915	0.1009	0.1292	0.1519	0.1616	0.167	0.1858
0.009	0.0180	0.0477	0.0689	0.0848	0.0972	0.1070	0.1367	0.1605	0.1707	0.1763	0.1961
0.01	0.0200	0.0509	0.0731	0.0896	0.1025	0.1128	0.1438	0.1685	0.1792	0.1850	0.2057
0.02	0.0400	0.0799	0.1083	0.1297	0.1463	0.1596	0.1994	0.2313	0.2450	0.2526	0.2791
0.03	0.0600	0.1051	0.1374	0.1616	0.1804	0.1954	0.2406	0.2767	0.2922	0.3008	0.3309
0.04	0.0800	0.1286	0.1632	0.1893	0.2095	0.2257	0.2742	0.3131	0.3297	0.3390	0.3713
0.05	0.1000	0.1507	0.1870	0.2142	0.2354	0.2523	0.3031	0.3437	0.3611	0.3708	0.4046
0.06	0.1199	0.1720	0.2093	0.2373	0.2590	0.2764	0.3286	0.3703	0.3882	0.3982	0.4329
0.07	0.1396	0.1926	0.2304	0.2588	0.2809	0.2985	0.3515	0.3939	0.4121	0.4221	0.4574
0.08	0.1592	0.2125	0.2506	0.2792	0.3014	0.3192	0.3725	0.4151	0.4334	0.4435	0.4790
0.09	0.1786	0.2319	0.2700	0.2985	0.3207	0.3385	0.3918	0.4344	0.4527	0.4629	0.4984

(续)

T_v	α										
	0	0.2	0.4	0.6	0.8	1	2	4	6	8	∞
0.1	0.1977	0.2508	0.2886	0.3171	0.3391	0.3568	0.4098	0.4523	0.4704	0.4805	0.5159
0.2	0.3704	0.4150	0.4468	0.4707	0.4892	0.5041	0.5487	0.5843	0.5996	0.6081	0.6378
0.3	0.5078	0.5429	0.5680	0.5869	0.6015	0.6132	0.6484	0.6765	0.6886	0.6953	0.7187
0.4	0.6154	0.6429	0.6625	0.6772	0.6887	0.6979	0.7254	0.7474	0.7568	0.7621	0.7804
0.5	0.6995	0.7210	0.7363	0.7478	0.7568	0.7640	0.7854	0.8026	0.8100	0.8141	0.8284
0.6	0.7652	0.7820	0.7940	0.8030	0.8100	0.8156	0.8324	0.8458	0.8516	0.8548	0.8659
0.7	0.8165	0.8296	0.8390	0.8460	0.8515	0.8559	0.8690	0.8795	0.8840	0.8865	0.8953
0.8	0.8566	0.8669	0.8742	0.8797	0.8840	0.8874	0.8977	0.9059	0.9094	0.9113	0.9182
0.9	0.8880	0.8960	0.9017	0.9060	0.9094	0.9120	0.9200	0.9264	0.9292	0.9307	0.9361
1.0	0.9125	0.9187	0.9232	0.9266	0.9292	0.9313	0.9375	0.9425	0.9447	0.9459	0.9500
1.1	0.9316	0.9365	0.9400	0.9426	0.9447	0.9463	0.9512	0.9551	0.9568	0.9577	0.9610
1.2	0.9466	0.9504	0.9531	0.9552	0.9568	0.9580	0.9619	0.9649	0.9662	0.9670	0.9695
1.3	0.9583	0.9612	0.9634	0.9650	0.9662	0.9672	0.9702	0.9726	0.9736	0.9742	0.9762
1.4	0.9674	0.9697	0.9714	0.9726	0.9736	0.9744	0.9767	0.9786	0.9794	0.9798	0.9814
1.5	0.9745	0.9763	0.9776	0.9786	0.9794	0.9800	0.9818	0.9833	0.9839	0.9842	0.9855
1.6	0.9801	0.9815	0.9825	0.9833	0.9839	0.9844	0.9858	0.9869	0.9874	0.9877	0.9886
1.7	0.9844	0.9856	0.9863	0.9869	0.9874	0.9878	0.9889	0.9898	0.9902	0.9904	0.9911
1.8	0.9878	0.9887	0.9893	0.9898	0.9902	0.9905	0.9913	0.9920	0.9923	0.9925	0.9931
1.9	0.9905	0.9912	0.9917	0.9920	0.9923	0.9925	0.9932	0.9938	0.9940	0.9941	0.9946
2.0	0.9926	0.9931	0.9935	0.9938	0.9940	0.9942	0.9947	0.9951	0.9953	0.9954	0.9958

4.4.3 成层地基固结沉降的简化计算方法

前面介绍的地基固结沉降计算方法，主要适用于均质地基或只有一层透水性很小的土层（如两层透水性较大的砂层间夹一黏性土层）情况。实际地基大多由多层性质不同的土层组成，在这些土层中，如果是透水性较好的土层（如砂层、砂卵石层等），当建筑物竣工时它们一般已基本完成固结，因此计算地基沉降量随时间的变化时可以不予考虑。但如果是透水性较差的黏性土层，则必须予以考虑。

成层地基的固结沉降量计算，从原理上讲，仍可采用分层总和法。即

$$s_{ct} = \sum_{i=1}^{n} s_{cti} = \sum_{i=1}^{n} U_{ti} s_{ci} \tag{4-63}$$

式中：s_{ct} 为时刻 t 地基的固结沉降量；s_{cti} 为第 i 分层土时刻 t 地基的固结沉降量；U_{ti} 为第

i 分层土时刻 t 地基的固结度；n 为沉降计算深度内的分层数。

显然，如果能够计算出每层土在时刻 t 的固结度 U_i，就能够确定该时刻的地基固结沉降量 s_{ct}。但问题是，在某些情况下，对某一土层来说，与其相邻的上、下两层既不是不透水层，也不是像砂层那样的完全透水层，因此也就不能按前述单层土的固结度计算方法确定各层的固结度了。当然，对一维固结的每层土，式(4-50)仍然是适用的，只要层内的附加压力（即起始孔压）已知，求解该方程，并利用各层交界面处水流连续性条件以及地基顶面与底面处的排水条件（透水或是不透水），依然可以得到各层内的孔压分布，并利用式(4-56)计算出各层（或整个地基）的固结度。但这种方法非常麻烦。下面分别两种土层分布情况，介绍其相应的计算方法。

情况 1：地基沉降计算深度内有三层土，其中中间为透水性较好的土层，上、下层为黏性土层。

如图 4.29 所示，黏性土层 Ⅰ 和 Ⅱ 之间为透水薄层。该情况下认为各层固结互不影响，因此 Ⅰ 层按双面排水［图 4.29(a)］或单面排水［图 4.29(b)］计算固结度，而 Ⅱ 层按单面排水［图 4.29(a)］或双面排水［图 4.29(b)］计算固结度，再利用式(4-63)计算固结沉降量。

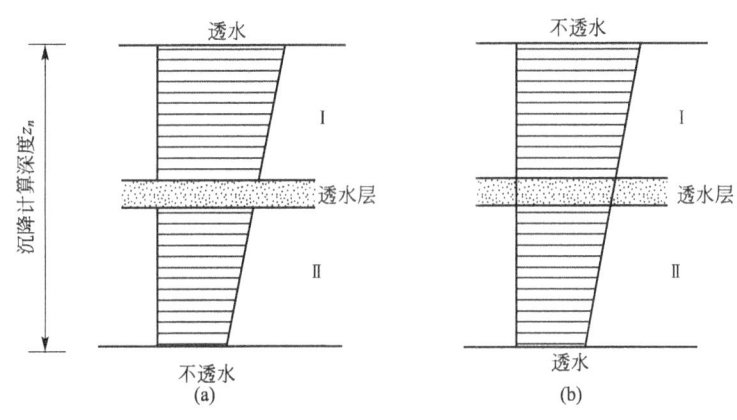

图 4.29 三层土情况

情况 2：地基由黏性土层组成。

此种情况下可采用等值层代换法。即将沉降计算深度 z_n 内的成层地基，用一个假想的均质土层（等值层）地基等效代替。这里的"等效"是指两者在相同时刻 t 产生同样的固结沉降量。等效后的均质土层就可以用前述单层土的固结理论计算沉降量了。

如图 4.30 所示，设等效土层的渗透系数为 k_e，当竖向一维渗流时，有

$$k_e = H_e / \sum_{i=1}^{m} \frac{H_i}{k_i} \tag{4-64}$$

式中：m 为沉降计算深度范围内的天然土层数；H 为等效土层的厚度，等于沉降计算深度 z_n；k_i 为第 i 天然层土渗流方向（竖向）土的渗透系数；H_i 为第 i 天然层土的厚度。

至于等值土层的体积压缩系数 m_{vc}，可按下述方法求得：鉴于在 z_n 处附加应力已经很小，因此，可将层内曲线分布的附加压力简化为三角形分布，且在 z_n 处为零，如图 4.30 所示。此外，由于等值土层是均质的，故其变形量为

$$s = \frac{1}{2} m_{ve} p_0 H_e \quad (4-65)$$

另一方面，根据分层总和法，等值层内土的总变形量应等于各层变形量之和。即

$$s = \sum_{i=1}^{n} m_{vi} \bar{\sigma}_{zi} H_i = \sum_{i=1}^{n} m_{vi} p_0 \frac{H_e - z_i}{H_e} H_i \quad (4-66)$$

式中：n 为沉降计算深度范围内的分层数（如果各天然土层内的体积压缩系数不变，也可以按天然土层分层）；m_{vi} 为沉降计算深度范围内第 i 分层土的体积压缩系数；z_i 为基底至第 i 分层土中点的竖直距离；$\bar{\sigma}_{zi}$ 为第 i 分层土的平均附加应力，在 H_e 范围内线性内插（图 4.30）。

根据前述等效原则，式（4-65）与式（4-66）计算出的沉降量是相同的。即

$$s = \frac{1}{2} m_{ve} p_0 H_e = \sum_{i=1}^{n} m_{vi} p_0 \frac{H_e - z_i}{H_e} H_i$$

或者

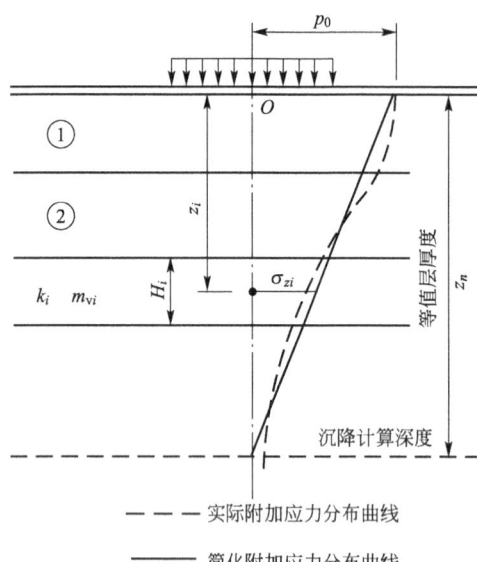

图 4.30　成层地基沉降计算

$$m_{ve} = 2 \sum_{i=1}^{n} m_{vi} \left(1 - \frac{z_i}{H}\right) \frac{H_i}{H_e} \quad (4-67)$$

最后，利用式（4-64）与式（4-67），可以得到等效土层的固结系数 C_{ve} 为

$$C_{ve} = \frac{k_e}{m_{ve} \gamma_w} \quad (4-68)$$

由于等效土层的顶面就在基底，因此，该面的排水条件应根据实际情况确定。而位于沉降计算深度处的层底面的排水条件，可简化处理：如果其下土层透水性较好，则可视为透水边界；如果与层底面以上附近土的透水性相当甚至更差，则可视为不透水边界。这样，等效均质土层的计算就与前述单层土完全相同了。

应当注意，上述简化方法只可用于确定地基固结沉降随时间的变化，不可用于计算地基内的孔压或有效应力。因为沉降量等效（相同），未必孔压相同。

【**例 4.5**】　如果例 4.1 中的粉质黏土和淤泥质土的渗透系数分别为 $k = 15 \times 10^{-2}$ m/年和 $k = 1 \times 10^{-2}$ m/年，并假定粉质黏土层顶自由排水，其他资料相同，试确定 5 年时地基的平均固结度和沉降量。

【**解**】　由例 4.1 知，基底附加压力 $p_0 = 120$ kPa，沉降计算深度 $z_n = H_e = 6.6$ m，且 z_n 范围内粉质黏土层厚 $H_1 = 3$ m，淤泥质土层厚 $H_1 = 3.6$ m。由于题中给出两层土的渗透系数不随深度变化，故根据式（4-64），土层等效渗透系数 k_e 为

$$k_e = \frac{H_e}{\sum_{i=1}^{m} \frac{H_i}{k_i}} = \frac{6.6}{\frac{3}{15 \times 10^{-2}} + \frac{3.6}{1 \times 10^{-2}}} = 1.737 \times 10^{-2} \text{ (m/年)}$$

利用例 4.1 的部分计算结果，各分层的体积压缩系数 m_v 计算过程见例 4.5 表（表 4-14）。

利用式(4-67)可得等效土层的体积压缩系数为
$$m_{ve}=2\times 1.3838\times 10^{-4}=2.7656\times 10^{-4}(\text{kPa}^{-1})$$
等效土层的固结系数 C_{ve} 为
$$C_{ve}=\frac{k_e}{m_{ve}\gamma_w}=\frac{2.037\times 10^{-2}}{1.737\times 10^{-4}\times 10}=1.173(\text{m}^2/\text{年})$$
由于题中给定粉质黏土层顶自由排水,但等效土层底面以下仍为淤泥质土,因此底面处视为不透水,这样,等效土层的固结计算与情况2完全相同。

当 $t=5$ 年时,等效土层的时间因数 $T_{ve}=C_{ve}t/H_e^2=1.173\times 5/6.6^2=0.135$,按照 $\alpha=\infty$ 查表4-13有 $U_t=0.56$。

表4-14 分层体积压缩系数 m_v 计算表

计算点	从基底算起的深度 z/m	从基底算起的层中点深度 z_i/m	层内平均附加应力/kPa $\bar{\sigma}_{zi}=p_0(1-z_i/H_e)$	受压前孔隙比 e_{1i}	受压后孔隙比 e_{2i}	层厚 h_i/m	分层体积压缩系数 $m_{vi}=\frac{e_{1i}-e_{2i}}{1+e_{1i}}\frac{1}{\bar{\sigma}_{zi}}$ /($\times 10^{-4}$kPa^{-1})	$m_{vi}\left(1-\frac{z_i}{H_e}\right)\frac{h_i}{H_e}$ /($\times 10^{-4}$kPa^{-1})
0	0		120					
1	0.6	0.3	114.55	0.826	0.755		3.3944	0.2946
2	1.2	0.9	103.64	0.818	0.759		3.1313	0.2459
3	1.8	1.5	92.73	0.811	0.766		2.6796	0.1880
4	2.4	2.1	81.82	0.803	0.772		2.1014	0.1303
5	3.0	2.7	70.91	0.798	0.777	0.6	1.6471	0.0885
6	3.6	3.3	60.00	0.948	0.913		2.9945	0.1361
7	4.2	3.9	49.09	0.941	0.915		2.7287	0.1015
8	4.8	4.5	38.18	0.933	0.913		2.7100	0.0784
9	5.4	5.1	27.27	0.926	0.909		3.2367	0.0207
10	6.0	5.7	16.36	0.918	0.904		4.4617	0.0553
11	6.6	6.3	5.46	0.910	0.899		10.548	0.0436
								$\sum=1.3828$

地基的最终固结沉降量按式(4-65)计算。即 $s_c=0.5m_{vc}p_0H_e=0.5\times 2.7656\times 10^{-4}\times 120\times 6.6=110$(mm),与例4.1中分层总和法计算结果基本相同。这样,$t=5$ 年时地基的固结沉降量为 $s_{ct}=U_ts_c=0.56\times 110=62$(mm)。

4.5 利用沉降观测资料推算地基沉降

前面介绍的地基沉降计算方法,都做了许多简化和假定。譬如,地基没有侧向变形和渗流、建筑物的荷载是瞬时施加上的、试验所得的力学参数完全代表了现场实际情况等。

由于这些假定与实际存在一定的差异，因此计算结果无可避免地与实际有出入。另一方面，许多高层建筑或重要工程，一般都需要进行长期的沉降观测。显然，如能利用这些观测资料推算沉降的发展趋势和规律，预测最终沉降量，无疑是一项有意义的工作。

如前所述，地基沉降一般包括瞬时沉降 s_d、固结沉降 s_c 和次固结沉降 s_s 三部分。瞬时沉降是在荷载作用下由于土的畸变所引起，并在荷载作用下立即发生的，这部分沉降是不可忽略的，也逐渐被人们所认识。固结沉降是由于孔隙水的排出而引起土体积减小所致，占总沉降的主要部分。而次固结沉降则是由于土中超静孔隙水压力消散后，在恒定的有效应力作用下土骨架的蠕变所致。次固结的大小与土的性质有关。泥炭土、有机土和高塑性黏性土的次固结沉降占很可观的部分，而其他土则所占比例较小。因此，若忽略次固结沉降量，则最终沉降量为

$$s = s_d + s_c \tag{4-69}$$

时刻 t 的沉降量为

$$s_t = s_d + s_{ct} = s_d = U_t s_c \tag{4-70}$$

基于式(4-70)和沉降观测资料推算地基沉降的主要方法有指数法（也称为三点法）和双曲线法。

4.5.1 指数法

各种排水条件下土层的平均固结度的理论解，可归纳为下式

$$U_t = 1 - a \cdot \exp(-bt) \tag{4-71}$$

式中的 a 和 b 是两个待定参数。如果按式(4-57)，则 $a = 8/\pi^2$，而 b 则与固结系数、排水距离等因素有关。将式(4-71)代入式(4-70)并利用式(4-69)，有

$$\frac{s_t - s_d}{s - s_d} = 1 - a \cdot \exp(-bt) \tag{4-72}$$

或者

$$s_t = s[1 - a \cdot \exp(-bt)] + s_d a \cdot \exp(-bt) \tag{4-73}$$

在上式中，如果最终沉降量 s 和瞬时沉降量 s_d 也是未知数，则待定的参数将有 4 个。现从实测的早期 $s-t$ 曲线上选择荷载停止施加后的 3 个时间 t_1、t_2 和 t_3（相应的监测沉降量分别为 s_{t1}、s_{t2} 和 s_{t3}），如图 4.31 所示，则利用式(4-73)可得

$$s_{t1} = s[1 - a \cdot \exp(-bt_1)] + s_d a \cdot \exp(-bt_1) \tag{4-74}$$

$$s_{t2} = s[1 - a \cdot \exp(-bt_2)] + s_d a \cdot \exp(-bt_2) \tag{4-75}$$

$$s_{t3} = s[1 - a \cdot \exp(-bt_3)] + s_d a \cdot \exp(-bt_3) \tag{4-76}$$

利用上述三式，可得

$$\exp[b(t_3 - t_2)] \frac{\exp[b(t_2 - t_1)] - 1}{\exp[b(t_3 - t_2)] - 1} = \frac{s_{t2} - s_{t1}}{s_{t3} - s_{t2}} \tag{4-77}$$

显然，如果在选择时间 t_1、t_2 和 t_3 时满足

$$t_2 - t_1 = t_3 - t_2 \tag{4-78}$$

则可由式(4-77)确定出参数 b 为

$$b = \frac{1}{t_2 - t_1} \ln \frac{s_{t2} - s_{t1}}{s_{t3} - s_{t2}} \tag{4-79}$$

将上式代入式(4-74)~式(4-76),则预测的最终沉降量为

$$s = \frac{s_{t3}(s_{t2}-s_{t1}) - s_{t2}(s_{t3}-s_{t2})}{(s_{t2}-s_{t1}) - (s_{t3}-s_{t2})} \quad (4-80)$$

一般 a 采用理论值 $a=8/\pi^2$,这样,瞬时沉降 s_d 为

$$s_d = \frac{s_{t1} - [1-a \cdot \exp(-bt_1)]}{a \cdot \exp(-bt_1)} \quad (4-81)$$

将式(4-79)~式(4-81)代入式(4-73),即可推算时刻 t 的沉降量 s_t。

应当注意的是,为了得到合理的沉降预测值,时间 t 均应从修正后的零点 O' 算起。如对于一级等速加载(图 4.31),O' 点在加荷期间的中点。此外,时间 t_1、t_2 和 t_3 应满足式(4-78)的要求,并且 (s_3, t_3) 点应尽可能取在 $s-t$ 曲线的末端,以使 (t_2-t_1) 和 (t_3-t_2) 尽可能大些。

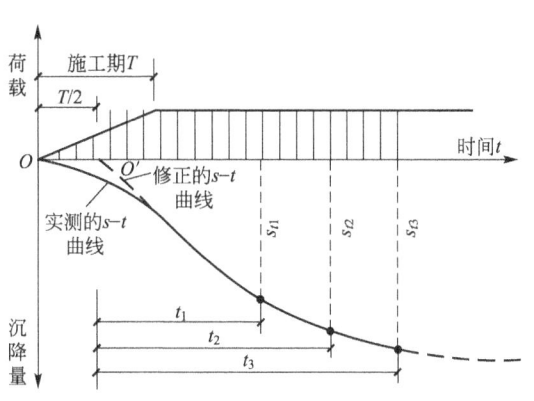

图 4.31 沉降与时间关系实测曲线

4.5.2 双曲线法

该方法假定沉降量 s_t 与时间 t 呈双曲线

$$s_t = s\frac{t}{a+t} \quad (4-82)$$

式中的最终沉降量 s 和 a 为待定参数。式(4-82)还可以改写为

$$\frac{1}{s_t} = \frac{1}{s}\left(1 + a\frac{1}{t}\right) \quad (4-83)$$

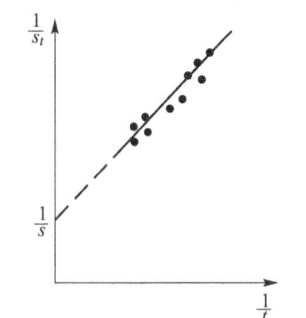

图 4.32 双曲线法中参数的确定

在 $1/s_t - 1/t$ 坐标系中上式为一条直线(图 4.32)。该直线与纵坐标的截距就是 $1/s$,而斜率等于 a/s。将不同时刻 t 观测到的沉降量 s_t 绘制在该坐标系中并进行直线回归,即可得到 s 和 a,再利用式(4-82)预测沉降。

本 章 小 结

本章以地基沉降量及其随时间变化的确定方法为中心内容,首先介绍了土的压缩性的含义、产生压缩的原因与主要影响因素,以及压缩性大小的判别指标及其试验测定方法,并以此为基础,结合地基中自重应力和附加应力的确定方法,阐述了地基最终沉降量主要确定方法的计算原理与计算步骤。此外,针对外荷作用下的饱和黏性土层地基,介绍了其单向一维固结变形机理及其固结度和固结变形随时间变化的确定方法,最后简要介绍了如何利用工程实际监测资料,预估地基沉降量的主要方法和原理。

本章是本课程的核心内容之一，涉及范围广，理解难度大。应掌握的主要内容是：土压缩机理及其压缩性大小的判别、地基最终沉降量计算的分层总和法与"规范法"，以及饱和土的固结机理、固结度和沉降量随时间变化的确定方法。

习　　题

一、选择题

1. 土的压缩曲线越平缓，则该土的（　　）。
   A. 压缩系数越大　　　　　　　　　B. 压缩模量越小
   C. 压缩性越小　　　　　　　　　　D. 压缩指数越大
2. 在压缩曲线中，横坐标 p 指的是（　　）。
   A. 总应力　　　　　　　　　　　　B. 有效应力
   C. 孔隙水压力　　　　　　　　　　D. 自重应力
3. 某饱和土层在 $0\sim t_1$、$t_1\sim 2t_1$ 和 $2t_1\sim 3t_1$ 时间内的固结沉降量分别为 Δs_1、Δs_2 和 Δs_3，则（　　）。
   A. $\Delta s_1=\Delta s_2=\Delta s_3$　　　　　　　　B. $\Delta s_1=\Delta s_2>\Delta s_3$
   C. $\Delta s_1>\Delta s_2=\Delta s_3$　　　　　　　　D. $\Delta s_1>\Delta s_2>\Delta s_3$

二、填空题

1. 某种土的压缩系数 $a_{1-2}=0.35\text{MPa}^{-1}$，则该土为（　　　　）压缩性的土。
2. 计算地基的沉降量时，自重应力应从（　　　　）开始算起，附加应力应从（　　　　）开始算起。
3. 某饱和土层固结度为 0.6 时的固结沉降量为 90mm，则该土层的最终固结沉降量为（　　　　）mm。

三、简答题

1. 如何理解土的压缩变形实际上是土中孔隙体积的减小？
2. 如何理解沉降量计算中的"附加压力"？它是否仅指"建筑物的荷载在地基中产生的那一部分应力"？若不是，请举例说明。
3. 试讨论饱和土固结过程中孔隙比、含水量、饱和度及重力密度（重度）的变化。有人认为，因为饱和土固结过程中有一部分水被排出了，所以固结完成后土就不会再是饱和的了。这种看法正确吗？为什么？
4. 在讨论饱和土的一维固结时，压缩层内的起始孔压分布、固结完成时的有效应力分布，以及附加应力分布是否相同？为什么？

四、计算题

1. 某饱和黏土试样在压缩仪中进行压缩试验，该土样的起始高度为 20mm，面积为 30cm^2，土样与环刀总重 1.756N，环刀重 0.586N。当荷载由 $p_1=100$kPa 增加至 $p_2=200$kPa 压缩稳定后，土样的高度由 19.31mm 减少至 18.76mm。试验结束后烘干土样，称得干土重为 0.91N，测得的土粒相对密度 $d_s=2.7$。

（1）计算与 p_1 及 p_2 对应的孔隙比 e_1 及 e_2。

（2）求 a_{1-2} 及 E_{s1-2}，并依据 a_{1-2} 判断该土的压缩性。

(3) 确定 $p_2=200$kPa 压缩稳定后土样的含水量与重度。

2. 某土层厚2m,顶面埋深2.0m,底面埋深4.0m,该土层平均自重应力为51kPa。在房屋荷载作用下,土层的平均附加应力为50kPa,在该附加应力作用下,该土层已经沉降稳定。由于临近修建建筑物,该土层附加应力又增加了10kPa。若已知土的孔隙比 e 与压力 p(kPa)的关系为 $e=1.5-0.0014p$,试确定由于修建建筑物而引起的该土层压缩量。

3. 某地基自天然地面向下的地质条件为:第一层为厚度5m的粉质黏土①,重度 $\gamma=19.2$kN/m^3,承载力特征值 $f_{ak}=250$kPa;第二层为厚度2m的中砂层,$\gamma=20.3$kN/m^3,侧限压缩模量 $E_s=20$MPa;第三层为厚度10m的粉质黏土②,重度 $\gamma=19.4$kN/m^3,其下为砂卵石层。地下水位在地表以下2m处。粉质黏土①和的侧限压缩试验结果见计算题3表(表4-15)。先拟在该地基中修建一柱下独立基础。基础底面尺寸为2.4m×1.6m,埋深1.6m,承受的竖向轴心荷载 $N=800$kN。不计砂卵石层的压缩量,试分别用分层总和法和规范法计算该基础的最终沉降量。

表 4-15 土的压缩试验数据

有效压力 p/kPa	0	10	30	50	70	100	200	400
粉质黏土①孔隙比 e	0.867	0.865	0.862	0.855	0.845	0.832	0.804	0.775
粉质黏土②孔隙比 e	0.796	0.794	0.792	0.789	0.784	0.773	0.753	0.731

4. 某正常固结地基中有一厚度为3m的饱和土层,天然重度 $\gamma=20$kN/m^3,层顶处的自重应力为60kPa。现该土层在竖向层顶附加压力为125kPa、层底附加压力为75kPa条件下进行竖向单面排水固结,固结系数 $C_v=0.6$m^2/年。该土的压缩试验数据见计算题4表(表4-16)。试确定该土层:

(1) 完成最终固结沉降量一半所需要的时间。
(2) 固结6年时的沉降量。

表 4-16 土的压缩试验数据

有效压力 p/kPa	0	50	100	200	300	400
孔隙比 e	0.984	0.900	0.828	0.752	0.710	0.680

5. 某饱和黏土层厚度为10m,底面不透水。从该层土中取样进行室内压缩试验(试样高度为20mm,双面排水),测得固结度 $U_t=50\%$ 时相应的时间为1h。试问该黏土层达到相同固结度50%需要多长时间。

6. 试推导式(4-61)。

第 5 章
土的抗剪强度

> **教学目标**

本章主要讲述土的抗剪强度概念与极限平衡条件、土的抗剪强度试验及强度指标的确定方法、在不同的排水条件下饱和土和砂土剪切过程中的性状、非饱和土抗剪强度的确定方法及应力路径等。通过本章的学习,达到以下目标。

(1) 掌握土的抗剪强度与极限平衡条件。
(2) 掌握土的抗剪强度试验及强度指标的确定方法。
(3) 掌握土体三轴压缩试验中的孔隙压力系数的确定方法。
(4) 掌握土体剪切过程中的性状。
(5) 掌握应力路径的概念及描述方法。

> **教学要求**

知识要点	能力要求	相关知识
土的抗剪强度与极限平衡条件	(1) 库仑定律; (2) 莫尔-库仑破坏准则	(1) 土的抗剪强度; (2) 库仑定律; (3) 莫尔-库仑破坏准则; (4) 极限平衡条件; (5) 强度指标; (6) 破裂面与破裂角
土的抗剪强度试验及强度指标的确定方法	(1) 直接剪切试验; (2) 三轴剪切试验; (3) 无侧限抗压试验; (4) 十字板剪切试验; (5) 其他抗剪强度试验方法如真三轴仪、平面应变仪、扭剪仪、环剪仪等	(1) 快剪、固结快剪、慢剪; (2) 直接剪切试验的优缺点; (3) 三轴剪切试验的组成; (4) 不固结不排水剪、固结不排水剪、固结排水剪; (5) 无侧限抗压强度及灵敏度; (6) 十字板剪切试验的原理及成果表达; (7) 真三轴仪、平面应变仪、扭剪仪、环剪仪等试验方法介绍
土体三轴压缩试验中的孔隙压力系数的确定	(1) 斯开普敦(Skempton)孔隙压力系数; (2) 亨开尔(Henkel)孔隙压力系数	(1) 饱和土与非饱和土孔隙压力系数 B 值; (2) 孔隙压力系数 A、B 的含义; (3) 斯开普敦孔隙压力系数与亨开尔孔隙压力系数之间的联系

(续)

知识要点	能力要求	相关知识
土体剪切过程中的性状	(1) 饱和黏性土剪切过程中的性状； (2) 砂土剪切过程中的性状； (3) 非饱和土抗剪强度； (4) 应力路径	(1) 饱和黏性土不排水剪切过程中的性状； (2) 饱和黏性土排水剪切过程中的性状； (3) 饱和黏性土在不固结不排水剪、固结不排水剪、固结排水剪等条件下抗剪强度的表达方法； (4) 土的抗剪强度指标选用； (5) 砂土在排水与不排水状态下的力学性状； (6) 土体的残余强度； (7) 净正应力、基质吸力、非饱和土抗剪强度的表达方法
应力路径的概念及描述方法	(1) 应力路径的概念； (2) 应力路径的表达方法	(1) 总应力路径； (2) 有效应力路径； (3) 应力路径的工程应用

基本概念

莫尔-库仑破坏准则、抗剪强度、极限平衡条件、直接剪切试验、三轴剪切试验、无侧限抗压试验、十字板剪切试验、孔隙压力系数、净正应力、基质吸力、应力路径

引例

土的抗剪强度是土的重要力学性质之一，建筑物地基和路基的承载力，挡土墙和地下结构的土压力，堤坝、基坑、路堑以及各类边坡的稳定性均由土的抗剪强度所控制。在土木工程建设工作中，对土体稳定性计算分析而言，抗剪强度是其中最重要的计算参数，能否正确测定土的抗剪强度，往往是设计质量和工程成败的关键所在。

5.1 概　　述

土的抗剪强度是指土体抵抗剪切破坏的极限能力，是土的重要力学性质之一。工程中的地基承载力、挡土结构土压力和土坡稳定等问题都与土的抗剪强度直接相关。土体内部的剪切破坏是渐近的，如果土体内某一部分的剪应力达到土的抗剪强度，在该部分就开始出现剪切破坏，随着荷载的增加，剪切破坏的范围逐渐增大，最终在土体中形成连续的滑动面，产生失稳破坏，如图 5.1 所示。

黏性土或无黏性土都是松散的颗粒集合体，它们的破坏通常表现为颗粒与颗粒之间的相对移动，而一般较少考虑颗粒本身的破坏。对一种土来说，其抗剪强度不是一个常数值。第一，它随剪切面上法向应力而变，这是土区别于金属建筑材料的一个重要特征。

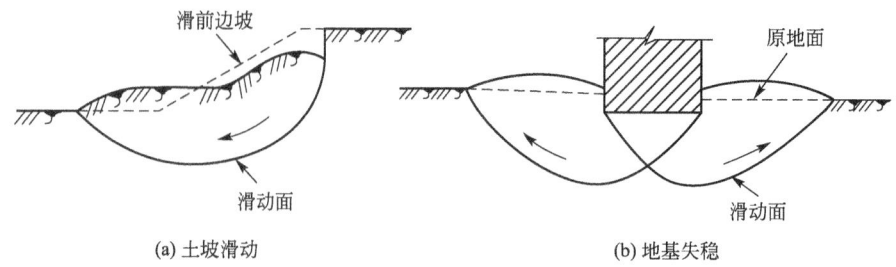

图 5.1 土的剪切破坏的工程问题

第二,它与土粒大小、形状、级配、孔隙比、矿物成分和含水量等因素有关。第三,它与土受剪时的排水条件、剪切速率等外界环境有关。第四,它与土的应力历史有关。这就是土的抗剪强度的试验手段和指标选用较为复杂的原因。

还需说明一点,要认识土的抗剪强度的实质,还需要开展对土微观结构的研究,目前已能够通过电子显微镜、X射线的透视和衍射,差热分析等技术研究土的物质成分、颗粒形状、排列、粒间接触与连接方式等,通过宏观和微观相结合的方法进一步解释土的抗剪强度。这是近代土力学新的研究领域,目前已取得一些成果。

5.2 土的抗剪强度与极限平衡条件

5.2.1 库仑定律

库仑 1773 年通过一系列砂土剪切试验,提出砂土的抗剪强度表达为

$$\tau_f = \sigma \tan\varphi \tag{5-1}$$

式中:τ_f 为土的抗剪强度(kPa);σ 为作用在剪切面上的法向应力(kPa);φ 为砂土的内摩擦角(°)。干松砂自然状态下能维持的斜坡最大坡角 β 近似等于 φ,β 称为砂土的自然休止角。

后来又通过试验提出了黏性土的抗剪强度,表达为

$$\tau_f = c + \sigma \tan\varphi \tag{5-2}$$

式中:c 为土的黏聚力(kPa);φ 为黏土的内摩擦角(°)。

式(5-1)和式(5-2)统称为库仑定律。c 和 φ 称为土体的抗剪强度指标。将库仑定律表示在 τ_f-σ 坐标中为两条直线,如图 5.2 所示。

库仑定律表明,土的抗剪强度是其剪切面上的法向应力的线性函数。对无黏性土,抗剪强度由粒间的摩阻力提供;对黏性土,抗剪强度由粒间的黏聚力与摩阻力两部分提供。

土的抗剪强度中的摩阻力 $\sigma \tan\varphi$ 主要来自两方面:一是滑动摩擦,即剪切面相邻土粒间在无剪胀情况下提供的摩擦力;二是咬合摩擦,即剪切面相邻土粒间互相嵌入这种阻挡约束所产生的咬合力。所以抗剪强度中的摩阻力除了与剪切面上的法向应力有关外,还与土粒大小、形状、级配、孔隙比、矿物成分和粒间接触与连接方式等有关。

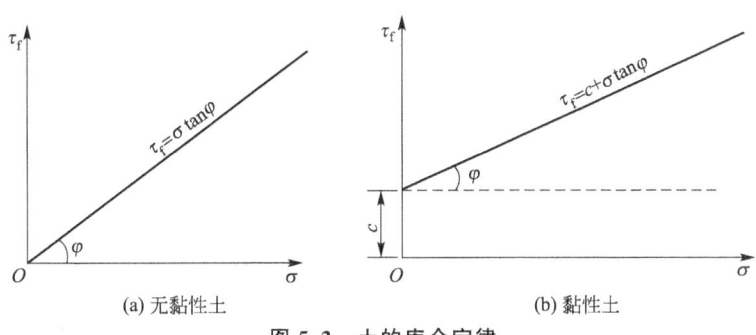

图 5.2 土的库仑定律

土的抗剪强度中的黏聚力一般由土粒之间的胶结作用和电分子引力等因素所形成。因此黏聚力通常与土中黏粒含量、矿物成分、含水量、土的结构等因素有关。

长期试验研究指出，土的抗剪强度不仅与土的性质有关，还与试验时的排水条件、剪切速率、应力路径和应力历史等因素有关，其中最重要的是试验时的排水条件。据太沙基有效应力原理，土体内的剪应力仅由土骨架承担，与孔隙水压力无关，土的抗剪强度应表示为剪切面上法向有效应力的函数，因此库仑定律修改为

无黏性土
$$\tau_f = \sigma' \tan\varphi' \tag{5-3}$$

黏性土
$$\tau_f = c' + \sigma' \tan\varphi' \tag{5-4}$$

式中：σ' 为作用在剪切面上的法向有效应力(kPa)，$\sigma' = \sigma - u$；u 为土体的孔隙水压力(kPa)；c' 为土的有效黏聚力(kPa)；φ' 为土的有效内摩擦角。

因此土的抗剪强度有两种表达方法：一是以总应力 σ 表达的库仑定律，相应的 c、φ 为土体的总应力抗剪强度指标；二是以有效应力 σ' 表达的库仑定律，相应的 c'、φ' 为土体的有效应力抗剪强度指标。试验研究表明，土的抗剪强度仅仅取决于土粒间的有效应力，因此式(5-3)和式(5-4)是更为合理的表达方法；但实际上大多数情况下土中孔隙水压力并不知道，因此总应力法表达的库仑定律在应用上比较方便。因此，目前存在着两套指标并用的现象。

5.2.2 莫尔-库仑破坏准则

莫尔 1910 年提出材料的破坏是剪切破坏，当任一平面上的剪应力等于材料的抗剪强度时该点就发生破坏，并提出在破坏面上的抗剪强度 τ_f 是该面上法向应力 σ 的函数，即

$$\tau_f = f(\sigma) \tag{5-5}$$

这个函数在 τ_f-σ 坐标中是一条曲线，称为莫尔抗剪强度包线，如图 5.3 所示。莫尔抗剪强度包线表示材料受到不同应力作用达到极限状态时，滑动面上抗剪强度 τ_f 与该面上法向应力 σ 间的关系。理论分析和试验均证明，莫尔理论对土体较为合适，当法向应力 σ 的变化范围不大时，土的莫尔包线可用直线来逼近，如图 5.3 中虚线所示，该直线方程就是库仑定律表示的

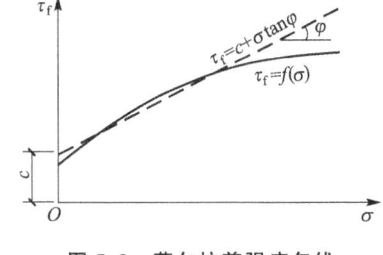

图 5.3 莫尔抗剪强度包线

方程。由库仑公式表示莫尔包线的强度理论称为莫尔-库仑强度破坏理论，也称为莫尔-库仑破坏准则。

当土体中任意一点在某一平面上的剪应力达到土的抗剪强度时，就发生剪切破坏，该点即处于极限平衡状态，根据莫尔-库仑强度破坏理论，可得出土体中一点的剪切破坏条件，即土的极限平衡条件。

下面仅研究平面问题，如图 5.4 所示，在土体中取一微单元，设作用在该微单元上的两个主应力为 σ_1 和 σ_3，在微单元内与大主应力 σ_1 作用平面成任意角 α 的 mn 平面上有正应力 σ 和剪应力 τ，取微棱柱体 abc 为隔离体，将各力分别在水平和竖直方向投影，据力的平衡条件可得

$$\sigma_3 \cdot \mathrm{d}s\sin\alpha - \sigma \cdot \mathrm{d}s\sin\alpha + \tau \cdot \mathrm{d}s\cos\alpha = 0$$
$$\sigma_1 \cdot \mathrm{d}s\cos\alpha - \sigma \cdot \mathrm{d}s\cos\alpha - \tau \cdot \mathrm{d}s\sin\alpha = 0$$

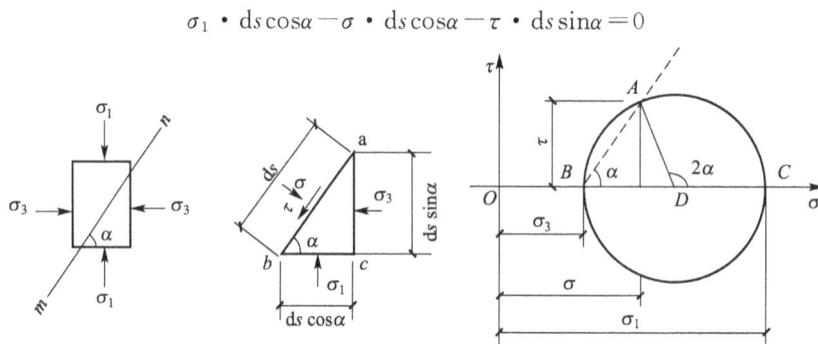

(a) 微单元上的应力　　(b) 隔离体 abc 上的应力　　(c) 莫尔圆

图 5.4　土体中任意一点的应力

联立求解以上方程可得 mn 平面上的正应力 σ 和剪应力 τ 的表达式为

$$\left. \begin{array}{l} \sigma = \dfrac{1}{2}(\sigma_1+\sigma_3) + \dfrac{1}{2}(\sigma_1-\sigma_3)\cos2\alpha \\[6pt] \tau = \dfrac{1}{2}(\sigma_1-\sigma_3)\sin2\alpha \end{array} \right\} \quad (5-6)$$

依据材料力学，σ、τ 与 σ_1、σ_3 之间的关系可以用莫尔圆来表示，如图 5.4(c) 所示。即在 σ-τ 直角坐标中，按一定比例，沿 σ 轴截取 OB 和 OC 分别表示 σ_3 和 σ_1，以 D 为圆心、$(\sigma_1-\sigma_3)$ 为直径作一圆，从 DC 开始逆时针旋转 2α 角，使 DA 线与圆周交于 A 点，可以证明，A 点的横坐标即为斜面 mn 上的正应力 σ，纵坐标即为剪应力 τ。这样，莫尔圆就可以表示土体中一点的应力状态，莫尔圆圆周上各点的坐标就表示该点在相应平面上的法向应力与剪应力的大小。

为了建立土的极限平衡条件，可将莫尔-库仑抗剪强度直线与莫尔圆画在同一张 σ-τ 直角坐标中，如图 5.5 所示，它们之间的关系有三种情况：①莫尔圆Ⅰ位于抗剪强度直线

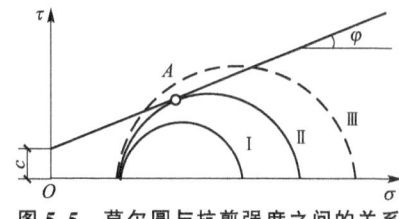

图 5.5　莫尔圆与抗剪强度之间的关系

的下方，说明该点在任意一个平面上的剪应力都小于土体所发挥的抗剪强度，满足 $\tau<\tau_f$，因此不会发生剪切破坏；②莫尔圆Ⅲ与抗剪强度包线相割，说明该点某些平面上的剪应力已超过了土体所发挥的抗剪强度，满足 $\tau>\tau_f$，实际上这种情况是不可能存在的；③莫尔圆Ⅱ与抗剪强度直线相切，切点为 A，

说明在 A 点所代表的平面上，满足 $\tau=\tau_f$，则该点就处于极限平衡状态，该莫尔圆 Ⅱ 为极限应力圆。

对莫尔圆与抗剪强度包线相切这一情况，如图 5.6 所示，依据直角三角形 ARD，可建立土的极限平衡条件为

$$\sin\varphi=\frac{AD}{RD}=\frac{(\sigma_1-\sigma_3)/2}{c\cdot\cot\varphi+(\sigma_1+\sigma_3)/2} \tag{5-7}$$

上式进一步写为

$$\frac{\sigma_1-\sigma_3}{2}=\frac{\sigma_1+\sigma_3}{2}\sin\varphi+c\cdot\cos\varphi \tag{5-8}$$

式(5-8)经过三角函数关系转换可得出

$$\sigma_1=\sigma_3\tan^2\left(45°+\frac{\varphi}{2}\right)+2c\cdot\tan\left(45°+\frac{\varphi}{2}\right) \tag{5-9}$$

或

$$\sigma_3=\sigma_1\tan^2\left(45°-\frac{\varphi}{2}\right)-2c\cdot\tan\left(45°-\frac{\varphi}{2}\right) \tag{5-10}$$

对无黏性土，$c=0$，则无黏性土的极限平衡条件为

$$\sigma_1=\sigma_3\tan^2\left(45°+\frac{\varphi}{2}\right) \tag{5-11}$$

$$或\ \sigma_3=\sigma_1\tan^2\left(45°-\frac{\varphi}{2}\right) \tag{5-12}$$

在直角三角形 ARD 中，由外角与内角的关系可得出破裂角 α_f 表达为

$$\alpha_f=45°+\frac{\varphi}{2} \tag{5-13}$$

式(5-13)表明破坏面与最大主应力 σ_1 作用面的夹角为 $(45°+\varphi/2)$，如图 5.6(a)所示。

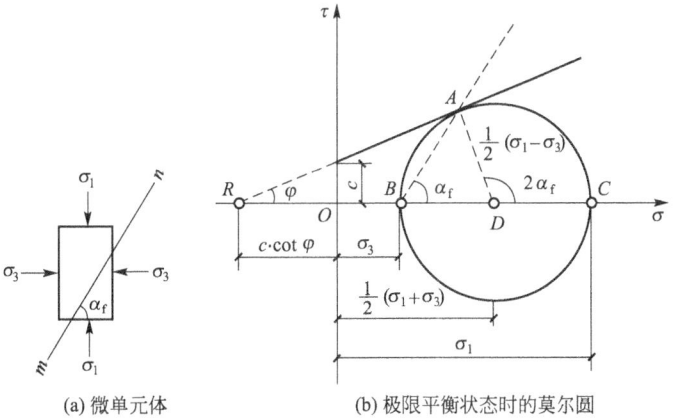

(a) 微单元体　　　　(b) 极限平衡状态时的莫尔圆

图 5.6　土体中一点达到极限平衡状态时的莫尔圆

若土体中某点剪破时的孔隙水压力为 u_f，则剪破时的有效大主应力 $\sigma_1'=\sigma_1-u_f$、有效小主应力 $\sigma_3'=\sigma_3-u_f$，则基于有效应力原理得出的土体极限平衡条件为

$$\sigma_1'=\sigma_3'\tan^2\left(45°+\frac{\varphi'}{2}\right)+2c'\cdot\tan\left(45°+\frac{\varphi'}{2}\right) \tag{5-14}$$

或

$$\sigma_3' = \sigma_1' \tan^2\left(45° - \frac{\varphi'}{2}\right) - 2c' \cdot \tan\left(45° - \frac{\varphi'}{2}\right) \tag{5-15}$$

综上所述，关于莫尔-库仑强度破坏理论，可归纳为以下几点：①土的抗剪强度随剪切面上的法向应力的大小而变；②土的剪切破坏只有在土的莫尔圆与莫尔-库仑强度线相切时方能发生；③土的剪切破坏面成对出现，且剪切破坏面与最大主应力 σ_1 作用面的夹角为 $(45° + \varphi/2)$；④依据莫尔-库仑强度破坏理论，可认为土的抗剪强度与中主应力 σ_2 无关，但通常中主应力 σ_2 对土的抗剪强度起到增大的效应，所以莫尔-库仑强度破坏理论相对来讲较为保守一些。

【例 5.1】 地基中的某点的应力状态为 $\sigma_1 = 350\text{kPa}$，$\sigma_3 = 100\text{kPa}$，已知该土体的抗剪强度指标为 $c = 20\text{kPa}$，$\varphi = 18°$。试问该点是否出现剪切破坏。

【解】 方法 1：假定 $\sigma_3 = 100\text{kPa}$，求土体破坏时对应的 σ_{1f}。
依据极限平衡条件得出

$$\sigma_{1f} = \sigma_3 \tan^2\left(45° + \frac{\varphi}{2}\right) + 2c \cdot \tan\left(45° + \frac{\varphi}{2}\right) = 100\tan^2 54° + 40\tan 54° = 244.5(\text{kPa})$$

因 $\sigma_1 = 350\text{kPa} > \sigma_{1f} = 244.5\text{kPa}$，且 σ_1 是促使土体破坏的应力，所以土体已剪破。

方法 2：假定 $\sigma_1 = 350\text{kPa}$，求土体破坏时对应的 σ_{3f}。
依据极限平衡条件得出

$$\sigma_{3f} = \sigma_1 \tan^2\left(45° - \frac{\varphi}{2}\right) - 2c \cdot \tan\left(45° - \frac{\varphi}{2}\right) = 350\tan^2 36° - 40\tan 36° = 155.69(\text{kPa})$$

因 $\sigma_3 = 100\text{kPa} < \sigma_{3f} = 155.69\text{kPa}$，且 σ_3 是对土体起着保护的作用，因该保护应力不够，所以土体已剪破。

方法 3：判断剪破面是否破坏。

(1) 如土体剪破，必先沿剪破面剪破。土体剪破面与大主应力作用面的夹角 α_f 为

$$\alpha_f = 45° + \frac{\varphi}{2} = 54°$$

(2) 该剪破面上的法向应力 σ 与剪应力 τ 分别为

$$\sigma = \frac{1}{2}(\sigma_1 + \sigma_3) + \frac{1}{2}(\sigma_1 - \sigma_3)\cos 2\alpha_f = \frac{1}{2}(350 + 100) + \frac{1}{2}(350 - 100)\cos 108° = 186.37(\text{kPa})$$

$$\tau = \frac{1}{2}(\sigma_1 - \sigma_3)\sin 2\alpha_f = \frac{1}{2}(350 - 100)\sin 108° = 118.88(\text{kPa})$$

(3) 判断该剪破面是否破坏。
已知 $\sigma = 186.37\text{kPa}$，如沿剪破面剪破时对应的抗剪强度 τ_f 为

$$\tau_f = c + \sigma\tan\varphi = 20 + 186.37\tan 18° = 80.56(\text{kPa})$$

因实际剪破面上的剪应力 $\tau = 118.88\text{kPa} > \tau_f = 80.56\text{kPa}$，所以土体已剪破。

5.3 土的抗剪强度试验方法及强度指标

5.3.1 直接剪切试验

直接剪切试验分为应变控制式和应力控制式两种，前者对试样采用等速剪应变测定相

应的剪应力，后者则是对试样分级施加剪应力测定相应的剪切位移。我国普遍采用应变控制式直剪仪，其构造见图 5.7。

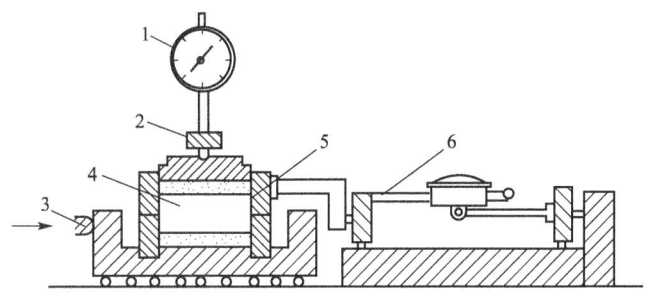

图 5.7 应变控制式直剪仪
1—垂直变形量表；2—垂直加荷框架；
3—推动座；4—试样；5—剪切盒；6—量力环

它的主要部分是剪切盒，剪切盒分为上、下盒，上盒通过量力环固定于仪器架上，下盒放在能沿滚珠槽滑动的底盘上。试件通常使用环刀切出一块厚为 20mm 的圆形土饼，试验时将土饼推入剪切盒内。先在试件上施加垂直压力 P，然后通过推进螺杆推动下盒，使试件沿上下盒间的平面直接接受剪切，剪切力 T 由量力环测定，剪切变形 δ 由百分表测定。在施加每级法向应力 $\sigma=P/A$（A 为试件剪切面积）后，逐级施加剪切面上的剪应力 $\tau=T/A$，直至试件破坏，于是即可绘制在一定法向应力 σ 条件下，试件剪切变形 δ 与剪应力 τ 的对应关系，如图 5.8(a) 所示。较坚实的黏土及密砂的 τ-δ 曲线可出现剪应力的峰值 τ_{fp}，即为破坏强度。软黏土和松砂的 τ-δ 曲线则常不出现峰值，此时应按一定的剪切变形量作为控制破坏的标准，例如可取相应于 4mm 剪切变形量的剪应力作为破坏强度值 τ_f。有峰值的 A 线上，峰后剪切强度随应变增大而降低，称为应变软化特征。无峰值的 B 线上，剪切强度随应变增加而增大，称为应变硬化特征。

要绘出某种土的抗剪强度包线以确定该土的抗剪强度指标 c 和 φ，至少要用 3~4 个试样，在不同的 σ'、σ''、σ'''…作用下测出相应的 τ-δ 曲线，如图 5.8(b) 所示。按上述原则，确定对应的 σ、τ_f，从而绘出抗剪强度包线，该线与横轴的夹角为土的内摩擦角 φ，而其在纵轴上的截距就是土的黏聚力 c，绘图时注意使纵横轴的比例一致，如图 5.8(c) 所示。

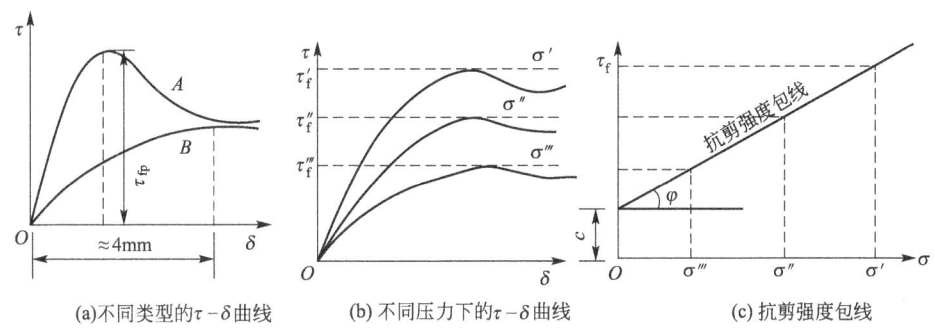

(a) 不同类型的 τ-δ 曲线　　(b) 不同压力下的 τ-δ 曲线　　(c) 抗剪强度包线

图 5.8 直剪试验抗剪强度指标的获取方法

为了近似模拟土体在现场的剪切排水条件,直接剪切试验分为快剪、固结快剪和慢剪三种,具体如下。

(1) 快剪。在土样的上下表面与透水石之间用不透水薄膜隔开,给土样施加法向压应力 σ 后,立即施加水平剪应力,并在 3~5min 将土样剪破。用这种方法测得的抗剪强度指标用 c_q、φ_q 表示。

(2) 固结快剪。给土样施加法向压应力 σ 后,允许土样在法向压应力 σ 作用下充分排水固结,待完全排水固结后快速施加水平剪应力,并在 3~5min 将土样剪破。用这种方法测得的抗剪强度指标用 c_{cq}、φ_{cq} 表示。

(3) 慢剪。给土样施加法向压应力 σ 后,允许土样在法向压应力 σ 作用下充分排水固结,待完全排水固结后,再以缓慢的速率施加水平剪应力,直至土样剪破。由于土样中没有孔隙水压力,用这种方法测得的抗剪强度指标用 c_s、φ_s 表示。经验表明,c_s、φ_s 一般略高于有效抗剪强度指标 c' 和 φ',所以作为有效抗剪强度指标应用时,常乘以 0.9 的系数。

直剪仪构造简单,操作方便,至今仍为一般工程单位广泛应用;另外仪器盒的刚度大,土样没有侧向膨胀的可能,根据土样的竖向变形量就能直接算出试验过程中土样的体积变形量。但该仪器存在如下缺点。

(1) 土样内的应力状态复杂,应变分布不均匀。在施加剪应力之前,大主应力 σ_1 位于竖直方向,土样处于侧限状态,满足 $\sigma_2 = \sigma_3 = k_0 \sigma_1$。加剪应力后,主应力方向发生偏转,剪应力越大,偏转越大,所以试验过程中主应力方向是不断发生偏转变化的。随剪切的进行,靠近剪切盒边缘处应变最大,而土样中间部分的应变相对要小得多,剪切面附近的应变又大于土样其他部位的应变,所以土样内部的应力与应变既非均匀又难确定。剪切过程中土样剪切面积逐步减少且垂直荷载发生偏心,进一步加剧了应力与应变的非均匀性,如图 5.9 所示。

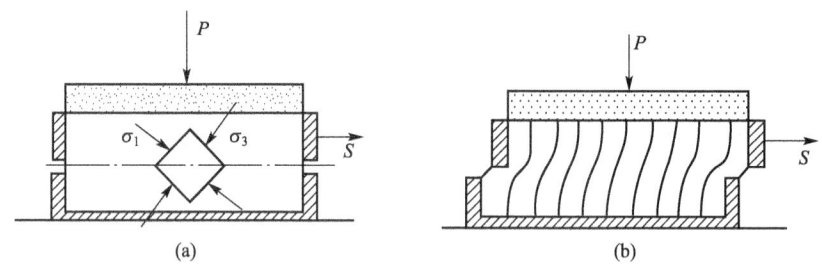

图 5.9 直剪仪内土样的应力与应变

(2) 不能严格控制排水条件,也不能测量土样内部的孔隙水压力。

(3) 剪切面只能人为限制在上下盒接触面上。土往往是非均匀的,该剪切面上土的性质不一定具有代表性。因此,直接剪切试验不宜对土的抗剪强度特性做深入的研究。

为了保持直剪仪简单易行的优点而克服上述的缺点,直剪仪向着图 5.10 的单剪仪发展,其中图 5.10(a)是多环式单剪仪,图 5.10(b)为侧板式单剪仪。试样均装于橡皮模内,所以能控制排水条件和测试试件在试验中所产生的孔隙水压力。剪切时,保持两个侧面平行移动,因此试件内的应力与应变发展较为均匀。

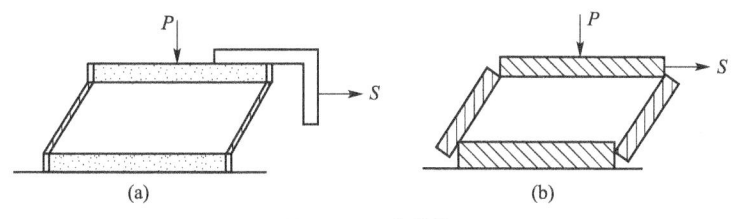

图 5.10 单剪仪

5.3.2 三轴剪切试验

土工三轴仪是一种较好地测量土的抗剪强度的试验设备，与直剪仪相比，三轴仪试样中的应力相对比较均匀明确。三轴仪也分为应变控制与应力控制两种，目前附带有计算机与传感器等组成的自动化控制系统可同时使三轴仪具有应变控制与应力控制两种功能。

三轴仪的核心部分是三轴压力室，它的构造如图 5.11 所示。此外，还配备有：①轴压系统，即三轴剪切仪的主机台，用以对试样施加轴向附加压力，并可控制轴向加荷的速率；②侧压系统，通过液体（通常是水）对试样施加周围压力；③孔隙水压力测读系统，较先进的三轴仪还配套有控制自动化系统、测读自动记录仪和整理处理数据的计算机等。

试验用的试样为圆柱形，通常高度与直径之比为 2~2.5。试样用橡胶皮膜包裹，使试样的孔隙水与膜外液体完全隔开，孔隙水通过试样下端的透水面与孔隙水压力量测系统连通，并有阀门 B 加以控制。

三轴剪切试验的试样顶部，一般还连有排水管，引出压力室。可根据工程目的的不同，采取不同的排水条件进行试验。

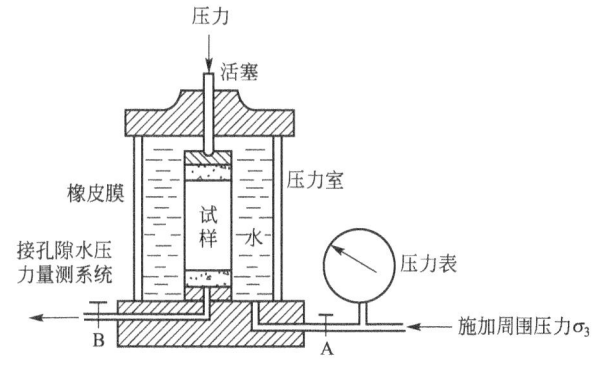

图 5.11 三轴压力室示意图

试验时，先打开阀门 A，当压力显示对试样施加的周围压力已达到所需的 σ_3 时就维持不变，然后由轴压系统通过活塞对试样施加轴向附加压力 $q=\sigma_1-\sigma_3$，称为偏应力，如图 5.12(a)所示。试验过程中，q 不断加大而 σ_3 却保持不变，因此随着 q 的增大，试样的应力圆也不断扩大。当应力圆达到一定大小且与土体的抗剪强度直线相切时，试样即被剪破，这时的应力圆称为破坏应力圆。

假定试样上下端所受摩擦约束的影响忽略不计，即轴向即为大主应力方向，试样剪破面 mn 的方向与大主应力作用平面的夹角为 $\alpha_f=45°+\varphi/2$，如图 5.12(b)所示。按试样剪破时对应的主应力 σ_1 和 σ_3 作极限应力圆，它必与抗剪强度包线相切于 A 点，A 点的坐标值即位剪破面 mn 的法向应力 σ_f 与极限剪应力 τ_f，如图 5.12(c)所示。

在给定的三轴室周围压力 σ_3 作用下，一个试样的试验一般只能得到一个破坏应力圆，至少要有 3~4 个试样在不同的 σ_3 作用下进行剪切，得出 3~4 个不同的破坏应力圆，绘其

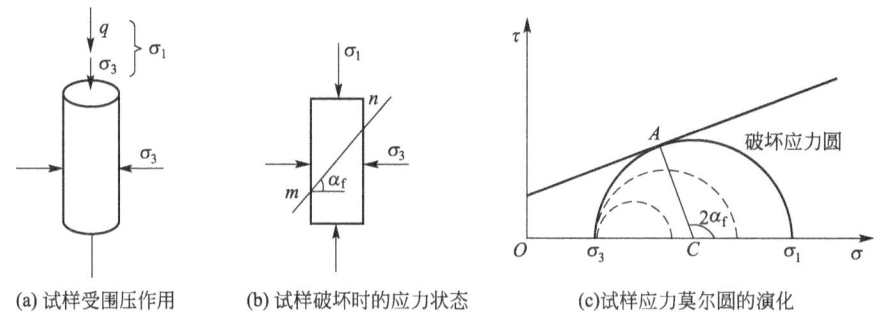

(a) 试样受围压作用　　(b) 试样破坏时的应力状态　　(c) 试样应力莫尔圆的演化

图 5.12　三轴压缩试验原理

公切线,即为抗剪强度包线,它一般呈直线形状,从而得出抗剪强度指标 c、φ 值,如图 5.13 所示。

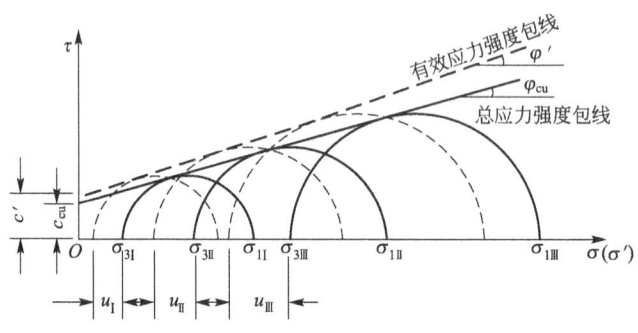

图 5.13　三轴试验的强度包线

三轴压缩试验可根据工程实际情况的不同,采用不同的排水条件进行试验。在试验中,既能使试样沿轴向压缩($\sigma_1 > \sigma_2 = \sigma_3$),也能令其沿轴向伸长($\sigma_1 = \sigma_2 > \sigma_3$)。通过试验,还可测定试样的应力、应变、体积应变、孔隙水压力的变化和静止侧压力系数等。如试样的轴向应变可根据其顶部刚性试样帽的轴向位移和起始高度算出,试样侧向应变可根据体积变化量和轴向应变间接算出。对饱和试件而言,在排水情况下,试样在试验过程中的排水量即为其体积变化量。排水量可通过打开排水管阀门,让试样中的水排入量水管,并由量水管中水位的变化算出。在不排水情况下,如要测定试样中的孔隙水压力,可关闭排水阀,打开孔隙水压力阀门,对试样施加轴向压力以后,由于试样中孔隙水压力增加而迫使零位指示器中水银面下降,此时可用调压筒施反向压力,调整零位指示器中水银面始终保持原来的位置,从孔隙水压力表中即可读出孔隙水压力值。

根据试验中的排水条件,三轴试验可分为不固结不排水剪(Unconsolidated Undrained Test,UU)、固结不排水剪(Consolidated Undrained Test,CU)和固结排水剪(Consolidated Drained Test,CD),分别对应于直接剪切试验的快剪、固结快剪和慢剪,分述如下。

(1) 不固结不排水剪 UU。试样在施加围压 σ_3 后和施加竖向偏应力 q 后都不允许排水,直至试样剪切破坏,即自始至终关闭排水阀,整个试验过程中试样的含水量不变。

(2) 固结不排水剪 CU。试样在施加围压 σ_3 时打开排水阀,允许试样排水固结,直至土样中的孔隙水压力 $u = 0$;待固结稳定后关闭排水阀,再施加竖向偏应力 q,使试样在不排水条件下剪切破坏。

(3) 固结排水剪 CD。试样在施加围压 σ_3 时打开排水阀，允许试样排水固结，直至土样中的孔隙水压力 $u=0$；待固结稳定后再缓慢施加竖向偏应力 q 至试样剪切破坏，整个试验过程中土样中的孔隙水压力始终为零值。

三轴试验可供在复杂应力条件下研究土的抗剪强度特性之用，与直剪仪相比，三轴试样中的应力分布比较均匀，三轴剪切试验仪还可根据工程实际需要，严格控制试样中孔隙水排出，并能准确测定土样在剪切过程中孔隙水压力的变化，从而得以定量地获知土中有效应力的变化情况。

然而，三轴试样的制备工作比较麻烦、易受扰动。试样上下端或多或少地受刚性压板的摩擦约束的影响，因此当试样接近破坏时，试样常被挤压成鼓形。对存在水平层的试样（如取自夹有水平走向的淤泥层土层的土样），剪破面常不是最软弱面，这就对成层土的试验结果影响颇大。此外，目前常用的三轴剪切试验仪，试验过程中主应力 σ_2 始终等于小主应力 σ_3，即 $\sigma_2=\sigma_3$，属轴对称应力状态，将其成果应用到平面应变或三向应力状态（$\sigma_1 > \sigma_2 > \sigma_3$）的课题中有所不符之处。如对砂土的试验结果对比表明，平面应变（$\varepsilon_2=0$）下砂土的内摩擦角比起在轴对称情况下的要高出 3°左右。因此，许多年来土工研究者一直致力于研制真三轴仪，即使土样能受到三个互不相同的主应力 $\sigma_1 > \sigma_2 > \sigma_3$ 的作用，以期获得更加合理的抗剪强度数据。

5.3.3 无侧限抗压试验

这是三轴压缩试验的一个特例。试验时，将圆柱形试样置于如图 5.14 所示的无侧限压缩仪中，对试样不施加周围压力 σ_3，仅对它施加垂直轴向压力 σ_1，剪切破坏时试样所承受的轴向压力称为无侧限抗压强度 q_u。试验时由于试样在侧向不受限制，故称无侧限压缩试验。这一试验只适用于黏性土，尤其适用于饱和黏性土。

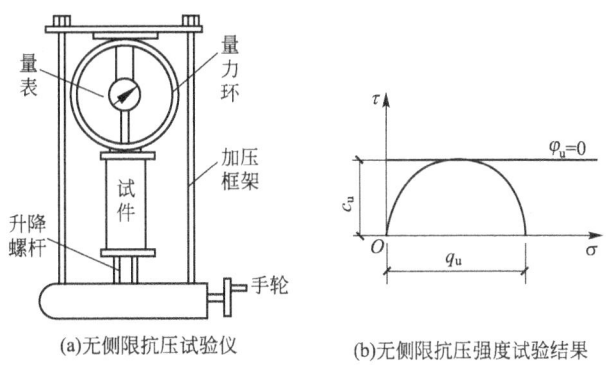

(a) 无侧限抗压试验仪　　(b) 无侧限抗压强度试验结果

图 5.14　无侧限抗压强度试验

如图 5.15 所示，对坚硬黏土，其 σ_1-ε_1 关系曲线常出现 σ_1 的峰值破坏点（脆性破坏），此时 $\sigma_{1f}=q_u$；而软黏土的 σ_1-ε_1 关系曲线常无 σ_1 的峰值破坏点（塑性破坏），此时可取轴向应变 $\varepsilon_1=15\%$ 处对应的轴向应力值作为 q_u。无侧限抗压强度 q_u 相当于三轴压缩试验中在 $\sigma_3=0$ 条件下破坏时的大主应力 σ_{1f}，表达为

$$q_u = \sigma_{1f} = 2c \cdot \tan\left(45° + \frac{\varphi}{2}\right) \qquad (5-16)$$

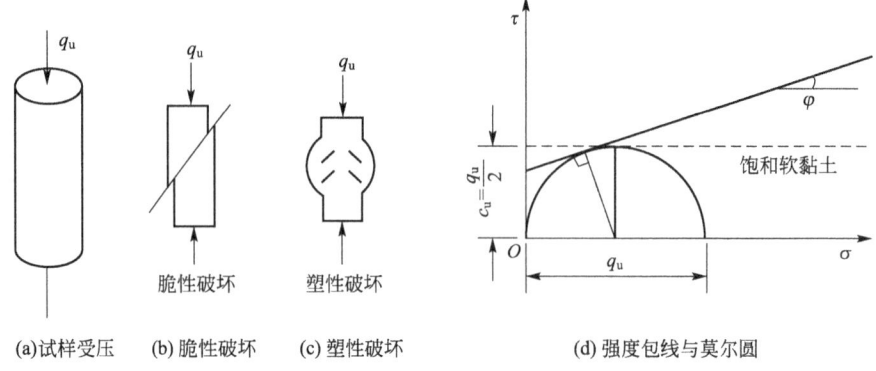

图 5.15　无侧限抗压强度试验原理

对无侧限抗压强度试验，理论上破裂角 $\alpha_f = 45° + \varphi/2$，但一般 α_f 不宜测量，要么因为土的不均匀性导致破裂面形状不规则，要么因为软黏土的流塑变形而不出现明显的破裂面，只是被挤压成鼓形。但对于饱和软黏土，短时间内剪破导致饱和软黏土中的水来不及排出，相当于不固结不排水的条件，可认为其 $\varphi_u = 0$，强度包线为一水平线，如图 5.15(d) 所示，因而式(5-16)进一步简化为

$$c_u = \frac{q_u}{2} \tag{5-17}$$

另外，饱和黏性土的强度与土的结构性有关，当土的结构（颗粒间的排列及其联结力）遭受破坏时，土的强度会得到不同程度的降低，工程上常用灵敏度 S_t 来量化土的结构性强弱，表达为

$$S_t = \frac{q_u}{q_0} \tag{5-18}$$

式中：q_u 为原状土的无侧限抗压强度(kPa)；q_0 为重塑土的无侧限抗压强度(kPa)，这里的重塑土是指在含水量不变的条件下土的天然结构彻底破坏再重新制备的土。

根据灵敏度大小可把原状饱和软黏土分为三类：低灵敏度土，$1 < S_t \leq 2$；中灵敏度土，$2 < S_t \leq 4$；高灵敏度土，$S_t > 4$。

土的灵敏度越高，其结构性越强，受扰动后土的强度降低就越多。所以，在高灵敏度土上修建建筑物时，应尽可能减少对土的扰动。

5.3.4　十字板剪切试验

十字板剪切仪是一种使用方便的原位测试仪器，通常用以测定饱和黏性土的原位不排水剪切强度，特别适用于均匀饱和软黏土中。因为这种土常因取样操作和试样形成过程中不可避免地受到扰动而破坏其天然结构，致使室内测得的强度值明显低于原位土的强度。

十字板剪切仪由板头、加力装置和量测装置三部分组成，设备装置简图如图 5.16 所示。板头是两片正交的金属板，厚 2mm，刃口成 60°，常用尺寸为 $D \times H = 50\text{mm} \times 100\text{mm}$。试验通常在钻孔中进行，先将钻孔钻进至要求测试的深度以上 75cm 左右。清理孔底后，将十字板头压入土中至测试的深度，然后通过安放在地面的施加扭力装置，旋转钻杆以扭转十字板头，这时十字板周围土体内形成一个直径为 D、高度为 H 的圆柱形剪切面。剪切面上的剪应力随扭矩的增加而增加，直至最大扭矩 M_{max} 时，土体沿圆柱面破坏，剪应力达到土的抗剪强度 τ_f。如图 5.17 所示，土的抗扭力矩由两部分组成。

(1) 圆柱形土柱侧面上的抗扭力矩 M_1。

$$M_1 = \tau_{fv} \cdot \left(\pi DH \cdot \frac{D}{2}\right) \tag{5-19}$$

(2) 圆柱形土柱上下两个剪切面上的抗扭力矩 M_2。

$$M_2 = 2\int_0^{2\pi}\int_0^{\frac{D}{2}} r \cdot r\,d\theta\,dr \cdot \tau_{fh} = \tau_{fh} \cdot \left(\frac{\pi D^2}{4} \times 2 \times \frac{D}{3}\right) \tag{5-20}$$

式中：$D/3$ 为力臂，因上下两个剪切面上的合力作用在距圆心半径的 2/3 处。

于是可建立力矩平衡关系并假设 $\tau_{fv} = \tau_{fh} = \tau_f$ 得

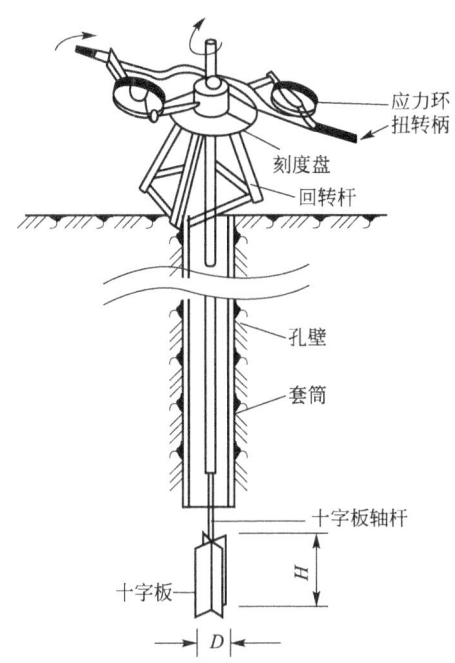

图 5.16 十字板剪切仪

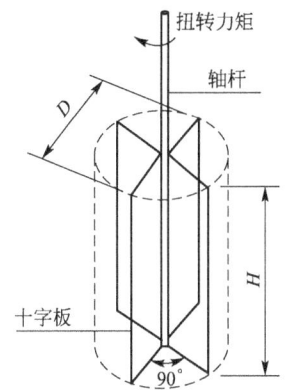

图 5.17 十字板剪切仪的扭动剪切

$$M_{max} = M_1 + M_2 = \tau_f \cdot \left(\pi DH \cdot \frac{D}{2} + \frac{\pi D^2}{2} \times \frac{D}{3}\right)$$

$$\Rightarrow \tau_f = \frac{M_{max}}{\frac{\pi D^2}{2}\left(H + \frac{D}{3}\right)} \tag{5-21}$$

对十字板剪切试验，由于试验的时间较短近似于不排水状态，饱和黏土的内摩擦角 $\varphi_u = 0$，因此十字板剪切试验所测得的抗剪强度等于土体的不排水强度，满足 $\tau_f = c_u$。

试验时，当扭矩达到 M_{max} 时，土体剪切破坏，这时土体发挥的抗剪强度也就是图 5.18 中的峰值剪应力 τ_p。剪切破坏后，扭矩不断减少，也即剪切面上的剪应力不断降低，最后趋于稳定，如图 5.18 所示。稳定时的剪应力称为剩余剪应力 τ_r，剩余剪应力表示土的结构完全破坏后的抗剪强度。

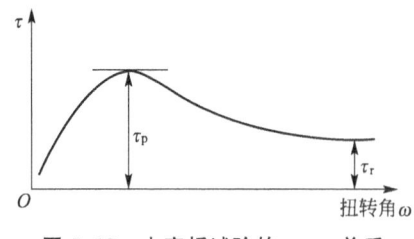

图 5.18 十字板试验的 τ-ω 关系

十字板剪切试验的测试结果受以下因素影响。

(1) 土的各向异性。实际土体在不同程度上是各向异性的，圆柱竖直剪切面上的抗剪强度 τ_{fv} 不等于其上下两个水平剪切面上的抗剪强度 τ_{fh}，不但峰值的大小不同，而且达到峰值的转角也不同。有时需采用不同的 D/H 的十字板头，在临近位置进行多次测定，以便区分 τ_{fv} 和 τ_{fh}。

(2) 扭转速率。扭转速率对测试结果的影响很大。由于颗粒之间存在着黏滞阻力，旋转越快，测得的强度越高，特别是在塑性高的黏土中更是如此。目前国内外一般都采用 0.1°/s 的速率，这种速率测得的强度与模拟实际工程加载速率很慢、扭转速率接近于零时的强度基本相同。

(3) 插入深度对土扰动的影响。清孔能扰动试验点的土质，故插入深度原则上不应小于所用套管直径的 5 倍。各国采用的插入深度范围为 46～92cm，我国通常采用 75cm。

(4) 逐渐破坏效应。十字板旋转时两端和周围各点的应力分布不均匀，相应地其应变也不均匀，这就使得整个剪切面上不能同时达到峰值剪切强度。特别在高灵敏度的黏土中，常常在某些应力集中的部位先出现局部破坏，然后逐渐发展，直至整体破坏，故测得的平均强度实际上低于峰值强度。

5.3.5 其他抗剪强度试验方法

常规三轴剪切仪是土工试验中主要的仪器，它的主要缺点是试件所受的力是轴对称的，即试件所受的三个力中，有两个是相等的。三轴压缩试验对应 $\sigma_1 > \sigma_2 = \sigma_3$，而三轴伸长试验对应 $\sigma_1 = \sigma_2 > \sigma_3$。实际上，土体的应力状态十分广泛，可以是轴对称应力状态、完全侧限应力状态($\varepsilon_2 = \varepsilon_3 = 0$)、平面应变状态($\varepsilon_2 = 0$)，以及更一般的 $\sigma_1 > \sigma_2 > \sigma_3$ 各种真三维应力状态；而且土是各向异性的，主应力作用方向不同，土的力学性质也不一样，实际土体中的主应力方向远不是竖直与水平的，而是与坐标轴成各种角度。为了模拟更广泛的应力状态，现代土工试验还发展了如下几种新型的三轴剪切设备。

(1) 平面应变试验仪。这种仪器用于测定平面应变状态下土的剪切特性。试件如图 5.19(a)所示，带阴线的两个侧面受限制不能移动保证 $\varepsilon_2 = 0$，相当于第二主应力 σ_2 的作用面，前后面可通过橡皮囊施加第三主应力 σ_3，然后在竖直方向施加 σ_1 直至试件破坏。试验中主应力 σ_1、σ_2、σ_3 及 ε_3、ε_1 均可测出，并可求出强度破坏包线。由于 $\sigma_2 > \sigma_3$，所以测得的抗剪强度指标高于三轴试验测得的抗剪强度指标，如图 5.20 所示。

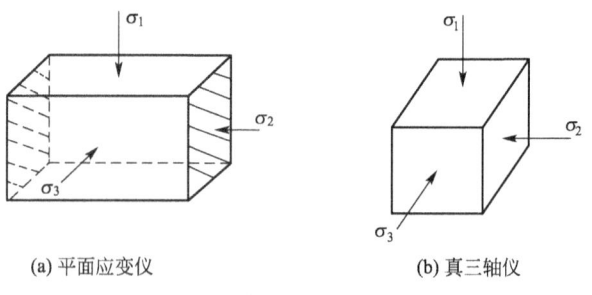

(a) 平面应变仪　　　　(b) 真三轴仪

图 5.19 新型的三轴剪切设备

(2) 真三轴试验仪。真三轴仪是一种能独立施加三个方向主应力的仪器。试件一般为正方体或立方体，如图 5.19(b)所示。仪器通过刚性板或橡皮囊分别向试件施加三个主应

力 σ_1、σ_2、σ_3，并可同时独立测定三个主应变 ε_1、ε_2、ε_3，达到测定土体强度指标的目的。但是为了要保证三个方向能独立施加主应力且保证三个方向的变形不互相干扰，从而使仪器的构造十分复杂，并且有时难以完全避免这种干扰，因此这种设备只适用于研究型的土工试验。

（3）空心圆柱扭剪试验仪。平面应变仪和真三轴仪在试验过程中，主应力方向是固定不变的，而空心圆柱扭剪仪可克服这一弱点。空心圆柱扭剪仪如图 5.21 所示，通过设备可以对试件独立施加竖向荷载 F_v 及其对应的竖向应力 σ_z、圆柱内外壁径向应力 p_o 与 p_i，圆周向压力 σ_θ 可根据 p_o 与 p_i 算出。另外可通过加于活塞杆上的扭矩 T 对试件端面施加剪应力 $\tau_{z\theta}$。因此，这种仪器除了能独立改变三个方向的应力 σ_z、σ_θ 和 σ_r 外，还可以施加剪应力使主应力的方向偏转成任意角度，以模拟实际土体中主应力的方向，所以可以研究各向异性土体的力学性质。

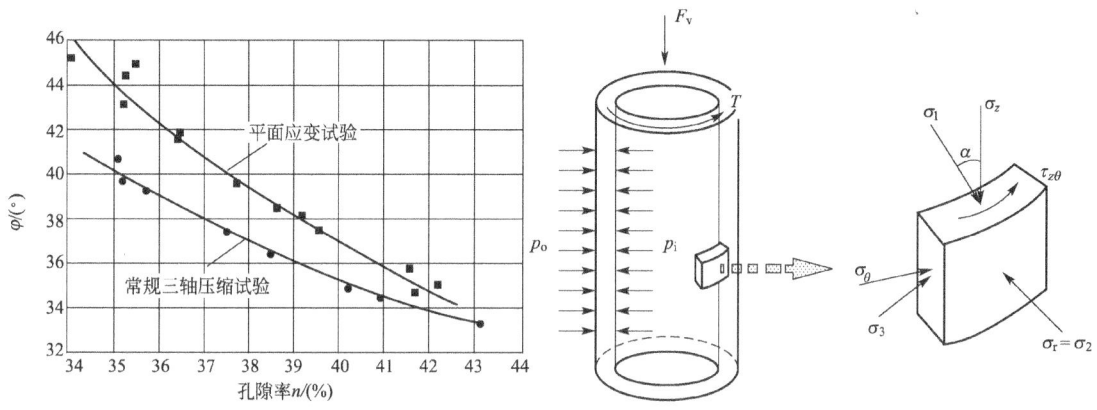

图 5.20　平面应变状态和常规三轴
状态求出的摩擦角

图 5.21　空心圆柱扭剪仪试验对应的
主应力方向旋转

5.4　三轴压缩试验中的孔隙压力系数

5.4.1　孔隙压力系数 A 和 B

斯开普敦（Skempton）根据三轴试验结果提出用孔隙压力系数表示土中孔隙压力的大小。图 5.22 表示单元土体中孔隙压力的发展。设一单元在各向相等的有效应力 σ_c 作用下固结，初始孔隙水压力 $u_0=0$，意图模拟试样的原位应力状态，如果受到各向相等的压力 $\Delta\sigma_3$ 的作用，孔隙压力的增长为 Δu_1，则有效应力的增长为

$$\Delta\sigma_3' = \Delta\sigma_3 - \Delta u_1 \tag{5-22}$$

根据弹性理论，如果弹性材料的弹性模量和泊松比分别为 E 和 μ，在各向应力增量相等而无剪应力的情况下，土体积的变化 ΔV 为

$$\Delta V = \frac{3(1-2\mu)}{E} V \cdot \Delta\sigma_3' \tag{5-23}$$

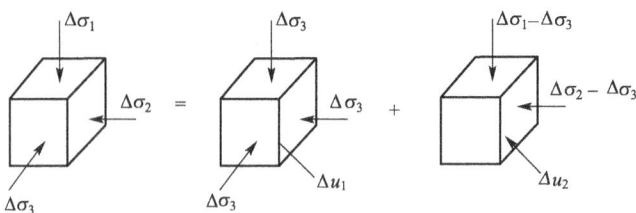

图 5.22 单元土体中孔隙压力的发展

将式(5-22)代入上式得

$$\Delta V = C_s V \cdot (\Delta \sigma_3 - \Delta u_1) \tag{5-24}$$

式中：$C_s = 3(1-2\mu)/E$ 为土的体积压缩系数；V 为试样的体积。

土孔隙中由于增加了孔隙压力 Δu_1，使空气与水压缩，其压缩量为

$$\Delta V_v = C_v n V \cdot \Delta u_1 \tag{5-25}$$

式中：C_v 为孔隙的体积压缩系数；n 为土的孔隙率。

由于土固体颗粒的压缩量很小，可以认为土体积的变化 ΔV 等于孔隙体积的变化量 ΔV_v，令式(5-24)和式(5-25)相等，得出

$$C_s V \cdot (\Delta \sigma_3 - \Delta u_1) = C_v n V \cdot \Delta u_1 \tag{5-26}$$

整理后得出

$$\Delta u_1 = \frac{1}{1+\dfrac{nC_v}{C_s}} \cdot \Delta \sigma_3 = B \cdot \Delta \sigma_3 \tag{5-27}$$

式中：$B = 1 / \left(1 + \dfrac{nC_v}{C_s}\right)$ 为在各向压力增量相等条件下土的孔隙压力系数。对饱和土，孔隙中完全充满水，由于水的压缩性比土骨架的压缩性小得多，导致 $C_v/C_s = 0$，因而 $B = 1$，故对饱和土有

$$\Delta u_1 = \Delta \sigma_3 \tag{5-28}$$

而对干土，孔隙的压缩性接近无穷大，$C_v/C_s \to \infty$，导致 $B = 0$；对于非饱和土，$B = 0 \sim 1$，土的饱和度越小，其 B 值也越小。

如果试样 $\Delta \sigma_1$ 方向仅施加轴向偏应力增量 $(\Delta \sigma_1 - \Delta \sigma_3)$，$\Delta \sigma_2$ 方向施加偏应力增量 $(\Delta \sigma_2 - \Delta \sigma_3)$，设在试样中产生的孔隙水压力增量为 Δu_2，则轴向和侧向有效应力增量表达为

$$\begin{cases} \Delta \sigma_1' = (\Delta \sigma_1 - \Delta \sigma_3) - \Delta u_2 \\ \Delta \sigma_2' = (\Delta \sigma_2 - \Delta \sigma_3) - \Delta u_2 \\ \Delta \sigma_3' = -\Delta u_2 \end{cases} \tag{5-29}$$

根据广义胡克定律，试样的体积变化 ΔV 为

$$\Delta V = C_s V \cdot \frac{1}{3}(\Delta \sigma_1' + \Delta \sigma_2' + \Delta \sigma_3') \tag{5-30}$$

将式(5-29)代入式(5-30)得出

$$\Delta V = C_s V \cdot \frac{1}{3}\left[(\Delta \sigma_1 - \Delta \sigma_3) + (\Delta \sigma_2 - \Delta \sigma_3) - 3\Delta u_2\right] \tag{5-31}$$

同理，孔隙水压力增量 Δu_2 使土体孔隙体积的变化 ΔV_v 为

$$\Delta V_v = C_v n V \cdot \Delta u_2 \tag{5-32}$$

因 $\Delta V = \Delta V_v$，故有

$$C_s V \cdot \frac{1}{3}\left[(\Delta\sigma_1 - \Delta\sigma_3) + (\Delta\sigma_2 - \Delta\sigma_3) - 3\Delta u_2\right] = C_v n V \cdot \Delta u_2 \tag{5-33}$$

整理后得出

$$\Delta u_2 = \frac{1}{1+\frac{nC_v}{C_s}} \cdot \frac{1}{3}\left[(\Delta\sigma_1 - \Delta\sigma_3) + (\Delta\sigma_2 - \Delta\sigma_3)\right] = B \cdot \frac{1}{3}\left[(\Delta\sigma_1 - \Delta\sigma_3) + (\Delta\sigma_2 - \Delta\sigma_3)\right] \tag{5-34}$$

将式(5-27)和式(5-34)相加，得到在 $\Delta\sigma_1$、$\Delta\sigma_2$ 和 $\Delta\sigma_3$ 共同作用下产生的总孔隙水压力为

$$\Delta u = \Delta u_1 + \Delta u_2 = B\left\{\Delta\sigma_3 + \frac{1}{3}\left[(\Delta\sigma_1 - \Delta\sigma_3) + (\Delta\sigma_2 - \Delta\sigma_3)\right]\right\} \tag{5-35}$$

由于土体不是理想的弹性体，式(5-35)中的系数 1/3 不再适用，故将 1/3 用系数 A 代替，于是式(5-35)推广为

$$\Delta u = \Delta u_1 + \Delta u_2 = B\left\{\Delta\sigma_3 + A\left[(\Delta\sigma_1 - \Delta\sigma_3) + (\Delta\sigma_2 - \Delta\sigma_3)\right]\right\} \tag{5-36}$$

式中：A 为在偏应力增量作用下的孔隙压力系数。

对饱和土 $B=1$，在常规三轴压缩情况下满足 $\Delta\sigma_2 = \Delta\sigma_3$，对应不固结不排水试验的孔隙压力增量为

$$\Delta u = \Delta u_1 + \Delta u_2 = \Delta\sigma_3 + A(\Delta\sigma_1 - \Delta\sigma_3) \tag{5-37}$$

在固结不排水试验中，由于试样在 $\Delta\sigma_3$ 作用下固结稳定，故 $\Delta u_1 = 0$，故只在偏应力 $(\Delta\sigma_1 - \Delta\sigma_3)$ 阶段产生孔隙水压力 Δu_2，式(5-37)进一步简化为

$$\Delta u = \Delta u_2 = A(\Delta\sigma_1 - \Delta\sigma_3) \tag{5-38}$$

在固结排水试验中，孔隙水压力全部消散，故 $\Delta u = 0$。

A 值的大小受很多因素影响，它与偏应力增量成非线性关系，高压缩性土的 A 值比较大，因为剪缩导致 A 值为正；超固结土体在偏应力作用下将发生体积膨胀，产生负的孔隙水压力，A 为负值。就是同一种土，A 也不是常数，它还受初始应力状态、应力历史、应力增量大小等因素影响。各类土的孔隙压力系数 A 值可参考表5-1。如要精确计算土的孔隙压力，应根据实际的应力与应变条件，进行三轴压缩试验，直接测定 A 值。

表 5-1 孔隙压力系数 A_f 值

土类	很松的细砂	高灵敏度软黏土	正常固结黏土	压实砂质黏土	微超固结黏土	一般超固结黏土	强超固结黏土
A_f	2～3	0.75～1.50	0.5～1.0	0.25～0.75	0.2～0.50	0～0.2	−0.5～0

孔隙压力系数 A 在变形与稳定分析中常被用作计算孔隙压力以作有效应力分析。表 5-1 是关于土样剪破时 A 值的试验结果，它表明从胡克定律导出的 $A=1/3$ 与实际土体不相符合的程度大小。

5.4.2 亨开尔(Henkel)孔隙压力系数

上述利用三轴试验确定的孔隙压力系数 A 和 B，式(5-36)表明中主应力增量 $\Delta\sigma_2$ 进

一步引起了孔隙压力的增加。亨开尔 1960 年从另一角度考虑了中主应力增量 $\Delta\sigma_2$ 的影响，将孔隙压力增量 Δu 表示为八面体应力增量的函数，具体表达为

$$\Delta u = \beta \Delta \sigma_{oct} + \alpha \Delta \tau_{oct} \quad (5-39)$$

式中：α、β 为亨开尔孔隙压力系数，对饱和土 $\beta=1$；$\Delta\sigma_{oct} = \frac{1}{3}(\Delta\sigma_1 + \Delta\sigma_2 + \Delta\sigma_3)$，为八面体上法向应力增量；$\Delta\tau_{oct} = \frac{1}{3}\sqrt{(\Delta\sigma_1-\Delta\sigma_2)^2+(\Delta\sigma_2-\Delta\sigma_3)^2+(\Delta\sigma_1-\Delta\sigma_3)^2}$，为八面体上的剪应力增量。

孔隙压力系数 α 和 A 之间互为联系。如饱和土在三轴压缩试验中，满足 $\Delta\sigma_2 = \Delta\sigma_3$，将之代入式(5-39)中可得

$$\Delta u = \Delta\sigma_3 + \frac{1}{3}(1+\sqrt{2}\alpha)(\Delta\sigma_1 - \Delta\sigma_3) \quad (5-40)$$

比较式(5-37)和式(5-40)可得出 α 和 A 之间关系为

$$A = \frac{1}{3}(1+\sqrt{2}\alpha) \quad (5-41)$$

5.5 土在剪切过程中的性状

5.5.1 饱和黏性土剪切过程中的性状

1. 不排水剪切过程中土的性状

前面已介绍了先期固结压力与超固结比的概念及其与土压缩性质之间的关系。而这些概念在研究黏土的强度规律中同样起着十分重要的作用。以三轴试验为例，如加于试样的周围压力 σ_3 小于土体的先期固结压力 p_c 时，试样就处于超固结状态；反之，若 $\sigma_3 = p_c$，则试样就处于正常固结状态。这两种状态的黏土在不排水剪切过程中所产生的孔隙水压力增量 Δu 的变化规律是完全不同的。

在土的三轴压缩试验中，若控制 σ_3 不变而不断增加 σ_1 直至破坏，则在固结不排水剪切条件下，饱和土的孔隙水压力系数始终保持 $B=1$，但系数 A 则随着 σ_1 的增加而呈非线性的变化。

在式(5-36)中，设 $\Delta\sigma_2 = \Delta\sigma_3 = 0$、$B=1$，可得

$$A = \frac{\Delta u}{\Delta\sigma_1} \quad (5-42)$$

而试样剪破时

$$A_f = \frac{\Delta u_f}{\Delta\sigma_{1f}} = \frac{\Delta u_f}{(\sigma_1-\sigma_3)_f} \quad (5-43)$$

图 5.23 给出了偏应力 $(\sigma_1-\sigma_3)$、孔隙水压力增量 Δu 和孔隙压力系数 A 等随轴向应变 ε_a 的发展趋势。由图 5.23 可知，无论土处于何种固结状态，孔隙压力系数 A 是偏应力 $(\sigma_1-\sigma_3)$ 的函数。正常固结土体的 A 值始终大于零，表示在不排水剪切过程中始终存在正

的孔隙水压力,且在剪破时 A_f 为最大;而超固结土体的 A 值剪切刚开始时为正值,在一定的偏应力作用下就进入负值,且在剪破时 A_f 的负值最大。土的超固结比 $OCR=p_c/\sigma_3$ 越大,A_f 的负值就越大。

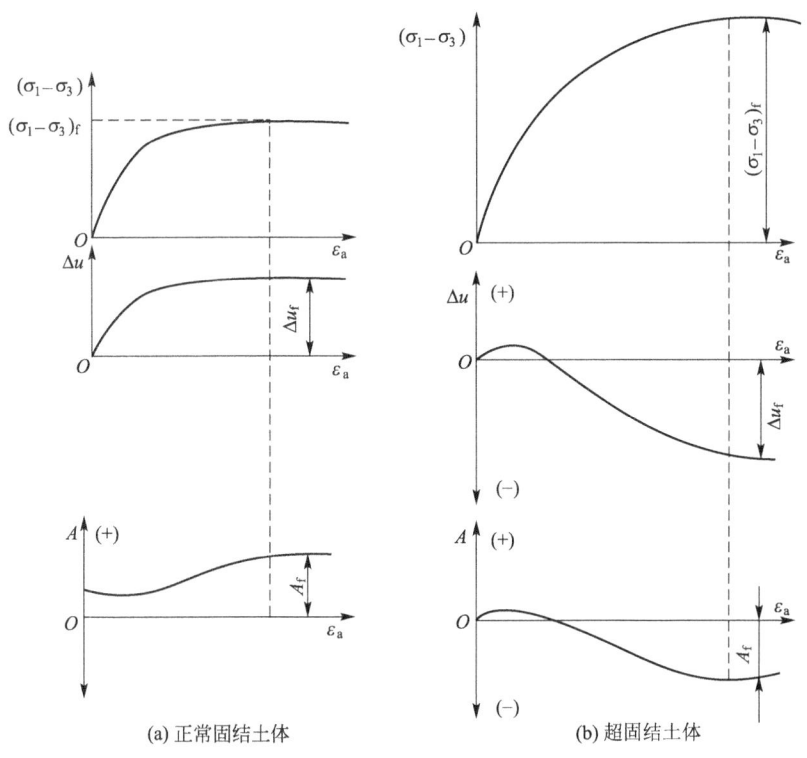

图 5.23 黏性土的不排水剪

因此,在研究土的强度理论中所用破坏时的孔隙压力系数 A_f 也是超固结比的函数,但是 A_f 在数值上不同于研究土体变形课题中的系数 A,因为随着偏应力 $(\sigma_1-\sigma_3)$ 的增大,Δu 并不是线性增长的。

2. 排水剪切过程中土的性状

以正常固结和超固结土体为例,在排水剪切过程中,随偏应力 $(\sigma_1-\sigma_3)$ 的增加和轴向应变 ε_a 的增大,土体积不断发生变化,如图 5.24 所示。对正常固结土体,土的体积在剪切中不断减小,称为剪缩;对超固结土体,在剪切初期土的体积产生剪缩,随偏应力和轴向应变的进一步发展,土体的体积在剪切中不断增大,进入剪胀阶段。

土与金属弹性材料相比,有一个很重要的区别,就是剪切时不仅产生形状变化,还要产生体积的变化,包括剪胀和剪缩,统称为剪胀性。土颗粒的体积相对于孔隙流体(水和气)而言,可认为是不可压缩的,因此土体积的变化完全是孔隙流体体积的变化引起的。剪胀时,体积增大,孔隙流体的体积增加,土变松;剪缩时,体积缩小,孔隙流体的体积减小,土变密。如果土体是非饱和的,孔隙流体体积的变化首先表现为气体的变化。土的透气性很大,一般气体的排出与吸入不需要很长的时间,不过如果土体中存在密闭气体,土的体积的变化就需要一定的时间。如果是饱和土,土中水是不可压缩的流体,这时要使

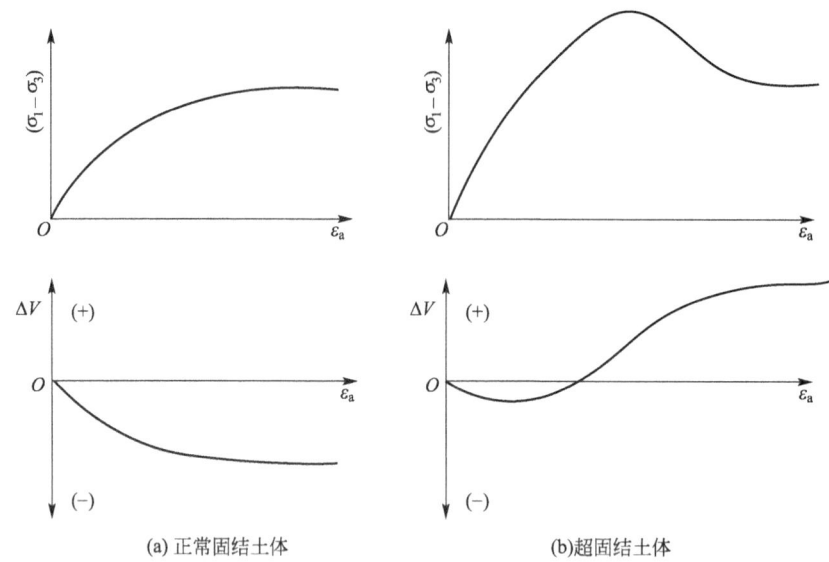

图 5.24 黏性土的排水剪切

土体体积变化就得把部分水挤出或吸入。土中水流出或吸入受土的渗透性的限制,需要相当长的时间。粗粒土的渗透系数很大,需要的时间短,很容易在剪切加荷的过程中完成;细粒土,特别是黏土,渗透性很小,需要的时间很长,如果想在剪切加荷的过程中完成,则加剪切荷载的速率就得很慢。所以,剪切过程中的体积变化能否在加载中完成,决定于体积变化量(剪胀性)、渗透系数和试验中的剪切速率。要对每种具体的情况进行研究,工作量十分浩大。因此,试验中区分截然不同的两种情况进行研究,这就是排水剪切和不排水剪切。前者指剪切中体积的变化而引起的孔隙水流动,有充分的时间排出和吸入;后者指剪切中水完全不能流出或吸入,体积保持恒定。

事实上,从土在不排水剪中孔隙水压力值的变化趋势可以推断它在排水剪中体变的规律,反之亦然,两者是互相对应的。如正常固结土体,它在排水剪切中有剪缩趋势,所以将它作不排水剪时,因孔隙水排不出,这时的剪缩趋势就转化为试样中孔隙水压力的不断增加。反之,超固结土体在排水剪中不但不排出水分,反而有剪胀吸水的趋势,但它在不排水剪时却无法吸水,于是就产生了负孔隙水压力,如图 5.23 所示。

对于不同密度的砂土,也存在着上述相似的规律,大致是中密的砂相当于轻微超固结土体,只有松砂才具有类似正常固结土体的特性。密砂的剪胀性比超固结土体表现得更为显著。

3. 饱和黏性土抗剪强度的一般规律

1) 不固结不排水抗剪强度

不固结不排水剪切试验是在施加周围压力和轴向压力直至剪切破坏的整个试验过程中都不允许排水。如果有一组饱和黏土试样,都先在某一周围压力下固结至稳定,试件中的初始孔隙压力为零,然后分别在不排水条件下施加周围压力和轴向压力直至剪切破坏,试验结果如图 5.25(a)所示,图中三个实线半圆 A、B、C 分别表示三个试件在不同的 σ_3 作用下破坏时的总应力圆,虚线是有效应力圆。试验结果表明,虽然三个试件的周围压力 σ_3 不同,但破坏时的主应力差相等,在 τ_f-σ 图上表现出三个总应力圆直径相同,因而破坏包线是一条水平线,即

$$\begin{cases} \varphi_u = 0 \\ \tau_f = c_u = \dfrac{1}{2}(\sigma_1 - \sigma_3) \end{cases} \quad (5-44)$$

式中:φ_u、c_u 分别为不固结不排水条件下土体的内摩擦角(°)与黏聚力(kPa)。

在试验中如果分别量测试样破坏时的孔隙水压力 u_f,试验结果可以用有效应力圆表示,结果表明,三个试件只能得到一个有效应力圆,并且有效应力圆直径与三个总应力圆直径相等,即

$$\sigma_1' - \sigma_3' = (\sigma_1 - \sigma_3)_A = (\sigma_1 - \sigma_3)_B = (\sigma_1 - \sigma_3)_C \quad (5-45)$$

这是因为在不排水条件下,试样在试验过程中含水量不变,体积不变,饱和黏土的孔隙水压力系数 $B=1$,改变周围压力增量只能引起孔隙压力的变化,并不会改变试件中的有效应力,各试件在剪切前的有效应力相等,因此抗剪强度不变。如果在较高的剪前固结压力下进行不固结不排水试验,就会得到较大的不排水强度 c_u,如图 5.25(b)所示。有人根据这种物理现象归纳出如下规律:饱和黏土存在着"含水量-有效应力-不排水强度"唯一关系的特征。

不固结不排水试验的不固结是指在三轴压力室压力下不再固结,而保持原来的有效应力不变。如果饱和黏土从未固结过,将是一种泥浆状土,则抗剪强度必然等于零。一般从天然土层中取出的试样,相当于在某一压力下已经固结,总具有一定的天然强度。天然土层的有效固结压力是随深度变化的,所以不排水强度 c_u 也是随深度变化的,均质的正常固结不排水强度基本只随有效固结压力呈线性关系。饱和的超固结黏土的不固结不排水强度包线也是一条水平线,即满足 $\varphi_u = 0$,由于超固结土的先期固结压力的影响,其 c_u 值比正常固结黏土的 c_u 值要大。

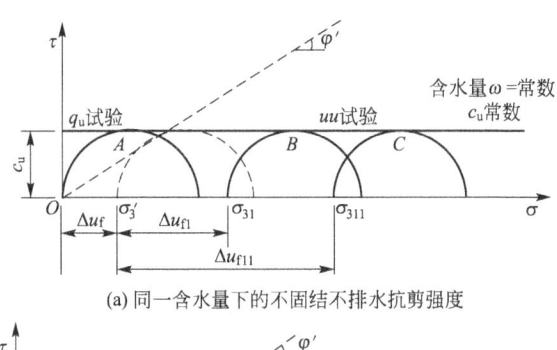

(a) 同一含水量下的不固结不排水抗剪强度

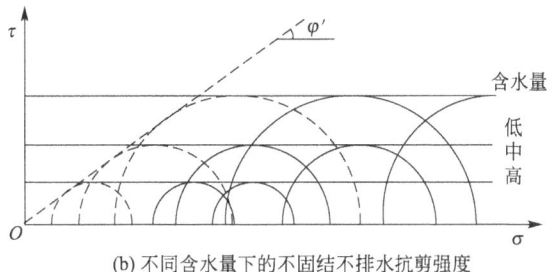

(b) 不同含水量下的不固结不排水抗剪强度

图 5.25 饱和黏土不固结不排水抗剪强度试验

2) 固结不排水抗剪强度

为了阐述方便起见，可用液限制成的土膏状的扰动土在三轴压力室内进行各向等压条件下的初始压缩、减压和再压缩试验，并研究在周围压力 σ_3 变化的情况下，土体体积变化及相应的不排水强度规律等。

图 5.26(a)表示某黏土的初始压缩、减压和再压缩三种荷载变化条件下的 $\sigma'-e$ 关系。其中 A 线段为正常固结过程，B 线和 C 线均表示土体处于超固结状态，D 线段又进入正常固结阶段。图 5.26(b)则表示相应的不排水强度 $c_u-\sigma'$ 关系，图中 A 线是过原点的直线，表示正常固结土的不排水强度与固结压力呈线性比例关系，再压曲线 C 的延伸段($\sigma_3 > \sigma_c$，σ_c 为各向相等的固结压力)即 D 线也具有 A 线相同的规律。图 5.26(c)则表示相应的破坏时的孔隙压力系数 $A_f-\sigma'$ 关系，从中看出正常固结土的 A_f 值几乎保持常数(见表 5-1，为 0.5～1.0)。然而，在超固结状态($\sigma_3 < \sigma_c$)下，虽然所处的 σ_3 相同，但超固结土的 c_u 要比正常固结土体的 c_u 大得多，图 5.26(b)中 b、c 两点的位置要比 a 点高；而相应的 A_f 值却相反，图 5.26(c)中 b、c 两点的 A_f 值均为负值。因此，固结历史对土体的抗剪强度有着重要的影响。

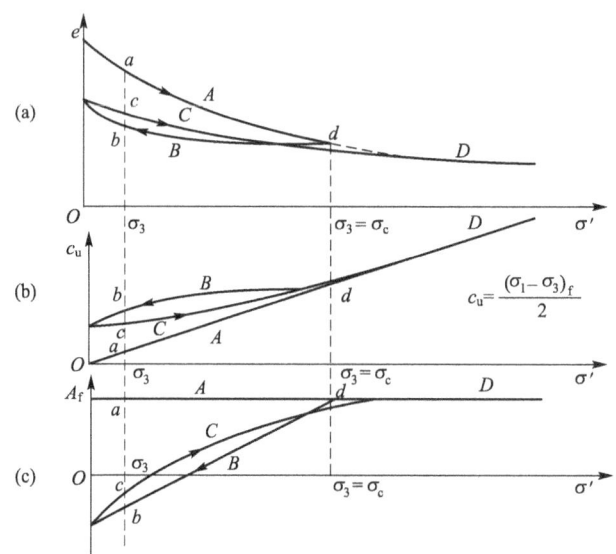

(a) 初始压缩、减压和再压缩试验　(b) 土体的不排水强度规律　(c) 孔压系数的变化趋势

图 5.26　饱和土体的压缩曲线及其强度变化规律

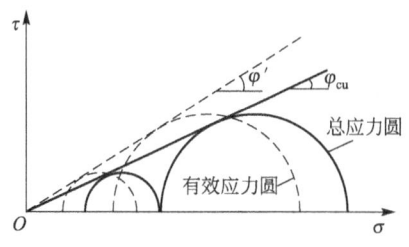

图 5.27　正常固结饱和黏土的固结不排水试验结果

饱和黏性土固结不排水试验时，试样在 σ_3 作用下充分排水固结，$\Delta u_1 = 0$；在不排水条件下施加偏应力增量 $(\Delta\sigma_1 - \Delta\sigma_3)$ 时，产生 $\Delta u_2 = A(\Delta\sigma_1 - \Delta\sigma_3)$。如图 5.23 所示，正常固结黏土产生剪缩，产生正的孔隙水压力；而超固结土体在剪切初期出现剪缩产生正的孔隙水压力，随后随偏应力的增大进入剪胀，孔隙水压力逐步减小并转变为负值。

图 5.27 表示正常固结饱和黏土的固结不排

水试验结果，图中实线表示的为总应力圆和总应力破坏包线，图中虚线表示有效应力圆和有效应力圆破坏包线，u_f 为剪破时的孔隙压力，由于 $\sigma_1' = \sigma_1 - u_f$，$\sigma_3' = \sigma_3 - u_f$，故 $\sigma_1' - \sigma_3' = \sigma_1 - \sigma_3$，即有效应力圆与总应力圆直径相等，但位置不同，两者之间的距离为 u_f。因正常固结饱和黏土产生正的孔隙水压力，故有效应力圆在总应力圆的左侧。总应力破坏包线与有效应力破坏包线均通过原点，说明未受任何固结压力的泥浆状土的抗剪强度为零值。总应力破坏包线的倾角以 φ_{cu} 表示，一般为 $10°\sim 20°$；有效应力破坏包线的倾角 φ' 称为有效内摩擦角，$\varphi' > \varphi_{cu}$。

如果将某一种土的几个试样先在同一围压 $\sigma_3 = \sigma_c$ 下固结后，关闭排水阀，再对各个土样施以大小不等的新的 σ_3 值，然后在新的围压 σ_3 下进行固结不排水剪切试验，就可得到一条曲折的超固结土体的抗剪强度包线，如图 5.28 所示。图 5.28(a)前段 B 为超固结状态，抗剪强度包线呈曲线，后段 D 线为正常固结状态，抗剪强度包线呈直线，其延长线通过原点 O。为工程实用目的，一般不需做如此复杂的分析，加之试验成果有一定的离散性，只要按求多个破坏应力圆的公切直线，就可求出土的固结不排水强度包线及其指标 c_{cu} 和 φ_{cu}，如图 5.28(b)所示，也正如图 5.28(a)中的点画线可视为 B 和 D 两线段的综合近似表达形式。

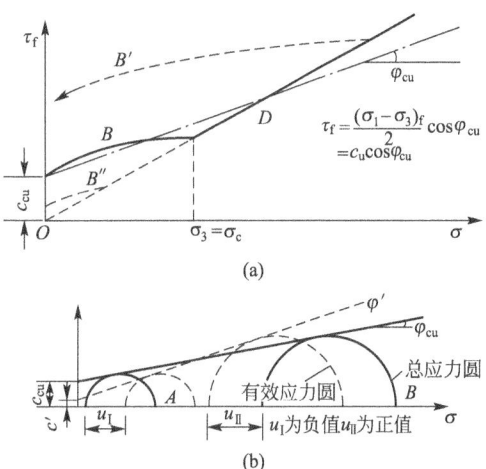

图 5.28 超固结土体的固结不排水试验结果

图 5.28(a)还可看出，如果土的先期固结压力很高，以致三轴试验中所施加的周围压力 σ_3 都小于 σ_c，那么试验点都落在超固结段 B' 上，由该超固结段推算的 c_{cu} 就较大，而 φ_{cu} 则不一定大。反之，若土的先期固结压力很低，各土样施加的周围压力 σ_3 都大于 σ_c，则试验点都落在正常固结线段 D 线上，由于超固结段 B'' 范围很小，于是由 $B''D$ 折线推算的近似抗剪强度线在纵坐标上的截距 c_{cu} 就很小，甚至接近于零，而 φ_{cu} 则较大。

3) 固结排水抗剪强度

固结排水试验在整个试验过程中，孔隙压力始终为零，总应力最后全部转化为有效应力，所以总应力圆就是有效应力圆，总应力破坏包线就是有效应力破坏包线。如图 5.24 所示，随偏应力的增加，正常固结土产生剪缩；而超固结土体则是先剪缩，继而主要呈现剪胀特征。

如图 5.29(a)所示，正常固结土体的破坏包线通过原点，黏聚力 $c_d = 0$，内摩擦角 φ_d 为 $20°\sim 40°$。超固结土体的破坏包线近似呈折线形，在 $\sigma_3 < \sigma_c$ 区间，近似破坏直线不通过坐标原点，直线的倾角较小；在 $\sigma_3 \geqslant \sigma_c$ 区间，破坏包线呈通过原点的直线，直线的倾角较大。实用上近似用一条直线近似代替该折线，如图 5.29(b)所示，c_d 为 $5\sim 25$ kPa，$\varphi_d > \varphi_{cu}$。

试验证明，c_d、φ_d 与固结不排水试验得出的 c' 和 φ' 很接近。由于固结排水试验所需的时间太长，故实际上用 c'、φ' 近似代替 c_d 和 φ_d。但两者的试验条件是有差别的，固结不排水试验在剪切过程中试样的体积保持不变，而固结排水试验在剪切过程中试样的体积要发生变化，φ_d 要略大于 φ'。

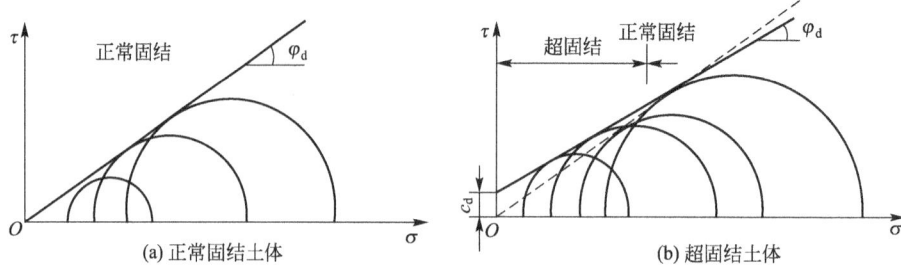

图 5.29　固结排水试验结果

设使各个试样在 σ_c 周围压力下固结，然后对它施加 $\sigma_3 \geqslant \sigma_c$，并在不同的固结和排水条件下进行剪切，可得三个不同大小的破坏应力圆，如图 5.30 右方的 CD、CU 和 UU 三个应力圆，它们分别切于有效应力强度包线、固结不排水总应力强度包线和不固结不排水总应力强度包线。显然，正常固结土的 $\varphi' > \varphi_{cu} > \varphi_{uu}$，且 $\varphi_{uu} \approx 0$。

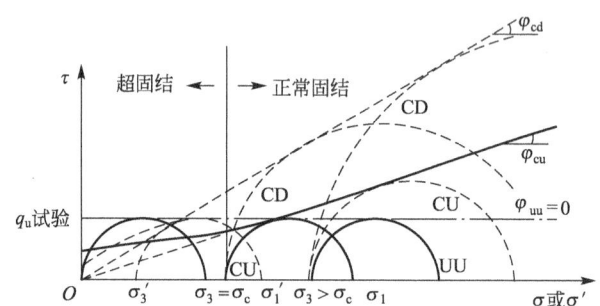

图 5.30　同一种黏土分别在三种不同排水条件下的试验结果

当 $\sigma_3 < \sigma_c$，土具有超固结性，剪切中可能出现剪胀和吸水的趋势。这样，排水剪强度就要比固结不排水强度为低，因为前者试样在剪切中可能有吸水软化，而后者则无此可能性。此外超固结土体在其回弹过程中，即从周围压力 σ_c 减至 σ_3，若不允许吸入水分，含水量保持在原固结压力 σ_c 下不变，则其不固结不排水剪试验强度可比排水剪或固结排水剪的强度都高。可从 UU、CU 和 CD 三强度包线在 $\sigma_3 = \sigma_c$ 横坐标左边的位置之间比较而知，这正好与 $\sigma_3 = \sigma_c$ 横坐标右边的正常固结状态下的情况相反。

上述超固结土体的这些性状，可用天然土堑的开挖为例加以说明。开挖初期，土体内巨大的剪应力区内会出现负的孔隙水压力值，赋予土体很高的不排水强度，短期内可以不用支撑而用土堑就能维持竖直陡壁不塌(有的可高达 7.5m)。但若允许土堑所包含的土体在其存在的时间内逐步吸水剪胀软化，则负孔隙水压力也就逐步消散，土体强度下降 60%~80%，一直下降到它的排水剪强度。如果注意到超固结土体的排水剪强度远低于其不排水剪强度，那么，一定会理解土堑将随着时间延伸强度逐渐减小甚至失去其稳定性。

4. 黏性土的残余强度

某些黏性土在大应变时具有有效强度较低的特性，这就是土的残余强度。图 5.31(a) 表示某黏性土的排水剪的剪应力与剪应变关系。常规试验中，一般当 τ 达到 τ_{fp} 后不久，即终止试验。但若继续剪切，就会发现大剪应变情况下强度会降低，直至达到某一最终的稳定值，此值称为残余强度τ_{fr}。它的试验方法主要有两种：一种是在直剪仪中做反复剪切，使之达到大应变的效果；另一种是在特制的环式土样剪切仪中进行。

例如，取若干土样，在不同的法向应力σ'_n下进行反复剪试验，可得到一组相应于一定σ'_n值的τ_{fp}和τ_{fr}，由此可分别整理出两根强度包线，如图5.31(b)所示。试验表明，残余强度包线在纵轴上的截距$c_r \approx 0$，一般可取为零，即

$$\tau_{fr} = c_r + \sigma'_n \tan\varphi_r \approx \sigma'_n \tan\varphi_r \tag{5-46}$$

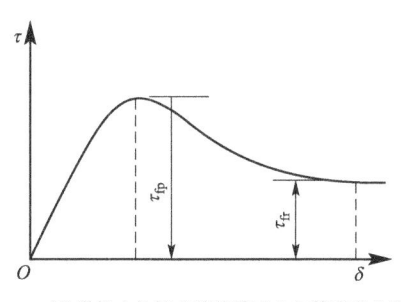
(a) 黏性土的排水剪的剪应力与剪应变关系

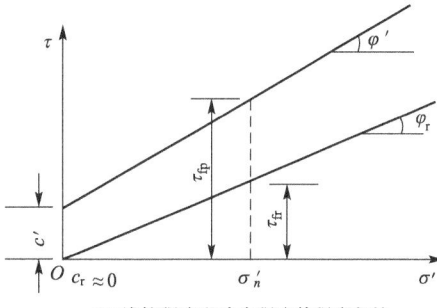
(b) 峰值强度和残余强度的强度包线

图 5.31　黏性土的残余强度

对黏性土残余强度现象有很多解释，主要原因是沿剪切面两侧有一薄层细颗粒的结构排列，由原来非定向性随着剪应变的增加而逐渐转化为沿剪切方向的定向性，抗剪强度随之变小。

实际上，土体中剪应变的发展也不是各处均衡的，即使在一条剪切滑动带上也可能如此，往往在局部区域内土体先发生较大的剪应变，而在其他区域剪应力发挥得还较小，剪应变也不大。但若土体具有明显残余强度特征，则大剪应变区土体先达到峰值强度τ_{fp}并随后逐渐下降，最终达到终值。因此可以推理，这种土体的破坏过程可能是从点到点逐步发展的，此即所谓的渐进性破坏。这在研究天然黏性土土坡的稳定性问题中，有着十分重要的实践意义。

5. 土的剪切试验方法及其强度指标选用

从上述论述可看出，土的抗剪强度指标的确定将因采用的总应力分析法与有效应力分析法的不同而不同，必须分别确定和采用相应的指标。目前常用的试验手段主要是三轴与直剪两种，前者可以实现控制土中水变化及孔隙压力消散等的要求，后者则不能准确满足。三轴和直剪各自的三种试验方法，理论上是两两对应的，即快剪与不固结不排水剪相对应，固结快剪与固结不排水剪相对应，慢剪与固结排水剪相对应。需要指出的是直剪方法中的快、慢只是不排水、排水的等义词，并不是为了解决剪切速率对强度的影响，而是为了通过快和慢的剪切速率来解决土样的排水条件问题，从而明确在实际问题中不同的试验方法及其强度指标的选用问题。

(1) 当采用有效应力法进行土工工程设计时，应选用有效强度指标，这一方法概念明确，指标稳定，是一种合理的方法。由于目前不能直接计算土中的有效应力，而是通过确定孔隙水压力间接确定，因此只有比较准确地确定了孔隙水压力，则采用有效应力强度指标是应该推荐的。有效强度指标可用于直剪的慢剪、三轴排水剪和固结不排水剪(孔隙水

压力已知)等方法的测定。

(2) 三轴试验中的不固结不排水剪相当于所施加的外力全部为孔隙水承担，土样完全保持初始的有效应力状况；固结不排水剪的周围固结压力全部转化为有效应力而在施加偏应力时又产生了孔隙压力。所以当工程中的有效应力状态和上述两种情况相对应时，采用上述试验方法及相应指标才是合理的，否则就是近似的。因此，对于可能发生快速加荷的正常固结黏土上路堤地基土的稳定分析可用不排水强度指标；对土层较厚、渗透性较小、施工速度较快的工程施工期与竣工期也可采用 UU 试验的强度指标。反之，当土层较薄、渗透性较大、施工速度较慢的工程竣工期稳定分析可采用 CU 试验的强度指标。而地基的长期稳定分析，由于孔隙水压力已基本消散，这时可用固结排水剪的强度指标。

(3) 上面所述的一些情况都不是很准确，因为诸如加荷速度较慢、土层厚薄、荷载大小及其加荷过程等都没有定量的界限值来定义，因此在具体的使用上常配合工程经验予以调整，这也是应用土力学的基本原理解决工程实际问题的基本方法。此外，常用的三轴不固结不排水剪和固结不排水剪也是理想化的室内条件，实际工程中完全符合这两个特定条件的不多或者只能是近似的情况，这也是具体使用强度指标时需结合工程经验的一个原因。

(4) 直剪试验不能严格控制排水条件，但直剪试验设备构造简单，操作方便，应用比较普及，但在使用直剪仪时，需注意和明确实际工程的具体排水条件，以便明确直剪的适用性。

(5) 根据对三轴和直剪这两种试验方法的主要特点或基本区别的对比，大体上可以说，对于渗透性很大的土，如砂性土，也可能包括亚黏土等渗透性较大的黏性土，直剪的快剪、固结快剪的试验结果可能接近三轴的排水剪，但不能得到三轴的不固结不排水剪和固结不排水剪的试验结果。对渗透性很小的土，直剪试验与三轴试验的结果有可能比较接近。对于中等渗透性的土如亚黏性之类的土，直剪试验与三轴试验的结果是有差别的，其差别大小决定于土的渗透性大小。

(6) 另需说明的是，直剪仪中土样没有侧向变形的可能，但三轴试验属轴对称应力状态，土样通常有侧向变形。土样变形条件的差异也会影响土体的抗剪强度指标大小。

【例 5.2】 某饱和无黏性土试样进行固结不排水剪试验，测得的抗剪强度指标为 $c_d=0$、$\varphi_d=31°$，如果对同一试样进行固结不排水剪试验，施加的周围压力 $\sigma_3=200\text{kPa}$，试样破坏时的轴向偏应力 $(\sigma_1-\sigma_3)_f=180\text{kPa}$。试求试样的固结不排水剪强度指标 φ_{cu} 和破坏时的孔隙水压力 u_f 和系数 A_f。

【解】 (1) 对固结不排水剪，试样破坏时的应力状态为

$$\sigma_{3f}=200\text{kPa}, \quad \sigma_{1f}=\sigma_{3f}+(\sigma_1-\sigma_3)_f=200+180=380(\text{kPa})$$

对无黏性土，其 $c_{cu}=0$，其总主应力满足的土体极限平衡条件为

$$\sigma_{1f}=\sigma_{3f}\tan^2\left(45°+\frac{\varphi_{cu}}{2}\right)$$

进一步推出：$\tan^2\left(45°+\dfrac{\varphi_{cu}}{2}\right)=1.9 \Rightarrow \varphi_{cu}=18°$

(2) 有效应力强度指标：$c_d=c'=0$、$\varphi_d=\varphi'=31°$。

对固结不排水剪，其有效应力满足的土体极限平衡条件为

$$\sigma'_{1f}=\sigma'_{3f}\tan^2\left(45°+\frac{\varphi'}{2}\right)$$

推出：$\dfrac{\sigma'_{1f}}{\sigma'_{3f}}=\tan^2\left(45°+\dfrac{31°}{2}\right)=3.124$

进一步联立该式：$\sigma'_{1f}-\sigma'_{3f}=(\sigma_1-\sigma_3)_f=180(\text{kPa})$

解出：$\sigma'_{1f}=264.8\text{kPa}$、$\sigma'_{3f}=84.8\text{kPa}$

（3）故破坏时的孔隙水压力为

$$u_f=\sigma_{3f}-\sigma'_{3f}=200-84.8=115.2(\text{kPa})$$

对固结不排水剪，试样破坏时的孔隙压力系数为

$$A_f=\frac{u_f}{(\sigma_1-\sigma_3)_f}=\frac{115.2}{180}=0.64$$

5.5.2 砂土剪切过程中的性状

1. 砂土在排水状态下的力学性状

图 5.32 表示不同初始孔隙比的同一种砂土在相同周围压力 σ_3 下受剪时的应力与应变关系和孔隙比变化。该图可见，密实的紧砂初始孔隙比较小，其应力应变曲线有明显的峰值，超过峰值后，随应变的增加应力逐步降低，呈现出应变软化特征，直至达到较大变形时的终值强度；其孔隙比变化是开始稍有减少（剪缩），继而增加（剪胀），这主要是因为剪切初期剪切变形较小，此时土颗粒不会发生翻转或转动，仅会产生微小的滑动，这时土颗粒会挤入颗粒之间的孔隙中从而使土的体积产生压缩；一旦剪切变形继续增加，土颗粒就会产生相互之间的滚动与翻转，土颗粒之间的位置重新排列，从而产生剪胀，直至土体的孔隙比达到稳定的终值状态为止。

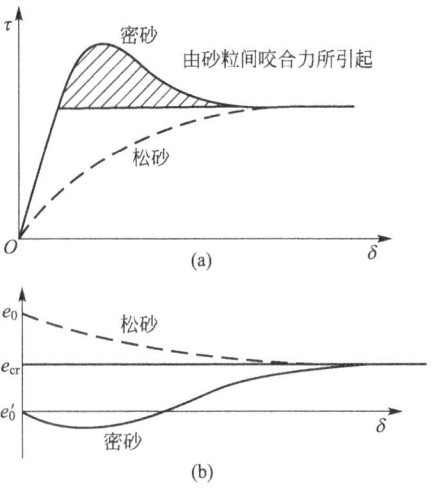

图 5.32 砂土在排水状态下的应力与应变关系和孔隙比变化

松砂的强度随轴向应变的增加而增大，应力应变关系呈应变硬化特征，直至达到较大变形时的终值强度；松砂受剪时其体积持续减小，称为剪缩现象，直至体积减小稳定到其终值状态为止。

图 5.32 表明，对同一种砂土，在同一围压状态下，密砂和松砂达到同一终值状态，即达到同一破坏强度和孔隙比，该终值状态称为临界破坏状态，其对应的强度称为临界状态破坏强度、对应的孔隙比称为临界状态孔隙比 e_{cr}。

由不同的孔隙比的试样在同一围压下进行剪切试验，可以得出演化的孔隙比 e 随体积变化 $\Delta V/V$ 之间的关系，如图 5.33 所示，前述定义的临界状态孔隙比相应于体积变化为零时的孔隙比。密砂的初始孔隙比较小，剪胀增大至终值的临界孔隙比 e_{cr}，如横

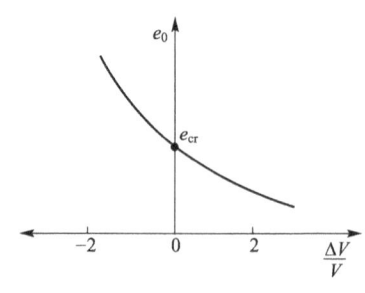

图 5.33 砂土的临界孔隙比

坐标的右半轴曲线所示；松砂的初始孔隙比较大，剪缩减小至终值的临界孔隙比 e_{cr}，如横坐标的左半轴曲线所示。需要说明的是，砂土的临界孔隙比与其周围压力 σ_3 有关，不同的周围压力 σ_3 得出不同的 e_{cr} 值。在高围压下，不论砂土的松紧如何，砂土的剪胀被抑制，受剪时均表现为剪缩现象。

进一步研究表明，图 5.32(a)阴影部分表示密砂在受剪时由剪胀作用而产生的剪应力增加的现象。剪切中砂粒间咬合力促使砂粒产生相对滚动，孔隙比和土体积增大，呈现出剪胀，有部分剪切的能量消耗在体积变化上。如将此部分体积增大所做的功减去，则在一定围压情况下，密砂纯为克服剪切阻力所做的功与松砂差别不大。

2. 砂土在不排水状态下的力学性状

对松砂，由于饱和砂土的初始孔隙比 e_0 大于其临界孔隙比 e_{cr}，在不排水状态下由于剪应力引起的剪缩趋势必然使松砂的孔隙水压力提高，有效应力降低，导致砂土的抗剪强度减小。对紧砂，饱和砂土的初始孔隙比 e_0 小于其临界孔隙比 e_{cr}，在不排水状态下由于剪应力引起的剪胀趋势必然使紧砂的孔隙水压力降低，有效应力增大，导致砂土的抗剪强度进一步增加。砂土不排水试验的典型曲线如图 5.34 所示。

现进一步考察饱和的大体积的松砂在动荷载作用下的强度特性。由于动荷载施加的时间十分短促，相对来说，大体积的砂体中孔隙水来不及排出。因此，在反复的动剪应力作用下，饱和松砂中的孔隙水压力就不断增加。若砂体中的有效应力强度降至零，则砂土便会发生流动。这种饱和砂土在动荷载作用下强度几乎全部丧失而像黏性流体那样流动的现象称为砂土液化。当然，液化的概念远非如此简单，在一定的应力组合条件下，砂土受动力作用时，孔隙水压力增加到一定值，土的动应变幅值已经达到相当大的数量，这也就被认为是砂土已达到破坏的象征。因此，动应变幅值也是一种判断液化的依据。

显然，砂土液化的条件是：土体必须是饱和的；排水不畅；土结构疏松；有适当动荷载条件（频率、振幅和振次等）的作用。据研究，不均匀系数 $c_u < 5$ 的匀粒细砂，若相对密度 $< 1/3$，即处于疏松状态，则最易于液化。

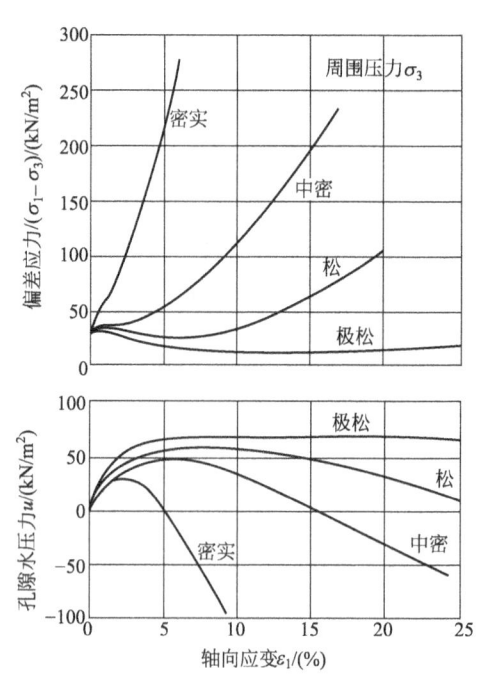

图 5.34 砂土不排水剪切的应力-应变-孔压的关系

除砂土外，含砂粒较多的低黏性土和粉质土都可能有类似的液化现象发生。

5.5.3 非饱和土抗剪强度

非饱和土的研究始于 20 世纪 30 年代。当时由于水利和交通工程大规模兴建,出现了许多地下水位以上的水体流动问题。例如,低于防渗心墙墙顶的地下水由于"毛细管作用"向上越过心墙形成的渗流问题,地基中的基质吸力问题等。这些问题促使人们对非饱和土课题进行研究。在随后的近 20 年中,非饱和土的研究多局限于毛细水的流动问题。这主要是由于土在三相状态下的强度、变形等参数的测量十分复杂,而使有关的理论研究进展缓慢。

20 世纪 50~60 年代,由于太沙基的有效应力公式在描述饱和土性状方面取得巨大成功,促使人们把建立非饱和土的有效应力公式作为研究目标,其中以毕肖普的有效应力公式影响最大,表达为

$$\sigma' = (\sigma - u_a) + \chi(u_a - u_w) \tag{5-47}$$

式中:σ 为总应力;σ' 为有效应力;u_a 为孔隙气压力;u_w 为孔隙水压力;χ 为试验系数,与饱和度、应力路径及土的类型有关。

对于饱和土 $\chi=1$,式(5-47)就与饱和土的有效应力公式相同,对于干土 $\chi=0$,式(5-47)就变为

$$\sigma' = \sigma - u_a \tag{5-48}$$

与饱和土的有效应力所不同的是,毕肖普的有效应力公式中分别考虑了孔隙气体压力和孔隙水压力的影响。随后,毕肖普将非饱和土有效应力公式与莫尔-库仑公式($\tau_f = c' + \sigma' \tan\varphi'$)相结合,得到了求解非饱和土的抗剪强度公式为

$$\tau_f = c' + [(\sigma - u_a) + \chi(u_a - u_w)] \tan\varphi' \tag{5-49}$$

式中:τ_f 为非饱和土的抗剪强度;$(\sigma - u_a)$ 为净正应力;$(u_a - u_w)$ 为基质吸力;c' 和 φ' 为常规意义下的有效黏聚力和有效内摩擦角。

毕肖普公式在一段时间内得到了岩土工程师的认同。由于参数 χ 受土类及其他因素的影响,因此不能把净正应力 $(\sigma - u_a)$ 和基质吸力 $(u_a - u_w)$ 两个变量混为一谈,而必须建立各自独立的状态变量。

1977 年,Fredlund 和 Morgenstern 提出了建立在多相连续介质力学基础上的非饱和土应力分析,建议用两个独立的应力变量即净正应力 $(\sigma - u_a)$ 和基质吸力 $(u_a - u_w)$ 来表达非饱和土的应力状态,建立了基于双应力状态变量的非饱和土的抗剪强度表达式为

$$\tau_f = c' + (\sigma - u_a) \tan\varphi' + (u_a - u_w) \tan\varphi^b \tag{5-50}$$

式中:φ^b 为相对于基质吸力的剪切摩擦角。

实质上,毕肖普非饱和土抗剪强度式(5-49)和 Fredlund-Morgenstern 非饱和土抗剪强度式(5-50)两者相统一,存在如下关系

$$\tan\varphi^b = \chi \tan\varphi' \tag{5-51}$$

近年来,积累的大量试验资料表明 φ^b 不是一个土性常数。Fredlund 收集了所测得的各种土的典型 φ^b 值,试验结果表明,φ^b 往往小于或等于土的有效内摩擦角 φ'。Escario 和 Juca 证明在土中吸力低于某特定值时(如土的进气值),$\varphi^b = \varphi'$;当基质吸力超过某一吸力范围时,φ^b 是非线性的,并随着吸力增加而减少。

Fredlund 等在 20 世纪 90 年代对非饱和土进行了微观分析的基础上,提出了用土水特征曲线来预测非饱和土抗剪强度的公式,表达为

$$\tau_f = c' + (\sigma - u_a)\tan\varphi' + (u_a - u_w)\frac{\theta - \theta_r}{\theta_s - \theta_r}\tan\varphi' \tag{5-52}$$

式中：θ 为体积含水率；θ_r 为残余含水率；θ_s 为饱和含水率。

5.6 应 力 路 径

5.6.1 应力路径的概念

对同一种土，采用不同的试验仪器和不同的加荷方法使之剪破，试样中应力的变化过程是不相同的。为了分析应力变化过程对土的力学性质的影响，可以用应力坐标图中应力点的移动轨迹及应力路径来描述土体在外荷载作用下的应力变化。

例如常用的莫尔应力圆中，每个试样三轴压缩的全过程可用一系列的莫尔圆来反映应力的变化。如果为了特定的需要研究剪破面上的应力变化，可知该面与大主应力作用面之间的夹角为 $\alpha_f = 45° + \varphi/2$，然后由每个莫尔圆上相应位置确定该破裂面上的应力状态。连接图 5.35(a)中各个圆上相应该面上的应力状态点，就得到 mn 线，它称为常规三轴压缩试验中试样剪破面上的应力路径。其中，m 点表示只有周围压力 σ_3 作用而尚未施加轴向偏压力的初始应力状况，n 点表示轴向压力已增加到破坏值 σ_{1f} 的状况，m 与 n 两点之间的各点则表示剪切的过程。

随着三轴试样加荷方法的不同，对应的应力路径也不同。如另一种试验保持 σ_1 不变，而不断减小 σ_3，如图 5.35(b)所示。值得注意的是，因两种试验都是三轴压缩试验，所以圆柱试样的轴向均为最大主应力的方向，且破裂面与大主应力作用面之间的夹角均为 $\alpha_f = 45° + \varphi/2$，但两者的应力路径却是不同的。

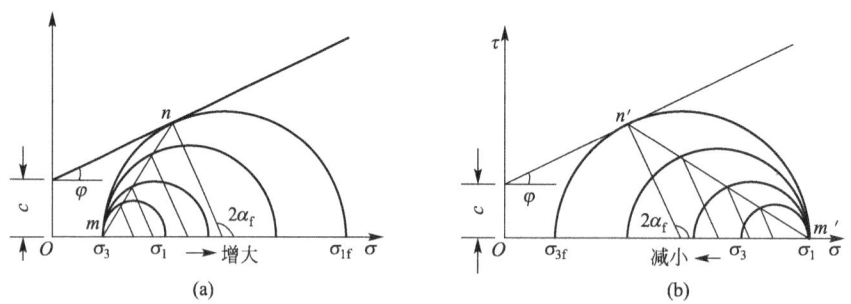

图 5.35 三轴试验中试样破坏面上的应力路径

5.6.2 在 $(\sigma_1 + \sigma_3)/2 - (\sigma_1 - \sigma_3)/2$ 坐标上应力路径的表达形式

如果莫尔圆顶点的坐标已知，那么土体中某点的应力状态也就确定了。图 5.36 中 A' 点的坐标，表示了土中某点的平均正应力 $(\sigma_1 + \sigma_3)/2$ 和最大剪应力 $(\sigma_1 - \sigma_3)/2$，所以 A' 点的位置决定了土所处的应力状态，也决定了莫尔圆的大小和位置。这样，就可在 $(\sigma_1 + \sigma_3)/2 - (\sigma_1 - \sigma_3)/2$ 坐标图上，标出整个三轴压缩试验过程中莫尔应力圆顶点的坐标值，把各点连接起来就得到了图5.36(a)中的一条应力路径 AB，该直线必与横坐标成45°。因为常规三轴压缩试验中 σ_3 保持不变，随着 σ_1 的增加，应力在纵、横轴上的增量相等。

如图5.36(b)所示，在 $(\sigma_1+\sigma_3)/2 - (\sigma_1-\sigma_3)/2$ 坐标上的抗剪强度线以 K_f 表示，它的坡角为 β、截距为 a，可由抗剪强度指标 c、φ 通过几何关系推算而得，或由土的极限平衡方程直接推出。当土体处于极限平衡状态时，满足

$$\frac{1}{2}(\sigma_1-\sigma_3)=c \cdot \cos\varphi+\frac{1}{2}(\sigma_1+\sigma_3) \cdot \sin\varphi$$

(5-53)

而图5.36(b)中抗剪强度线 K_f 的表达式为

$$\frac{1}{2}(\sigma_1-\sigma_3)=a+\frac{1}{2}(\sigma_1+\sigma_3) \cdot \tan\beta$$

(5-54)

比较式(5-53)与式(5-54)可得出

$$\begin{cases} a=c \cdot \cos\varphi \\ \tan\beta=\sin\varphi \end{cases} \quad (5-55)$$

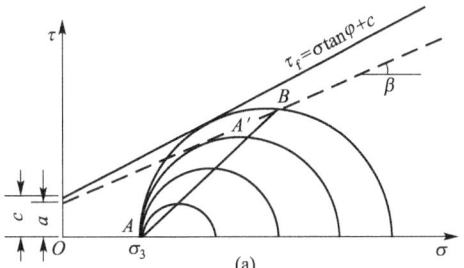

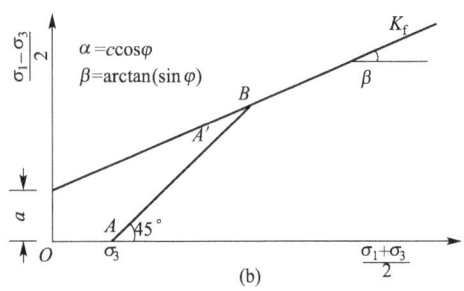

图 5.36 三轴试验中莫尔应力圆顶点的应力路径描述

5.6.3 总应力路径与有效应力路径

由于受外荷作用时土中可能产生孔隙水压力，因此土中的应力可分为总应力和有效应力两种，总应力路径就是受荷土体中某点在坐标图中总应力变化的轨迹，有效应力路径就是土体中某点在坐标图中有效应力变化的轨迹。

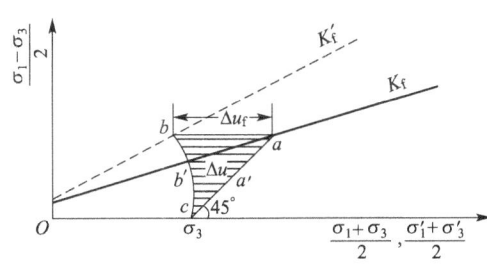

图 5.37 总应力路径与有效应力路径

在图5.37中，总应力路径 ca 与横坐标之间的夹角为45°。有效应力路径的确定取决于施加偏应力过程中孔隙水压力的变化规律，绘制的依据是有效应力原理，即有

$$\begin{cases} \frac{1}{2}(\sigma_1'+\sigma_3')=\frac{1}{2}(\sigma_1+\sigma_3)-\Delta u \\ \frac{1}{2}(\sigma_1'-\sigma_3')=\frac{1}{2}(\sigma_1-\sigma_3) \end{cases}$$

(5-56)

的关系，将 ca 直线上任一点 a' 的总应力的横坐标减去相应的实测孔隙压力增量 Δu，就得到了有效应力点 b'。连接各有效应力点，就可获得有效应力路径 cb 曲线。不难看出，ca 直线与 cb 曲线之间所包含的阴影面积中，平行于横坐标轴方向上的宽度表示土体中某点孔隙水压力随总应力变化而不断变化的过程。在固结不排水试验中，孔隙压力增量 Δu 表达为 $\Delta u=A(\Delta\sigma_1-\Delta\sigma_3)$，在常规三轴试验中因 $\Delta\sigma_3=0$，因而 $\Delta u=A\Delta\sigma_1$。

图5.37还表明，当土达到破坏时，a、b 两点坐标分别表示破坏时试样的总应力和有

效应力状态，它们分别落在总应力强度包线 K_f 和有效应力强度包线 K'_f 上，由该两强度包线的截距和倾角可分别推出土体的 c_{cu}、φ_{cu} 和 c'、φ'。

设将上述试样做排水剪，则试样内 Δu 始终保持为零，它的有效应力路径与总应力路径重合，且因土在剪切中继续不断固结，体积压缩，强度增加，故排水剪的有效应力路径沿着 ca 方向继续向右上方延伸，直至交于 K'_f 线上 d 点开始破坏，如图 5.38 所示。显然，同样两块正常固结黏土试样，固结排水剪破坏强度必然要比固结不排水剪破坏强度要高，该破坏强度之差是由于施加轴向偏应力阶段土样继续排水固结的结果。

应用类似的方法，还可进一步区分正常固结黏土和超固结黏土的应力路径。如图 5.39 所示，设某一饱和黏土试样在 A 点下正常固结，然后在不排水条件下施加轴向偏应力，可得总应力路径 AD 和有效应力路径 AC，点 C 表示土已破坏，故落在 K'_f 上。设另一试样在相同的周围压力下固结，即对应 A 点的固结，然后将周围压力降至 B 点，使土样处于超固结状态，再以之做不排水三轴压缩试验，则又可得另外的总应力路径 BE 和有效应力路径 BFC 曲线。正常固结黏土在剪切过程中始终产生正的孔隙水压力，破坏时的 Δu_f 达到最大值；而超固结黏土则剪切中开始阶段内产生少量的正的孔隙水压力，而接近破坏时会产生负的孔隙水压力 $-\Delta u_f$。设该两个土样的含水量相同，则两者在破坏时的不排水强度也基本一致，如图 5.39 中 C 点所示。这也进一步论证了饱和黏性土存在着"含水量-有效应力-不排水强度"唯一性关系的特征。

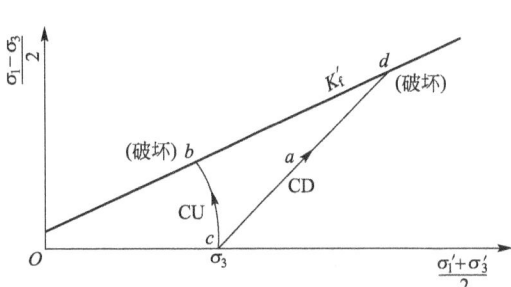

图 5.38　固结排水剪和固结不排水剪的应力路径

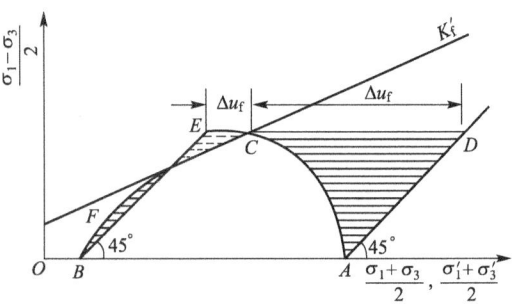

图 5.39　正常固结黏土和超固结黏土在固结不排水剪时的应力路径

5.6.4　土的抗剪强度随固结而增长的过程

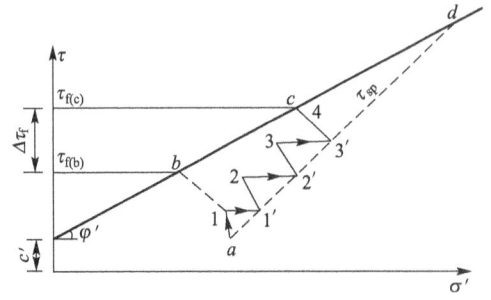

图 5.40　路堤分级加荷时的应力路径

设地基土是正常固结的，路堤填土施工是分级堆载的，其应力路径如图 5.40 所示。土中 a 点表示地基中某点在自重应力固结下的初始应力状态。对第一级荷载，有效应力路径将有如图中 $a1$ 曲线形状，若加荷后允许地基土充分排水固结，则应力路径线为水平线 $1—1'$。如果以后的各级荷载均按第一级加荷的方法，则将得到的应力路径为 $1—1'—2—2'—3—3'—4$。通过应力路径可以明显看出这种施工方法的优点，它使地基土体得以有效的排水固结，从而提高了抗剪强度。地基由于固结获得的强度较一次连续加荷而不让土体固结所对应的抗剪强度值增加了 $\Delta\tau_f = \tau_{f(c)} - \tau_{f(b)}$。应力路径图直观而又清晰地把土中强度的变化过程表现出来，而且也说明了土的应力路径不同，导致的强度也可能不相同。

本 章 小 结

本章主要讲述土的抗剪强度概念与极限平衡条件、土的抗剪强度试验及强度指标的确定方法、在不同的排水条件下饱和土和砂土剪切过程中的性状、非饱和土抗剪强度的确定方法及应力路径等，能利用抗剪强度的基本理论和试验方法，解决实际工程中的强度和稳定问题。

本章的重点是在不同的排水条件下土体抗剪强度的确定方法。

习 题

一、选择题

1. 饱和黏性土，在同一竖向荷载 p 作用下进行快剪、固结快剪和慢剪，哪一种试验方法所得的强度最大？（　　）

　　A. 快剪　　　　　　　B. 固结快剪　　　　　　C. 慢剪

2. 对施工速度较快，而地基土的透水性差和排水条件不良时，对强度指标选择时应采用三轴剪切试验中的（　　）结果。

　　A. 不固结不排水试验　　　　　　B. 固结不排水试验

　　C. 固结排水试验　　　　　　　　D. 不固结排水试验

3. 绘制土的三轴剪切试验成果莫尔-库仑强度包线时，莫尔圆的画法是（　　）。

　　A. 在 σ 轴上以 σ_3 为圆心，以 $(\sigma_1-\sigma_3)/2$ 为半径

　　B. 在 σ 轴上以 σ_1 为圆心，以 $(\sigma_1-\sigma_3)/2$ 为半径

　　C. 在 σ 轴上以 $(\sigma_1+\sigma_3)/2$ 为圆心，以 $(\sigma_1-\sigma_3)/2$ 为半径

　　D. 在 σ 轴上以 $(\sigma_1-\sigma_3)/2$ 为圆心，以 $(\sigma_1-\sigma_3)/2$ 为半径

二、填空题

1. 土中某点的最大剪力面与土中该点剪切破裂面在（　　）条件下是一致的。

2. 基于莫尔-库仑破坏强度理论可知：σ_1 不变时，（　　）土样越易破坏；反之，σ_3 不变时，（　　）土样越易破坏。

3. 对同一种土，在不同的排水条件下，其抗剪强度指标是（　　）的。

三、简答题

1. 什么是土的抗剪强度及其指标？试说明土的抗剪强度的来源。

2. 什么是土的极限平衡状态与土的极限平衡条件？试用莫尔-库仑强度理论推求土的极限平衡条件的表达式。

3. 土体中首先发生剪切破坏的平面是否就是剪应力最大的平面？为什么？在何种情

况下剪切破坏面与剪应力最大的平面重合？通常情况下，剪切破坏面与最大主应力作用面的夹角为多少？

4. 试比较直剪试验和三轴试验的土样的应力状态有何不同，并指出直剪试验土样中大主应力的方向。

5. 分别简述直剪试验与三轴压缩试验的原理。比较两者之间的优缺点和适用范围。

6. 根据孔隙压力系数 A、B 的物理意义，说明三轴 UU 和 CU 试验方法求 A、B 的区别。

7. 应力路径的概念是什么？如何用 K'_f 确定土的有效应力抗剪强度指标？

四、计算题

1. 某砂土试样在法向应力 $\sigma_n = 100$ kPa 作用下进行直剪试验，测得抗剪强度 $\tau_f = 60$ kPa。求：(1)确定砂土的内摩擦角；(2)当法向应力增至 250 kPa 时，砂样的抗剪强度是多少？

2. 某饱和黏性土无侧限抗压强度试验得出 $c_u = 70$ kPa，如果对同一土样进行三轴不固结不排水试验，施加的周围压力 $\sigma_3 = 150$ kPa，问：土样在多大的轴向压力下破坏？

3. 某饱和黏性土在三轴仪中进行固结不排水试验，得到 $c' = 0$、$\varphi' = 28°$。如果这个试件受到 $\sigma_1 = 200$ kPa、$\sigma_3 = 150$ kPa 的作用，测得的孔隙水压力 $u = 100$ kPa，试件是否破坏？

4. 某正常固结饱和黏性土进行不固结不排水试验得出 $\varphi_u = 0$，$c_u = 20$ kPa；对同样的土进行固结不排水试验，得有效抗剪强度指标 $\varphi' = 30°$、$c' = 0$。如果试件在不排水条件下破坏，试求剪切破坏时的有效大主应力和小主应力。

5. 对两个相同的重塑饱和黏土试样，分别进行两种固结不排水三轴压缩试验。一个试样先在 $\sigma_3 = 170$ kPa 的围压下固结，试样破坏时的轴向偏应力 $(\sigma_1 - \sigma_3)_f = 124$ kPa。另一个试样施加的周围压力 $\sigma_3 = 427$ kPa，破坏时的孔隙水压力 $u_f = 270$ kPa。试求土样的 φ_{cu}、φ'。

6. 对内摩擦角 $\varphi' = 30°$ 的饱和砂土试样进行三轴压缩试验。首先施加 $\sigma_3 = 200$ kPa 围压，然后使最大主应力 σ_1 与最小主应力 σ_3 同时增加，且使 σ_1 的增量 $\Delta\sigma_1$ 始终为 σ_3 的增量 $\Delta\sigma_3$ 的 4 倍，试验在排水条件下进行。试求土样在破坏时的 σ_1 值。

第6章 土 压 力

教学目标

本章主要讲述土压力的种类、计算方法及挡土墙的设计。通过本章的学习,应达到以下目标。

(1) 掌握土压力的种类,两种基本土压力理论,即朗肯土压力理论和库仑土压力理论。

(2) 熟悉两种基本土压力的应用条件及土压力的影响因素。

(3) 了解挡土墙的种类及特点,了解重力式挡土墙的构造,挡土墙的设计。

教学要求

知识要点	能力要求	相关知识
土压力的种类	(1) 掌握静止土压力、主动土压力、被动土压力的概念; (2) 掌握静止土压力、主动土压力、被动土压力产生的条件	(1) 土压力产生的条件; (2) 挡土墙的位移; (3) 土压力系数
土压力的计算	(1) 掌握静止土压力的计算; (2) 掌握用朗肯土压力理论计算主动土压力、被动土压力; (3) 熟悉用库仑土压力理论计算主动土压力、被动土压力	(1) 土体极限平衡理论; (2) 特殊情况下的土压力
挡土墙的设计	(1) 掌握挡土墙的种类; (2) 熟悉挡土墙的稳定性验算; (3) 了解重力式挡土墙的构造	(1) 重力式、悬臂式、扶壁式、土钉墙、加筋土挡墙; (2) 抗倾覆、抗滑移稳定性

土压力、挡土墙、静止土压力、主动土压力、被动土压力、主动土压力系数、被动土压力系数

拟在坡高 6.0m 的土坡下面建一座房屋。已知土坡的土体为中砂,内摩擦角 $\varphi=30°$,重度 $\gamma=18.5kN/m^3$,土坡表面倾斜 $\beta=10°$,中砂与墙之间的摩擦角 $\delta=12°$,地基承载力特征值 $f_a=180kPa$。

为了防止土坡滑坡，需要修建一混凝土重力式挡土墙。

首先初步拟定挡土墙的断面尺寸，取墙高为 6.0m，墙顶宽、底宽分别 1.0m 和 5.0m，墙背倾斜 10°；接着应用库仑土压力理论求出作用于挡土墙上总的土压力为 153kN/m，进而求出总土压力的水平和竖直向分力分为 132.5kN/m 和 76.5kN/m；最后进行挡土墙的稳定性验算，其中抗滑动稳定安全系数 $K_s=1.32>1.3$，抗倾覆稳定安全系数 $K_t=4.0>1.6$，挡土墙基底边缘的最大压应力 $138.6\text{kPa}<1.2f_a=216\text{kPa}$。通过验算可知初步拟定的挡土墙断面尺寸能够满足要求，可按此断面尺寸进行设计、施工。

6.1 作用在挡土墙上的土压力

6.1.1 土压力的种类及产生条件

挡土墙是防止土体坍塌的构筑物，在房屋建筑、桥梁、道路，以及水利工程中都得到了广泛应用。例如，支撑建筑物周围填土的挡土墙，地下室侧墙及桥台等，如图 6.1 所示。

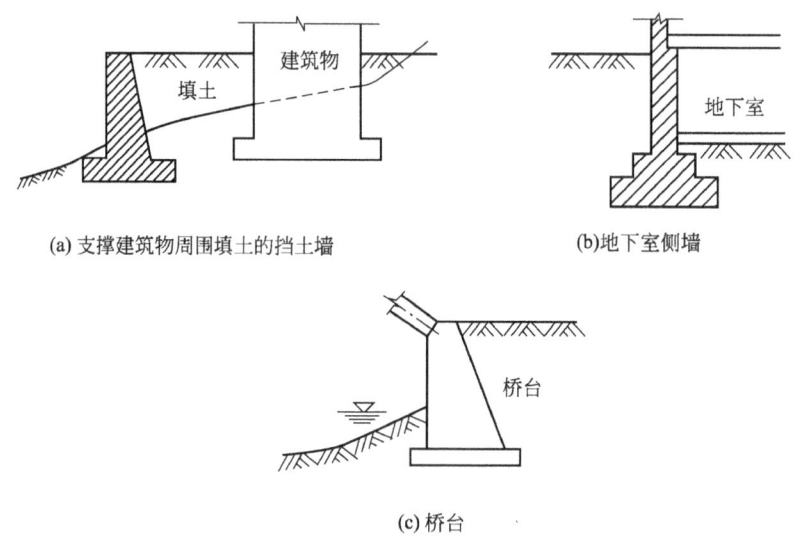

(a) 支撑建筑物周围填土的挡土墙　　(b) 地下室侧墙

(c) 桥台

图 6.1　挡土墙的应用

挡土墙设计包括结构类型选择、构造措施及稳定性计算。由于挡土墙的作用是用来挡住墙背后的填土并承受来自填土的压力，所以设计挡土墙时，首先要计算出作用在挡土墙上的土压力。土压力是指挡土墙背后的土体对墙背产生的侧向压力。土压力的计算是个比较复杂的问题，它不仅与挡土墙的类型、填土的性质有关，而且与挡土墙的刚度和位移等有关。为了分析土压力的性质，太沙基等人进行了挡土墙的模型试验，研究了墙的位移方向及大小与土压力之间的关系，试验结果如图 6.2 所示。图 6.2 中给出了实测土压力系数 K（即水平向压力与铅直向压力之比）与墙的相对位移（即墙顶位移 Δ 与墙高 H 的比值）之间的关系。

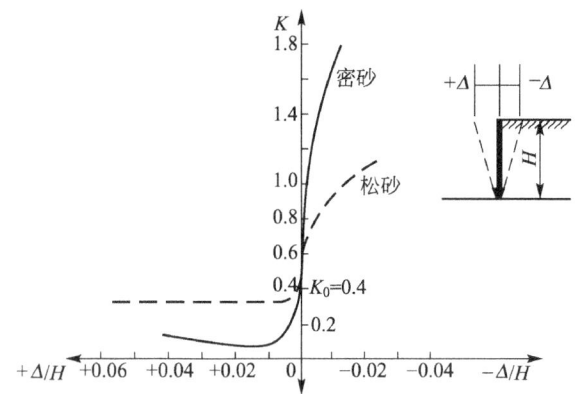

图 6.2 土压力系数与挡土墙相对位移的关系

根据墙的位移情况和墙背后土体所处的应力状态，土压力可分成以下三种，如图 6.3 所示。

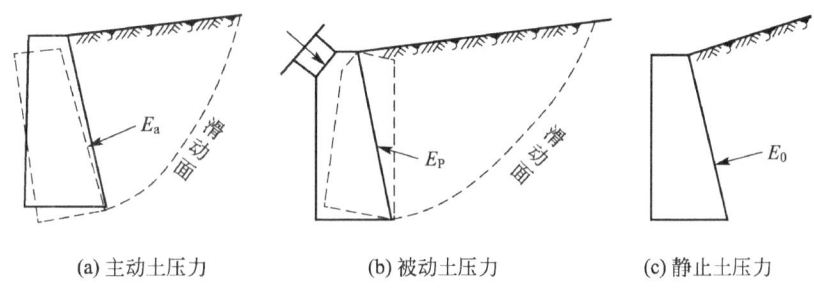

(a) 主动土压力　　(b) 被动土压力　　(c) 静止土压力

图 6.3 挡土墙受到的三种土压力

(1) 主动土压力。若挡土墙受到土体的推力而发生偏离土体方向的位移时（其位移 Δ 为正值），土体发挥出来的剪切阻力可使土压力减小，也就是 K 值减小，位移越大，K 值越小。一直到土的抗剪强度完全发挥出来，即土体已经达到主动极限平衡状态，以致产生了剪切破坏，形成了滑动面。此时土对墙的总推力就是主动土压力，一般以 E_a 表示。

(2) 被动土压力。若挡土墙向着土体方向发生位移（其位移 Δ 为负值），土体发挥出来的剪切阻力可使土对墙的抵抗力增大，墙推向土体的位移越大，K 值也越大。直到土的抗剪强度完全发挥出来，即土体已经达到被动极限平衡状态，以至产生了剪切破坏，形成了另一种滑动面。此时土对墙的总抗力就是被动土压力，一般以 E_p 表示。

(3) 静止土压力。当墙处于静止状态时，土体中的应力相当于第 4 章侧限压缩试验中的应力条件。此时作用在墙背上的总土压力称为静止土压力 E_0。

由此可知，墙的位移方向及位移量直接影响着土压力的性质和大小。经验表明，墙背离土体位移，背后土体达到主动极限平衡状态时所需的相对位移量 Δ/H 为 0.001～0.005，而墙向着土体位移，背后土体达到被动极限平衡状态时所需的相对位移量 $-\Delta/H$ 为 0.01～0.05，其值比主动极限平衡时的 Δ/H 大得多。同时可以看出，在相同条件下，主动土压力 E_a 小于静止土压力 E_0，静止土压力 E_0 小于被动土压力 E_p。

6.1.2 静止土压力

1. 土压力计算

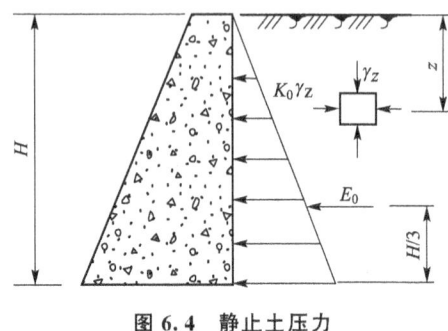

图 6.4 静止土压力

静止土压力可根据半无限弹性体的应力状态来进行计算,犹如在土的自重应力作用下无侧向变形时的水平侧压力。在土体表面下任意深度 z 处取一微小单元体,如图 6.4 所示,此时单元体作用在墙背上的侧向压力就是静止土压力 p_0,其值为

$$p_0 = K_0 \gamma z \tag{6-1}$$

式中:γ 为背后填土的重度(kN/m^3);K_0 为静止土压力系数,无因次。

K_0 与土性和密度等因素有关,可根据试验测定,也可根据经验公式计算。一般情况下,砂土 $K_0 = 0.35 \sim 0.45$,黏性土 $K_0 = 0.5 \sim 0.7$。或者对于无黏性土及正常固结黏性土可取

$$K_0 = 1 - \sin\varphi' \tag{6-2}$$

式中:φ' 为土体的有效内摩擦角(°)。

2. 土压力分布

由式(6-1)可知,静止土压力沿着墙背为三角形分布,总的静止土压力 E_0 为

$$E_0 = \frac{1}{2} \gamma H^2 K_0 \tag{6-3}$$

式中:H 为挡土墙的高度(m)。

E_0 的作用点在距墙底 $H/3$ 处。

6.2 朗肯土压力理论

朗肯土压力理论,属于古典理论之一,其概念明确,方法简单,至今还在沿用。它通过研究墙背后土体处于极限平衡状态,推导出了主动土压力和被动土压力计算公式。朗肯土压力理论的适用条件如下。

(1) 墙是刚性的,墙背光滑直立。
(2) 墙背后填土表面是水平的,填土处于极限平衡状态,满足莫尔-库仑破坏准则。
(3) 墙背光滑,墙背与填土之间没有摩擦力。

视挡土墙的移动方向,墙背后的土体可处于主动和被动两种极限平衡状态,从而产生主动和被动两种土压力,下面分别加以介绍。

6.2.1 主动土压力

1. 主动土压力的产生

在墙背后填土面下深度 z 处取一微小单元体来研究，如图 6.5 所示。由于墙背是直立光滑的，墙背与填土间无摩擦力，即剪应力为零，墙背后各点的铅直面和水平面都是主应力平面。当墙静止不动时，作用在单元体上的铅直方向的压力为大主应力，$\sigma_z = \gamma z = \sigma_1$，水平方向的压力为小主应力，$\sigma_x = K_0 \gamma z = \sigma_3$，此时墙背后的填土处于弹性平衡状态，由 σ_1 和 σ_3 所构成的莫尔应力圆与土体抗剪强度线相离。当墙在背后土体推动下向背离土体方向产生位移时，铅直向的压力 $\sigma_z = \sigma_1$ 不变，而随着位移的增大，水平向的压力 $\sigma_x = \sigma_3$ 逐渐减小，直至土体达到主动极限平衡状态，此时作用在墙背上的水平向压力 $\sigma_x = \sigma_3$，即为主动土压力强度 σ_a，由 σ_1 和 σ_3 所构成的莫尔应力圆与土体抗剪强度线相切。主动土压力强度 σ_a 可用土体处于极限平衡条件下 σ_1 与 σ_3 的关系式求解。

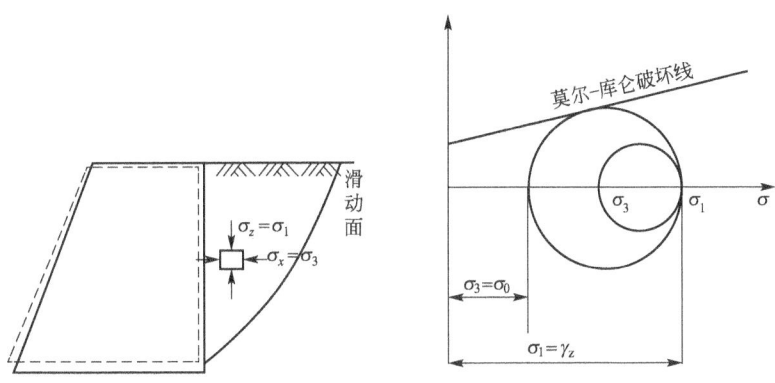

图 6.5 主动土压力

2. 主动土压力的计算

1) 黏性土的主动土压力

根据莫尔-库仑强度理论，当土体处于极限平衡状态时，大、小主应力满足关系式为

$$\sigma_3 = \sigma_1 \tan^2\left(45° - \frac{\varphi}{2}\right) - 2c\tan\left(45° - \frac{\varphi}{2}\right) \quad (6-4)$$

因此主动土压力强度 σ_a 为

$$\sigma_a = \sigma_3 = \gamma z \tan^2\left(45° - \frac{\varphi}{2}\right) - 2c\tan\left(45° - \frac{\varphi}{2}\right) = \gamma z K_a - 2c\sqrt{K_a} \quad (6-5)$$

式中：K_a 为主动土压力系数，$K_a = \tan^2\left(45° - \frac{\varphi}{2}\right)$。

由式 (6-5) 可以看出，主动土压力的强度由两部分组成。第一部分主动土压力与深度 z 成正比，沿着墙高呈三角形分布，如图 6.6(b) 所示；第二部分为负值，不随深度变化，沿着墙高呈矩形分布，见图 6.6(c)；两部分叠加后的土压力分布如图 6.6(d) 所示。

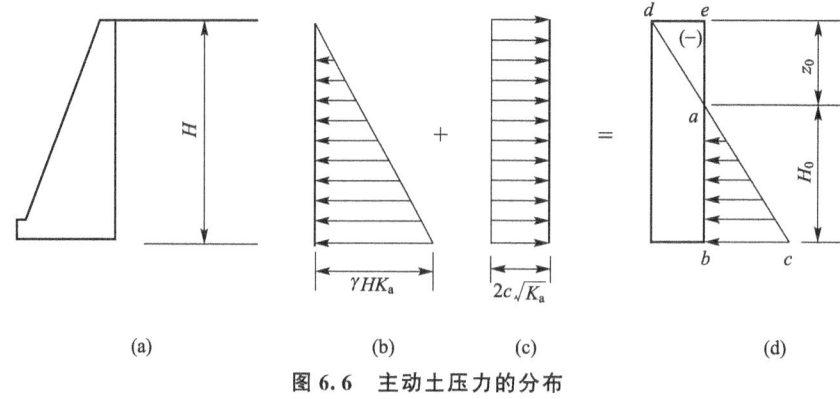

图 6.6 主动土压力的分布

由图 6.6 可见,在深度 z_0 处的土压力强度值为零,即 $\gamma z_0 K_a - 2c\sqrt{K_a} = 0$,故有

$$z_0 = \frac{2c\sqrt{K_a}}{\gamma K_a} = \frac{2c}{\gamma\sqrt{K_a}} \quad (6-6)$$

把深度 z_0 称为临界深度。在临界深度 z_0 内,土压力为负值。因为土的抗拉强度很低,墙与土在很小的拉力作用下就会分离,因此计算土压力时,不考虑 z_0 以内三角形部分产生的主动土压力。于是,作用在墙背 $H - z_0$ 高度内的总的土压力为

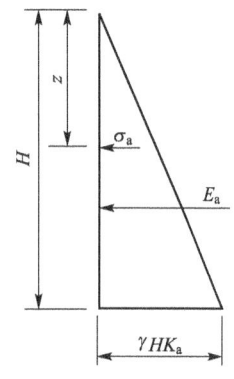

$$E_a = \frac{1}{2}(H - z_0)(\gamma H K_a - 2c\sqrt{K_a}) = \frac{1}{2}\gamma H^2 K_a - 2cH\sqrt{K_a} + \frac{2c^2}{\gamma}$$
$$(6-7)$$

E_a 作用点在墙底以上 $(H - z_0)/3$ 处。

2) 无黏性土的土压力

无黏性土的 $c = 0$,其主动土压力的计算只需要将公式(6-5)的 c 值取作零即可得到

$$\sigma_a = \gamma z K_a \quad (6-8)$$

无黏性土的主动土压力强度与深度 z 成正比,沿着墙高呈三角形分布,如图 6.7 所示,总的主动土压力为

图 6.7 无黏性土的主动土压力分布

$$E_a = \frac{1}{2}\gamma H^2 K_a \quad (6-9)$$

E_a 作用点在墙底以上 $H/3$ 处。

6.2.2 被动土压力

1. 被动土压力的产生

当挡土墙被外力推向填土时,填土水平向受到挤压而发生位移,土体在一定范围内可达到被动极限平衡状态。与求解主动土压力相同,在墙背后填土面下深度 z 处取一微小单元体来研究,如图 6.8 所示。作用在单元体上铅直方向的压力为大主应力,$\sigma_z = \gamma z = \sigma_1$,水平方向的压力为小主应力,$\sigma_x = \sigma_3$。当挡土墙沿着水平方向被推向土体时,铅直向的压力 $\sigma_z = \sigma_1$ 不变,墙面压向土体,当超过某一位移时,铅直方向的压力变为小主应力,而

水平方向的压力变为大主应力。随着墙面继续压向土体，水平向的压力 $\sigma_x = \sigma_1$ 逐渐增大，直至土体达到被动极限平衡状态。此时作用在墙背上的水平向压力 $\sigma_x = \sigma_1$ 为被动土压力强度 σ_p，由 σ_1 和 σ_3 所构成的莫尔应力圆与土体抗剪强度线相切。被动土压力强度 σ_p 可用土体处于极限平衡条件下 σ_1 与 σ_3 的关系式求解。

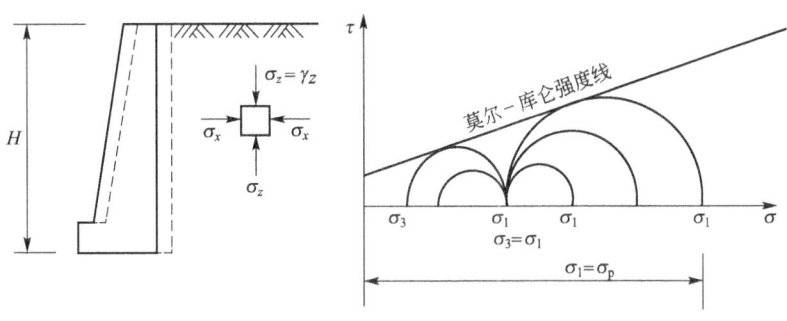

图 6.8 被动土压力

2. 被动土压力的计算

1) 黏性土的被动土压力

根据莫尔-库仑强度理论，当土体处于极限平衡状态时，大、小主应力满足如下关系式

$$\sigma_1 = \sigma_3 \tan^2\left(45° + \frac{\varphi}{2}\right) + 2c \tan\left(45° + \frac{\varphi}{2}\right) \tag{6-10}$$

因此被动土压力强度 σ_p 为

$$\sigma_p = \sigma_1 = \gamma z \tan^2\left(45° + \frac{\varphi}{2}\right) + 2c \tan\left(45° + \frac{\varphi}{2}\right) = \gamma z K_p + 2c \sqrt{K_p} \tag{6-11}$$

式中：K_p 为被动土压力系数，$K_p = \tan^2\left(45° + \frac{\varphi}{2}\right)$。

由式(6-11)可以看出，被动土压力的强度也是由两部分组成。第一部分被动土压力与深度 z 成正比，沿着墙高呈三角形分布；第二部不随深度变化，沿着墙高呈矩形分布，两部分叠加的结果是被动土压力沿着墙高呈梯形分布，如图 6.9(a)所示。总的被动土压力 E_p 为

$$E_p = \frac{1}{2}\gamma H^2 K_p + 2cH\sqrt{K_p} \tag{6-12}$$

E_p 作用点通过梯形分布图形的形心。

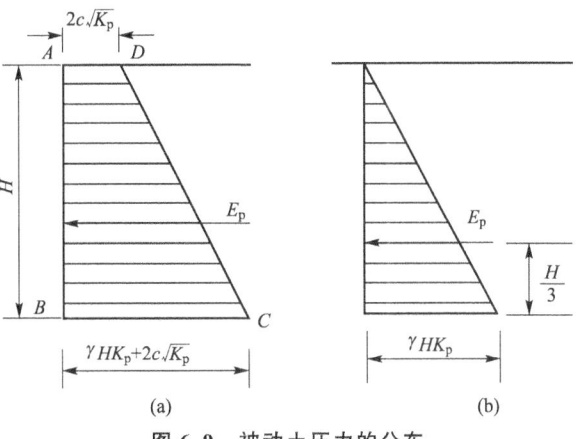

图 6.9 被动土压力的分布

2）无黏性土被动土压力

对于无黏性土只要将 $c=0$ 代入式（6-11）即可得到被动土压力的强度为

$$\sigma_p = \sigma_1 = \gamma z \tan^2\left(45° + \frac{\varphi}{2}\right) = \gamma z K_p \tag{6-13}$$

所以，无黏性土的被动土压力沿着墙高呈三角形分布，如图 6.9(b) 所示。被动土压力的合力为

$$E_p = \frac{1}{2}\gamma H^2 K_p \tag{6-14}$$

E_p 作用点通过三角形分布图形的形心，距离墙底为 $H/3$。

【例 6.1】 已知某混凝土挡土墙，墙高 $H=7.0\text{m}$，墙背竖直、光滑，墙后填土表面水平，填土的重度 $\gamma=18.0\text{kN/m}^3$，内摩擦角 $\varphi=30°$，黏聚力 $c=15\text{kPa}$。计算作用于挡土墙上的静止土压力（静止土压力系数 $K_0=0.5$）、主动土压力和被动土压力，并绘制出土压力分布图。

【解】 （1）静止土压力。

墙底面处的静止土压力强度：$\sigma_0 = \gamma H K_0 = 18 \times 7 \times 0.5 = 63\text{(kPa)}$

则总的静止土压力：$E_0 = \frac{1}{2}\gamma H^2 K_0 = \frac{1}{2} \times 18 \times 7^2 \times 0.5 = 220.5\text{(kN/m)}$，作用点距离墙底 $\frac{H}{3} = \frac{7}{3} = 2.33\text{(m)}$

（2）主动土压力。

根据题意，挡土墙墙背竖直、光滑，墙后填土表面水平，符合朗肯土压力理论的假设，可应用朗肯土压力理论求解。

主动土压力系数 $K_a = \tan^2\left(45° - \frac{\varphi}{2}\right) = \frac{1}{3}$

墙顶面处的主动土压力强度：$\sigma_{a1} = -2c\sqrt{K_a} = -2 \times 15 \times \sqrt{\frac{1}{3}} = -17.32\text{(kPa)}$

墙底面处的主动土压力强度：$\sigma_{a2} = \gamma H K_a - 2c\sqrt{K_a} = 18 \times 7 \times \frac{1}{3} - 2 \times 15 \times \sqrt{\frac{1}{3}} = 24.68\text{(kPa)}$

临界深度 $z_0 = \frac{2c}{\gamma\sqrt{K_a}} = \frac{2 \times 15}{18 \times \sqrt{\frac{1}{3}}} = 2.89\text{(m)}$

总的主动土压力

$$E_a = \frac{1}{2}(H - z_0)(\gamma H K_a - 2c\sqrt{K_a})$$

$$= \frac{1}{2}\gamma H^2 K_a - 2cH\sqrt{K_a} + \frac{2c^2}{\gamma} = \frac{1}{2} \times 18 \times 7^2 \times \frac{1}{3} - 2 \times 15 \times 7 \times \sqrt{\frac{1}{3}} + \frac{2 \times 15^2}{18}$$

$$= 147 - 121.2 + 25 = 50.8\text{(kN/m)}$$

E_a 作用点距离墙底的距离为 $\frac{1}{3}(H - z_0) = \frac{1}{3}(7 - 2.89) = 1.37\text{(m)}$

(3) 被动土压力。

被动土压力系数 $K_p = \tan^2\left(45° + \dfrac{\varphi}{2}\right) = 3$

墙顶面处的被动土压力强度：$\sigma_{p1} = 2c\sqrt{K_p} = 2 \times 15 \times \sqrt{3} = 51.96 \text{(kPa)}$

墙底面处的被动土压力强度

$$\sigma_{p2} = \gamma H K_p + 2c\sqrt{K_p} = 18 \times 7 \times 3 + 2 \times 15 \times \sqrt{3} = 378 + 51.96 = 429.96 \text{(kPa)}$$

总的被动土压力

$$E_p = \dfrac{1}{2}\gamma H^2 K_p + 2cH\sqrt{K_p} = \dfrac{1}{2} \times 18 \times 7^2 \times 3 + 2 \times 15 \times 7 \times \sqrt{3}$$
$$= 1323 + 363.73 = 1686.73 \text{(kN/m)}$$

总的被动土压力作用于梯形的形心处，设距离墙底为 x，则有

$$7 \times 51.96 \times \dfrac{7}{2} + \dfrac{1}{2} \times 7 \times 378 \times \dfrac{7}{3} = 1686.73x$$

得到 $x = 2.58\text{m}$，如图 6.10 所示。

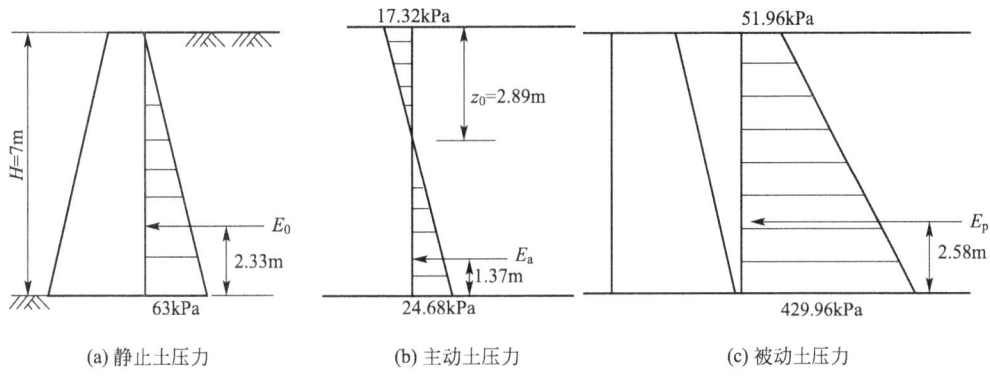

图 6.10 例 6.1 土压力分布图

由例 6.1 可以看出：①当挡土墙的形式、尺寸和填土性质完全相同时，由朗肯理论计算得到的静止土压力 $E_0 = 220.5 \text{kN/m}$，为主动土压力（$E_a = 50.8 \text{kN/m}$）的 4 倍多。因此，在挡土墙设计时，尽可能使填土产生主动土压力，以节省挡土墙材料、工程量和投资。②挡土墙和填土条件完全相同时，主动土压力 $E_a = 50.8 \text{kN/m}$，被动土压力 $E_p = 1686.73 \text{kN/m}$，被动土压力约为主动土压力的 33 倍。因产生被动土压力时挡土墙的位移往往过大，为工程所不允许，通常只利用被动土压力的一部分。

6.2.3 工程中常见的几种情况下的主动土压力计算

1. 墙背后填土表面有连续均布荷载的情况

墙背后填土表面有连续均布荷载 q 时，将对墙背产生附加的土压力，如图 6.11 所示。可将均布荷载 q 换算成等效填土高度 H'

$$H' = \frac{q}{\gamma} \tag{6-15}$$

此时可将挡土墙的高度视作 $H+H'$，按照前面的式(6-5)来计算主动土压力。设土体的 $c=0$，则墙顶的土压力强度为

$$\sigma_{a0} = \gamma H' K_a = q K_a \tag{6-16}$$

墙底处的土压力强度为

$$\sigma_{ab} = \gamma(H+H')K_a = (q+\gamma H)K_a \tag{6-17}$$

实际的土压力图形为梯形分布，作用于墙背的总主动土压力为

$$E_a = q H K_a + \frac{1}{2}\gamma H^2 K_a \tag{6-18}$$

2. 填土为成层土的情况

当墙背后的填土为成层土时，则应该按各层土质情况，分别确定每一层土作用于墙背的土压力，如图 6.12 所示。计算时，第一层土压力按均质土计算，计算第二层土压力时，将上层土按重度换算成与第二层土重度相同的当量土层计算，当量土层的厚度 $h_1' = \dfrac{h_1 \gamma_1}{\gamma_2}$，然后以 $(h_1' + h_2)$ 为墙高，按均质土计算土压力，以下各层也同样计算。以图 6.12 所示的挡土墙为例来计算。

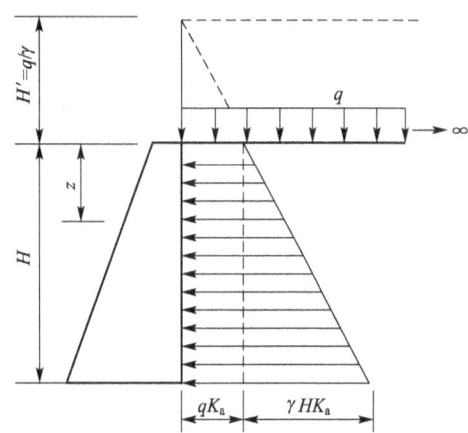

图 6.11 填土表面有均布荷载

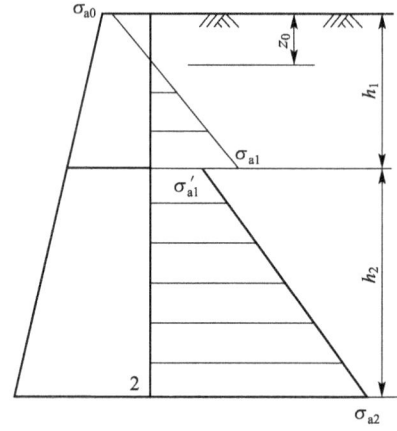

图 6.12 墙背后填土成层

第一层顶面处的土压力强度 σ_{a0} 为：$\sigma_{a0} = -2c_1 \sqrt{K_{a1}}$ \hfill (6-19)

第一层底面处的土压力强度 σ_{a1} 为：$\sigma_{a1} = \gamma_1 h_1 K_{a1} - 2c_1 \sqrt{K_{a1}}$ \hfill (6-20)

第二层顶面处的土压力强度 σ_{a1}' 为

$$\sigma_{a1}' = \gamma_2 h_1' K_{a2} - 2c_2 \sqrt{K_{a2}} = \gamma_2 \frac{\gamma_1 h_1}{\gamma_2} K_{a2} - 2c_2 \sqrt{K_{a2}} = \gamma_1 h_1 K_{a2} - 2c_2 \sqrt{K_{a2}} \tag{6-21}$$

第二层底面处的土压力强度 σ_{a2} 为

$$\sigma_{a2}=\gamma_2(h_1'+h_2)K_{a2}-2c_2\sqrt{K_{a2}}=\gamma_2\left(\frac{\gamma_1 h_1}{\gamma_2}+h_2\right)K_{a2}-2c_2\sqrt{K_{a2}}$$

$$=(\gamma_1 h_1+\gamma_2 h_2)K_{a2}-2c_2\sqrt{K_{a2}} \tag{6-22}$$

3. 填土内有地下水位的情况

墙背后填土中地下水的存在，将对土压力有三种影响：①地下水位以下的填土重度取有效重度；②水位下填土的抗剪强度将减小；③地下水对墙背施加静水压力。一般工程中，可不计地下水对砂土内摩擦角的影响。但地下水会使黏性土的黏聚力和内摩擦角降低，使得主动土压力增大，因此挡土墙应该有良好的排水措施。在填土内有地下水时，计算墙体所受到的侧压力时，可以分别计算出土压力和水压力，然后将土压力和水压力叠加即可。以图 6.13 所示的挡土墙为例，设填土为砂土，地下水位上下土体的 $\varphi_1=\varphi_2$，水位以上土体的重度为 γ_1，以下土体的重度为 γ'。由于 $\varphi_1=\varphi_2$，则 $K_{a1}=K_{a2}=K_a$。故地下水位处的土压力强度为 $\sigma_{a1}=\gamma_1 h_1 K_a$，而墙底处土压力强度为 $\sigma_{a2}=(\gamma_1 h_1+\gamma' h_2)K_a$。墙背上除了有土压力作用外，还要受到水压力的作用，墙底面处的水压力强度为 $\sigma_w=\gamma_w h_2$。作用在墙背上的总侧压力为土压力和水压力之和。有了土压力和水压力的分布图形，即可求出作用于墙背的侧向总压力。

4. 填土表面受局部均布荷载的情况

当挡土墙背后填土表面受局部均布荷载 q 作用时，对挡土墙产生的附加土压力强度仍为 qK_a，但其分布范围从理论上难以界定，可采用近似处理的方法，即从局部均布荷载的两个端点 m、n 分别作一条直线，都与水平表面成 $45°+\dfrac{\varphi}{2}$ 角，与墙背相交于 c、d 点，则墙背 cd 段范围内作用有 qK_a，这时作用于整个墙背的土压力分布如图 6.14 所示。

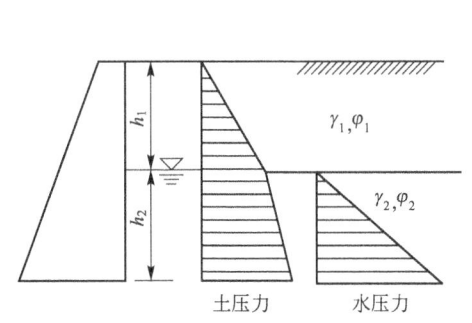

图 6.13 填土内有地下水

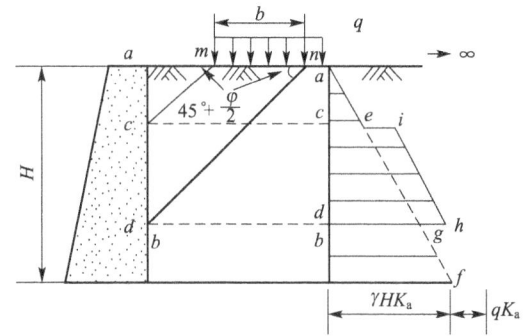

图 6.14 填土表面有局部均布荷载

【例 6.2】 某墙背竖直、光滑的挡土墙高 6m，地面水平并作用均布荷载 10kPa。墙后土体分为两层，各层土的物理力学指标如图 6.15 所示。(1)计算并绘制墙背所受主动土压力的分布强度；(2)计算墙背所受主动土压力的合力及其作用位置。

【解】 根据朗肯土压力理论进行计算。

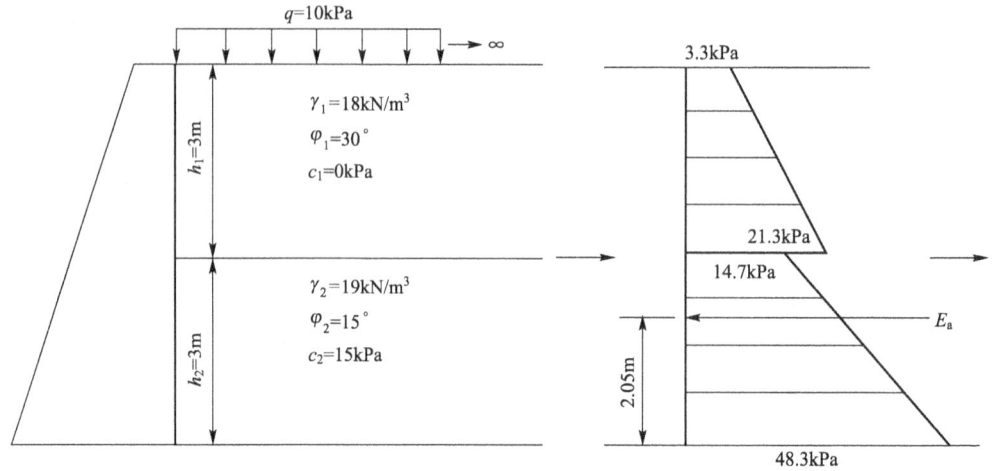

图 6.15 例 6.2 图

(1) 墙背所受的主动土压力的强度。

对于第一层填土

$$K_{a1} = \tan^2\left(45° - \frac{\varphi_1}{2}\right) = \tan^2\left(45° - \frac{30°}{2}\right) = 0.333$$

顶面处的土压力强度：$\sigma'_{a1} = qK_{a1} - 2c_1\sqrt{K_{a1}} = 10 \times 0.333 - 2 \times 0 \times 0.577 = 3.3(\text{kPa})$

底面处的土压力强度

$$\sigma''_{a1} = (q + \gamma_1 h_1)K_{a1} - 2c_1\sqrt{K_{a1}} = (10 + 18 \times 3) \times 0.333 - 2 \times 0 \times 0.577 = 21.3(\text{kPa})$$

对于第二层填土

$$K_{a2} = \tan^2\left(45° - \frac{\varphi_2}{2}\right) = \tan^2\left(45° - \frac{15°}{2}\right) = 0.589$$

顶面处的土压力强度

$$\sigma'_{a2} = (q + \gamma_1 h_1)K_{a2} - 2c_2\sqrt{K_{a2}} = (10 + 18 \times 3) \times 0.589 - 2 \times 15 \times 0.767 = 14.7(\text{kPa})$$

底面处的土压力强度

$$\sigma''_{a2} = (q + \gamma_1 h + \gamma_2 h_2)K_{a2} - 2c_2\sqrt{K_{a2}}$$

$$= (10 + 18 \times 3 + 19 \times 3) \times 0.589 - 2 \times 15 \times 0.767 = 48.3(\text{kPa})$$

(2) 主动土压力的合力。

$$E_a = [\sigma'_{a1} h_1 + (\sigma''_{a1} - \sigma'_{a1})h_1/2] + [\sigma'_{a2} h_2 + (\sigma''_{a2} - \sigma'_{a2})h_2/2]$$

$$= [3.3 \times 3 + (21.3 - 3.3) \times 3/2] + [14.7 \times 3 + (48.3 - 14.7) \times 3/2]$$

$$= 36.9 + 94.5 = 131.4(\text{kN/m})$$

第一层土内合力位置（从该层底面起算）

$$h_{a1} = \frac{3.3 \times 3 \times \frac{3}{2} + \frac{1}{2} \times (21.3 - 3.3) \times 3 \times 3/3}{3.3 \times 3 + \frac{1}{2} \times (21.3 - 3.3) \times 3} = 1.13(\text{m})$$

第二层土内合力位置(从该层底面起算)

$$h_{a2} = \frac{14.7 \times 3 \times \frac{3}{2} + \frac{1}{2} \times (48.3-14.7) \times 3 \times \frac{3}{3}}{14.7 \times 3 + \frac{1}{2} \times (48.3-14.7) \times 3} = 1.23(\text{m})$$

总的合力作用点位置距离底面的距离为

$$h_a = \frac{\left[3.3 \times 3 + \frac{1}{2} \times (21.3-3.3) \times 3\right] \times (1.13+3) + \left[14.7 \times 3 + \frac{1}{2} \times (48.3-14.7) \times 3\right] \times 1.23}{3.3 \times 3 + \frac{1}{2} \times (21.3-3.3) \times 3 + 14.7 \times 3 + \frac{1}{2} \times (48.3-14.7) \times 3}$$
$$= 2.05(\text{m})$$

6.3 库仑土压力理论

库仑土压力理论由法国工程师库仑于1773年提出。库仑土压力理论根据墙背后滑动土楔处于外力极限平衡,用静力平衡方程求解出作用于墙背的土压力。库仑土压力理论由于概念明确,且在一定条件下较符合实际,故这一古典理论也沿用至今。库仑土压力理论的基本假定:①挡土墙是刚性的,墙背后填土是无黏性土;②墙后形成滑动楔体ABC,滑动面BC为一个通过墙踵的平面;③土楔ABC处于极限平衡状态。如图6.16所示为库仑主动土压力计算图。

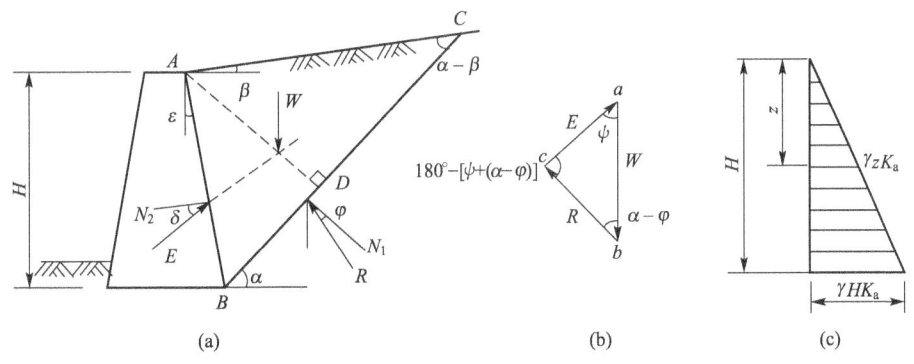

图6.16 库仑主动土压力计算图

6.3.1 主动土压力

如图6.16(a)所示,当墙背受土推动向前移动达到某个数值时,土体中的ABC部分有沿着AB、BC面发生整体滑动的趋势,以至达到极限平衡状态。取楔体ABC为脱离体,作用于脱离体上的力如下几种。

(1) 楔体ABC的重力W,方向铅直向下,大小$W = \frac{1}{2}\gamma H^2 \frac{\cos(\varepsilon-\beta)\cos(\alpha-\varepsilon)}{\cos^2\varepsilon \sin(\alpha-\beta)}$。

(2) 墙对土楔的反力E,其作用方向与墙背的法线呈δ角(δ角为墙与土之间的内摩擦角，称墙的摩擦角）。

（3）滑动面 BC 上的反力 R，其方向与 BC 面的法线 N_1 呈 φ 角（φ 角为土的内摩擦角）。作用于楔体 ABC 上的三个力 W、E、R 构成一闭合力矢量三角形。如图 6.16(b) 所示，已知三个力的方向及 W 的大小，利用正弦定理有

$$\frac{E}{\sin(\alpha-\varphi)}=\frac{W}{\sin[180°-(\psi+\alpha-\varphi)]}$$

因此

$$E=\frac{W\sin(\alpha-\varphi)}{\sin[180°-(\psi+\alpha-\varphi)]} \quad (6-23)$$

其中 $\psi=90°-(\delta+\varepsilon)$。

在式（6-23）中，ε、δ、β、φ 都是已知的，只有 α 角是变化的。假定不同的 α 角可画出不同的滑动面，就可得到不同的 E 值，即 E 是 α 的函数。根据 $\dfrac{dE}{d\alpha}=0$，求解得到 α_{cr}，再将 α_{cr} 代入式（6-23）得到 E_{max}，这个 E_{max} 就是墙背所受到的主动土压力，α_{cr} 对应的滑动面就是土楔最危险滑动面。按上述方法得到

$$E_a=\frac{1}{2}\gamma H^2\frac{\cos^2(\varphi-\varepsilon)}{\cos^2\varepsilon\cos(\varepsilon+\delta)\left[1+\sqrt{\dfrac{\sin(\varphi+\delta)\sin(\varphi-\beta)}{\cos(\delta+\varepsilon)\cos(\varepsilon-\beta)}}\right]^2}=\frac{1}{2}\gamma H^2 K_a \quad (6-24)$$

式中

$$K_a=\frac{\cos^2(\varphi-\varepsilon)}{\cos^2\varepsilon\cos(\varepsilon+\delta)\left[1+\sqrt{\dfrac{\sin(\varphi+\delta)\sin(\varphi-\beta)}{\cos(\delta+\varepsilon)\cos(\varepsilon-\beta)}}\right]^2} \quad (6-25)$$

K_a 为主动土压力系数，无因次，是 ε、δ、β、φ 的函数，可从表 6-1 查得。

表 6-1 俯斜墙背库仑主动土压力系数 K_a 值表

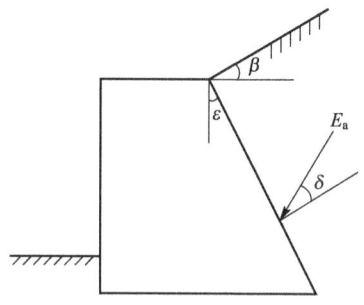

ε	β	φ					
		20°	25°	30°	35°	40°	45°
		$\delta=15°$					
0°	0°	0.434	0.363	0.301	0.248	0.201	0.160
	10°	0.522	0.423	0.343	0.277	0.222	0.174
	20°	0.914	0.546	0.415	0.323	0.251	0.194
	30°		0.777	0.422	0.305	0.225	

(续)

ε	β	φ					
		20°	25°	30°	35°	40°	45°
		δ=15°					
10°	0°	0.511	0.411	0.373	0.323	0.273	0.228
	10°	0.623	0.520	0.473	0.366	0.305	0.252
	20°	1.103	0.679	0.535	0.432	0.351	0.284
	30°			1.005	0.571	0.430	0.334
20°	0°	0.611	0.540	0.476	0.419	0.366	0.317
	10°	0.757	0.649	0.560	0.484	0.416	0.357
	20°	1.383	0.862	0.697	0.579	0.486	0.408
	30°			1.341	0.778	0.606	0.487
		δ=20°					
0°	0°		0.357	0.297	0.245	0.199	0.160
	10°		0.419	0.340	0.275	0.220	0.174
	20°		0.547	0.414	0.322	0.251	0.193
	30°			0.798	0.425	0.306	0.225
10°	0°		0.438	0.377	0.322	0.273	0.229
	10°		0.521	0.438	0.367	0.306	0.254
	20°		0.690	0.540	0.436	0.354	0.286
	30°			1.051	0.582	0.437	0.338
20°	0°		0.543	0.479	0.422	0.370	0.321
	10°		0.659	0.568	0.490	0.423	0.363
	20°		0.891	0.715	0.592	0.496	0.417
	30°			1.434	0.807	0.624	0.501

库仑主动土压力公式（6-24）与朗肯主动土压力公式（6-9）形式完全相同，但主动土压力系数不同。当库仑土压力理论中挡墙直立 $\varepsilon=0$、光滑 $\delta=0$、填土表面水平 $\beta=0$ 时，式（6-25）变成 $K_a=\tan^2\left(45°-\dfrac{\varphi}{2}\right)$，与朗肯主动土压力系数相同。

从以上的分析过程可知，库仑理论是从分析土楔的平衡条件出发，其所得 E_a 是作用在墙背上的总土压力。由式（6-24）可知，E_a 的大小与墙高的平方成正比，所以深度 z 处土压力强度

$$\sigma_a=\frac{dE_a}{dz}=\frac{d}{dz}\left(\frac{1}{2}\gamma z^2 K_a\right)=\gamma z K_a \quad (6-26)$$

σ_a 沿着墙高呈三角形分布。E_a 的作用点距离墙底为 $H/3$，方向与水平面呈 $(\varepsilon+\delta)$ 角，如图 6.17 所示。

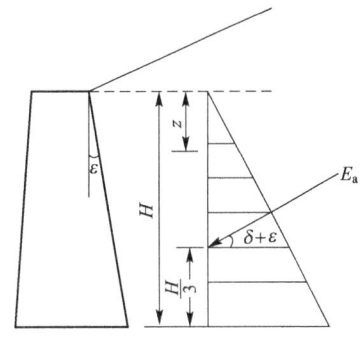

图 6.17 库仑主动土压力的分布

6.3.2 被动土压力

当墙受外力作用挤压土体，直至土体沿着某一破坏面 BC 破坏时，土楔 ABC 向上滑动，并处于被动极限平衡状态，如图 6.18 所示。取土楔 ABC 为脱离体，作用于土楔上的外力有土楔的自重 W，墙对土楔的反力 E，其作用方向与墙背的法线 N_2 呈 δ 角，滑动面 BC 上的反力 R，其方向与 BC 面的法线 N_1 呈 φ 角。被动极限平衡条件下，R 和 E 的方向分别在 BC 和 AB 面法线的上方。与计算主动土压力的原理相同，可求得被动土压力的库仑公式为

$$E_p = \frac{1}{2}\gamma H^2 \frac{\cos^2(\varphi+\varepsilon)}{\cos^2\varepsilon \cos(\varepsilon-\delta)\left[1-\sqrt{\frac{\sin(\varphi+\delta)\sin(\varphi+\beta)}{\cos(\varepsilon-\delta)\cos(\varepsilon-\beta)}}\right]^2} = \frac{1}{2}\gamma H^2 K_p \quad (6-27)$$

式中：K_p 为被动土压力系数，表达为

$$K_p = \frac{\cos^2(\varphi+\varepsilon)}{\cos^2\varepsilon \cos(\varepsilon-\delta)\left[1-\sqrt{\frac{\sin(\varphi+\delta)\sin(\varphi+\beta)}{\cos(\varepsilon-\delta)\cos(\varepsilon-\beta)}}\right]^2} \quad (6-28)$$

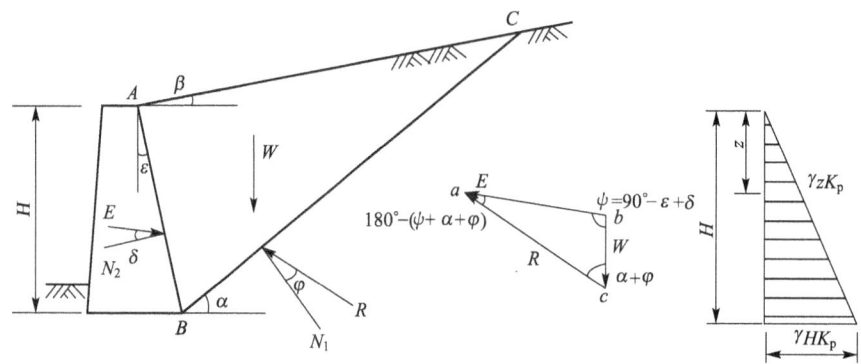

图 6.18　库仑被动土压力

【例 6.3】 已知某挡土墙高度 $H=6.0\text{m}$，墙背倾斜 $\varepsilon=10°$，墙后填土倾角 $\beta=10°$，墙与填土摩擦角 $\delta=20°$。墙后填土为中砂，重度 $\gamma=18.5\text{kN/m}^3$，内摩擦角 $\varphi=30°$。试根据库仑土压力理论计算作用于挡土墙上的主动土压力。

【解】 由 $\varepsilon=10°$，$\beta=10°$，$\delta=20°$，$\varphi=30°$，查表 6-1 得到主动土压力系数 $K_a=0.438$。

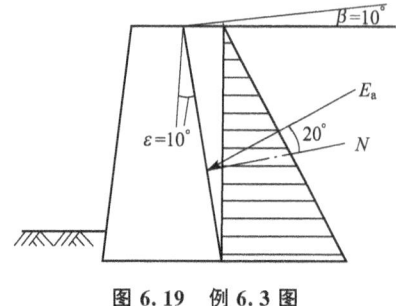

图 6.19　例 6.3 图

$$E_a = \frac{1}{2}\gamma H^2 K_a = \frac{1}{2}\times 18.5 \times 6^2 \times 0.438$$

$$= 145.85(\text{kN/m})$$

E_a 的作用点距离墙底 $\dfrac{H}{3}=2\text{m}$，方向与墙背法线 N 的夹角为 $\delta=20°$，位于法线 N 的上侧，如图 6.19 所示。

6.3.3 黏性土的土压力

库仑土压力理论是根据无黏性土推导的，从理论上说只适用于无黏性土。但实际工程中墙背后的填土有时为黏性土，为了考虑土的黏聚力 c 对土压力的影响，在应用库仑公式时，曾考虑将内摩擦角 φ 增大，采用"等值内摩擦角 φ_D"来综合考虑黏聚力对土压力的影响，但实践证明，这种计算方法的得出的结果误差较大。下面介绍两种黏性土土压力的确定方法。

1. 图解法

图解法是把黏性土的黏聚力也作为外力的组成部分，而纳入力矢量多边形求出黏性土的主动土压力 E_a。

由图 6.20 可见，如果挡土墙的位移较大，使得墙背后黏性土的抗剪强度全部发挥出来，在距离填土表面 z_0 深度处将出现拉裂缝，引用朗肯土压力理论的临界深度 $z_0 = \dfrac{2c}{\gamma \sqrt{K_a}}$。

若假设滑动面为 BCD 时，作用在滑动土楔上的外力如下。

（1）土楔的重量 W（包括 $AEBCD$）。

（2）作用于墙背与土楔之间的总黏聚力 C_w。由于拉裂缝深度 z_0 长度范围内填土与墙体脱开，所以黏聚力作用的长度应扣除 z_0，故 $C_w = c_w \cdot EB$。c_w 为墙与土体间的黏聚力。

（3）滑动面的反力 R，其作用方向与滑动面的法线呈 φ 角。

（4）作用于滑动面上的总黏聚力 C，其作用长度也应该扣除裂缝 z_0 的长度，故 $C = c \cdot BC$。c 为滑动面上的黏聚力。

上述四个力的方向均为已知，且外力 W，C_w 与 C 的大小也可以计算出来，根据力系的平衡，由力矢量多边形可以确定 E 的数值。假设多个滑动面，重复上述过程，计算得到多个 E 值，取其中的最大值为 E_a。

2. 规范推荐的方法

《建筑地基基础设计规范》（GB 50007—2011）中给出的主动土压力计算公式也适用于黏性土和粉土。如图 6.21 所示，边坡工程主动土压力按下式计算

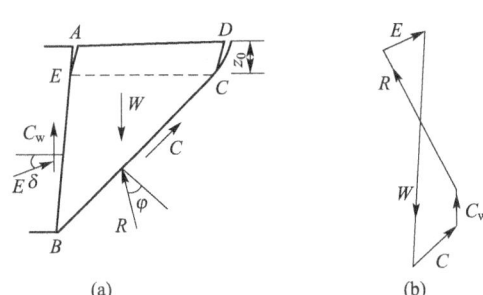

图 6.20　黏性土的库仑土压力

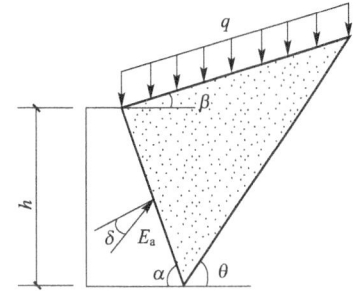

图 6.21　规范法计算土压力

$$E_a = \psi_c \frac{1}{2} \gamma H^2 K_a \qquad (6-29)$$

式中：ψ_c 为主动土压力增大系数，土坡高度小于 5m 时宜取 1.0；高度为 5～8m 时宜取 1.1；高度大于 8m 时宜取 1.2；K_a 为主动土压力系数。

$$K_a = \frac{\sin(\alpha+\beta)}{\sin^2\alpha \sin^2(\alpha+\beta-\varphi-\delta)} \{k_q[\sin(\alpha+\beta)\sin(\alpha-\delta)+\sin(\varphi+\delta)\sin(\varphi-\beta)]+$$
$$2\eta\sin\alpha\cos\varphi\cos(\alpha+\beta-\varphi-\delta)-2[(k_q\sin(\alpha+\beta)\sin(\varphi-\beta)+\eta\sin\alpha\cos\varphi)$$
$$(k_q\sin(\alpha-\delta)\sin(\varphi+\delta)+\eta\sin\alpha\cos\varphi)]^{\frac{1}{2}}\} \qquad (6-30)$$

$$k_q = 1 + \frac{2q}{\gamma h} \frac{\sin\alpha\cos\beta}{\sin(\alpha+\beta)} \qquad (6-31)$$

$$\eta = \frac{2c}{\gamma h} \qquad (6-32)$$

式(6-31)中的 q 为地表均布荷载(以单位水平投影面上的荷载强度计)。

6.4 土压力计算的讨论

6.4.1 坦墙

1. 坦墙的定义

根据库仑土压力理论的假定，当墙背后土体破坏时，取破坏土楔 ABD 为脱离体，分析作用在土楔上的外力平衡而得到土压力，如图 6.22 所示。此时墙背 AB 和土体中的 BD 面均为滑裂面。显然，这种情况只适合墙的摩擦角 δ 远远小于土体内摩擦角 φ 的情况。当 δ 接近于 φ 时，则可能出现两种情况：一种情况是若墙背较陡，倾角 ε 较小，则当土体破坏时，墙背 AB 和土体中的 BD 面为滑裂面；另一种情况是，如果墙背较缓，倾角 ε 较大，则墙后土体破坏时滑动土楔可能不再沿墙背 AB 滑动，而是沿图 6.22 中的 BC 和 BD 面滑动，两个滑裂面均发生在土体中。此时，把 BD 称为第一滑裂面，BC 称为第二滑裂面。工程中把出现第二滑裂面的挡土墙称为坦墙。此时，位于墙体与第二滑裂面之间的楔体 ABC 可视为墙体的一部分，随着挡墙一起移动，而滑动土楔 BCD 处于极限平衡状态，可应用库仑土压力理论求解作用于第二滑裂面 BC 上的主动土压力 E_a'，同时计算出随挡墙一起移动的楔体 ABC 的重力 W，这样，最终作用于墙背 AB 面上的主动土压力 E_a 就是 E_a' 与楔体 ABC 的重力 W 的合力。

2. 坦墙土压力计算

由前述知，产生第二滑裂面的条件是墙摩擦角 δ 接近于土体内摩擦角 φ，同时墙背的倾角 ε、填土坡角 β 等因素也对第二滑裂面产生影响。一般可用临界倾角 ε_{cr} 来判别是否会

产生第二滑裂面。当 $\delta=\varphi$ 时，ε_{cr} 可表示为

$$\varepsilon_{cr}=45°-\frac{\varphi}{2}+\frac{\beta}{2}-\frac{1}{2}\sin^{-1}\frac{\sin\beta}{\sin\varphi} \tag{6-33}$$

当墙背倾角 $\varepsilon>\varepsilon_{cr}$ 时，认为能产生第二滑裂面，按坦墙计算土压力。

由式(6-33)可以看出，当填土表面水平，坡角 $\beta=0$ 时，$\varepsilon_{cr}=45°-\frac{\varphi}{2}$。对于填土表面水平的坦墙，用库仑土压力理论或朗肯土压力理论来计算均可，下面以图 6.23 为例来说明。

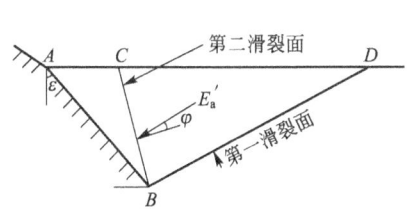

图 6.22 坦墙与第二滑裂面

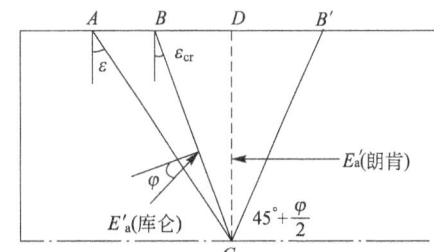

图 6.23 坦墙的土压力计算

用朗肯理论来计算时：图 6.23 所示的坦墙，$\beta=0$，$\delta=\varphi$，$\varepsilon_{cr}=45°-\frac{\varphi}{2}$，则墙后滑动土楔为 BCB'，两个滑动面 BC 和 $B'C$ 与过墙踵的竖直面 CD 的夹角都是 $45°-\frac{\varphi}{2}$，故滑动土楔为 BCB' 以竖直面 CD 为对称面，CD 面可视为无剪应力的光滑面，符合朗肯的墙背竖直光滑的条件。此时，可用根据式(6-9)求得作用于 CD 面上的朗肯主动土压力 $E'_a=\frac{1}{2}\gamma H^2 K_a$，而三角形土体 ADC 的重力为 W，则最终作用于墙背 AC 面上的主动土压力 E_a 就是 E'_a 与 W 的合力，即 $E_a=\sqrt{E'^2_a+W^2}$。

用库仑理论来计算时：两个滑动面 BC 和 $B'C$ 与过墙踵的竖直面 CD 的夹角都是 $45°-\frac{\varphi}{2}$，则两个滑裂面的位置均为已知，取滑动楔体 BCB' 为脱离体，根据作用在脱离体上的外力平衡可以计算出作用在第二滑裂面 BC 上的库仑主动土压力 E'_a（此时 E'_a 与 BC 面的法线的夹角为 φ，而不是为 δ）。最后作用于墙背 AC 上的土压力 E_a 为 E'_a 与三角形土体 ABC 重力 W 的合力，即 $E_a=\sqrt{E'^2_a+W^2}$。

对于图 6.24 所示的 L 形挡土墙，当墙顶 D 与墙踵 B 的连线与铅直面形成的夹角 $\varepsilon>\varepsilon_{cr}$ 时，作用在这种挡土墙上的土压力也可用上述的朗肯理论来计算。对这种挡土墙进行稳定性分析时，可利用朗肯公式计算出作用在过墙踵的竖直面 AB 上的土压力 E_a，底板以上 $DCEA$ 范围内的土重 W 可作为墙身重量的一部分来考虑。

【例 6.4】 某悬臂式钢筋混凝土挡土墙如图 6.25 所示，已知墙后填土的 $c=10$kPa，$\varphi=30°$，$\gamma=18$kN/m³；墙底板与土的摩擦角 $\delta=30°$；墙身混凝土的重度 $\gamma_c=24$kN/m³。试求挡土墙的抗滑稳定安全系数 F_s。

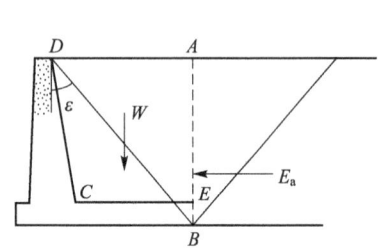
图 6.24 L形挡土墙土压力计算

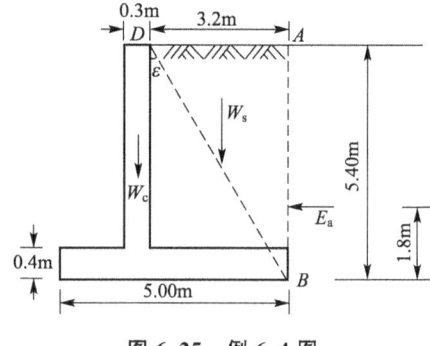
图 6.25 例 6.4 图

【解】 由图 6.25 知，填土表面水平，坡角 $\beta=0$，因此 $\varepsilon_{cr}=45°-\dfrac{\varphi}{2}=30°$，而墙顶 D 与墙踵 B 的连线形成的夹角为 ε，$\tan\varepsilon=\dfrac{3.2}{5.4}=0.5926$，$\varepsilon=30.65°>\varepsilon_{cr}=30°$，所以作用在挡土墙上的土压力可按坦墙方法进行计算。

(1) 用朗肯理论计算作用于 AB 面上的主动土压力 E_a。

$$K_a=\tan^2\left(45°-\dfrac{\varphi}{2}\right)=\tan^2\left(45°-\dfrac{30°}{2}\right)=\dfrac{1}{3}$$

$$E_a=\dfrac{1}{2}\gamma H^2 K_a-2cH\sqrt{K_a}+\dfrac{2c^2}{\gamma}=\dfrac{1}{2}\times18\times5.4^2\times\dfrac{1}{3}-2\times10\times5.4\times\sqrt{\dfrac{1}{3}}+\dfrac{2\times10^2}{18}$$
$$=36.24(\text{kN/m})$$

(2) 底板以上土重 W_s。

$$W_s=3.2\times5.0\times18=288(\text{kN/m})$$

(3) 挡土墙自重 W_c。

$$W_c=(0.3\times5.0+0.4\times5)\times24=84(\text{kN/m})$$

(4) 抗滑稳定安全系数 F_s。

$$F_s=\dfrac{(W_s+W_c)\tan\delta}{E_a}=\dfrac{(288+84)\tan30°}{36.24}=5.92$$

6.4.2 朗肯土压力理论与库仑土压力理论的比较

朗肯土压力理论与库仑土压力理论都是研究土压力问题的一种简化方法，但有各自不同的假设条件，以不同的分析方法去求算土压力，有不同的适用条件。因此，在应用时应针对实际情况选择使用。下面分别从分析原理、应用条件和计算结果误差这几个方面进行比较。

1. 分析原理

朗肯理论和库仑理论都是计算墙后填土达到极限平衡状态时的土压力，发生这种状态的土压力都必须要求挡土墙的位移足以使墙后填土的剪应力达到抗剪强度，这是二者的相同点。但二者的分析方法上存在较大不同,朗肯理论是根据土体中各点都处于极限平衡状态时的应力条件,直接求得墙背上各点的土压力强度分布,再由土压力强度求得总的土压力的一种分析方法,属于极限应力法;而库仑理论是根据墙背与滑动面之间的土楔整体处于平衡状态时的静力平衡条件,求得墙背上的总土压力,再根据总土压力求得土压力强度的一种分析方法,属于滑动楔体法。

两种分析方法中,朗肯理论在理论上比较严密,但应用条件比较严格,如要求墙背竖直光滑,填土表面水平等,因此应用上受到一定限制;库仑理论则是一种简化理论,但可适用于较为复杂的各种边界条件,且结果在一定范围内能满足工程精度要求,所以应用较广。

2. 应用条件

(1) 墙背条件。朗肯理论适用于墙背直立($\varepsilon = 0$)、光滑($\delta = 0$),或墙背倾角 $\varepsilon \geqslant 45° - \dfrac{\varphi}{2}$,以保证能产生上述极限平衡状态。应用库仑土压力理论时,墙背可以是倾斜和粗糙的($0 < \delta < \varphi$),以保证滑动土楔沿墙背滑动;如果墙背倾角 $\varepsilon > \varepsilon_{cr}$ 时,要考虑第二滑裂面,用坦墙土压力的计算方法求解。

(2) 填土条件。朗肯理论假设填土表面水平,在复杂的填土表面条件下需作较多的假设,填土可为黏性土或无黏性土,成层填土时应用较方便。库仑理论假设填土为无黏性土,对于黏性土可应用图解法求解,《建筑地基基础设计规范》(GB 50007—2011)中也给出了解答,但简化较多。库仑理论可用于包括朗肯条件在内的各种倾斜墙背、填土表面倾斜的情况。

3. 计算结果误差

朗肯理论假设墙背光滑($\delta = 0$),计算得到的主动土压力比库仑理论算得的偏大。但适用于悬臂式、扶壁式或L形的挡土墙。此外用来计算被动土压力误差较小。库仑理论考虑了墙背与填土间的摩擦作用,但把土体中的滑裂面假设为平面,这与实际情况不符,使得用库仑理论求得的主动土压力偏小,而被动土压力偏大。对于被动土压力的计算,当 δ 和 φ 都比较大时,库仑理论的解误差过大,不适宜应用。

6.4.3 土压力的影响因素及减小土压力的措施

1. 土压力的影响因素

影响土压力大小的因素很多,如墙背的情况,填土情况等,下面以库仑理论为例,进一步分析这些因素的影响。

1) 墙背的影响

(1) 墙摩擦角 δ 的影响。用墙摩擦角 δ 来反映墙背与背后填土之间的摩擦力,δ 的变化范围是 $0 \sim \varphi$。由库仑主动土压力系数公式(6-25)和被动土压力系数公式(6-28)可以看出,其他条件相同时,δ 越大,主动土压力越小,被动土压力越大。δ 值受到墙背与填土的接触特性和墙背应力状态等很多因素的影响,实际工程 δ 的取值应根据现场条件并结合试验来确定。

(2) 墙背倾角ε的影响。挡土墙墙背如果较为平缓，或者通过挡土墙墙顶与墙踵连线的倾角ε(图6.24)较大，则应考虑是否会出现第二滑动面。如果$\varepsilon > \varepsilon_{cr}$，则应按照坦墙土压力计算公式来计算，具体见6.4.1节坦墙部分。

(3) 折线形墙背的情况。对于折线形墙背的挡土墙，实际应用时，可按下列方法来计算作用于墙背的土压力：首先对于上段AB部分，不考虑下段BC的影响，把AB段看作是高度为H_1的独立挡土墙，计算出作用于AB上的土压力，如图6.26(b)所示；接下来，延长下段CB部分至地面A'，以$A'BC$为独立的挡墙，计算出作用于$A'BC$上的土压力，取下段BC上的土压力作为挡墙ABC上BC段的土压力。由图6.26(b)、图6.26(c)可以看出，此时作用于AB段和BC段上的土压力方向是不同的，设计中注意应分别按其作用方向来计算外力矩。

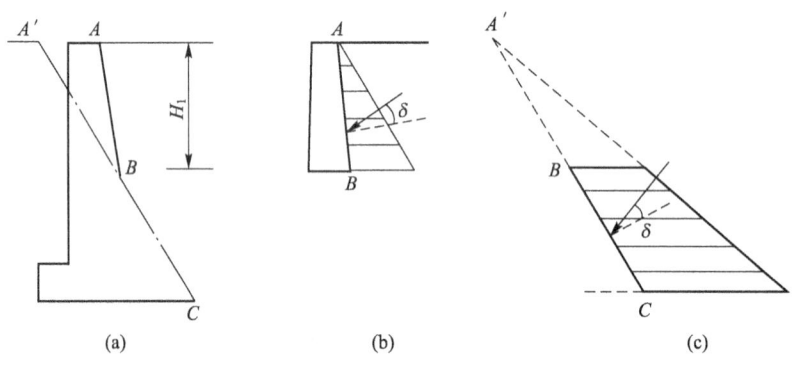

图6.26 折线形挡土墙土压力计算

2) 填土条件

由库仑土压力的计算公式可以看出，填土的物理力学性质，如重度γ、内摩擦角φ、内聚力c等均对土压力大小产生影响。因此，实际工程中应结合现场填土的实际情况选用合适的方法来测定填土的γ、φ、c及δ值。

2. 减小土压力的措施

土压力的大小，直接影响到挡土墙结构形式的选择，从而影响到工程造价，所以应采取措施尽量减小作用在挡土墙上的土压力。下面以主动土压力为例说明减小土压力的措施。

1) 墙背后填土材料的选择

从朗肯或库仑主动土压力的计算公式可以看出，为了减小作用于墙背上的主动土压力，应选取重度γ值小、内摩擦角φ值大、内聚力c值大的填土。所以实际工程中，宜采用轻质填料，有条件可以选用煤渣、矿渣等，φ值大的填料，如粗砂、砾石等，内聚力c值大的黏土。设填土的重度、内聚力和墙高一定时，改变填料的φ值，当φ值为20°、30°、40°时，作用于墙背上的主动土压力的比值为2.2∶1.5∶1，这说明当填料的φ值由20°增大到40°时，主动土压力降低一半以上。

2) 挡土墙截面形状的选择

挡土墙截面形状对挡墙所受的土压力大小有很大影响。如6.4.3节中提及的折线形墙背，对减小主动土压力有明显作用。又如图6.27所示的带有减压平台的挡土墙，平台以上和以下部分分别看作高度为 h_1 和 h_2 的独立挡土墙。减压平台底部所受的土压力强度为 $\gamma h_1 K_a$。由于平台的存在，减压平台底以下的墙背所受主动土压力，与平台以上部分填土的重量无关，只与此段土重有关，从而使土压力大为减小，墙底处的土压力强度为 $\gamma h_2 K_a$，比墙高为 $h_1 + h_2$ 时底面处的土压力强度 $\gamma(h_1 + h_2)K_a$ 小很多。

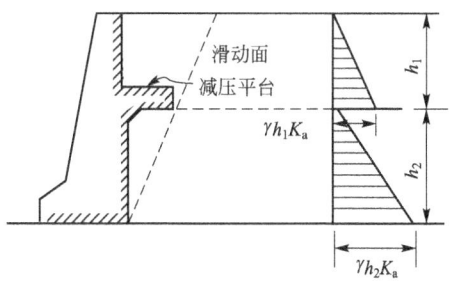

图 6.27　带减压平台的挡土墙

6.5　挡土墙设计

6.5.1　挡土墙的形式与选择

挡土墙有很多种形式，工程上常见的有重力式、悬臂式、扶壁式、面板式、加筋土挡土墙和土钉墙等。挡土墙形式不同，其应用条件也不一样，实际工程中选用挡土墙形式时，需综合考虑工程地质、水文条件、地形条件、环境条件、作用荷载、施工条件和造价等因素。

1. 重力式挡土墙

重力式挡土墙断面较大，常做成梯形断面，主要靠自重来维持土压力下的自身稳定，如图 6.28 所示。由于它要承受较大的土压力，故墙身常用浆砌石、浆砌混凝土预制块、现浇混凝土等材料。由于重力挡土墙体积和重力都较大，常导致较大的基础压应力，所以软土地基上它的高度往往受到地基承载力的限制而不能筑得太高；地基条件较好时，如果墙高太高，则不经济。因此重力式挡墙常在挡土高度不太大时使用，其墙高可达到 8～10m。重力式挡墙具有就地取材、形式简单、施工方便等优点。

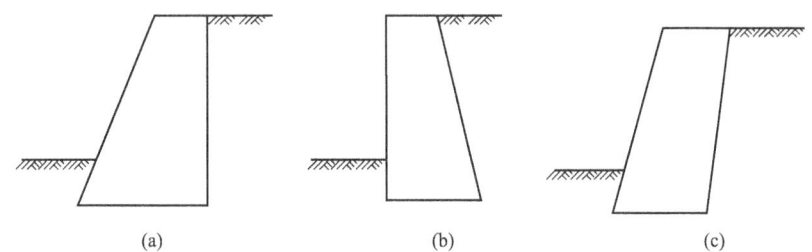

图 6.28　重力式挡土墙

2. 悬臂式挡土墙

悬臂式挡土墙属于轻型结构挡土墙，材料一般为钢筋混凝土，靠底板上的填土重量来维持挡土墙的稳定性，用于 8m 以下的墙高较为有利，如图 6.29 所示。悬臂式挡土墙具有体积小、工程量小等优点。

3. 扶壁式挡土墙

扶臂式挡土墙也属于轻型结构挡土墙，材料一般为钢筋混凝土。它是为了增强悬臂式挡土墙的抗弯性能，在悬臂式挡土墙的基础上，沿长度方向每隔 0.8～1.0 倍墙高距离做一踩扶壁，如图 6.30 所示。扶壁式挡土墙用于墙高 9～15m 的情况下较为经济。其优点是工程量小，缺点是施工较复杂。

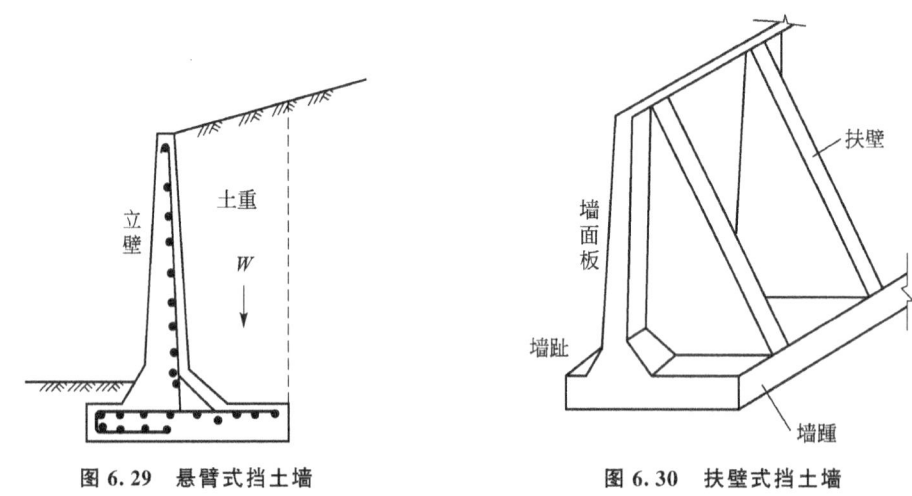

图 6.29 悬臂式挡土墙　　　　图 6.30 扶壁式挡土墙

4. 板桩式挡土墙

板桩式挡土墙主要用于基坑开挖或边坡支护，材料为钢板桩和钢筋混凝土板桩，分为悬臂式（独立式）[图 6.31(a)]、支撑式挡土墙 [图 6.31(b)]。悬臂式板桩墙用于高度 8m 以下的情况，靠将立板打入较深地层中来维持其稳定性。支撑式板桩墙一般用于高度 15m 以下的情况，主要构件有立板和支撑，其稳定性主要靠支撑来维持，支撑有单层、双层、多层等。

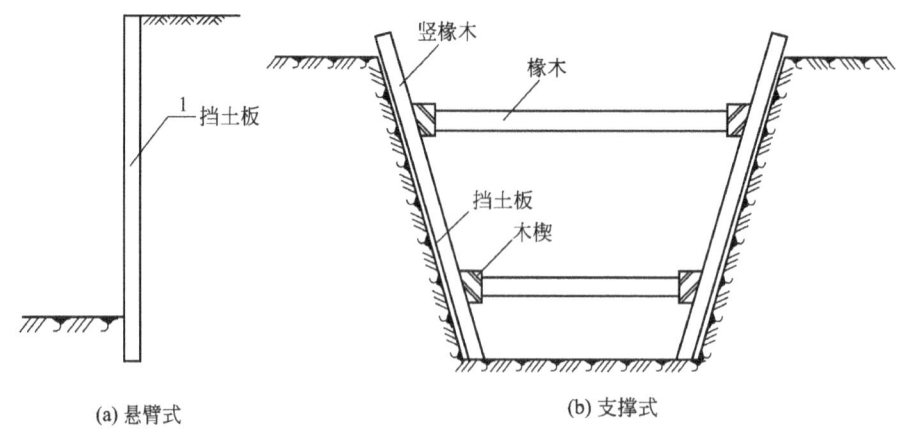

(a) 悬臂式　　　　(b) 支撑式

图 6.31 板桩式挡土墙

5. 锚定式挡土墙

锚定式挡土墙分为锚桩式、锚板式、锚杆式等。

锚桩式挡土墙由立板（挡板）、梁帽、拉杆、锚桩等构件组成。依靠锚桩的抗拔力来维持结构的整体稳定，挡板是挡土的承压构件，其建筑高度可达 10m，如图 6.32(a)所示。锚板式挡土墙由立板（挡板）、连接件、拉杆、锚板等组成。依靠锚板的抗拔力维持稳定，建筑高度可达 15m 以上，如图 6.32(b)所示。锚杆式挡土墙的建筑高度可达 15m 以上，设有立板（挡板）、连接件、锚杆和锚固体等。这种形式的挡土墙，锚杆末端设端板或弯钩，靠锚杆或锚固体与周边土层的摩阻力来平衡传力；当条件允许时，可对锚杆孔进行高压灌浆处理，使其建筑高度有较大提高，如图 6.32(c)所示。

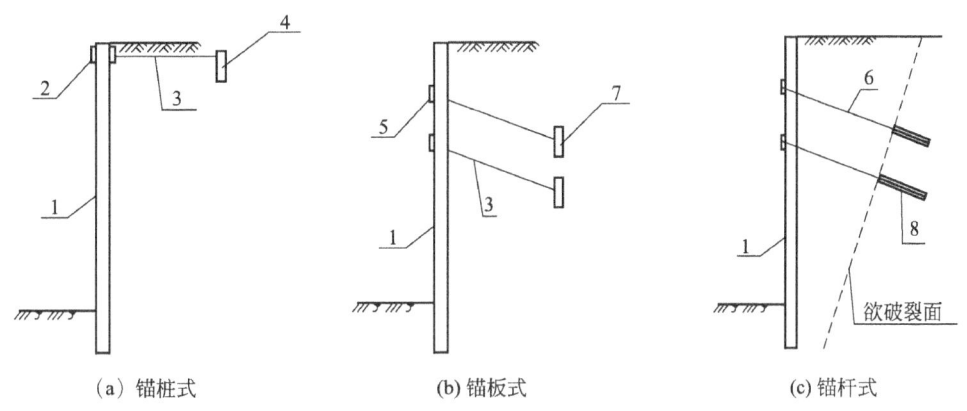

图 6.32 锚定式挡土墙

1—立板；2—梁帽；3—拉杆；4—锚桩；
5—连接件；6—锚杆；7—锚板；8—锚杆孔（灌浆）

6. 加筋土挡土墙

加筋土挡土墙由立板（面板或挡板）、筋材和填土共同组成。立板可由钢筋混凝土预制或钢筋混凝土现浇而成；筋材主要有土工合成材料和金属材料。加筋土是在立板后面的填料中分层加入抗拉的筋材，依靠这些改善土的力学性能，提高土的强度和稳定性。这类挡土墙广泛应用于路堤、堤防、岸坡、桥台等各类工程中，如图 6.33 所示。

7. 土钉墙

土钉墙是在天然土体或破碎软弱岩质路堑边坡中打入土钉，通过土钉对原位土体进行加固，并与喷射混凝土面板相结合，形成一个类似重力挡墙来抵抗墙后的土压力，从而提高土体的强度，保持开挖面的稳定。土钉墙应用于基坑开挖支护和挖方边坡等方面，具有施工噪声小，振动小，不影响环境，成本低，施工不需单独占用场地，施工设备简单等优点，如图 6.34 所示。

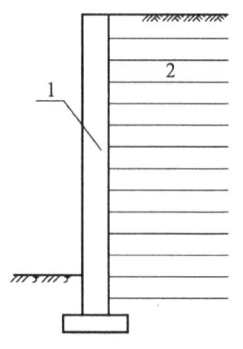

图 6.33 加筋土挡土墙
1—挡板；2—加筋土

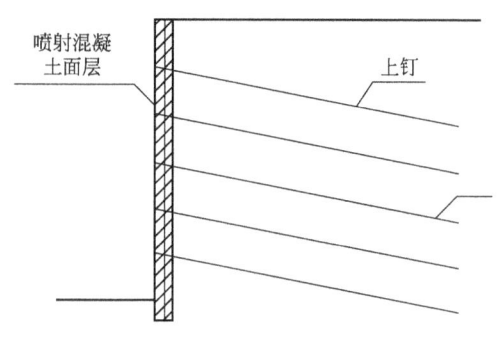

图 6.34 土钉墙

6.5.2 重力式挡土墙的构造

1. 重力式挡土墙的断面尺寸

重力式挡土墙的断面有梯形 [图 6.35(a)]、平行四边形 [图 6.35(b)]、仰斜四边形 [图 6.35(c)]、扩大基础的梯形 [图 6.35(d)] 及衡重式 [图 6.35(e)] 等。

重力式挡土墙的断面尺寸随墙型和墙高而变。但一般来说其墙面胸坡和墙背的背坡选用 1:0.2~1:0.3。仰斜墙背坡度越缓，土压力越小。但为避免施工困难及稳定的要求，墙背坡度不小于 1:0.25。对于垂直墙，如地面较陡时，墙面坡度可采用 1:0.05~1:0.2，对于中高墙，地势平坦时，墙面坡度可较缓，但不宜缓于 1:0.4。墙顶宽度一般为 $H/12$ 左右，且对于钢筋混凝土挡土墙不小于 0.2m，混凝土和石砌体的挡土墙不小 0.4m。对于衡重式挡土墙，如图 6.35(e) 所示，墙面胸坡一般设计为仰斜 1:0.05，墙背上部（衡重台以上部分）的俯斜坡度为 1:0.35~1:0.45，高度一般设计为 $0.4H$（H 为挡土墙的高度）；墙背下部的仰斜坡度采用 1:0.2~1:0.3，高度一般设计为 $0.6H$。衡重台的宽度 b_1 一般取为 $(0.15~0.17)H$，且不应小于墙顶宽度 b。

2. 沉降缝

为了避免墙高、土压力和地基土体压缩性差异而导致挡土墙产生不均匀沉降，需要在适当位置设置沉降缝，沉降缝可兼做伸缩缝。沉降缝一般设置在地基土质、墙高和墙身断面发生变化的位置。沉降缝一般每隔 10~25m 设置一道，缝宽 2~3cm，缝内嵌填柔性防水材料。缝需要设在同一垂直面上，从墙顶到基础贯通。凡用沉降缝隔开的各段必须设置在同一土层上。

3. 排水措施

为了疏干墙后土体和防止地表水下渗后积水渗入基础，沿着挡土墙墙身长度和高度适当位置应布设泄水孔，如图 6.36 所示。泄水孔外斜 5%，孔的尺寸一般为 5cm×10cm、

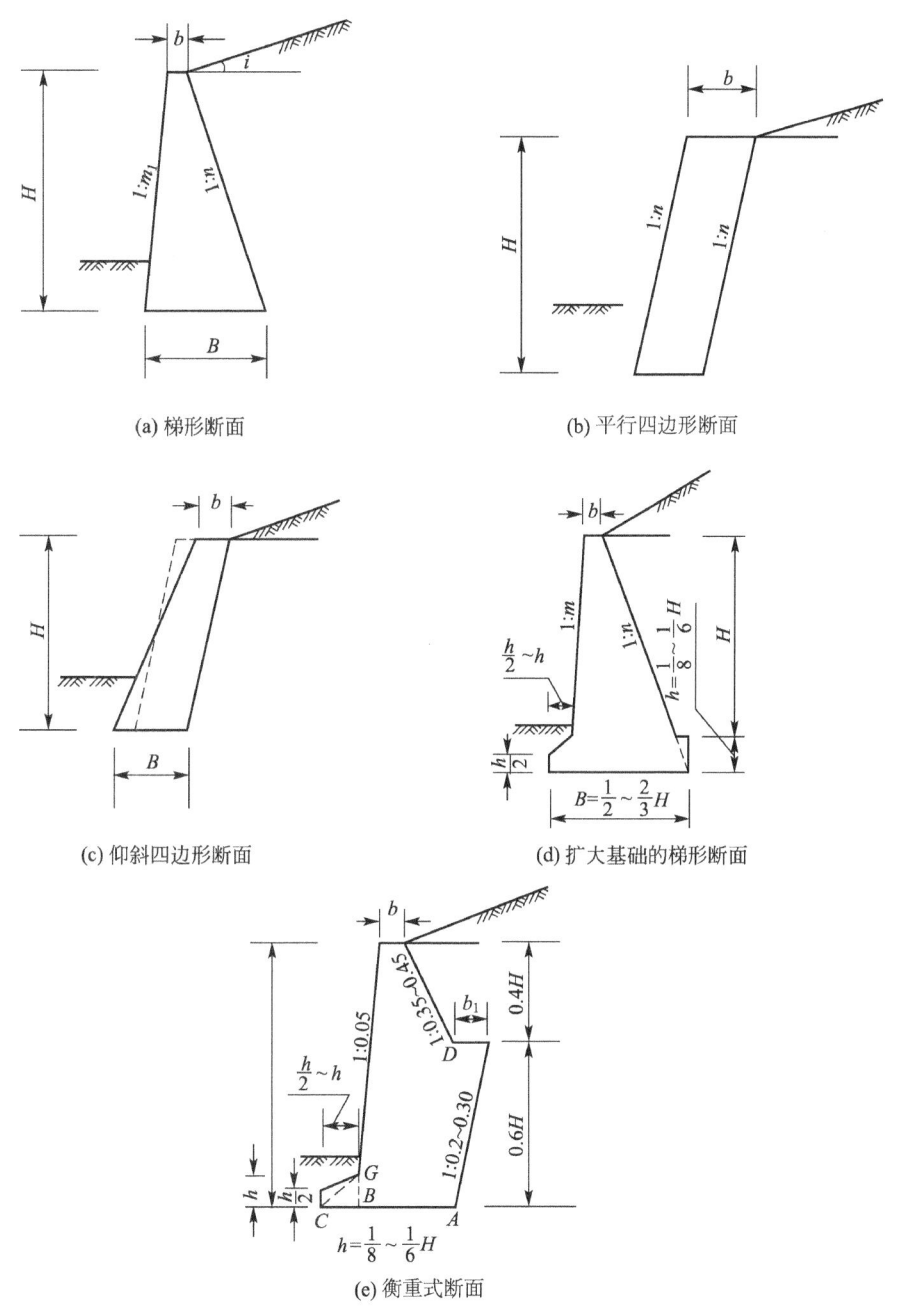

(a) 梯形断面
(b) 平行四边形断面
(c) 仰斜四边形断面
(d) 扩大基础的梯形断面
(e) 衡重式断面

图 6.35 重力式挡土墙

10cm×10cm、15cm×20cm 的方孔，或直径为 5~10cm 的圆孔。孔眼间距为 2~3m，呈梅花状交错布置，最下一排孔应高出地面。为了防止泄水孔淤塞，在孔进水侧设置厚度不小于 0.3 m 的反滤层，反滤层采用粗砂、碎石、卵石等透水性好的材料。为了防止墙背后积水渗入基础，应在最低泄水孔下部回填厚度为 20~30cm 的黏土层。

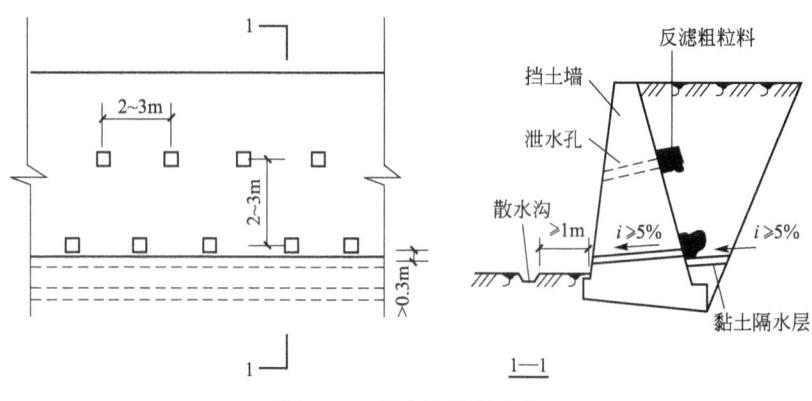

图 6.36 挡土墙的泄水孔

6.5.3 重力式挡土墙稳定性验算

挡土墙的设计计算应根据使用过程中可能出现的各种荷载,取最不利组合进行设计。截面尺寸一般是先根据挡土墙的工程地质条件、填土性质及墙身材料和施工条件等初步拟定截面尺寸,然后进行验算。如不满足要求,就需要进行断面尺寸调整或采取一些措施,以达到稳定要求。挡土墙靠作用在墙上的各种力来维持稳定,其稳定性计算包括抗滑动稳定性、抗倾覆稳定性、地基承载力、挡土墙墙身应力及地基圆弧滑动稳定性验算等。

1. 挡土墙抗滑动稳定性验算

在土压力作用下,挡土墙可能沿着基础底面发生滑动,因此要求挡土墙要有抗滑动能力。抗滑动稳定性是用抵抗滑动的力(抗滑力)与引起滑动的力(滑动力)的比值,即抗滑动稳定安全系数用 K_s 来表示。K_s 越大,安全性越高,反之,安全性越低。由图 6.37 可知,抗滑稳定性按式(6-34)进行计算

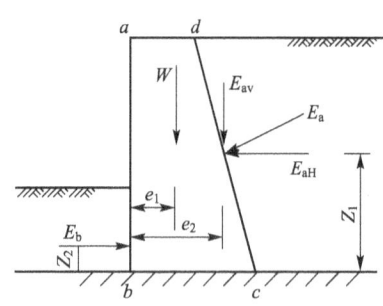

图 6.37 挡土墙稳定验算

$$K_s = \frac{\sum V \cdot \mu}{\sum H} = \frac{(W + E_{aV})\mu}{E_{aH} - E_b} \quad (6-34)$$

式中:K_s 为抗滑动稳定安全系数,正常设计情况,K_s 一般不小于 1.3,对于大于 12m 的高墙或重要的挡土墙应视情况适当提高;$\sum V$ 为抗滑力之和(kN/m),方向竖直向下为正,竖直向上为负;$\sum H$ 为滑动力之和(kN/m),方向水平向前为正,水平向后为负;W 为挡土墙自重(kN/m);E_{aV} 为主动土压力竖直分力(kN/m);E_{aH} 为主动土压力水平分力(kN/m);E_b 为墙前被动土压力(kN/m);μ 为墙底与地基土之间的摩擦系数,简称基底摩擦系数,对计算结果影响较大。摩擦系数应由试验确定。当无试验资料时,可参考表 6-2 中的数据选用。

表 6-2 土对挡土墙基底的摩擦系数 μ

序号	基底土类别	土的状态	摩擦系数 μ
1	黏性土	可塑	0.25～0.30
2		硬塑	0.30～0.35
3		坚塑	0.35～0.45
4	粉土	$S_r \leqslant 0.5$（稍湿）	0.30～0.40
5	中砂、粗砂、砾砂		0.40～0.50
6	碎石土		0.40～0.60
7	软质岩土		0.40～0.60
8	表面粗糙的硬质岩石		0.65～0.75

如果计算出来的 K_s 值不能满足要求，则应设法提高抗滑动能力，如把基底做成逆坡、锯齿状，或设有前后裙边的基础等。如果 K_s 与设计要求的相差太大时，应降低墙高或改变挡土墙的形式。

2. 挡土墙抗倾覆稳定性验算

挡土墙除了要满足抗滑动稳定性，还要满足抗倾覆的要求，以保证不发生倾覆破坏。抗倾覆稳定性是取图 6.37 所示的挡土墙的墙趾 b 点为力矩中心，用抗倾覆力矩与倾覆力矩的比值，即抗倾覆稳定安全系数 K_t 来表示。K_t 值越大，安全性越高，反之，安全性越低。如图 6.37 所示，抗倾覆稳定安全系数可按下式进行计算

$$K_t = \frac{\sum M_V}{\sum M_0} = \frac{W \cdot e_1 + E_{aV} \cdot e_2 + E_b \cdot Z_2}{E_{aH} \cdot Z_1} \qquad (6-35)$$

式中：K_t 为抗倾覆安全系数，正常设计情况，一般不小于 1.5，对于大于 12m 的高墙或重要的挡土墙应视情况适当提高；$\sum M_V$ 为作用于挡土墙上的力对墙趾 b 点的抗倾覆力矩之和（kN·m/m）；$\sum M_0$ 为作用于挡土墙上的力对墙趾 b 点的倾覆力矩之和（kN·m/m）；e_1 为挡土墙自重 W 对墙趾 b 点的力臂（m）；e_2 为主动土压力的竖直向分力 E_{aV} 对墙趾 b 点的力臂（m）；Z_1 为主动土压力的水平向分力 E_{aH} 对墙趾 b 点的力臂（m）；Z_2 为被动土压力 E_b 对墙趾 b 点的力臂（m）。

如果计算出来的 K_t 值不能满足要求，则应设法提高抗倾覆力矩，如增大基础裙边或在墙背上设置衡重平台等。如果 K_t 与设计要求的相差太大时，应降低墙高或改变挡土墙的类型。

3. 挡土墙应力验算

挡土墙应力验算包括基底应力和墙身应力两部分。挡土墙设计时要求挡土墙的基底应力小于墙底地基土体的承载力，同时要求墙身的压应力、拉应力、剪应力分别小于挡土墙材料的抗压应强度、抗拉强度和抗剪强度。

1) 挡土墙基底应力验算

如图 6.38 所示，在各种荷载作用下，挡土墙基底应力按下式计算

$$\sigma_3^1 = \frac{\sum V}{B}\left(1 \pm \frac{6e}{B}\right) \qquad (6-36)$$

式中：σ_1 为墙趾 Z 处的基底应力(kN/m^2)；σ_3 为墙踵 Z' 处的基底应力(kN/m^2)，为使地基土体不产生拉裂破坏，应使 $\sigma_3 > 0$；B 为基底宽度(m)；e 为墙上荷载对基础中心点的偏心距(m)；

偏心距 e 按下式计算

$$e = \frac{B}{2} - \frac{\sum M_V - \sum M_0}{\sum V} = \frac{B}{2} - \frac{W \cdot e_1 + E_{aV} \cdot e_2 - E_{aH} \cdot Z}{W + E_{aV}} \qquad (6-37)$$

设墙底地基土体的承载力特征值为 f_a，为了使地基土体的强度能够满足要求，则应使 $\sigma_1 \leqslant 1.2 f_a$，基底平均应力 $\sigma \leqslant f_a$。

2) 墙身应力验算

墙身应力验算包括法向压应力验算和抗剪切应力验算。应力验算应选择具有代表性的墙身截面，如墙身坡度转折处，墙身与基础接触面等。

以图 6.39 所示的 $n-n$ 截面为例，其法向应力和剪应力可按下式计算并满足

法向应力：$\sigma_3'^1 = \frac{\sum V'}{B'}\left(1 \pm \frac{6e'}{B'}\right) = \frac{W' + E_{aV}'}{B'}\left(1 \pm \frac{6e'}{B'}\right) \leqslant \begin{matrix}[\sigma]\\ [\sigma_{wl}]\end{matrix} \qquad (6-38)$

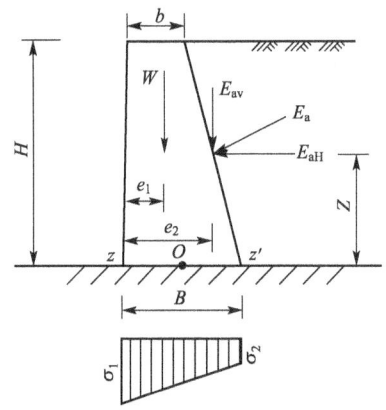

图 6.38 挡土墙基底压力验算

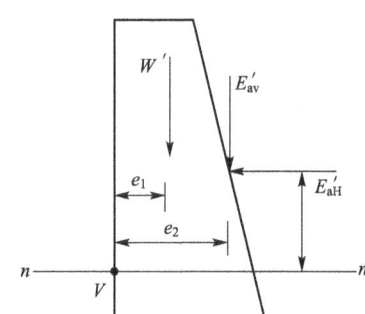

图 6.39 墙身应力验算

剪应力：$\tau = \frac{\sum H' - \mu_0 \sum V'}{B'} = \frac{E_{aH}' - \mu_0(W' + E_{aV}')}{B'} \leqslant [\tau_c] \qquad (6-39)$

式中：σ_1' 为 $n-n$ 截面上的最大法向应力(kN/m^2)；σ_3' 为 $n-n$ 截面上的最小法向应力(kN/m^2)；$[\sigma]$、$[\sigma_{wl}]$ 为墙身材料的允许抗压和抗拉强度(kN/m^2)；τ 为 $n-n$ 截面上的剪应力(kN/m^2)；$[\tau_c]$ 为墙身材料的允许抗剪强度(kN/m^2)；$\sum V'$、$\sum H'$ 为 $n-n$ 截面以上竖直向力及水平向力之和(kN/m)；W' 为 $n-n$ 截面以上挡土墙自重(kN/m)；E_{aV}'、E_{aH}' 为 $n-n$ 截面以上主动土压力的竖直向和水平向分力(kN/m)；B' 为计算截面 $n-n$ 处的宽度(m)；μ_0 为墙身材料的摩擦系数；e' 为 $n-n$ 截面以上荷载对 $n-n$ 截面中心点的偏心距(m)。

$$e' = \frac{B'}{2} - \frac{\sum M'_\mathrm{v} - \sum M'_0}{\sum V'} \tag{6-40}$$

式中：$\sum M'_\mathrm{v}$ 为 n—n 截面以上力对墙趾的抗倾覆力矩之和（kN·m/m）；$\sum M'_0$ 为 n—n 截面以上力对墙趾的倾覆力矩之和（kN·m/m）。

对于如图 6.40 所示的挡土墙，还应进行墙趾悬臂端与墙身结合处的 D_1D_2 垂直截面的应力验算。正常情况下，该垂直截面的最大拉应力发生在悬臂底面边缘 D_2 处，最大压应力发生在悬臂顶面与墙身交点 D_1 处，而且只要 D_2 点处的拉应力能满足设计要求，则 D_1 点处的压应力也能满足要求，故只需要对 D_2 点的拉应力进行验算即可。

如果略去墙前回填土的被动土压力（这样偏于安全），D_1D_2 截面上出现的最大拉应力 σ'

$$\sigma' = \frac{6\sum M_{D_1D_2}}{\Delta h^2} \leqslant [\sigma_{\mathrm{w1}}] \tag{6-41}$$

式中：Δh 为悬臂的高度（m）；$[\sigma_{\mathrm{w1}}]$ 为墙趾悬臂材料的抗拉强度（kPa）；$\sum M_{D_1D_2}$ 为作用于 D_1D_2 截面上的力矩之和（kN·m/m），可用下式计算

$$\sum M_{D_1D_2} = \frac{l^2}{6}(2\sigma_1 + \sigma_3 - 3h_1\gamma_1 - 2h_2\gamma - h_2\gamma_1 - 3h_3\gamma) \tag{6-42}$$

式中：σ_1 为墙趾处的基底压力（kPa）；σ_2 为墙踵处的基底压力（kPa）；σ_3 为 D_1D_2 截面上 D_2 点处的基底压力（kPa），可由墙趾处的应力 σ_1 和墙踵处的应力 σ_2 通过几何关系求得：$\sigma_3 = \frac{(\sigma_1 - \sigma_2)(B-l)}{B} + \sigma_2$；$B$ 为基底宽度（m）；l 为墙趾悬臂长度（m）；γ_1 为墙趾悬臂材料的重度（kN/m³）；γ 为墙前回填土的重度（kN/m³）；h_1、h_2、h_3 的含义见图 6.40。

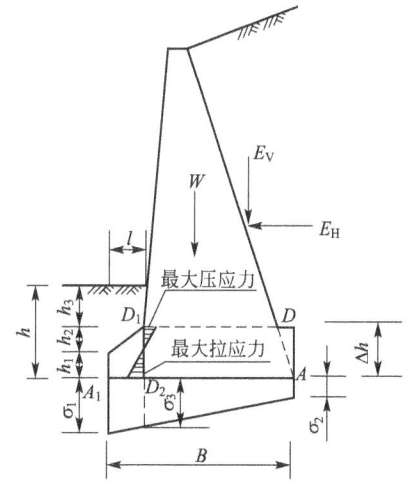

图 6.40 带悬臂墙趾的挡土墙

4. 挡土墙基础埋置深度的验算

在挡土墙基底法向力、切向力和地基土自重的作用下，地基内将产生剪应力，使其产生接近于圆弧状的滑动面而丧失其稳定性，见图 6.41。为了避免此类破坏，必须使挡土墙基础埋入适当的深度。埋置深度可根据地基土的性质，结合墙趾地坪状况，采用条分法或瑞典圆弧法等方法通过试算来确定。具体的过程可参见本书第 7 章土坡稳定分析的内容。

【例 6.5】 某重力式挡土墙，墙顶高出地面 5.2m，墙背后填土与水平面的夹角为 $\beta = 10°$，墙背后回填土的重度 $\gamma = 16$kN/m³，内摩擦角 $\varphi = 30°$；墙前地面下 1.8 m 以下系砂砾层，地基承载力特征 $f_\mathrm{a} = 300$kPa；基础与地基间的摩擦系数 $\mu = 0.5$；挡土墙材料为 C15 素混凝土，重度为 $\gamma_1 = 24$kN/m³。试对挡土墙进行设计与验算。

【解】 根据有关资料，初步拟定挡土墙的断面结构尺寸如图 6.42 所示。

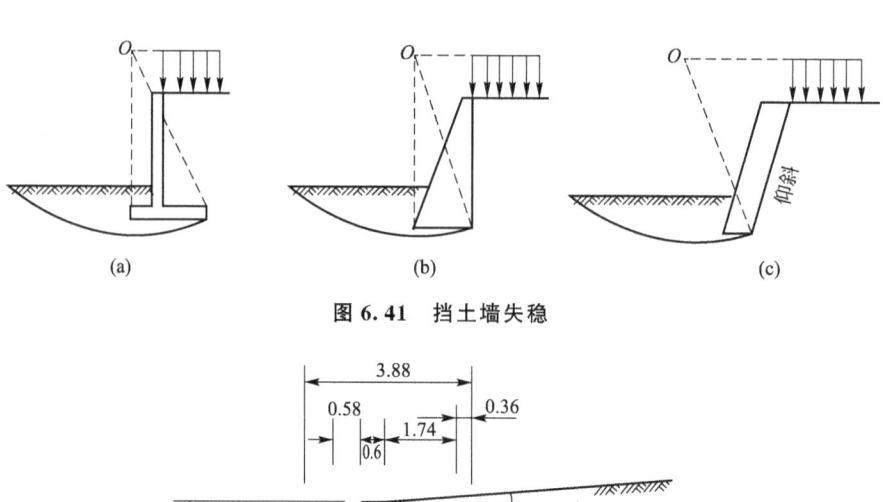

图 6.41 挡土墙失稳

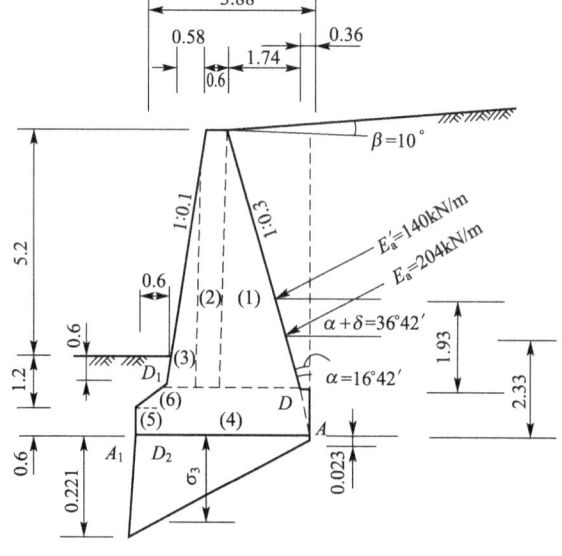

图 6.42 例 6.5 题图

(1) 主动土压力计算。

用库仑土压力理论来计算挡土墙所受到的主动土压力，俯斜墙背的库仑主动土压力系数 $\left(\text{取 } \delta = \dfrac{2}{3}\varphi = 20°\right)$。

$$K_a = \dfrac{\cos^2(\varphi-\varepsilon)}{\cos^2\varepsilon\cos(\varepsilon+\delta)\left[1+\sqrt{\dfrac{\sin(\varphi+\delta)\sin(\varphi-\beta)}{\cos(\delta+\varepsilon)\cos(\varepsilon-\beta)}}\right]^2}$$

$$= \dfrac{\cos^2(30°-16°42')}{\cos^2 16°42' \cdot \cos(20°+16°42')\left[1+\sqrt{\dfrac{\sin(30°+20°)\sin(30°-10°)}{\cos(20°+16°42')\cos(16°42'-10°)}}\right]^2}$$

$$= 0.52$$

作用于整个挡土墙上的主动土压力

$$E_a = \dfrac{1}{2}\gamma H^2 K_a = \dfrac{1}{2}\times 16\times 7^2\times 0.52 = 204(\text{kN/m})$$

E_a 的垂直向分力 E_{aV} 和水平向分力 E_{aH} 分别为

$$E_{aV} = E_a \cdot \sin 36°42' = 204\times 0.597 = 122(\text{kN/m})$$

$$E_{aH} = E_a \cdot \cos 36°42' = 204 \times 0.802 = 164 (kN/m)$$

作用于水平截面 DD_1 以上的主动土压力

$$E'_a = \frac{1}{2} \gamma H_1^2 K_a = \frac{1}{2} \times 16 \times 5.8^2 \times 0.52 = 140 (kN/m)$$

E'_a 的垂直向分力 E'_{aV} 和水平向分力 E'_{aH} 分别为

$$E'_{aV} = E'_a \cdot \sin 36°42' = 140 \times 0.597 = 84 (kN/m)$$
$$E'_{aH} = E'_a \cdot \cos 36°42' = 140 \times 0.802 = 112 (kN/m)$$

(2) 挡土墙自重计算。

整个挡土墙自重 G

$$\begin{aligned} W &= W_1 + W_2 + W_3 + W_4 + W_5 + W_6 \\ &= \frac{1}{2} \times 1.74 \times 5.8 \times 24 + 0.6 \times 5.8 \times 24 + \frac{1}{2} \times 0.58 \times 5.8 \times 24 + \\ &\quad 1.2 \times 3.28 \times 24 + 0.6 \times 0.6 \times 24 + \frac{1}{2} \times 0.6 \times 0.6 \times 24 \\ &= 121 + 84 + 40 + 94 + 9 + 4 = 352 (kN/m) \end{aligned}$$

水平截面 DD_1 以上的挡土墙自重为 W'

$$\begin{aligned} W' &= W_1 + W_2 + W_3 \\ &= 121 + 84 + 40 = 245 (kN/m) \end{aligned}$$

(3) 抗滑动稳定验算。

忽略掉被动土压力的影响，抗滑动稳定安全系数

$$K_s = \frac{(W + E_{aV}) \mu}{E_{aH}} = \frac{(352 + 122) \times 0.5}{164} = 1.45 > 1.3$$

所以抗滑动稳定满足要求。

(4) 抗倾覆稳定验算。

$$\begin{aligned} K_t &= \frac{\sum M_V}{\sum M_0} \\ &= \frac{W_1 \cdot Z_1 + W_2 \cdot Z_2 + W_3 \cdot Z_3 + W_4 \cdot Z_4 + W_5 \cdot Z_5 + W_6 \cdot Z_6 + E_{aV} \cdot Z_V}{E_{aH} Z_H} \\ &= \frac{(121 \times 2.36 + 84 \times 1.48 + 40 \times 0.98 + 94 \times 2.24 + 9 \times 0.3 + 4 \times 0.4 + 122 \times 3.18)}{164 \times 2.33} \\ &= \frac{1052}{382} = 2.75 > 1.5 \end{aligned}$$

抗倾覆稳定满足要求。

(5) 基底应力验算。

作用于挡土墙上的所有荷载对基础中心的偏心距

$$e = \frac{B}{2} - \frac{\sum M_V - \sum M_0}{\sum V} = \frac{3.88}{2} - \frac{1052 - 382}{352 + 122} = 0.526 (m) < \frac{B}{6} = \frac{3.88}{6} = 0.647 (m)$$

挡土墙基底的最大、最小压应力为

$$\sigma_3^1 = \frac{\sum V}{B} \left(1 \pm \frac{6e}{B}\right) = \frac{352 + 122}{3.88} \left(1 \pm \frac{6 \times 0.526}{3.88}\right) = \frac{221}{23} (kPa)$$

基底的最小压应力 $\sigma_3 = 23\text{kPa} > 0$

基底的最大压应力 $\sigma_1 = 221\text{kPa} < 1.2f_a = 360\text{kPa}$

所以挡土墙地基承载力满足要求。

(6) 墙身应力验算。

如图 6.42 所示的水平截面 DD_1,其法向应力和剪应力可按下式计算

法向应力

$$\sigma'^1_3 = \frac{\sum V'}{B'}\left(1 \pm \frac{6e'}{B'}\right) = \frac{W' + E'_{aV}}{B'}\left(1 \pm \frac{6e'}{B'}\right) \leqslant [\sigma]$$

剪应力

$$\tau = \frac{\sum H' - \mu_0 \sum V'}{B'} = \frac{E'_{aH} - \mu_0 \cdot (W' + E'_{aV})}{B'} \leqslant [\tau]$$

式中:e' 为水平截面 DD_1 以上荷载对 DD_1 面中心点的偏心距(m)。

$$\begin{aligned}
e' &= \frac{B'}{2} - \frac{\sum M'_V - \sum M'_0}{\sum V'} \\
&= \frac{B'}{2} - \frac{(W_1 \cdot Z_1 + W_2 \cdot Z_2 + W_3 \cdot Z_3 + E'_{aV} \cdot Z_{V1}) - E'_{aH} \cdot Z_{H1}}{W_1 + W_2 + W_3 + E'_{aV}} \\
&= \frac{2.92}{2} - \frac{(121 \times 1.76 + 84 \times 0.88 + 40 \times 0.387 + 84 \times 2.341) - 112 \times 1.93}{121 + 84 + 40 + 84} \\
&= 1.46 - \frac{499 - 216}{329} = 0.6(\text{m})
\end{aligned}$$

则有

$$\sigma'^1_3 = \frac{\sum V'}{B'}\left(1 \pm \frac{6e'}{B'}\right) = \frac{W' + E'_{aV}}{B'}\left(1 \pm \frac{6e'}{B'}\right) = \frac{245 + 84}{2.92}\left(1 \pm \frac{6 \times 0.6}{2.92}\right) = \begin{array}{c} 0.252 \\ -0.026 \end{array}(\text{MPa})$$

计算出来的 DD_1 截面上的法向应力的最小值 σ'_3 为负值,说明 D 点处的产生应力为拉应力,DD_1 截面上的应力分布如图 6.43 所示。

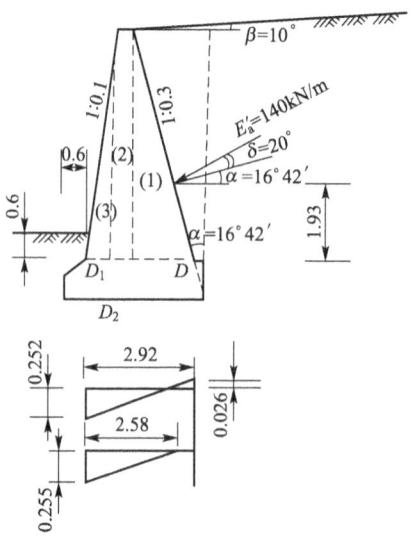

图 6.43 DD_1 截面上的应力分布

C15 素混凝土的抗压强度 $[\sigma]$ 和抗拉强度 $[\sigma_{wl}]$ 分别为 5.5MPa 和 0.4MPa。

则 DD_1 截面上的产生最大压应力和最大拉应力均没有超过 C15 素混凝土的抗压强度和抗拉强度，满足要求。

DD_1 截面上的剪应力

$$\tau = \frac{\sum H' - \mu_0 \sum V'}{B'} = \frac{E'_{aH} - \mu_0 \cdot (W' + E'_{aV})}{B'}$$

$$= \frac{112 - 0.65 \times (245 + 84)}{2.92} = -35(\text{kPa}) < [\tau_c] = 650(\text{kPa})$$

满足要求。

其中 C15 素混凝土材料的摩擦系数 $\mu_0 = 0.65$。

通常情况下，混凝土挡土墙很难被剪断，除特殊情况外，一般可不进行抗剪验算。

(7) 墙趾悬臂 D_1D_2 垂直截面的应力验算。

D_2 点处基底压应力 σ_3 可由墙趾处的应力 σ_1 和墙踵处的应力 σ_2 通过几何关系求得

$$\sigma_3 = \frac{(\sigma_1 - \sigma_2) \cdot (B - l)}{B} + \sigma_2 = \frac{(221 - 23) \cdot (3.88 - 0.6)}{3.88} + 23 = 190(\text{kPa})$$

作用于 D_1D_2 垂直截面上的总弯矩为

$$\sum M_{D_1D_2} = \frac{l^2}{6}(2\sigma_1 + \sigma_3 - 3h_1 \cdot \gamma_1 - 2h_2 \cdot \gamma - h_2 \cdot \gamma_1 - 3h_3 \cdot \gamma)$$

$$= \frac{0.6^2}{6} \times (2 \times 221 + 190 - 3 \times 0.6 \times 24 - 2 \times 0.6 \times 16 - 0.6 \times 24 - 3 \times 0.6 \times 16)$$

$$= 320(\text{kN} \cdot \text{m})$$

D_1D_2 截面上出现的最大拉应力 σ' 为

$$\sigma' = \frac{6 \sum M_{D_1D_2}}{\Delta h^2} = \frac{6 \times 320}{1.2^2} = 133(\text{kPa}) < [\sigma_{wl}] = 400(\text{kPa})$$

满足要求。

D_1D_2 垂直截面上的剪应力验算。如果不计入趾部悬臂自重和悬臂上面那部分回填土的重量(这样做偏于安全)，D_1D_2 垂直截面上的剪应力 τ 可按下式计算

$$\tau = \frac{0.5(\sigma_1 + \sigma_3) \cdot l}{\Delta h} = \frac{0.5 \times (221 + 190) \times 0.6}{1.2} = 103\text{kPa} < [\tau_c] = 650\text{kPa} \text{ 满足要求。}$$

(8) 刚性角的验算。

墙趾悬臂高度 $\Delta h = 1.2\text{m}$，悬臂长度 $l = 0.6\text{m}$，则刚性角

$$\tan\alpha = \frac{l}{\Delta h} = \frac{0.6}{1.2} = 0.5$$

$\alpha = \arctan 0.5 = 26°33'$ 小于混凝土的刚性角 $\alpha = 45°$，满足要求。

结论：上述计算结果表明，本算例初步拟定的挡土墙断面结构尺寸能满足设计要求。但从抗滑动稳定、抗倾覆稳定、基底压力、墙身应力等的验算来看，都偏于保守，因此该挡土墙的断面结构尺寸还可以适当减小，以达到节约材料，降低工程造价的目的。

本 章 小 结

本章主要讲述了静止土压力、主动土压力与被动土压力和挡土结构位移之间的关系,并详述了这三种土压力及其合力作用点的算法;也阐述了朗肯土压力与库仑土压力之间的异同点;介绍了不同类型的挡土结构,要求学生能够利用土压力的基本理论进行重力式挡土墙的设计工作。

本章的重点是静止土压力、主动土压力与被动土压力的计算方法。掌握重力式挡土墙的设计计算方法。

习 题

一、选择题

1. 挡土墙墙背所受到的总的主动土压力为 E_a,E_a 的单位为( )。
   A. kN
   B. kN/m
   C. kPa

2. 其他条件相同的情况下,静止土压力、主动土压力和被动土压力三者大小关系为( )。
   A. 静止土压力大于主动土压力
   B. 主动土压力大于被动土压力
   C. 静止土压力大于被动土压力

3. 挡土墙背后土体达到主动极限平衡状态所需要的相对位移量(墙顶位移与墙高之比)和土体达到被动极限平衡状态所需要的相对位移量的关系为( )。
   A. 土体达到主动极限平衡状态所需要的相对位移量大于达到被动极限平衡状态所需要的相对位移量
   B. 土体达到主动极限平衡状态所需要的相对位移量小于达到被动极限平衡状态所需要的相对位移量
   C. 土体达到主动极限平衡状态所需要的相对位移量等于达到被动极限平衡状态所需要的相对位移量

二、填空题

1. ( )是产生不同土压力的一个重要条件。同时,土的种类和状态不同,也对土压力的数值产生影响。

2. 为了满足土体的极限平衡条件,朗肯在其基本理论推导中,作了如下的一些假定:墙背后填土表面是水平的;墙是刚性的,墙背铅直;墙背与填土之间没有( )。

3. 当铅直墙背被土推离土体时,随着位移渐增,土体在一定范围内可逐渐达到( )状态。

三、简答题

1. 土压力有哪几种?影响土压力大小的因素有哪些?

2. 试阐述静止土压力、主动土压力和被动土压力的定义和产生的条件,并比较三者的大小。

3. 朗肯土压力理论有什么假设条件？如何求主动和被动土压力系数？
4. 库仑土压力理论适用什么类型的土体？其基本假定是什么？
5. 对朗肯土压力理论和库仑土压力理论进行比较和评价。
6. 挡土墙有哪些种类型？
7. 什么是坦墙？
8. 重力式挡土墙的稳定性验算包括哪些内容？

四、计算题

1. 某一修建于岩石基础上的重力式挡土墙，墙高 $H=5.5\text{m}$，墙后填土为细砂，重度为 $\gamma=18\text{kN/m}^3$，内摩擦角 $\varphi'=30°$。试计算作用于挡土墙上的土压力。

2. 某挡土墙高 $H=6\text{m}$，墙背直立光滑，填土表面水平。墙背后填土为中砂，重度 $\gamma=18\text{kN/m}^3$，饱和重度 $\gamma_{\text{sat}}=20\text{kN/m}^3$，内摩擦角 $\varphi=30°$。试计算：

（1）作用于挡土墙上的总主动土压力。

（2）当墙后地下水位上升至离墙顶 3.0m 时，作用于挡土墙上的总主动土压力和水压力。

3. 已知某挡土墙高度 $H=6.0\text{m}$，墙背倾斜 $\varepsilon=10°$，墙背后填土倾角 $\beta=10°$，墙与填土摩擦角 $\delta=20°$。墙背后为中砂，中砂的重度 $\gamma=18.5\text{kN/m}^3$，内摩擦角 $\varphi=30°$。计算作用在此挡土墙上的主动土压力。

4. 已知某挡土墙高 $H=6.0\text{m}$，墙背倾斜 $\varepsilon=10°$，墙背后填土倾角 $\beta=12°$，墙与填土摩擦角 $\delta=20°$。墙背后为中砂，中砂的重度 $\gamma=18.5\text{kN/m}^3$，内摩擦角 $\varphi=30°$，地基承载力特征值 $f_{\text{ak}}=180\text{kPa}$。试设计挡土墙尺寸。

第7章
土坡稳定分析

教学目标

本章主要讲述土坡稳定分析的基本原理和方法。通过本章的学习，达到以下目标。
(1) 土坡失稳的原因。
(2) 有渗流和无渗流作用下无黏性土坡稳定分析方法。
(3) 用于分析黏性土坡的整体圆弧滑动法的基本原理和计算。
(4) 瑞典条分法、毕肖普条分法和简布条分法的基本原理和计算。
(5) 土体抗剪强度指标与稳定安全系数的选择。

教学要求

知识要点	能力要求	相关知识
无黏性土坡稳定分析	(1) 了解无黏性土坡的滑动面形状； (2) 掌握无黏性土坡稳定安全系数的表达式； (3) 了解自然休止角； (4) 掌握边坡存在渗流时的稳定安全系数	(1) 无黏性土坡滑动面的形状； (2) 无黏性土坡安全稳定系数及其表达式； (3) 自然休止角； (4) 存在渗流时的稳定安全系数
黏性土坡的整体圆弧滑动法	(1) 了解黏性土坡的滑动面形状； (2) 掌握整体圆弧滑动法的分析方法； (3) 掌握最小稳定安全系数的经验方法	(1) 黏性土坡滑动面形状； (2) 整体圆弧滑动法； (3) 最小稳定安全系数的经验方法
土坡稳定分析条分法	(1) 了解条分法的概念； (2) 掌握瑞典条分法、毕肖普条分法和简布条分法的基本原理和计算； (3) 了解坡顶开裂时的土坡稳定性； (4) 了解边坡稳定分析的总应力法和有效应力法； (5) 了解土中水渗流时的土坡稳定性	(1) 条分法的概念； (2) 瑞典条分法、毕肖普条分法和简布条分法的基本原理和计算； (3) 坡顶开裂时的土坡稳定性； (4) 边坡稳定分析的总应力法和有效应力法； (5) 土中水渗流时的土坡稳定性
土体抗剪强度指标与稳定安全系数的选择	(1) 了解强度指标和稳定安全系数的选用概念； (2) 了解挖方、填方边坡的特点； (3) 了解影响土坡稳定的因素	(1) 强度指标的选用； (2) 稳定安全系数的选用； (3) 挖方、填方边坡的特点； (4) 影响土坡稳定的因素

第7章 土坡稳定分析

土坡；稳定分析；平面滑动分析法；稳定安全系数；瑞典条分法、毕肖普条分法、简布条分法、总应力法、有效应力法

2008 年 5 月 12 日发生的汶川大地震造成唐家山大量山体滑坡，两处相邻的巨大滑坡体夹杂巨石、泥土冲向涪江河道，形成巨大的堰塞湖。堰塞坝体长 803m，宽 611m，高 82.65～124.4m，方量约 2037 万 m³，上下游水位差约 60m。6 月 6 日，唐家山堰塞湖储水量超过 2.2 亿 m³，6 月 10 日 1 时 30 分达到最高水位 743.1m，最大库容 3.2 亿 m³。如果处置不当，堰塞坝极可能崩塌并引发下游出现洪灾。

2008 年 6 月 7 日上午 7 时，唐家山堰塞坝通过开挖引水槽排水，降低堰塞湖的水位、水量，开始泄流。同时解放军于江油九岭镇进驻戒备及疏散下游之居民，并预防涪江铁路大桥因唐家山堰塞湖一旦溃坝而被冲毁。6 月 10 日至 11 日，泄洪获得了成功，唐家山堰塞湖黄色警报于 6 月 11 日 16 时获得解除。

7.1 概　　述

土坡是指具有倾斜坡面的土体。由于地质作用而自然形成的山坡、江河的岸坡等称为天然土坡；人们在修筑各种工程时，在天然土体中开挖渠道，基坑和路堑以及填筑土石坝、土堤而形成的边坡称为人工土坡。土坡的简单外形和各部分名称如图 7.1 所示。

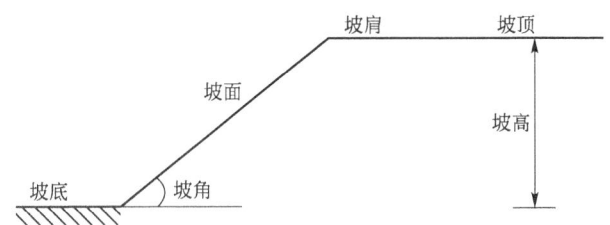

图 7.1　土坡的简单外形和各部分名称

对于天然土坡或人工土坡,土体的重力分量将形成土层向下滑动的趋势。在土层的可能滑动面上,由重力或其他原因(例如流水、承重或地震等)所产生的剪应力,若超过土体的抗剪强度,则可能产生剪切破坏及土体移动,即滑坡。所以,土坡稳定分析是土的抗剪强度理论在实际工程中运用的一个范例。土坡发生滑动的根本原因在于土坡体内部某个面上的剪应力达到了该面上的抗剪强度,土坡的稳定平衡遭到破坏。

滑坡的形状各色各样。对滑坡的实际调查表明,在由砂、卵石、风化砾石等组成的粗粒土中的滑坡,深度浅而形状接近于平面,或者由两个以上的平面所组成的折线形滑动面。黏性土中的滑坡则深入坡体内,滑动面呈曲线形状,在坡顶处滑动面接近于垂直,在接近坡脚处滑动面渐趋水平。对于非均质的多层土或含软弱夹层的土坡,往往沿着软弱夹层的层面发生滑动,此时整个土坡的滑动面常常是由直线和曲线组合而成的不规则滑动面。

土坡稳定分析具有以下目的。

(1) 验算所拟定的土坡是否稳定、合理,或根据给定的土坡高度、土的性质等已知条件设计出合理的土坡断面。

(2) 对一旦滑坡会对人类生命财产造成危害或造成重大经济损失的天然土坡进行稳定性分析,研究其潜在的滑动面的位置,给出安全性评价及相应的加固措施。

(3) 对人工土坡还应采取必要的工程加固措施,加强工程管理,以消除某些可能导致滑坡的不利因素,确保土坡的安全。

本章将主要讨论简单土坡稳定分析的基本原理及它的分析方法、计算公式和影响因素。

7.2　平面滑动分析法

7.2.1　无黏性土在干坡或水下坡时的稳定安全系数

干坡和水下坡是指完全在水位以上或完全浸水且没有渗流作用的无黏性土坡。

根据实际观测,均质的砂性土或卵石、风化砾石等粗粒土构成的土坡,破坏时的滑动面往往近似于平面,因此在分析这类土的土坡稳定时,为了计算简便起见,一般均假定滑动面是平面,常用直线滑动法以分析其稳定性。

如图 7.2 所示的简单土坡,已知土坡高度为 H,坡角为 β,土的重度为 γ,土的抗剪强度 $\tau_f = \sigma \tan\varphi + c$。若假定滑动面是通过坡脚 A 的平面 AC,AC 的倾角为 α,滑动面 AC 的长度为 L,则可计算滑动土体 ABC 沿 AC 面上滑动的稳定安全系数 K 值。

沿土坡长度方向取单位长度土坡,作为平面应变问题分析。已知滑动土体 ABC 的重力为

$$W = \gamma S_{\triangle ABC}$$

W 在滑动面 AC 上的法向分力 N 及正应力 σ 为

$$N = W\cos\alpha$$

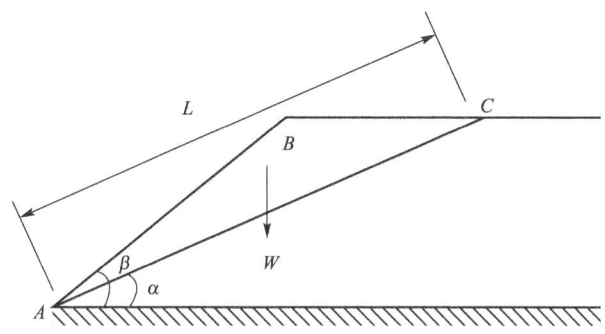

图 7.2 平面滑动法

$$\sigma = \frac{N}{L} = \frac{W\cos\alpha}{L}$$

W 在滑动面 AC 上的切向分力 T（T 即为滑动面上的下滑力）及剪应力 τ 为

$$T = W\sin\alpha$$

$$\tau = \frac{T}{L} = \frac{W\sin\alpha}{L}$$

定义土坡的稳定安全系数 K 为

$$K = \frac{\tau_f}{\tau} = \frac{\sigma\tan\varphi + c}{\tau} = \frac{\frac{W\cos\alpha}{L}\tan\varphi + c}{\frac{W\sin\alpha}{L}} = \frac{W\cos\alpha\tan\varphi + cL}{W\sin\alpha} \qquad (7-1)$$

验算时，先通过坡脚假设一直线滑动面，按式（7-1）计算土坡沿此滑动面下滑的安全系数 K，然后再假设若干个滑动面，计算相应的安全系数，由此求得最小安全系数 $K_{\min}$。当 $K_{\min} \geqslant 1$ 时，此土坡即是稳定的。为了保证土坡具有足够的安全储备，通常可取 $K \geqslant 1.3 \sim 1.5$。

当均质无黏性土坡 $c=0$ 时，上式可简化为

$$K = \frac{\tan\varphi}{\tan\alpha} \qquad (7-2)$$

从式（7-2）可见，对于均质无黏性土坡，当 $\alpha = \beta$ 时，滑动稳定安全系数最小，也即土坡坡面的一层土是最容易滑动的。因此，无黏性土的土坡稳定安全系数为

$$K = \frac{\tan\varphi}{\tan\beta} \qquad (7-3)$$

上式表明，均质无黏性土坡稳定性与坡高无关，与土的重度无关，与所取的隔离体体积无关，而仅与坡角 β 有关，只要坡角小于土的内摩擦角（$\beta < \varphi$），$K > 1$，则无论土坡多高在理论上都是稳定的。$K=1$ 表明土坡处于极限状态，即土坡坡角等于土的内摩擦角。

【例 7.1】 用砂性土填筑的路堤，高度为 3.0m，顶宽 26m，坡率 1∶1.25，采用直线滑动面法验算其边坡稳定性，砂性土的 $\varphi = 30°$，$c = 0.1$kPa，假设滑动面倾角 $\alpha = 25°$，滑动面以上土体重 $W = 52.2$kN/m，滑面长 $L = 7.1$m，如图 7.3 所示，问抗滑稳定性系数为多少？

【解】 由公式

$$K = \frac{抗滑力}{下滑力} = \frac{W\cos\alpha\tan\varphi + cL}{W\sin\alpha}$$

$$= \frac{52.2 \times \cos25° \times \tan30° + 7.1 \times 0.1}{52.2 \times \sin25°}$$

$$= 1.27$$

即滑动面倾角 $\alpha = 25°$ 时的稳定安全系数为 1.27。

【例 7.2】 某无限长土坡，土坡高度 H（图 7.4），土重度 $\gamma = 19\text{kN/m}^3$，滑动面土的抗剪强度 $c = 0$，$\varphi = 30°$，若安全系数 $K = 1.3$，试求坡角 α 值。

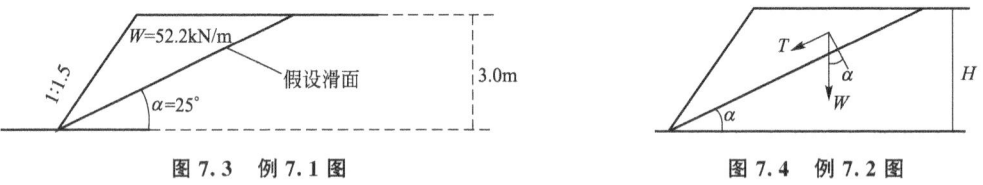

图 7.3 例 7.1 图　　　　　　　图 7.4 例 7.2 图

【解】 设滑体重为 W，坡角为 α 值，沿滑面下滑力为

$$T = W\sin\alpha$$

沿滑面抗滑力为

$$R = W\cos\alpha\tan\varphi$$

安全系数

$$K = \frac{R}{T} = \frac{W\cos\alpha\tan\varphi}{W\sin\alpha} = 1.3$$

则

$$\tan\alpha = \frac{\tan\varphi}{1.3} = \frac{\tan30°}{1.3} = 0.444$$

$$\alpha = 24°$$

即该土坡安全系数若为 1.3，则土坡坡角为 24°。

7.2.2 自然休止角

式（7-2）表明，无黏性土坡的坡角不可能超过土的内摩擦角，无黏性土所能形成的最大坡角就是无黏性土的内摩擦角，此坡角也称为自然休止角。人工临时堆放的砂土，常比较疏松，其自然休止角略小于同一级配砂土的内摩擦角。根据这一原理，在工程上就可以通过堆砂锥体法来确定砂土的内摩擦角。图 7.5 表示通过漏斗在地面上堆砂堆，无论砂堆多高，所能形成的最陡的坡角总是一定的，就是土坡处于极限平衡状态时的坡角，即自然休止角。

7.2.3 存在渗流时的稳定安全系数

土坡在很多情况下，会受到由于水位差的改变所引起的水力坡降或水力梯度，从而在土坡内形成渗流场，对土坡稳定性带来了不利影响。

当无黏性土坡受到一定的渗透力作用时，坡面上渗流溢出处的单元体除自重外，还受到渗透力 $J=\gamma_w iV$ 的作用，这增加了该土块的滑动力，减少了抗滑力，因而会降低下游边坡的稳定性。

先分析浸润线逸出点以下部分边坡的稳定性，图 7.6 表示渗透水流从土堤的下游溢出。如果水流的方向与水平面成夹角 θ，则沿水流方向的渗透力 $j=\gamma_w i$。在坡面上取土体 V 中的土骨架为隔离体，其有效重量为 $\gamma'V$。分析这块土骨架的稳定性，作用在土骨架上的渗透力为 $J=jV=\gamma_w iV$，沿坡面的全部滑动力，包括重力和渗透力的分量，表达为

$$T+J\cos(\alpha-\theta)=\gamma'V\sin\alpha+\gamma_w iV\cos(\alpha-\theta)$$

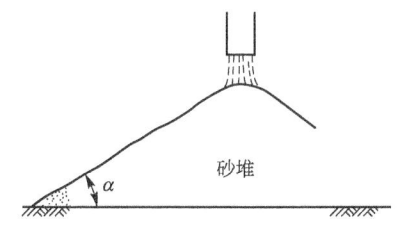

图 7.5　漏斗堆砂堆

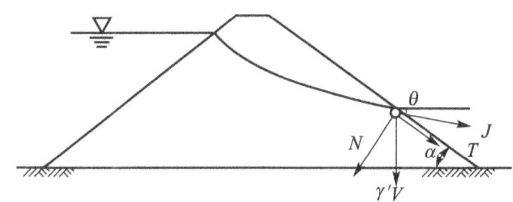

图 7.6　有渗流水溢出的土坡

坡面的正压力为

$$N-J\sin(\alpha-\theta)=\gamma'V\cos\alpha-\gamma_w iV\sin(\alpha-\theta)$$

土体沿坡面滑动的安全系数为

$$K=\frac{[\gamma'V\cos\alpha-\gamma_w iV\sin(\alpha-\theta)]\tan\varphi}{\gamma'V\sin\alpha+\gamma_w iV\cos(\alpha-\theta)} \quad (7-4)$$

式中：i 为渗透坡降；γ' 为土体的有效重度；γ_w 为水的重度；φ 为土的内摩擦角。

若渗流为顺坡出流，则溢出处渗透力方向与坡面平行，即 $\theta=\alpha$，此时对于单元体来说，土体自重 W 就等于浮重度 $\gamma'V$，$i=\sin\alpha$，故有渗流作用的无黏性土坡的稳定安全系数为

$$K=\frac{\gamma'\cos\alpha\tan\varphi}{(\gamma'+\gamma_w)\sin\alpha}=\frac{\gamma'\tan\varphi}{\gamma_{sat}\tan\alpha} \quad (7-5)$$

可见，与式(7-3)相比，相差 γ'/γ_{sat} 倍，此值约为 1/2。所以，当坡面有顺坡渗流作用时，无黏性土坡的稳定安全系数约降低一半。因此要保持同样的安全度，有渗透力作用时的坡角比没有渗透力作用时要平缓得多。

当渗流方向为水平逸出坡面时，$i=\tan\alpha$，则 K 表达式为

$$K=\frac{(\gamma'-\gamma_w\tan^2\alpha)\tan\varphi}{(\gamma'+\gamma_w)\tan\alpha} \quad (7-6)$$

式中：$\frac{\gamma'-\gamma_w\tan^2\alpha}{\gamma'+\gamma_w}<\frac{1}{2}$，说明与干坡相比 K 下降一半多。

上述分析说明，有渗流情况下无黏性土的土坡只有当坡角 $\alpha\leqslant\arctan[(\tan\varphi)/2]$ 时才能稳定。工程实践中应尽可能消除渗透水流的作用。

处于水下的土坡，其稳定坡角为无黏性土的水下内摩擦角 φ'。

【例 7.3】　和例 7.2 同条件，但土体处于饱和状态，土体的饱和重度 $\gamma_{sat}=20\text{kN/m}^3$，

水沿顺坡方向渗流,当安全系数 $K=1.3$ 时,试求容许坡角。

【解】 土坡下滑力除土体本身重量外,还受到渗透力作用,渗透力为
$$J=\gamma_w iV$$
式中:γ_w 为水的重度;i 为水力梯度,当顺坡渗流时 $i=\sin\alpha$。

下滑力为
$$T+J=W\sin\alpha+\gamma_w iV=\gamma'V\sin\alpha+\gamma_w iV$$

抗滑力为
$$R=W\cos\alpha\tan\varphi$$

对于单位土体,土的自重等于土的浮重度 γ',所以
$$K=\frac{R}{T+J}=\frac{\gamma'\cos\alpha\tan\varphi}{(\gamma'+\gamma_w)\sin\alpha}=\frac{\gamma'\tan\varphi}{\gamma_{sat}\tan\alpha}=1.3=\frac{10\tan30°}{20\tan\alpha}$$

则,$\tan\alpha=\dfrac{10\times0.577}{20\times1.3}=0.222$,$\alpha=12.5°$。

比较以上两个例题,对于无黏性土坡安全系数,当存在水的顺坡渗流时,其安全系数降低约 0.5 倍。在同样的安全系数,有水渗流时,容许坡角减小约一倍。

7.3 黏性土坡的稳定性

黏性土的抗剪强度包括摩擦强度和黏聚强度两个组成部分。由于黏聚力的存在,黏性土土坡不会像无黏性土土坡那样沿坡面表面滑动(滑动面是平面),黏性土坡危险滑动面深入土体内部。基于极限平衡理论可以推导出,均质黏性土土坡发生滑动时,其滑动面形状为对数螺旋线曲面,形状近似于圆柱面,在断面上的投影则近似为一圆弧曲面,如图 7.7 所示。通过对现场土坡滑坡、失稳实例的调查表明,实际滑动面也与圆弧面相似。因此,工程设计中常把滑动面假定为圆弧面来进行稳定分析。如整体圆弧滑动法、条分法、瑞典条分法、毕肖普法等均基于滑动面是圆弧这一假定。建立在这一假定上的稳定分析方法称为圆弧滑动法,是极限平衡法的一种常用分析方法。

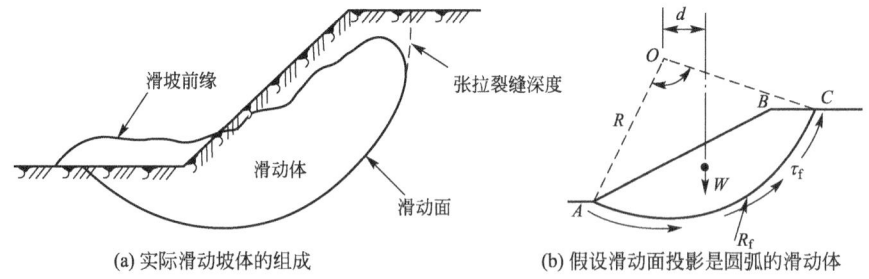

(a) 实际滑动坡体的组成　　(b) 假设滑动面投影是圆弧的滑动体

图 7.7 均质黏性土土坡滑动面

7.3.1 整体圆弧滑动法土坡稳定分析

整体圆弧滑动法是最常用的方法之一,又称瑞典圆弧法,是由瑞典的彼得森

(K. E. Petterson)于 1915 年提出,后在各国被广泛应用于实际工程。

整体圆弧滑动法将滑动面以上的土体视作刚体,并分析在极限平衡条件下它的整体受力情况,以整个滑动面上的平均抗剪强度与平均剪应力之比来定义土坡的安全系数,即

$$K=\frac{\tau_f}{\tau} \tag{7-7a}$$

对于均质的黏性土土坡,其实际滑动面与圆柱面接近。计算时一般假定滑动面为圆柱面,在土坡断面上投影为圆弧。其安全系数也可用滑动面上的最大抗滑力矩与滑动力矩之比来定义,其最终结果与式(7-7a)的定义完全相同,即

$$K=\frac{M_f}{M}=\frac{\tau_f \times L_{AC} \times R}{\tau \times L_{AC} \times R} \tag{7-7b}$$

式中:τ_f 为滑动面上的平均抗剪强度(kPa);τ 为滑动面上的平均剪应力(kPa);M_f 为滑动面上的抗滑力矩(kN·m);M 为滑动面上的滑动力矩(kN·m);L_{AC} 为滑弧 AC 长度(m);R 为滑弧半径(m)。

对于如图 7.8 所示的简单黏性土土坡,根据式(7-7b)可以写出更具体的 K 计算公式。AC 为假定的圆弧,O 点为其圆心,半径为 R。滑动土体 ABC 可视为刚体,在自重作用下,将绕圆心 O 沿 AC 弧转动下滑。如果假设滑动面上的抗剪强度完全发挥,即 $\tau=\tau_f$,则其抗滑力矩 $M_f=\tau_f L_{AC} R$,滑动力矩 $M=Wd$,将 M_f、M 代入式(7-6b),可得

$$K=\frac{M_f}{M}=\frac{\tau_f \times L_{AC} \times R}{W \times d} \tag{7-7c}$$

式中:d 为滑动土体重心到滑弧圆心 O 的水平距离(m);W 为滑动土体自重力(kN)。

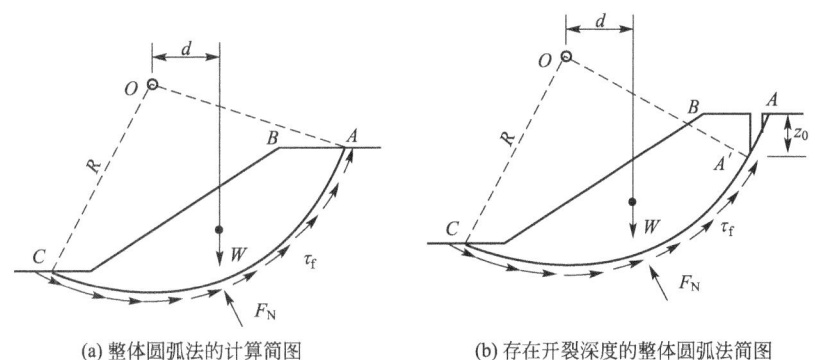

(a) 整体圆弧法的计算简图　　(b) 存在开裂深度的整体圆弧法简图

图 7.8　均质黏性土土坡的整体圆弧滑动

根据莫尔-库仑强度理论,黏性土的抗剪强度 $\tau_f=\sigma\tan\varphi+c$。因此,对于均质黏性土土坡,其 c、φ 虽然是常数,但滑动面上法向应力 σ 却是沿滑动面不断改变的,并非常数;所以只要 $\sigma\tan\varphi\neq 0$,式(7-7c)中的 τ_f 就不是常数。所以式(7-7c)只能给出一个定义,并不能确定 K 的大小,至少对于整体圆弧法是这样的。但对于饱和软黏土,在不排水条件下,其内摩擦角 φ 等于 0,此时 $\tau_f=c_u$,即黏聚力 c 就是土的抗剪强度,这样,抗滑力矩就是 $c_u L_{AC} R$ 一项。于是式(7-7c)可写为

$$K=\frac{c_u \times L_{AC} \times R}{W \times d} \tag{7-8}$$

用式(7-8)可直接计算边坡稳定的安全系数,这种方法通常称为 $\varphi=0$ 的分析法。或

者说式(7-8)适用于 $\varphi=0$ 的黏性土土坡稳定性分析。式中 c_u 可以用三轴不排水剪试验求出，也可由无侧限抗压强度试验或现场十字板剪切试验获得。

【例 7.4】 有一边坡，其几何尺寸如图 7.9 所示。滑坡体的面积为 $150m^2$。边坡土层由两层土组成，从坡顶到埋深 5.8m 处为第一层，其黏聚力 $c=38.3kPa$，$\varphi=0$；以下为第二层，其黏聚力 $c=57.5kPa$，$\varphi=0$。两层土的平均重度为 $\gamma=19.25kN/m^3$。若边坡以 O 点为圆心做滑弧滑动，问该边坡的安全稳定系数为多少？

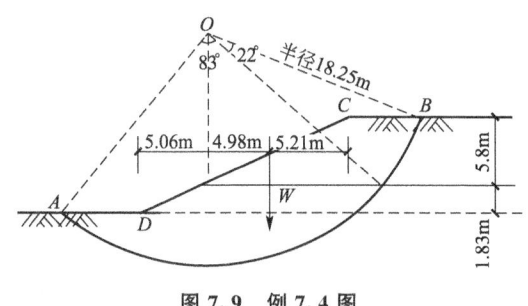

图 7.9 例 7.4 图

【解】 (1) 滑坡体的自重（取单位宽度）。
$$W=\gamma \times 面积 = 19.25 \times 150 = 2887.5(kN)$$
(2) 滑坡体的下滑力矩。
$$M = W \times 4.98 = 2887.5 \times 4.98 = 14397.75(kN \cdot m)$$
(3) 计算滑坡体抗滑力矩。

第一层土弧长 $$L_1 = \frac{18.25 \times \pi \times 22°}{180°} = 7.0(m)$$

第二层土弧长 $$L_1 = \frac{18.25 \times \pi \times 83°}{180°} = 26.44(m)$$

抗滑力矩
$$M_{f1} = c_1 L_1 R_1 = 38.3 \times 7.0 \times 18.25 = 4892.83(kN \cdot m)$$
$$M_{f2} = c_2 L_2 R_2 = 57.5 \times 26.44 \times 18.25 = 27745.48(kN \cdot m)$$
总抗滑力矩 $M_f = M_{f1} + M_{f2} = 4892.83 + 27745.48 = 32638.31(kN \cdot m)$
(4) 则边坡安全稳定系数。
$$K = \frac{M_f}{M} = \frac{32638.31}{14397.75} = 2.27$$

黏性土土坡在发生滑坡前，坡顶常出现竖向裂缝，如图 7.8(b) 所示，其开裂深度可近似按第 6 章中相关公式计算，即 $z_0 = \frac{2c}{\gamma \sqrt{K_a}}$。当 $\varphi=0$ 时，$K_a = 1$，故 $z_0 = \frac{2c}{\gamma}$。裂缝的出现将使滑弧长度由 AC 减小到 $A'C$。$A'C$ 段的稳定分析仍可用式(7-8)。如果裂缝中有可能积水，还要考虑静水压力对土坡稳定的不利影响。

7.3.2 土坡稳定分析条分法

由于整体圆弧法存在一些不足，瑞典的费伦纽斯等人在整体圆弧法的基础上，提出了基于刚体极限平衡理论的条分法。该法将滑动体分成若干个垂直土条，把土条视为刚体，分别计算各土条上的力对滑弧中心的滑动力矩和抗滑力矩，而后按式(7-8)求土坡稳定安全系数。对于 $\varphi > 0$ 的黏性土，常采用条分法计算其整体稳定性。

图 7.10(a)为一均质黏性土坡，设滑动面为 AC，对应的滑弧圆心为 O，半径为 R，将滑动体 ABC 分成 n 个土条，取其中第 i 个土条并分析其受力状况，如图 7.10(b)所示。下面分析土条所受的力及整个滑动体上的未知数的个数。

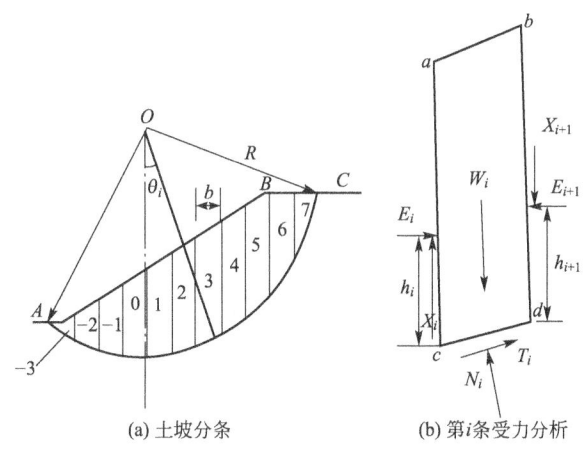

(a) 土坡分条　　　　(b) 第 i 条受力分析

图 7.10　条分法计算图式

(1) 重力 W_i。$W = \gamma_i b_i h_i$，γ_i、b_i、h_i 分别为第 i 条土的重度，宽度和高度，为已知量，所以 W_i 已知。

(2) 土条底面上的法向反力和切向反力。假设法向反力 N_i 作用在土条底面中点，切向反力 T_i 作用线平行于土条的底面，即滑动面。考虑滑动面的受力时，一个土条含有两个未知数 N_i 和 T_i，则 n 个土条有 $2n$ 个未知数。如果假设土条滑动安全系数为 K，按照莫尔-库仑强度理论，N_i 和 T_i 关系为

$$T_i = \frac{c_i l_i + N_i \tan \varphi_i}{K} \tag{7-9}$$

可见，在确定了土性参数 c_i、φ_i 和指定某一安全系数的条件下，同一土条上的法向反力 N_i 和切向反力 T_i 是线性相关的，即二者不互相独立。所以，考虑滑动面的受力时，n 个土条实际上共有 n 个独立未知数。

(3) 土条间法向作用力 E_i 和 E_{i+1} 的大小和作用点均为未知量，所以原则上每个土条有 4 个未知量。但是，由于相邻的两个土条，其间的法向作用力大小相等，方向相反；所以未知量个数减少一半，即 n 个土条有 $2n$ 个未知量。但必须注意，对入坡土条 7 的右侧面和出坡土条 -3 的左侧面，如图 7.10(a)所示，其上作用力为 0 或已知。因此，考虑土条间法向作用力大小和作用点时，实际上 n 个土条共有 $(2n-2)$ 个独立的未知数。

(4) 土条间的切向作用力 X_i 和 X_{i+1}。方法同法向力情况；但由于切向力无作用点，且 n 个土条的分界面有 $(n-1)$ 个，所以未知数目共有 $(n-1)$ 个。

(5) 安全系数 K。当滑动面确定，土体抗剪强度指标已知，外力及自重确定时，滑动面上的剪应力和抗剪强度均可确定，从而可以计算各个土条的安全系数。为方便起见，假定各个土条的安全系数相等并等于整个滑动面的安全系数。所以，安全系数 K 是一个独

立未知数。

以上分析表明，基于极限平衡理论的条分法共有 $n+(2n-2)+(n-1)+1$，即 $(4n-2)$ 个未知数。如果仅考虑土条在断面上的静力平衡条件，那么每个土条可分别列出两个方向互相垂直的力平衡方程和一个绕圆心的力矩平衡方程，共计 3 个独立的平衡方程。所以，n 个土条应该有 $3n$ 个独立的平衡方程。可见，对整个滑动体而言，未知数比方程数多 $(n-2)$ 个，所以土坡稳定属于超静定问题。为使问题求解，必须建立新的条件方程。如对条块间作用力加上一些可以接受的简化条件，以减少未知量或增加方程数。目前有许多种不同的条分法，其差别都在于采用不同的简化假定上，这几种方法的结果存在差异，所能解决的实际问题也有所不同。各种简化假定，大体上分为以下几种类型。

(1) 简单条分法。

简单条分法为忽略条间力，采用 $E_i=X_i=0$ 的条件方程。

(2) 毕肖普方法。

毕肖普在 1955 年提出了 $\Delta X_i=(X_{i+1}-X_i)=0$ 条件，忽略了条间剪力的影响，n 个土条可增加 $(n-1)$ 个条件方程。式(7-9)假定滑动面上都具有相同的安全系数，即各土条的安全系数都等于滑弧整体安全系数。这一假设具有平均安全系数的概念，比较合理。

(3) 假设推力作用方向的方法。

此类方法假设了不同推力方法。

① 假设推力作用方向与滑弧面方向平行，就是所谓的滑动面方向推力法。

② 假设推力作用方向与分条面的法线成 φ 角，就是摩擦角推力法。此法是假定分条面土已达极限平衡。这种假定对于土坡滑弧面尚未达到极限平衡时的情况是不合理的，故后来又提出假设条间面的安全系数与滑弧面上安全系数相同。

③ 假设推力作用方向与条分面法线夹角为某一已知函数，并假设不同的函数进行稳定计算，以求出具有最小安全系数的函数值。这种方法是比较合理的，但需要大量的计算工作量，仅当使用计算机时才能完成。

(4) 假定推力作用线位置的方法。

假定推力作用线位置的方法是 1954 年由简布提出来的。确定了推力作用线，也知道了各 E_i 的作用点。这样就减少了 $(n-1)$ 个未知量，或者说增加了 $(n-1)$ 个条件方程。由于作用点的位置比较容易确定，而且在计算过程中可随时调整，因此这方法得到了较广泛的应用。

采用条分法进行土坡稳定分析，通过上述方法将超静定问题简化为静定问题。然后根据静力平衡条件，求解出作用于土条的抗滑力，将抗滑力及促使土条滑动的滑动力分别对滑动面的圆心 O 取矩，得出抗滑力矩 M_f 和滑动力矩 M，将 n 个土条的抗滑力矩与滑动力矩分别求和，取抗滑力矩之和与总滑动力矩和的比值为土坡的稳定安全系数 K，即

$$K=\frac{\sum M_f}{\sum M} \qquad (7-10)$$

该方法把滑动面简单地当做圆弧，并认为滑动土体是刚性的，没有考虑分条之间的推力，或只考虑分条间水平推力，或对条间推力进行了一些简化处理，故计算结果不能完全符合实际，但由于计算概念明确，且能分析复杂条件下土坡稳定性，所以在各国实践中普遍采用。

条分法具体又分为瑞典条分法、简化毕肖普条分法、普遍条分法(又称简布条分法)等多种。这几种方法的假设和适用条件不同,以下将分别叙述。

1. 瑞典条分法

瑞典条分法亦称为简单条分法,是条分法中最简单最古老的一种。该法假定滑动面是一个圆弧面,并认为条块间的作用力对土坡的整体稳定性影响不大,可以忽略,或者说,假定条块两侧的作用力大小相等、方向相反且作用于同一直线上。

1) 基本原理

当按滑动土体这一整体力矩平衡条件计算分析时,由于滑面上各点的斜率都不相同,自重等外荷载对弧面上的法向和切向作用分力不便按整体计算,因而整个滑动弧面上反力分布不清楚;对于 $\varphi>0$ 的黏性土坡,特别是土坡为多层土层构成时,求 W 的大小和重心位置就比较麻烦。故在土坡稳定分析中,为便于计算土体的重量,并使计算的抗剪强度更加精确,常将滑动土体分成若干竖直土条,求各土条对滑动圆心的抗滑力矩和滑动力矩,分别取其总和按式(7-10)计算安全系数,这即为假定条分法的基本原理。该法假定各土条为刚性不变形体,不考虑土条两侧间的作用力。

2) 计算方法

如图 7.11 所示土坡,取单位长度土坡按平面应变问题计算。设滑动面是一圆弧 AD,圆心为 O,半径为 R。将滑动土条 $ABCDA$ 分成许多竖向土条,土条的宽度一般可取 $b=0.1R$,任意一土条 i 上的作用力包括下述内容。

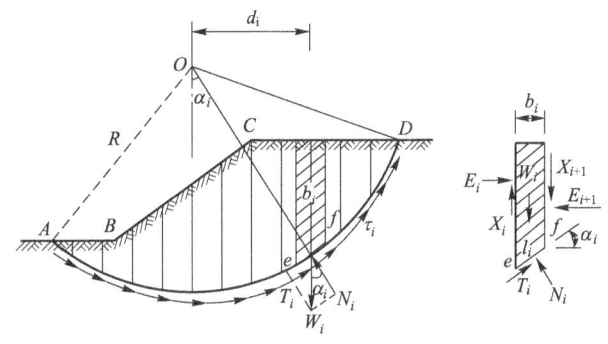

图 7.11 瑞典条分法

土条的重力 W_i,其大小、作用点位置及方向均为已知。

滑动面 ef 的法向力 N_i 及切向力 T_i,假定 N_i、T_i 作用在滑动面 ef 的中点,它们的大小均未知。

土条两侧的法向力为 E_i、E_{i+1} 及竖向剪切力为 X_i、X_{i+1},其中,E_i 和 X_i 可由前一个土条的平衡条件求得,而 E_{i+1} 和 X_{i+1} 的大小未知,E_{i+1} 的作用点也未知。

由此可以看出,作用在土条 i 的作用力中有 5 个未知数,但只能建立 3 个平衡方程和 1 个莫尔-库仑抗剪强度方程,故为超静定问题。为了求得 N_i、T_i 值,必须对土条两侧作用力的大小和位置作适当的假定。费伦纽斯的条分法是不考虑土条两侧的作用力,也即假设 E_i 和 X_i 的合力等于 E_{i+1} 和 X_{i+1} 的合力,同时,它们的作用线也重合,因此土条两侧的作用力相互抵消。这时,土条仅有作用力 W_i、N_i 及 T_i,根据平衡条件可得

$$N_i = W_i \cos\alpha_i$$
$$T_i = W_i \sin\alpha_i$$

滑动面 ef 上土的抗剪强度为

$$\tau_{fi} = \sigma_i \tan\varphi_i + c_i = \frac{1}{l_i}(N_i \tan\varphi_i + c_i l_i) = \frac{1}{l_i}(W_i \cos\alpha_i \tan\varphi_i + c_i l_i)$$

式中：α_i 为土条 i 滑动面的法向（即半径）与竖直线的夹角；l_i 为土条 i 滑动面的弧长；c_i、φ_i 为滑动面上的黏聚力及内摩擦角。

土条 i 上的作用力对圆心 O 产生的滑动力矩 M 及抗滑力矩 M_f 分别为

$$M = T_i R = W_i R \sin\alpha_i$$
$$M_f = \tau_{fi} l_i R = (W_i \cos\alpha_i \tan\varphi_i + c_i l_i) R$$

整个土坡相应于滑动面 AD 时的稳定安全系数为

$$K = \frac{M_f}{M} = \frac{\sum_{i=1}^{i=n}(W_i \cos\alpha_i \tan\varphi_i + c_i l_i)}{\sum_{i=1}^{i=n} W_i \sin\alpha_i} \quad (7-11)$$

对于均质土坡，$c_i = c$，$\varphi_i = \varphi$，则得

$$K = \frac{M_f}{M} = \frac{\tan\varphi \sum_{i=1}^{i=n} W_i \cos\alpha_i + c \hat{L}}{\sum_{i=1}^{i=n} W_i \sin\alpha_i} \quad (7-12)$$

式中：$\hat{L}$ 为滑动面 AD 的弧长；n 为土条分条数。

式（7-12）是最简单的条分法的计算公式。由于忽略了土条之间的相互作用力，由土条上的 3 个力 W_i、T_i 和 N_i 组成的力多边形并不闭合，所以费伦纽斯条分法不满足静力平衡条件，只满足滑动土体整体力矩平衡条件，这是其区别于后述其他条分法的主要特点。由于它忽略了条间力对 N_i 的影响，一般得到的安全系数偏低，可能低估安全系数 5%~20%。尽管如此，由于此法应用的时间较长，积累了丰富的工程经验，故目前仍然是工程上常用的方法。

用瑞典条分法进行土坡稳定分析时，分条宽度是任意的，为减少计算工作量，划分土条时，可按下述方法进行，取分条宽度 $b = R/10$，并将编号为 0 的土条中心线于圆心的铅垂线重合，然后向上下对称编号。各土条的 $\sin\alpha_i = \frac{x_i}{R} = \frac{ib}{R} = \frac{i}{10}$，分别等于 0，± 0.1，± 0.2，…，如图 7.11 所示。

需要指出的是，使用瑞典条分法仍然要假设很多滑动面并通过试算分析，才能找到最危险滑动面，从而找到相应最小的 K 值，并由此判断土坡的稳定性。

【例 7.5】 一简单的黏性土坡，高 25m，坡比 1∶2，土的重度 $\gamma = 20\text{kN/m}^3$，内摩擦角 $\varphi = 26.6°$（相对于 $\tan\varphi = 0.5$），黏聚力 $c = 10\text{kPa}$，滑动圆心为 O 点，如图 7.12 所示，试用瑞典条分法求该滑动圆弧的稳定安全系数。

【解】 为使例题计算简单，只将滑动土体分成 6 个土条，分别计算各条块的重量 W_i，滑动面长度 l_i，滑动面中心与过圆心铅垂线的圆心角 α_i，然后，按照瑞典条分法进行稳定性计算。计算结果如表 7-1 所示。

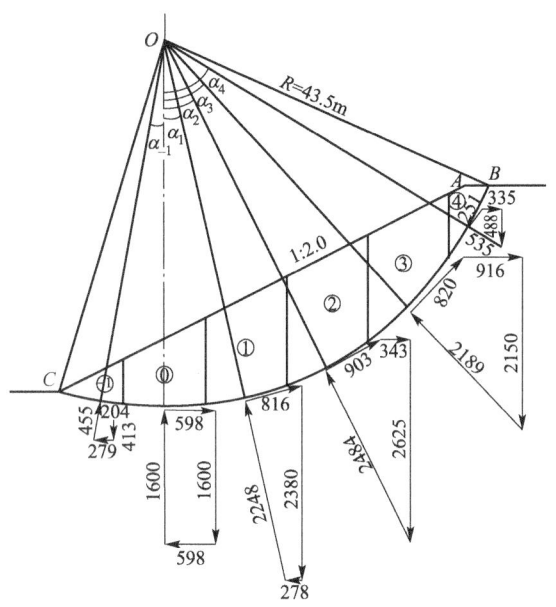

图 7.12 例 7.5 图

表 7-1 例 7.5 计算表

条块编号	α_i/(°)	W_i/kN	$\sin\alpha_i$	$\cos\alpha_i$	$W_i\sin\alpha_i$/kN	$W_i\cos\alpha_i$/kN	$W_i\cos\alpha_i\tan\varphi$/kN	l_i	cl_i
-1	-9.93	412.5	-0.172	0.985	-71.0	406.3	203	8.0	80
0	0	1600	0	1.0	0	1600	800	10.0	100
1	13.29	2375	0.230	0.973	546	2311	1156	10.5	105
2	27.37	2625	0.460	0.888	1207	2331	1166	11.5	115
3	43.60	2150	0.690	0.724	1484	1557	779	14.0	140
4	59.55	487.5	0.862	0.507	420	247	124	11.0	110

$$\sum W_i\sin\alpha_i = 3584\text{kN}$$
$$\sum W_i\cos\alpha_i\tan\varphi = 4228\text{kN}$$
$$\sum cl_i = 650\text{kN}$$

土坡稳定安全系数为

$$K = \frac{\tan\varphi\sum_{i=1}^{i=n}W_i\cos\alpha_i + c\hat{L}_i}{\sum_{i=1}^{i=n}W_i\sin\alpha_i} = \frac{4228+650}{3584} = 1.36$$

需要指出,上述结果只是指定滑弧相对应的安全系数,要想得到土坡的稳定安全系数,还需要选取不同的圆心,重复上述计算步骤,从而求出最小的安全系数,即为土坡的稳定安全系数。

2. 毕肖普条分法

为了解决超静定问题，费伦纽斯的简单条分法假定不考虑土体间的作用力，一般地，这样得到的稳定安全系数是偏小的。在工程实践中，为了改进条分法的计算精度，许多人都认为应该考虑土体间的作用力，以求得比较合理的结果。目前已有许多解决问题的办法，其中毕肖普于 1955 年提出了一个可以考虑土体间侧面作用力的土坡稳定分析方法，称毕肖普法。

1) 基本假定

这种方法仍然假定滑动面为圆弧面，考虑土条侧面的作用力，并假定各土体底部滑动面上的抗滑安全系数均相同，都等于整个滑动面上的平均安全系数。毕肖普法的土坡稳定安全系数的含义是整个滑动面上土的抗剪强度 τ_f 与实际产生剪应力 τ 的比值，即 $K=\tau_f/\tau$，并考虑了各土条侧面间存在着的作用力。

2) 计算方法

取单位长度土坡按平面问题计算，如图 7.13 所示。设可能的滑动面为一圆弧 AC，圆心为 O，半径 R。将滑动土体 ABC 分成若干土条，取其中任意一条（第 i 条）分析其受力情况。作用在该土条上的力如下。

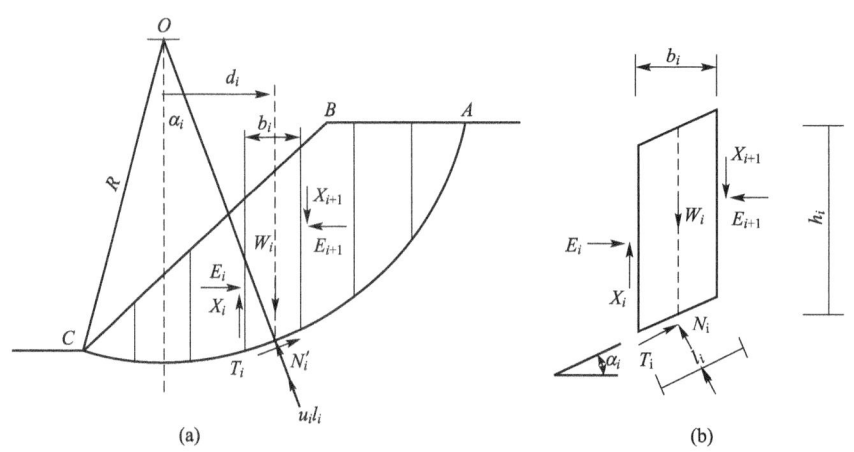

图 7.13 毕肖普条分法计算图式

① 土条自重 $W_i=\gamma b_i h_i$，其中 b_i、h_i 分别为该土条的宽度与平均高度。

② 作用于土条底面的抗剪力 T_i、有效法向反力 N_i' 及孔隙水压力 $u_i l_i$，其中 u_i、l_i 分别为该土条底面中点处孔隙水压力和滑弧弧长。

③ 作用于该土条两侧的法向力 E_i 和 E_{i+1} 及切向力 X_i 和 X_{i+1}，$\Delta X_i=(X_{i+1}-X_i)$。且 W_i、T_i、N_i' 及 $u_i l_i$ 的作用点均在土条底面中点。

由第 i 土条竖向力的平衡条件得

$$W_i+\Delta X_i-T_i\sin\alpha_i-N_i'\cos\alpha_i-u_i l_i\cos\alpha_i=0$$

或

$$N_i'\cos\alpha_i=W_i+\Delta X_i-T_i\sin\alpha_i-u_i b_i \tag{7-13}$$

当土坡尚未破坏时，土条滑动面上的抗剪强度只发挥了一部分，若以有效应力表示，土条滑动面上的抗剪力为

$$T_i = \frac{\tau_{fi} l_i}{K} = \frac{c'_i l_i}{K} + N'_i \frac{\tan\varphi'_i}{K} \tag{7-14}$$

式中：c'_i 为土的有效黏聚力；φ'_i 为土的有效内摩擦角；K 为安全系数。

将式(7-14)代入式(7-13)，可解得 N'_i 为

$$N'_i = \frac{1}{m_{a_i}}(W_i + \Delta X_i - u_i b_i - \frac{c'_i l_i}{K}\sin\alpha_i) \tag{7-15}$$

其中

$$m_{a_i} = \cos\alpha_i (1 + \frac{\tan\varphi'_i \tan\alpha_i}{K}) \tag{7-16}$$

然后就整个滑动土体对圆心 O 求力矩平衡，此时相邻土条之间侧壁作用力的力矩将相互抵消，而各土条的 N'_i 及 $u_i l_i$ 的作用线均通过圆心，也不产生力矩，故有

$$\sum_{i=1}^{n} W_i X_i - \sum_{i=1}^{n} T_i R = \sum_{i=1}^{n} W_i R \sin\alpha_i - \sum_{i=1}^{n} T_i R = 0$$

将式(7-15)代入式(7-14)，而后再代入上式，可得

$$K = \frac{\sum \frac{1}{m_{a_i}}[c'_i b_i + (W_i - u_i b_i + \Delta X_i)\tan\varphi'_i]}{\sum W_i \sin\alpha_i} \tag{7-17a}$$

式(7-17a)是毕肖普条分法计算边坡安全系数的基本公式。尽管考虑了侧面的法向力 E_i 和 E_{i+1}，但式(7-17a)中并未出现该项。需要注意，在式(7-17a)中 $\Delta X_i = (X_{i+1} - X_i)$ 仍是未知数。为使问题得到简化，并给出确定的 K 大小，毕肖普假设 $\Delta X_i = (X_{i+1} - X_i) = 0$，并已经证明，这种简化对安全系数 K 的影响仅为1%左右。而且分条宽度愈小，这种影响就愈小。因此，假定 $\Delta X_i = 0$ 计算的结果能满足工程设计对精度的要求。简化的毕肖普条分法基本公式得到广泛应用，即简化为

$$K = \frac{\sum \frac{1}{m_{a_i}}[c'_i b_i + (W_i - u_i b_i)\tan\varphi'_i]}{\sum W_i \sin\alpha_i} \tag{7-17b}$$

由于 m_{a_i} 的计算式(7-16)中含有安全系数 K，故上述安全系数 K 仍需试算。通常试算时可先假定 $K=1$，由式(7-16)求出 m_{a_i}，再按式(7-17a)求 K，若计算的 K 与假定 K 值不等，则以计算的 K 值代入式(7-17a)再求出新的 m_{a_i} 和 K，如此反复迭代，直至前后两次 K 值满足所要求的精度为止。通常迭代3～4次即可满足工程精度要求，且迭代总是收敛的。

尚需注意，当 α_i 为负时，m_{a_i} 有可能趋近于无限大，显然不合理，故此时简化毕肖普法不能应用。国外某些学者建议，当任意一土条的 $m_{a_i} \leqslant 0.2$ 时，简化毕肖普法计算的 K 值误差较大，最好采用其他方法。此外，当坡顶土条的 α_i 很大时，N'_i 出现负值，此时可取 $N'_i = 0$。

为了求得最小的安全系数 K，毕肖普条分法也必须在若干个假定滑动面中搜索最危险的滑裂面，其方法见后。

毕肖普条分法也可用于总应力分析，即在上述公式中不考虑孔隙水压力的影响，同时采用总应力强度 $c、\varphi$ 计算即可。

如采用总应力法表示，毕肖普条分法的计算公式为

$$K = \frac{\sum \frac{1}{m_{a_i}}[c_i b_i + (W_i + \Delta X_i)\tan\varphi_i]}{\sum W_i \sin\alpha_i} \tag{7-18a}$$

$$K = \frac{\sum \frac{1}{m_{a_i}}[c_i b_i + W_i \tan\varphi_i]}{\sum W_i \sin\alpha_i} \tag{7-18b}$$

3) 与瑞典条分法的比较

与瑞典条分法相比，简化的毕肖普法假定 $\Delta X_i = 0$，这实际上未考虑土体的切向力，并在此条件下满足力多边形闭合条件。也就是说，这种方法虽然在最终计算 K 的表达式中未出现水平力，但实际上考虑了土体之间的水平相互作用力。总之，简化毕肖普法具有以下特点。

(1) 假设滑动面为圆弧。

(2) 满足整体力矩平衡条件。

(3) 假设土条之间只有法向力而无切向力。

(4) 在(2)和(3)两个条件下，满足各个土条的力多边形闭合条件，而不满足各个土条的力矩平衡条件。

(5) 从计算结果上分析，由于考虑了土条间的水平作用力，它的安全系数比瑞典法条分法的略高一些。

(6) 简化的条分法虽然不是严格的（即满足全部静力平衡条件）的极限平衡分析法，但它的计算结果却与严格方法很接近。这一点已为大量的工程计算所证实。由于其计算不是很复杂，精度较高，所以它是目前工程上的常用方法。使用者可根据具体工程和土性参数情况选用适当形式（有效应力或总应力）的公式。

3. 简布条分法

在实际工程中常常会遇到非圆弧滑动面的土坡稳定分析，如土坡下面有软弱夹层，或土坡位于倾斜岩层面上，滑动面形状受到夹层或硬层影响而呈非圆弧形状。此时圆弧滑动面法分析就不再适用，为了解决这一问题，简布（N. Janbu，1954 年，1972 年）提出了非圆弧普遍条分法，简称简布法。

1) 基本假设

如图 7.14(a)所示土坡，假定：①滑动面上的切向力 T_i 等于滑动面上土所发挥的抗剪强度 τ_{fi}，即 $T_i = \tau_{fi} l_i = (N_i \tan\varphi_i + c_i l_i)/K$；②土条两侧法向力 E 的作用点位置为已知，这样可以减少 $(n-1)$ 个未知量，而且每个条块都满足全部静力平衡条件和极限平衡条件，滑动土体也满足整体力矩平衡条件。这种方法适用于任何形状的滑动面，而不仅仅限于滑动面是一个圆弧面，所以又称为普遍条分法。分析表明，条间力作用点的位置对土坡稳定安全系数的大小影响不大，一般可假定其作用于土条底面以上 1/3 高度处，这些作用点的连线称为推力线。

2) 计算公式

取任意一土条如图 7.14(b)所示，h_{ti} 为条间力作用点的位置，α_{ti} 为推力线与水平线的夹角。需求的未知量有：土条底部法向反力 N_i（n 个）；法向条间力之差 ΔE_i（$n-1$）个；切向条间力 X_i（$n-1$）个及安全系数 K。可通过对每一土条力和力矩平衡建立 $3n$ 个方程求解。

对每一土条取竖向力的平衡，有

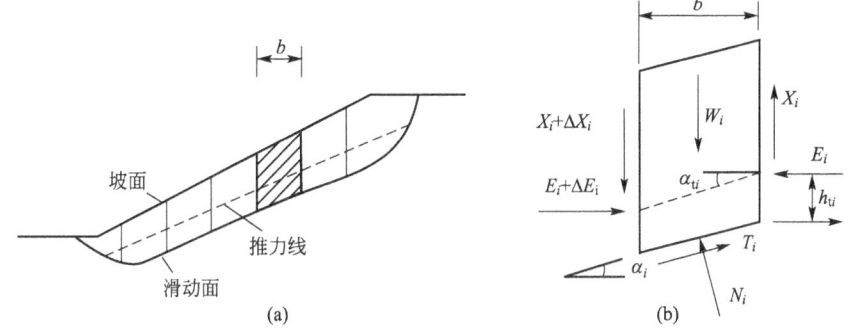

图 7.14 简布的普遍条分法

$$N_i \cos\alpha_i = W_i + \Delta X_i - T_i \sin\alpha_i$$

或

$$N_i = (W_i + \Delta X_i)\sec\alpha_i - T_i \tan\alpha_i \tag{7-19}$$

根据水平向力的平衡，有

$$\begin{aligned}\Delta E_i &= N_i \sin\alpha_i - T_i \cos\alpha_i \\ &= (W_i + \Delta X_i)\tan\alpha_i - T_i \sec\alpha_i\end{aligned} \tag{7-20}$$

对土条中点取力矩平衡，并略去高阶微量，则

$$X_i b_i = -E_i b_i \tan\alpha_{ti} + h_{ti}\Delta E_i$$

或

$$X_i = -E_i \tan\alpha_{ti} + h_{ti}\Delta E_i / b_i \tag{7-21}$$

由整个土坡 $\sum \Delta E_i = 0$ 可得

$$\sum (W_i + \Delta X_i)\tan\alpha_i - \sum T_i \sec\alpha_i = 0 \tag{7-22}$$

根据安全系数的定义和莫尔-库仑破坏准则

$$T_i = \frac{\tau_{fi} l_i}{K} = \frac{c_i b_i \sec\alpha_i + N_i \tan\varphi_i}{K} \tag{7-23}$$

联合求解式(7-19)及式(7-23)，得

$$T_i = \frac{1}{K}[c_i b_i + (W_i + \Delta X_i)\tan\varphi_i] \frac{1}{m_{a_i}} \tag{7-24}$$

式中：$m_{a_i} = \cos\alpha_i \left(1 + \dfrac{\tan\varphi_i \tan\alpha_i}{K}\right)$。

将式(7-24)代入式(7-22)，得

$$K = \frac{\sum \dfrac{1}{m_{ai}} \dfrac{1}{\cos\alpha_i}[c_i b_i + (W_i + \Delta X_i)\tan\varphi_i]}{\sum (W_i + \Delta X_i)\tan\alpha_i} \tag{7-25}$$

上述公式的求解仍需采用迭代法求解。

比较式(7-25)和式(7-17a)知，二者很相似，但有差别。在简布公式中含有 ΔX_i 项次，并且 ΔX_i 是待定的未知量。但简布利用了条块的力矩平衡条件求出 ΔX_i，因而整个滑动土体的整体力矩平衡也自然得到满足。

3) 用简布法计算安全系数的迭代步骤

在用简布法计算过程中，如果要同时计算出安全系数、侧向土条间力 X_i 和 E_i，需要用迭代法，其步骤如下。

(1) 确定安全系数 K 的迭代精度要求，即首先确定 $\Delta K_{\min}$。

(2) 假设 $\Delta X_i = 0$，相当于简化的毕肖普方法，并假设 $K = 1.0$，算出 m_{a_i}，再用式(7-25)计算安全系数 K' 与假定的 K 值进行比较。如果二者相差较大，则用 K' 值重新计算 m_{a_i} 和新的安全系数，反复逼近至满足精度要求，求出 K 的第一次近似值。

(3) 根据上述相应公式分别计算每一土条的 T_i、ΔE_i、E_i、X_i，并计算出 ΔX_i。

(4) 将新求出的 ΔX_i 代入式(7-25)，计算的 K 第二次安全系数的近似值，并依次重复上述的(2)～(3)，直到前后两次计算的 K 值达到精度为止。需要注意的是，对边坡的真正安全系数还需要通过计算很多滑动面，进行分析比较，找出最危险的滑动面，此时对应的安全系数才是真正的安全系数。由于计算工作量大，一般需要编程序通过计算机来完成。

7.3.3 最危险滑动面的确定方法

以上几种方法求出的 K 是任意假定的某个滑动面的抗滑安全系数，而土坡稳定分析要求的是与最危险滑动面相对应的最小安全系数。为此，通常需要假定一系列滑动面进行多次试算，才能找到所需要的最危险滑动面对应的安全系数，计算工作量是很大的。费伦纽斯通过大量计算，曾提出确定最危险滑动面圆心的经验方法，对于较快地确定最危险滑动面很有帮助，迄今仍被使用。该方法主要内容如下。

对于均质黏性土坡，当土的内摩擦角 $\varphi = 0$ 时，其最危险滑动面常通过坡脚。其圆心位置可由图 7.15(a)中 BO 与 CO 两线的交点确定，图中 β_1 及 β_2 的值可根据坡角由表 7-2 查出。当 $\varphi > 0$ 时，最危险滑动面的圆心位置可能在图 7.15(b)中 EO 的延长线上。自 O 点向外取圆心 O_1，O_2，…，分别作滑弧，并求出相应的抗滑安全系数 K_1，K_2，…，然后用适当的比例尺标在相应圆心上，并连成安全系数随圆心位置的变化曲线。曲线的最低点即为圆心在 EO 线上时安全系数的最小值。但是真正的最危险滑弧圆心并不一定在 EO 线上。通过这个最低点，引 EO 的垂直线，并在这个垂直线上再定几个圆心，用类似步骤确定圆心在这个垂直线上时的最小安全系数的圆心，这个圆心被认为是通过坡角滑出时的最危险滑弧的中心，所对应的安全系数即为土坡的稳定安全系数 $K_{\min}$。

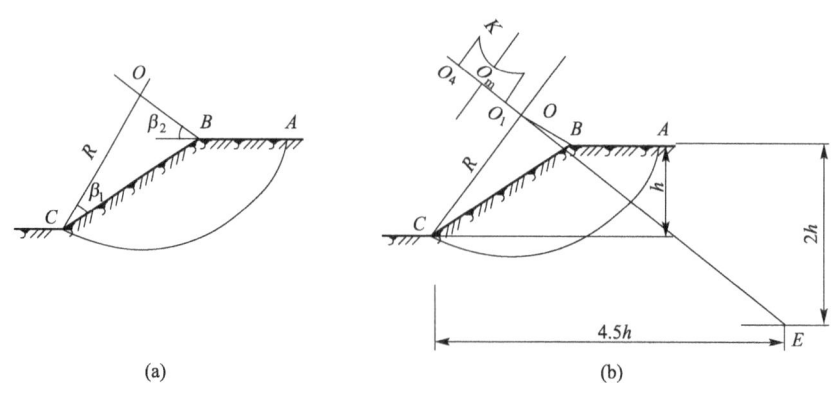

图 7.15 确定最危险滑动面圆心位置示意图

表 7-2 不同边坡的 β_1、β_2 数据表

坡比	坡角	β_1	β_2	坡比	坡角	β_1	β_2
1:0.58	60°	29°	40°	1:3	18.43°	25°	35°
1:1	45°	28°	37°	1:4	14.04°	25°	37°
1:1.5	33.79°	26°	35°	1:5	11.32°	25°	37°
1:2	26.57°	25°	35°				

须提及的是,当土坡外形和土层分布都比较复杂时,最危险滑动面并不一定通过坡脚,此时费伦纽斯法不一定可靠。实际上,对于非均质的、边坡条件较为复杂的土坡,用上述方法寻找最危险滑动面的位置将是十分困难的。随着计算机技术的发展和普及,目前可以采用最优化方法,通过随机搜索,寻找最危险的滑动面的位置。国内已有这方面的程序可供使用。

【例 7.6】 某均质黏性土坡,高 10m,坡比 1:1,填土黏聚力 $c=15$kPa,内摩擦角 $\varphi=20°$,重度 $\gamma=18$kN/m³,坡内无地下水影响,试用毕肖普条分法(总应力法)计算土坡的稳定安全系数。

【解】 (1) 选择滑弧圆心,作出相应的滑动圆弧。按一定比例画出土坡剖面,如图 7.16 所示。由于是均质土坡,可按表 7-2 查得 $\beta_1=28°$,$\beta_2=37°$,作 BO 线及 CO 线得交点 O。再如图 7.16 所示求得 E 点,作 EO 的延长线,在 EO 延长线上取一点 O_1 作为第一次试算的滑弧圆心,过坡脚作相应的滑动圆弧,可量得半径 $R=16.56$m。

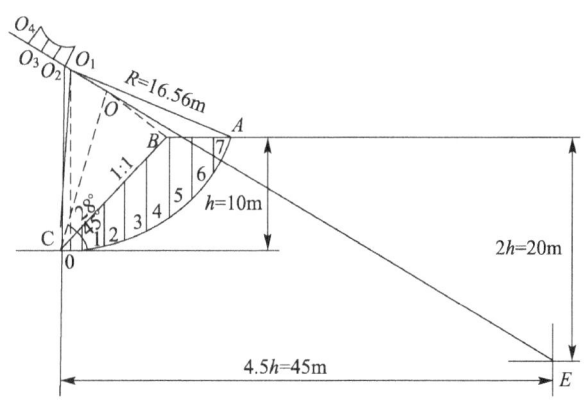

图 7.16 例 7.6 图

(2) 将滑动土体分成若干土条,并对土编号。取土条编号从滑弧圆心的垂线开始作为 O,逆滑动方向的土条依次编号为 1,2,3,…,7。

(3) 量出各土条中心高度 h_i,并列表计算 $\sin\alpha_i$,$\cos\alpha_i$,W_i,$W_i\sin\alpha_i$,$W_i\tan\varphi_i$ 以及 $c_i b_i$。

(4) 稳定安全系数计算公式为:$K=\dfrac{\sum \dfrac{1}{m_{\alpha_i}}[c_i b_i+W_i\tan\varphi_i]}{\sum W_i\sin\alpha_i}$

(5) 计算结果见表 7-3。

表 7-3 例 7.6 计算表

土条编号	No.	0	1	2	3	4	5	6	7	$\sum$
h_i/m	1	0.970	2.786	4.351	5.640	6.612	6.188	4.202	1.520	
b_i/m	2	2.0	2.0	2.0	2.0	2.0	2.0	2.0	1.709	
$W_i = \gamma h_i b_i$	3	34.92	100.30	156.64	203.04	238.03	222.77	151.27	46.76	
$\sin\alpha_i$	4	0.030	0.151	0.272	0.393	0.514	0.636	0.758	0.950	
$\cos\alpha_i$	5	1.000	0.988	0.962	0.919	0.857	0.772	0.652	0.313	
$W_i \sin\alpha_i$	6	1.05	15.15	42.61	79.79	122.35	141.68	114.66	44.42	561.71
$W_i \tan\varphi_i$	7	12.71	36.51	57.01	73.90	86.64	91.08	55.06	17.02	
$c_i b_i$	8	30.0	30.0	30.0	30.0	30.0	30.0	30.0	25.64	
$m_{\alpha_i}(K=1)$	9	1.011	1.043	1.061	1.062	1.044	1.003	0.928	0.659	
[(7)+(8)]/(9)	10	42.25	63.77	82.01	97.83	111.72	110.75	91.66	64.73	664.72
$m_{\alpha_i}(K=1.1834)$	11	1.009	1.034	1.046	1.040	1.015	0.968	0.885	0.605	
[(7)+(8)]/(11)	12	42.33	64.32	83.18	99.90	114.92	114.75	96.11	70.51	686.02
$m_{\alpha_i}(K=1.2213)$	13	1.009	1.033	1.043	1.036	1.010	0.962	0.878	0.596	
[(7)+(8)]/(13)	14	42.33	64.39	83.42	100.29	115.49	115.47	96.88	71.58	689.85
$m_{\alpha_i}(K=1.2281)$	15	1.009	1.033	1.043	1.035	1.009	0.961	0.877	0.595	
[(7)+(8)]/(15)	16	42.33	64.39	83.42	100.39	115.60	115.59	96.99	71.70	690.41

第一次试算时,假定 $K=1$,求得

$$K = \frac{664.72}{561.71} = 1.1834$$

第二次试算时,假定 $K=1.1834$,求得

$$K = \frac{686.02}{561.71} = 1.2213$$

第三次试算时,假定 $K=1.2213$,求得

$$K = \frac{689.85}{561.71} = 1.2281$$

第四次试算时,假定 $K=1.2281$,求得

$$K = \frac{690.41}{561.71} = 1.2291$$

满足精度要求,故取 $K=1.23$。应当注意:这仅是一个滑弧的计算结果,为了求出最小的 K 值,需要假定若干个滑动面,按前法进行试算。

7.4 土坡稳定分析的若干问题

7.4.1 坡顶开裂时的土坡稳定性

如图 7.17 所示,由于土的收缩及张力作用,在黏性土坡的坡顶附近可能出现裂缝,雨水或相应的地表水渗入裂缝后,将产生一静水压力,其值为

$$P_\mathrm{w}=\frac{\gamma_\mathrm{w} h_0^2}{2} \tag{7-26}$$

式中:h_0 为坡顶裂缝开展深度,可近似地按挡土墙后为黏性填土时,墙顶产生的拉裂深度 $h_0=2c/(\gamma\sqrt{K_\mathrm{a}})$,其中 K_a 为朗肯主动土压力系数。

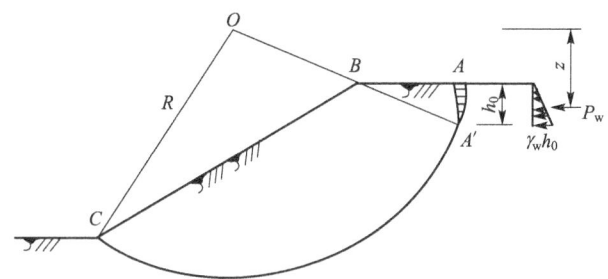

图 7.17 坡顶开裂时稳定计算

裂缝中的静水压力将促使土坡滑动,其对最危险滑动面圆心 O 的力臂为 z,因此,在按前述各种方法进行土坡稳定分析时,滑动力矩中尚应计入 P_w 的影响,同时土坡滑动的弧长也将相应地减短为图 7.17 中的 $A'C$,即抗滑力矩有所减少。

所以,在实际工程的施工过程中,如发现坡顶出现裂缝,应及时用黏土填塞,并严格控制施工用水,避免地面水的渗入。

7.4.2 边坡稳定分析的总应力法和有效应力法

无论是天然土坡还是人工土坡,在许多情况下土体内存在着孔隙水压力,例如渗流所引起的渗透压力或者填土所引起的超孔隙水压力,孔隙水压力的大小有些情况下容易确定,有些情况下则较难确定或确定不了。例如稳定渗流引起的渗透压力一般可以根据流网比较准确地确定,而在施工期、水位骤降期以及地震时产生的孔隙水压力就较难确定;而土坡在滑动过程中的孔隙水压力变化目前几乎没有办法确定。显然,在前面所讨论的边坡稳定计算方法中,作用于滑动土体上的力是用总应力表示还是用有效应力表示是一个十分重要的问题。

图 7.18 表示土坡中因某种原因存在着孔隙水压力。作用在滑动弧面 L_{AC} 上的孔隙水压力也和一般的水压力一样垂直于作用面,也就是说,作用方向垂直于滑动弧

面，指向圆心。取土条 i 进行力的分析。将土条重力 W_i 分解成法向力 N_i 和切向力 T_i。T_i 是滑动力，对圆心产生滑动力矩 M。N_i 是法向力，如果将其扣去孔隙水压力 $u_i l_i$，剩余部分 $(N_i - u_i l_i)$ 在滑动面上产生摩擦阻力 $T_{fi} = [(N_i - u l_i)\tan\varphi'_i + c'_i l_i]/K$，摩擦阻力对于圆心产生抗滑力矩 M_f。这样的分析方法就称为有效应力法。因为这时孔隙水压力已被扣除，摩阻力完全由有效应力计算。当然抗剪强度指标应当用有效应力强度指标。

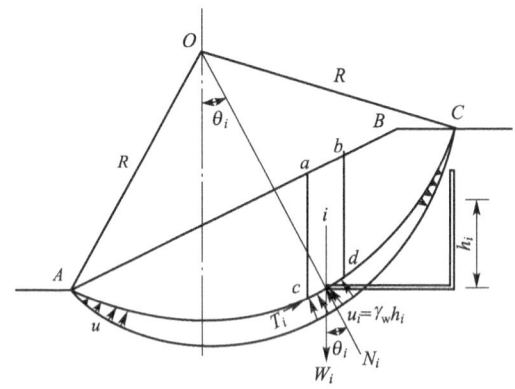

图 7.18　滑动面上孔隙水压力的作用

另一种分析方法是计算摩阻力时不扣除孔隙水压力。摩擦阻力直接用式 $T_{fi} = (N_i \tan\varphi_i + c_i l_i)/K$ 计算。这就是总应力法。

同一种情况用两种计算方法得到的摩擦阻力应该是一样的。为了得出这一结果必须是 $\varphi_i < \varphi'_i$。φ_i 就是总应力强度指标。正确的 φ_i 值必须能恰当地反映 u_i 所起的作用，使两种方法算得的摩擦阻力一样大。这种依靠不同的试验方法得出适当的恰当指标 c、φ 值以代替该具体情况下土体中孔隙水压力对强度的影响，就是总应力法的实质。

显然，如果孔隙水压力 u 能够比较容易地计算出来，应该用有效应力法，这样概念清晰，结果可靠。但在许多情况下，孔隙水压力难以准确计算，就只能采用总应力法。目前在工程中这两种方法均有应用。但在强度指标的配合选用上，常常存在模糊不清的概念而引起差错。因此，正确使用总应力法或有效应力法以及选择相应的合适的抗剪强度指标，是土坡稳定分析中的关键问题。

如前所述，总应力法是通过控制试验方法，得到合适的强度指标，间接反映孔隙水压力的影响。例如，对于边坡土体已经完全固结了的情况，土体内没有超静孔隙水压力，总应力与有效应力相同，试验方法就应该用直剪试验的慢剪或三轴试验的排水剪，得出的指标与有效应力指标相同，这时总应力法与有效应力法没有什么差别。又如，饱和黏性土施工期的稳定分析，情况就不一样。这时土体内可能产生较大的超孔隙水压力且来不及消散，用总应力法时，抗剪强度试验就应该在不固结不排水条件下进行，即采用直剪试验的快剪指标或三轴试验的不排水指标。但是，实验室控制的试验条件是很有限的。常规的做法只有三种，即慢剪（排水剪）、固结快剪（固结不排水）和快剪（不固结不排水）。用有限的几种试验条件去模拟千变万化的孔隙水压力状态，显然是很粗糙的，有时还可能会有较大的误差。这就是总应力法的缺点。

有效应力法物理概念明确，困难在于孔隙水压力的计算上。采用此法时，在取滑动土体进行力的平衡分析上又有两种方法。第一种方法是把土体（包括土骨架和孔隙中的流体——即水和气）作为整体取隔离体，滑动面是隔离体的边界面。边界面上受水压力的作用，水压力的大小就是边界面上各点的孔隙水压力值，方向垂直于滑动面。图 7.18 所示的就是这种方法，在工程上应用较多。另一种方法则是把滑动土体中的土骨架作为研究的对象，孔隙中的流体作为存在于土骨架中的连续介质。分析滑动土体中土骨架的力的平衡时要考虑流体于土骨架间的相互作用力，即浮力和渗透力。这种方法，在工程中采用较少，只用于已绘制出渗透流网的情况。

7.4.3 土中水渗流时的土坡稳定性

当土坡部分浸水时，水下土条的重力都应按饱和重度计算，同时还需要考虑滑动面上的静孔隙水压力和作用在土坡坡面上的水压力。如图 7.19(a)所示，ef 线以下作用有滑动面上的静孔隙水压力合力 P_1、坡面上水压力合力 P_2，以及孔隙水的重力和土粒浮力的反作用力的合力 G_w。在静水状态三力维持平衡，且由于 P_1 的作用线通过圆心，根据力矩平衡条件，P_2 对圆心的矩也恰好与 G_w 对圆心的矩相互抵消。因此，在静水条件下水压力对滑动土体的影响可用静水面以下滑动土体所受的浮力来代替，即相当于水下土条重量取浮重度计算。故稳定安全系数的计算公式与前述完全相同，只是将坡体水位以下土的重度用浮重度 γ' 计算即可。

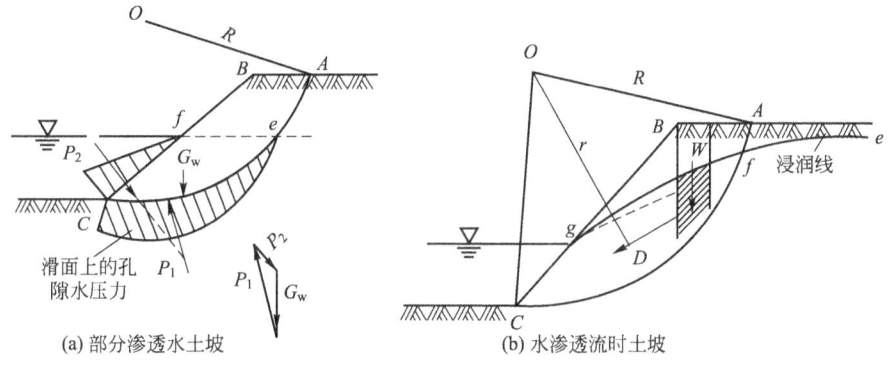

(a) 部分渗透水土坡   (b) 水渗透流时土坡

图 7.19 水渗流时的土坡稳定计算

当土坡两侧水位不同形成渗流时，土坡稳定分析需考虑渗透力的作用。图 7.19(b)为形成方向指向坡面渗透力的情况，若已知浸润线（渗流水位线）为 efg，滑动土体在浸润线以下部分(fgC)的面积为 A_w，则作用在该部分土体上每延米的渗透力合力 D 为

$$D = jA_w = \gamma_w i A_w \tag{7-27}$$

式中：j 为作用在单位体积土体上的渗透力(kN/m^3)；i 为浸润线以下部分面积 A_w 范围内水头梯度平均值，可近似地假定 i 等于浸润线两端 fg 连线的坡度。

渗透力合力 D 的作用点在面积 fgC 的形心，其作用方向假定与 fg 平行，D 滑动面圆心 O 的力臂为 r，由此可得考虑渗透力后，毕肖普条分法分析土坡稳定安全系数的有效应力计算公式为

$$K = \frac{\sum \frac{1}{m_{\alpha_i}}[c'_i b_i + (W_i - u_i b_i)\tan\varphi'_i]}{\frac{r}{R}D + \sum W_i \sin\alpha_i} \quad (7-28)$$

7.4.4 土的抗剪强度指标及安全系数的选用

1. 土的抗剪强度指标的选用

在实际工程中,影响土坡稳定性的因素较多,特别是土体抗剪强度指标对稳定性分析结果有着重要影响。因此,对于给定的土坡而言,其稳定分析成果的可靠性很大程度上取决于对土的抗剪强度的正确确定。在进行土坡的稳定性分析时,不仅要求分析的方法合理,更重要的是选取恰当的土的抗剪强度指标及土坡稳定安全系数值。

由于采用不同的试验方法可以得到不同的抗剪强度指标,因此,在实际工程中应结合土坡的实际情况,选用合适的抗剪强度指标,如表 7-4 所示。

表 7-4 稳定性计算时抗剪强度指标的选用

土坡状况	分析方法	土 类		仪器	试验方法	采用的强度指标	试样初始状态
正常施工	有效应力法	无黏性土		直剪	慢剪	c', φ'	填土:用填筑含水量和填筑密度的土 地基土:用原状土
				三轴	排水剪		
		粉土黏性土	饱和度≤80%	直剪	慢剪	c', φ'	
				三轴	不排水剪测孔压		
			饱和度>80%	直剪	慢剪	c_{cu}, φ_{cu}	
				三轴	固结不排水剪,测孔隙水压力		
快速施工	总应力法	粉土黏性土	渗透系数<10^{-7}cm/s	直剪	快剪	c_u, φ_u	
			任何渗透系数	三轴	不排水剪		
长期稳定,有渗流	有效应力法	无黏性土		直剪	慢剪	c', φ'	同上,但要预先饱和
				三轴	排水剪		
		粉土、黏性土		直剪	慢剪	c_{cu}, φ_{cu}	
				三轴	固结不排水剪,测孔隙水压力		

在实践中，应该结合土坡的实际加载情况、填土性质和排水条件等，选用合适的抗剪强度指标。如验算土坡施工结束时的稳定情况，若土坡施工速度较快，填土的渗透性较差，则土中孔隙水压力不易消散，这时宜采用快剪或三轴不排水剪试验指标，用总应力法分析。如验算土坡长期稳定性时，应采用排水剪试验或固结不排水剪试验确定指标，用有效应力法分析。

实际上抗剪强度指标选用是个很复杂的问题，既与理论上的合理性有关，又与使用习惯有关，还牵涉试验技术条件与使用者的技术水平。

抗剪强度指标的选用基本原则是，若能准确地知道土中孔隙水压力的分布，则采用有效应力强度指标比较合理。重要工程应采用有效应力强度指标进行核算。

对总应力强度指标的选用，原则上讲，验算正常使用情况宜采用固结不排水剪或固结快剪强度指标；验算施工期土坡稳定，宜采用不排水剪或快剪强度指标。但又与土坡的加荷情况和土层的渗透性、土层厚度及施工速度有关。如对于填方土坡，当其渗透系数小、土层厚、施工速度快时，多倾向用不排水剪或快剪强度指标，反之则多倾向用固结不排水剪或固结快剪强度指标。

对于挖方坡，因挖方的卸荷作用，坡内土体会逐渐膨胀，强度随之降低，这种情况恰与填方土坡相反，选用指标和稳定计算时应注意这点。

2. 土的安全系数的选用

对于土坡，从理论上讲，当处于极限平衡状态时，其安全系数 $K=1$，也就是说，土坡设计时，只要满足安全系数 $K>1$，就可以保证土坡的安全性。但实际工程中，有些土坡安全系数虽大于 1，却还是发生了滑动；而有些土坡安全系数小于 1，却是稳定的。这是因为影响安全系数的因素很多且无法准确确定，如抗剪强度指标的选用、计算方法的选择、计算条件的选择等。所以，如果计算得到的土坡稳定安全系数等于 1 或者稍大于 1，并不表示土坡稳定性能得到可靠的保证。

安全系数必须满足一个最起码要求，这个最起码要求称为允许安全系数。允许安全系数值是以过去的工程经验为依据并以各种规范的形式确定的，因此采用不同的抗剪强度试验方法和不同的稳定分析方法所得到的安全系数差别甚大，所以在应用规范所给定的土坡允许安全系数时，一定要注意它所规定的试验方法和计算方法。

关于土坡的稳定安全系数的确定，国内现行的国家、行业及地方的标准还不完全一致。在工程中应根据计算方法、强度指标的测定方法综合选取，并应结合当地已有实践经验加以确定。我国《水运工程质量检验标准》（JTS 257—2008）中给出了抗滑稳定安全系数和土的强度指标配合应用的规定，如表 7-5 所示。《建筑边坡工程技术规范》（GB 50330—2013）给出了不同边坡类型在不同边坡工程安全等级下的稳定安全系数，如表 7-6 所示。表 7-7 为《公路软土地基路堤设计与施工技术规范》（JTG/T D31—02—2013）中给出的稳定安全系数容许值和不同稳定分析方法及强度指标配合应用的规定。《岩土工程勘察规范》（GB 50021—2001）（2009 版）中，则对工程安全等级划分和边坡稳定安全系数作出了规定，如表 7-8 所示。这些都是从实践中总结出来的经验，在边坡稳定安全系数的选用时，可根据具体工程的特点，按照国家规范和行业标准中的有关规定综合确定。

表7-5 抗滑稳定安全系数及相应的强度指标

抗剪强度指标	允许安全系数	说明
固结快剪	1.10～1.30	土坡上超载q引起的抗滑力矩可全部采用或部分采用,视土体在q作用下固结程度而定;q引起的滑动力矩应全部计入
有效强度指标	1.30～1.50	孔隙水压力采用与计算情况相应的数值
十字板剪	1.10～1.30	需考虑因土体固结而引起的强度增长
快剪	1.00～1.20	需考虑因土体固结而引起的强度增长;考虑土体的固结作用,可将计算得到的安全系数提高10%

表7-6 边坡稳定安全系数(GB 50330—2013)

边坡类型		稳定安全系数		
		边坡工程安全等级一级	边坡工程安全等级二级	边坡工程安全等级三级
永久边坡	一般工况	1.35	1.30	1.25
	地震工况	1.15	1.10	1.05
临时边坡		1.25	1.20	1.15

注:1. 地震工况时,安全系数仅适用于塌滑区无重要建(构)筑物的边坡。
2. 对地质条件很复杂或破坏后果极严重的边坡工程,其稳定安全系数应适当提高。

表7-7 公路土体边坡稳定安全系数容许值(JTG/T D31—02—2013)

指标	有效固结应力法		改进总强度法		简化毕肖普法、简布普遍条分法
	不考虑固结	考虑固结	不考虑固结	考虑固结	
直剪快剪	1.1	1.2	—	—	
静力触探、十字板剪切	—	—	1.2	1.3	
三轴有效剪切指标	—	—	—	—	1.4

注:表对稳定安全系数来考虑地震影响。当需要考虑地震力,表列稳定安全系数减小0.1。

表7-8 边坡稳定安全系数(GB 50021—2001)

新设计边坡、重要工程	一般工程	次要工程	验算已有边坡
1.30～1.50	1.15～1.30	1.05～1.15	1.10～1.25

7.4.5 挖方、填方边坡的特点

从边坡的有效应力分析法的公式(7-17a)中可以看出,孔隙水压力是影响滑动面上土的抗剪强度的重要因素。在总应力保持不变的情况下,孔隙水压力增大,土的抗剪强度就会减小,边坡的稳定安全系数相应地就会下降;反之,孔隙水压力变小,边坡的稳定安全系数相应地会增大。

在饱和黏性土地基上修筑路堤或堆载形成的边坡,超孔隙水压力随着填土荷载的增大而加大。竣工后,土中的总应力保持不变,而超孔隙水压力则由于黏性土的固结而逐渐消散。因此,当填土结束时边坡的稳定性应用总应力法和不排水强度指标来分析,而长期稳定性则应用有效应力法和有效应力参数来分析。边坡的安全系数在施工结束时最小,并随着时间的增长而增大。

如图 7.20 所示为在饱和软黏土地基上修建的一个填方工程。土中 a 点的应力状态在图 7.20(a)和(b)中进行了描述。a 点剪应力随着填方土荷载增加而增加,并在竣工时达到最大值,初始孔隙水压力等于静水压力 $\gamma_w h_0$,由于软黏土的渗透性很低,假定在施工过程中不排水,超孔隙水压力不消散。也就是说,软土是在不排水条件下受荷。孔隙水压力随着填土高度而增大,如图 7.20(b)所示。图中孔隙水压力系数 A 是任意假定值。除非 A 具有较大的负值,否则孔隙水压力总是正值。填方竣工时,土的抗剪强度仍保持与施工开始时的不排水抗剪强度一样,如图 7.20(c)所示。

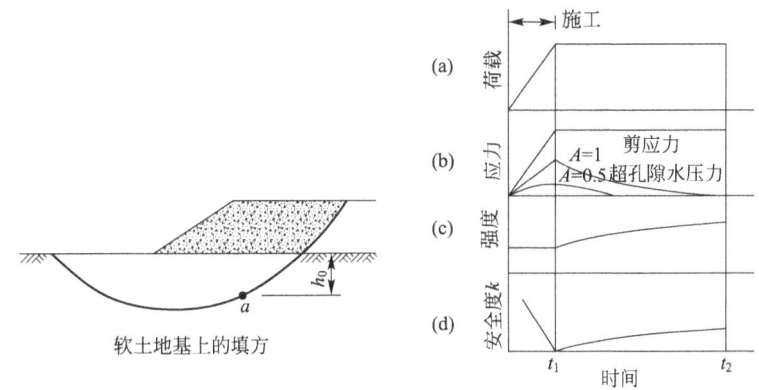

图 7.20 填土地基稳定性变化

竣工以后,即在时间 t_1,总应力保持常数,而超孔隙水压力则由于固结而消散,并在完全固结时(t_2)为零。固结使孔隙水压力下降、孔隙比减少、有效应力与抗剪强度增加。只要孔隙水压力已知,任何时间土的抗剪强度就可根据有效应力指标 c'、φ' 估算而得。

因此,竣工时的稳定性,应该应用总应力法和不排水强度来分析,而长期稳定性应该用有效应力法和有效应力参数来分析。从图 7.20(b)可以看出,施工结束时,地基处于最危险状态,若度过了这一阶段,地基的安全系数随时间而增加。

黏性土中挖方形成的边坡,在开挖时,随着总应力的减小,孔隙水压力也不断地下降,直至出现负值。竣工以后,负超孔隙水压力随着时间逐渐消散,伴随而来的是黏性土的膨胀和抗剪强度的下降。因此,竣工时的稳定性分析和长期稳定性分析应分别采用卸载条件下的不排水和排水强度来表示。但与填方边坡不同,挖方边坡的最不利条件是其长期稳定性。

图 7.21 表示饱和软土挖方的情况。挖土使 a 点的平均上覆压力减少,并引起孔隙水压力下降,出现负的超孔隙水压力。若孔隙水压力系数 $B=1$,则孔隙水压力的变化为

$$\Delta u = \Delta \sigma_3 + A(\Delta \sigma_1 - \Delta \sigma_3)$$

在挖方土坡中,小主应力 σ_3 要比大主应力 σ_1 下降得多。于是 $\Delta \sigma_3$ 为负值,在大多数情

况下 Δu 为负值。

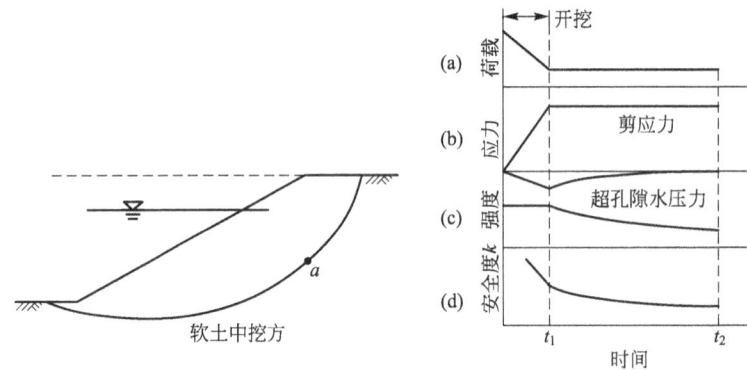

图 7.21 开挖土坡稳定性变化

施工结束时，坡中 a 点剪应力达到最大值，由于有负超孔隙水压力，a 点的抗剪强度仍等于施工前的抗剪强度。随后伴着软黏土的膨胀，负的超孔隙水压力逐渐消散，土的抗剪强度随之下降。在开挖后较长以段时间里，负的超孔隙水压力消散至零，土的抗剪强度降至最低值。与填土情况相反，基坑竣工时的稳定性大于长期稳定性，稳定安全系数随着时间而降低。

图 7.22 表示坡顶超载对基坑稳定性的影响。在坡顶附近大面积堆载、建造重型建筑物或打桩等工程活动时引起的超孔隙水压力，将沿着辐射向排水而消散。水从 b 到 a 流动，使 a 点的孔隙水压力慢慢增高，使 a 点抗剪强度和安全系数下降。可以看出，在某一时间段 (t_2) 安全系数达到最小值，这时，土坡就潜伏着很大的危险性。

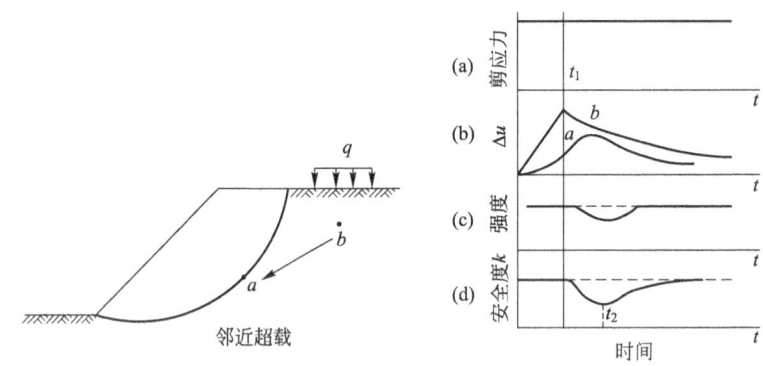

图 7.22 土坡在超载作用下的稳定性

7.4.6 影响土坡稳定的因素

虽然影响边坡稳定的因素较多，但导致边坡失稳的原因不外乎以下两类。

（1）外界力的作用破坏了土体内原来的应力平衡状态。如路堑或基坑的开挖，路堤的填筑或土坡顶面上作用外荷载，以及土体内水的渗透力、地震力的作用时，也都会改变土体内原有的应力平衡状态，促使土坡坍塌。

(2) 土的抗剪强度由于受到外界各种因素的影响而降低，促使土坡失稳破坏。如由于外界气候等自然条件的变化，使土时干时湿、收缩膨胀、冻结、融化等，从而使土变松，强度降低；土坡内因雨水的浸入使土湿化，强度降低；土坡附近因施工引起的振动，如打桩、爆破等，以及地震力的作用，引起土的液化或触变，使土的强度降低。

7.4.7 条分法的基本讨论

基于极限平衡理论基础上的条分法计算黏性土坡的安全系数的方法，从建立简单的计算公式到普遍的条分法公式，经历了80年的历史，经众多学者的努力，公式的形式已比较完善。从简化的手工计算形式发展到计算程序设计应用，在工程的应用方面应该说作出了很大的贡献。然而，就一具体工程土坡来说，一方面，不同的方法与公式却得到不同的计算安全系数，有时还有较大的差别；另一方面，即使得到的安全系数大于1或更大，这在理论上坡体是处于稳定状态，而工程实际中有时仍出现滑坡。这里主要的原因有：假定土体是处于理想塑性材料，土条是理想的刚体，各种方法最大的差别是对条间力不同的假设形式，以满足极限平衡的静力方程，使问题得到解决；再者，抗剪强度参数采用的是特定条件下的静态数值，既未考虑动态影响，也未考虑强度非线性，这与工程实际的环境状态有一定的差别。虽然人们付出了很大的努力，但在坡体的安全性准确判断方面还是与实际有一定的差距。

影响黏性土土坡的稳定分析除了在分析方法上存在差别和土的抗剪强度指标的变异及测试条件之外，坡体的应力历时和强度的变化、自然环境、工程环境和水环境的影响也是特别重要的方面，因而土坡的安全性是动态变化的过程。滑坡的形成总是从稳定状态、小变形的渐变进程而逐渐发展到大变形。从工程应用出发，除了加强稳定分析方法的研究，更为重要的是应加强稳定状态的保护和滑坡治理技术的应用研究。

以上所有土坡稳定分析方法都是在二维情况下求解的，一般假定土坡属于平面应变问题。实际上，真正的土坡属空间三维的情况。从这个意义上看，上述的所谓严格方法也只是平面问题中的较为精确方法；从空间的角度来分析，上述的圆弧法、条分法及简布法也都是近似方法。现用三维理论进行土坡稳定分析已取得较为丰富的研究成果。

随着计算机技术的发展，近年来，应用有限元方法分析土坡有了很大的发展，另外，反分析法、模糊数学法、破坏概率和可靠度分析方法的运用，也愈来愈受到重视并得到了发展。相信随着理论和实践的发展，土坡稳定分析理论和计算方法会更趋于成熟，计算结果将更加符合实际。

7.5 滑坡的防治方法

滑坡的防治方法种类很多，就其所起的作用来看，原则上可分为两类：一类是当边坡整体稳定无滑动问题，仅对边坡表面或局部出现的变形破坏而采取的防护措施，其目的是为了防治边坡表面侵蚀、岩土流失、风化剥落以及防止局部崩落。这类方法是以边坡本身保持治理措施，故称之为边坡坡面的防护。另一类则是边坡本身不能保持稳定，有可能失稳滑动，为消除或减少各种不稳定因素，增强边坡稳定性的整治工程措施。常采用的治理方法可归纳为以下三大类。

（1）减小下滑力增大抗滑力的方法。

① 削坡减载法。对滑坡体上部削坡，从而减小接触面上的下滑力，增强边坡的稳定性。

② 减重压脚法。对滑坡体滑动部位削坡，并将削坡岩土堆积在滑坡体抗滑部位，从而增大抗滑力和减小下滑力。

（2）增大边坡土体强度的方法。

① 疏干平时法。将滑坡体内及附近的地下水疏干，以便降低水压，提高土体的内摩擦角和内聚力。

② 注浆法。用浆液注入边坡岩土体的裂隙或孔隙中，以提高岩土体的完整性并使地下水没有活动的通道，从而提高边坡的稳定性。

③ 焙烧法。对滑面附近的岩体进行焙烧，以提高岩体的强度。

④ 爆破破坏滑面法。以松动爆破法破坏滑动面，如加大滑面的粗糙度，增大滑动面的内摩擦角，增强滑动面上的抗滑阻力。

（3）人工加固法。

① 抗滑桩加固。以桩体与桩周围的岩土体的相互作用，将滑体的下滑力由桩体传递到滑面以下的稳定岩土体。

② 锚索（杆）加固法。对锚索（杆）施加预应力，增大滑面上的正压力，使滑动面附近的岩土体形成压密带，增大滑动面的抗剪强度。

③ 挡墙法。在滑体下部修筑挡墙，以增大滑体的抗滑力。

本 章 小 结

本章主要讲述了砂土边坡和黏土边坡的安全系数计算方法上的不同之处。对黏土边坡，重点讲解了瑞典条分法、毕肖普条分法和简布条分法的基本原理和计算方法，最小安全系数的寻找，阐述了坡顶开裂与土中水渗流时对土坡稳定性的量化影响，讨论了挖方、填方边坡的稳定安全系数随时间的变化趋势。

本章的重点是对砂土边坡和黏土边坡稳定安全系数计算方法的掌握。

习 题

一、选择题

1. 无黏性土坡的稳定性主要取决于（　　）。

A. 坡高　　　　　　　　　　　　B. 坡角

C. 坡高和坡角

2. 填方边坡的瞬时稳定性与长期稳定性安全度有何不同？（　　）

A. $K_{瞬} > K_{长}$　　　　　　　　　B. $K_{瞬} = K_{长}$

C. $K_{瞬} < K_{长}$

3. 大堤护岸边坡,当河水高水位骤降到低水位时,对边坡稳定性有何影响?(　　)
A. 边坡稳定性降低　　　　　　　　　B. 边坡稳定性无影响
C. 边坡稳定性有提高

二、填空题

1. 条分法可用于(　　)土坡的(　　)分析。
2. 引起土坡丧失稳定的内部因素之一,是土体内(　　)增加,土的(　　)降低。
3. 瑞典条分法在分析土条受力时假定(　　)。

三、简答题

1. 土坡失稳破坏的原因有哪些?
2. 土坡稳定分析方法可以解决什么工程实际问题?
3. 试述几种常用的土坡稳定分析方法的基本原理,并比较各自的特点和适用条件,以及对于实际工程而言,每种方法的精确程度如何?
4. 什么是无黏性土土坡的自然休止角?无黏性土土坡的稳定性与哪些因素有关?
5. 黏性土土坡稳定分析的条分法原理是什么?瑞典条分法和毕肖普条分法是如何在一般条分法的基础上进行简化的?这两种方法的主要区别是什么?对于同一工程问题,这两种方法计算的安全系数值哪个更小、更偏于安全?
6. 了解坡顶开裂及路堤内有水渗流时的土坡稳定分析方法。
7. 何谓瞬时稳定和长期稳定?分析计算时应该采用什么试验方法取得的抗剪强度指标?为什么?
8. 用总应力法及有效应力法分析土坡稳定时有何不同之处?各适用于何种情况?

四、计算题

1. 某边坡高 10m,边坡坡率 1∶1(图 7.23),路堤填料 $\gamma=20\text{kN/m}^3$,$c=10\text{kPa}$,$\varphi=25°$,试求直线滑动面的倾角 $\alpha=32°$ 时的稳定系数。

2. 用毕肖普条分法计算如图 7.24 所示土坡的稳定安全系数。已知土坡高度 $H=6\text{m}$,坡角 $\beta=55°$,土的重度 $\gamma=19\text{kN/m}^3$,$c=17\text{kPa}$,$\varphi=15°$。试算滑动面圆心位置(图 7.24)。

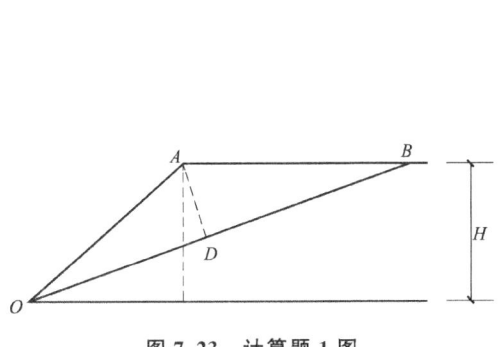

图 7.23　计算题 1 图

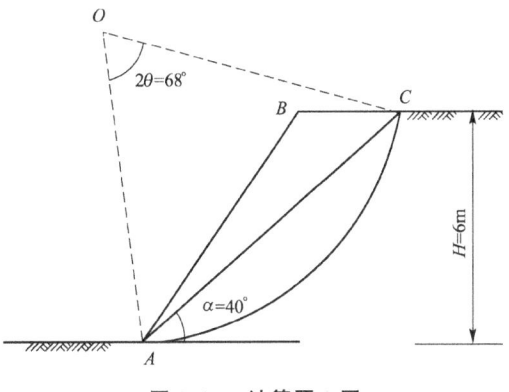

图 7.24　计算题 2 图

第8章
地基承载力

教学目标

本章主要讲述地基的变形及其破坏模式、地基的临塑荷载与界限荷载、地基的极限承载力、地基极限承载力与容许承载力的关系。通过本章的学习,达到以下目标。
(1) 掌握地基的变形及其破坏模式。
(2) 掌握地基的临塑荷载与界限荷载的确定方法。
(3) 掌握地基的极限承载力的计算方法。
(4) 掌握地基极限承载力与容许承载力之间的关系。

教学要求

知识要点	能力要求	相关知识
地基的变形及其破坏模式	(1) 地基的破坏模式; (2) 地基的变形过程; (3) 地基破坏模式的转化	(1) 整体剪切破坏、局部剪切破坏、刺入剪切破坏; (2) 地基的压密阶段、剪切阶段、破坏阶段; (3) 容许承载力、临塑荷载、界限荷载、极限承载力; (4) 整体剪切破坏、局部剪切破坏、刺入剪切破坏这三种破坏模式的转化条件
地基的临塑荷载与界限荷载	(1) 地基塑性区边界方程; (2) 地基的临塑荷载和界限荷载	(1) 地基塑性区边界方程及适用条件; (2) 地基的临塑荷载; (3) 地基的界限荷载
地基的极限承载力	(1) 弗尼格极限承载力; (2) 普朗德尔-赖斯纳极限承载力; (3) 泰勒对普朗德尔-赖斯纳极限承载力的修正; (4) 太沙基极限承载力; (5) 迈耶霍夫极限承载力; (6) 魏锡克和汉森极限承载力	(1) 按极限平衡理论求地基的极限承载力; (2) 假定滑动面求地基的极限承载力; (3) 地基的主动区、过渡区、被动区; (4) 弗尼格极限承载力; (5) 普朗德尔-赖斯纳极限承载力; (6) 泰勒对普朗德尔-赖斯纳极限承载力的修正; (7) 太沙基极限承载力; (8) 迈耶霍夫极限承载力; (9) 魏锡克和汉森极限承载力
地基承载力的讨论	(1) 影响地基承载力的因素; (2) 地基极限承载力之间的比较; (3) 地基极限承载力理论的缺点; (4) 地基极限承载力与容许承载力的关系	(1) 地基极限承载力之间的比较; (2) 地基极限承载力理论的缺点; (3) 地基极限承载力与容许承载力的关系

基本概念

整体剪切破坏、局部剪切破坏、刺入剪切破坏、地基的主动区、过渡区、被动区、容许承载力、临塑荷载、界限荷载、极限承载力

引例

由于地基承载力选取不当而引起建筑物倾覆和过大沉降的工程实例不胜枚举。土体的抗剪强度是影响地基承载力的主要因素，需结合建筑物的重要程度，借助理论、试验及邻近已建工程的经验等进行综合确定地基承载力的设计值，才能保证土木工程建筑物的安全。

8.1 概　　述

地基承受建筑物荷载的作用后，一方面附加应力引起地基内土体的变形，造成建筑物沉降，另一方面引起地基内土体剪应力的增加。当某一点的剪应力达到土的抗剪强度时，这一点的土就处于极限平衡状态。若土体中某一区域内各点都达到极限平衡状态，就形成极限平衡区，或称为塑性区。如荷载继续增大，地基内极限平衡区的发展范围就会不断增大，局部塑性区发展成为连续贯穿到地表的整体滑动面。这时基础下一部分土体将沿滑动面产生整体滑动，称为地基失去稳定，这将导致建筑物发生严重的塌陷、倾倒等灾害性的破坏。

地基承受荷载的能力称为地基的承载力，通常区分为两种：一种称为极限承载力，它是指地基即将丧失稳定性时的承载力；另一种称为容许承载力，它是指地基稳定有足够的安全度并且变形控制在建筑物容许范围内时所对应的承载力。影响地基极限承载力的因素很多，除地基土的性质外，还与基础的埋置深度、宽度、形状等有关。需要特别强调的是，地基容许承载力不是一个常量，它是和建筑物允许变形值密切相关，建筑物对变形要求高时，容许承载力就应该控制得小一些，反之，就可以大些。例如超静定的框架结构，对不均匀沉降比较敏感，地基的容许承载力就应小一些；而对排架、路堤和土坝等，对变形的要求较低，其地基的容许承载力就应该高一些。

8.2 地基破坏模式及其变形过程

8.2.1 地基的破坏模式

为了了解地基承载力的概念以及地基土受荷后剪切破坏的过程及性状，可以通过现场载荷试验或室内模型试验来研究。现场载荷试验是在要测定的地基上放置一块模拟基础的载荷板，如图 8.1 所示。荷载板的尺寸一般较实际基础为小，一般为 $0.25 \sim 1.0 \mathrm{m}^2$。然后在载荷板上逐级施加荷载，同时测定在各级荷载下载荷板的沉降量及周围土的位移情况，直到地基土破坏失稳为止。

通过试验获得载荷板下各级压力 p 与相应的稳定沉降 s 间的关系，绘制 $p-s$ 曲线如图 8.2 所示。对 $p-s$ 曲线的特性进行分析，可以了解地基破坏的机理。

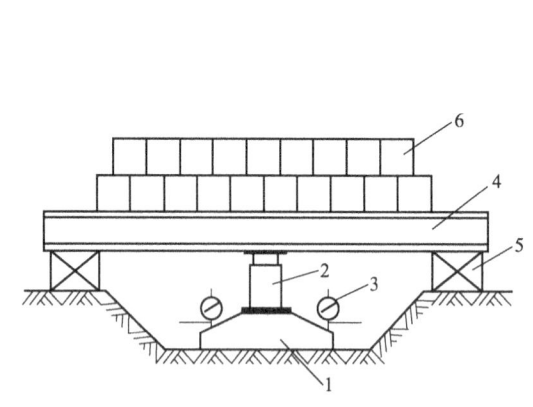

图 8.1 载荷板试验
1—载荷板；2—千斤顶；3—百分表；
4—反力梁；5—枕木垛；6—荷载

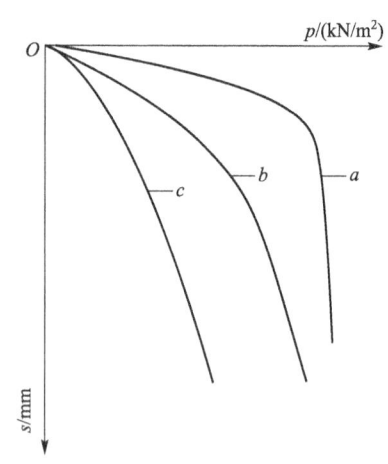

图 8.2 $p-s$ 曲线的大致类型
a—整体剪切破坏；b—局部剪切破坏；
c—刺入剪切破坏

太沙基 1943 年根据试验研究提出两种典型的地基破坏模式，即整体剪切破坏模式与局部剪切破坏模式。

整体剪切破坏的特征是，当基础上的荷载较小时，基础下形成一个三角形压密区Ⅰ，随同基础压入土中，这时 $p-s$ 曲线呈直线关系，如图 8.2 中的曲线 a。随着荷载增加，压密区Ⅰ向两侧挤压，土中产生塑性区，塑性区先在基础边缘产生，然后逐步扩大形成Ⅱ、Ⅲ塑性区，这时基础的沉降增长率较前一阶段增大，故 $p-s$ 曲线呈曲线状。当荷载达到最大值后，土中形成连续滑动面，并延续到地面，土从两侧挤出并隆起，基础沉降急剧增加，整个地基达到失稳破坏，如图 8.3(a)所示。这时 $p-s$ 曲线出现明显的转折点，其相应的荷载称为极限荷载 p_u，见图 8.2 中的曲线 a。整体剪切破坏常发生在浅埋基础下的密砂及坚硬黏土等地基中。

局部剪切破坏的特征是，随着荷载的增加，基础下也产生三角形压密区Ⅰ及塑性区Ⅱ，但塑性区仅仅发展到地基某一范围内，土中滑动面并不延伸到地面，如图 8.3(b)所示，地基两侧地面微微隆起，没有出现明显的裂缝。其 $p-s$ 曲线如图 8.2 中的曲线 b 所示，曲线也有一个转折点，但不像整体剪切破坏那样明显。$p-s$ 曲线过转折点后，其沉降量增长率虽较前一阶段为大，但不像整体剪切破坏那样急剧增加，在转折点之后，$p-s$ 曲线还是呈现线性关系。局部剪切破坏常发生在中等密实砂土中。

除了上述两种破坏之外，魏锡克(A. S. Vesic，1963 年)指出还有一种刺入剪切破坏。这种破坏形式易发生在松砂及软土中，其破坏特征是，随着荷载的增加，基础下土层发生压缩变形，基础随之下沉，当荷载继续增加，周围附近土体发生竖向剪切破坏，使基础刺入土中。基础两边的土体没有移动，如图 8.3(c)所示。刺入剪切破坏的 $p-s$ 曲线如

图 8.2 中的曲线 c 所示，沉降随着荷载的增大而不断增加，但 p-s 曲线没有明显的转折点，没有明显的比例界限与极限荷载。

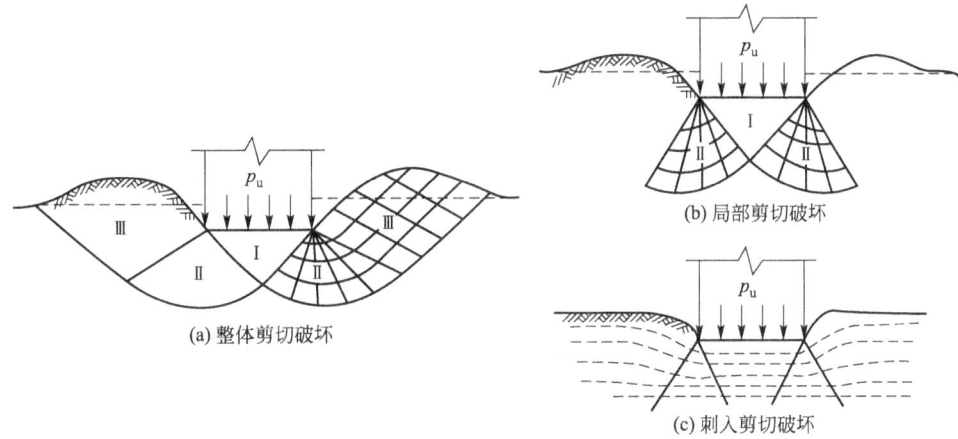

图 8.3 地基的破坏模式

8.2.2 地基的变形过程

苏联学者格尔谢万诺夫(1948年)根据载荷试验结果，提出地基破坏的过程经历 3 个阶段，如图 8.4 所示，详述如下。

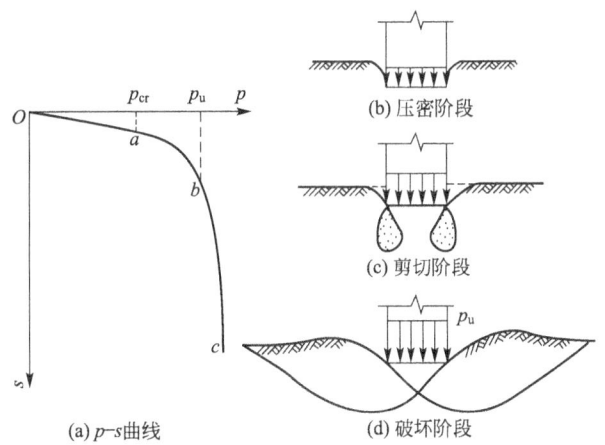

图 8.4 地基破坏过程的 3 个阶段

(1) 压密或称直线变形阶段。

相当于 p-s 曲线上的 Oa 段。在这一阶段，p-s 曲线接近直线，土中各点的剪应力均小于土中的抗剪强度，土体处于弹性平衡状态，载荷板的沉降主要是由于土的压密变形引起的，把 p-s 曲线上 a 点对应的荷载称为临塑荷载 p_{cr}，如图 8.4(a) 所示。

(2) 剪切阶段。

相当于 p-s 曲线上的 ab 段。在这一阶段，p-s 曲线已不再保持直线关系，沉降增长

率 $\Delta s/\Delta p$ 随荷载的增大而增加,地基土中局部范围内(首先在基础边缘处)的剪应力达到土的抗剪强度,土体发生剪切破坏,这些区域称为塑性区。随着荷载的继续增加,土中塑性区的范围也越来越大,如图 8.4(c)所示,直到土中形成连续的剪切滑动面,引起载荷板两侧土体的挤出而破坏。因此,剪切阶段也是地基中塑性区发生与发展阶段,相应于 $p-s$ 曲线上 b 点对应的荷载称为极限荷载 p_u。

(3) 破坏阶段。

相应于 $p-s$ 曲线上 bc 段。当荷载超过极限荷载 p_u 后,载荷板急剧下沉,即使不增加荷载,沉降也不能稳定下来,因此 $p-s$ 曲线陡直下降。在这一阶段,由于土中塑性区的范围不断扩展,最后在土中形成连续的滑动面,土从载荷板四周挤出隆起,地基失稳而破坏。

如果 $p-s$ 曲线是典型的,在曲线上能够明显地区分 3 个阶段,则在确定地基的容许承载力时,一方面要求地基的容许承载力不超过临塑荷载 p_{cr},这时地基处于压密阶段,地基变形较小。实践证明,以临塑荷载 p_{cr} 作为地基容许承载力过于保守,但有时为了提高地基的容许承载力,在满足建筑物沉降要求的前提下,也可适当超过临塑荷载 p_{cr},允许土中产生一定范围的塑性区。另一方面又要求地基的容许承载力对极限荷载 p_u 具有一定的安全系数,即地基的容许承载力小于极限荷载除以安全系数。而安全系数的大小则取决于建筑物的安全性和土体承载能力试验资料的可靠程度,同时还应满足建筑物对沉降的要求。

如果 $p-s$ 曲线是非典型的,在曲线上没有明显的 3 个阶段,则不能在直线上直接得到临塑荷载 p_{cr},这时可据实践经验,可以取相应于沉降 s 等于载荷板宽度(或直径)的 2% 时所对应的荷载为地基的容许承载力。

8.2.3 地基破坏模式的相互转化

地基的剪切破坏形式,除了与地基土的性质有关外,还同基础埋置深度、加荷速率等因素有关。如在软土中,当加荷速率较慢时会产生压缩变形而出现刺入剪切破坏,但当加荷速率较快时,由于土体不能出现压缩变形,就会产生整体剪切破坏。如在密砂地基中,当基础的埋置深度较浅时,一般会出现整体剪切破坏,但当基础的埋置深度较深时,整体剪切破坏模式被抑制,密砂在很大荷载作用下会产生压缩变形,最终会出现刺入剪切破坏。

对于地基破坏形式的定量判别,魏锡克提出了用刚性指标 I_r 的方法。地基土的刚性指标,可用下式表示

$$I_r = \frac{E}{2(1+\mu)(c+q\tan\varphi)} \qquad (8-1)$$

式中:E 为地基土的变形模量;μ 为地基土的泊松比;c 为地基土的黏聚力;φ 为地基土的内摩擦角;q 为基础底面水平的侧面荷载,$q=\gamma d$,其中 γ 为土的重度,d 为基础的埋置深度。

式(8-1)表明,土越硬,基础埋深小,刚性指标越高。魏锡克还提出了判断整体剪切破坏和局部剪切破坏的临界值,称为临界刚性指标 $I_{r(cr)}$,表达为

$$I_{r(cr)} = \frac{1}{2}\exp\left[\left(3.30-0.45\frac{b}{l}\right)\cot\left(45°-\frac{\varphi}{2}\right)\right] \qquad (8-2)$$

式中：b 为基础的宽度；l 为基础的长度。

当 $I_r > I_{r(cr)}$ 时，地基发生整体剪切破坏；反之则发生局部剪切破坏。

【例 8.1】 条形基础宽 1.5m，埋置深度 1.2m，地基为均质粉质黏土，土的重度 $\gamma = 17.6 \text{kN/m}^3$，$c = 15 \text{kPa}$，$\varphi = 24°$，$E = 10 \text{MPa}$，$\mu = 0.3$。试判断地基的失稳模式。

【解】 （1）地基的刚性指标 I_r。

$$I_r = \frac{E}{2(1+\mu)(c + q\tan\varphi)} = \frac{10 \times 10^3}{2(1+0.3)(15+17.6 \times 1.2\tan24°)} = 157.6$$

（2）地基的临界刚性指标 $I_{r(cr)}$。

对条形基础，其 $b/l = 0$，则有

$$I_{r(cr)} = \frac{1}{2}\exp\left[\left(3.30 - 0.45\frac{b}{l}\right)\cot\left(45° - \frac{\varphi}{2}\right)\right] = \frac{1}{2}\exp(3.30 \times \cot 33°) = 80.5$$

因 $I_r = 157.6 > I_{r(cr)} = 80.5$，所以地基属整体剪切破坏范畴。

8.3 地基的临塑荷载与界限荷载

8.3.1 地基塑性区边界方程

如图 8.5 所示，在地基表面作用条形均匀荷载 p，土中任意一点 M 的最大与最小主应力 σ_1、σ_3 可表达为

$$\begin{cases} \sigma_1 \\ \sigma_3 \end{cases} = \frac{p}{\pi}(2\beta \pm \sin 2\beta)$$

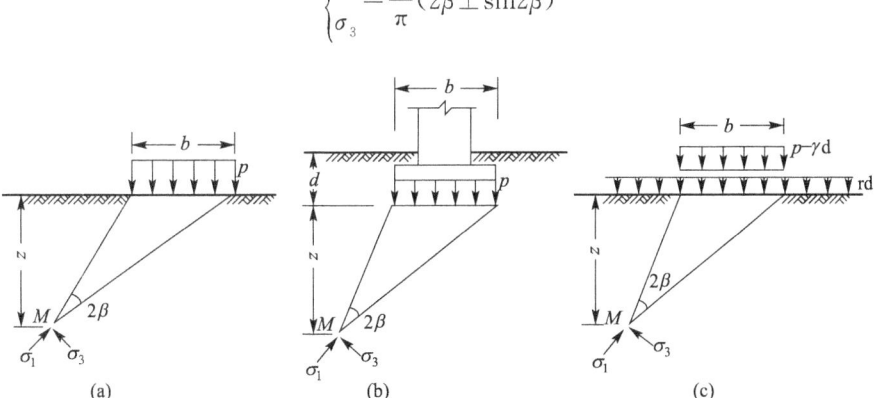

图 8.5 塑性区边界方程的推导

若考虑土体的重力影响时，点 M 处由土体重力产生的竖直应力为 $\sigma_{cz} = \gamma z$、水平向应力为 $\sigma_{cx} = k_0 \gamma z$。为简化计算，假定土的侧压力系数 $k_0 = 1$，则土的重力产生的压应力就如同静水压力一样，在各个方向是等向传递的，均为 γz。这样，如图 8.5(a) 所示，当考虑土的重力后，点 M 的最大与最小主应力 σ_1、σ_3 修正为

$$\begin{cases} \sigma_1 \\ \sigma_3 \end{cases} = \frac{p}{\pi}(2\beta \pm \sin 2\beta) + \gamma z \tag{8-3}$$

若条形基础的埋置深度为 d 时，如图 8.5(b)所示，计算基底下深度 z 处点 M 的主应力时，可将作用在基底水平面上的压力分解为两部分，如图 8.5(c)所示，即由土重引起的无限均布压力 γd 及基底范围内的附加应力 $(p-\gamma d)$。这样，由土的重力在 M 点产生的等向压力为 $\gamma(d+z)$。所以，当基础有埋置深度时，土中任意一点 M 处的主应力为

$$\begin{cases} \sigma_1 \\ \sigma_3 \end{cases} = \frac{p-\gamma d}{\pi}(2\beta \pm \sin 2\beta) + \gamma(d+z) \qquad (8-4)$$

若点 M 位于塑性区的边界上，该处就处于极限平衡状态，可建立如下极限平衡方程：

$$\sin\varphi = \frac{\frac{1}{2}(\sigma_1-\sigma_3)}{\frac{1}{2}(\sigma_1+\sigma_3)+c \cdot \cot\varphi}$$

将式(8-4)代入上式得出

$$\sin\varphi = \frac{\frac{p-\gamma d}{\pi}\sin 2\beta}{\frac{p-\gamma d}{\pi} \cdot 2\beta + \gamma(d+z) + c \cdot \cot\varphi} \qquad (8-5)$$

进一步整理上式得出

$$z = \frac{p-\gamma d}{\pi\gamma}\left(\frac{\sin 2\beta}{\sin\varphi} - 2\beta\right) - \frac{c \cdot \cot\varphi}{\gamma} - d \qquad (8-6)$$

式(8-6)就是土中塑性区边界线的表达式。若已知条形基础的尺寸 b 和 d、荷载 p，以及土的指标 γ、c、φ 时，假定不同的视角 2β 值等代入式(8-6)，求出相应的深度 z 值，把一系列由对应的 2β 和 z 值决定其位置的点连起来，就得出条形基础在均布荷载 p 作用下土的塑性区的边界线，也得到土中塑性区的发展范围。

【例 8.2】 有一条形基础，如图 8.6 所示，基础宽 $b=3$m，埋置深度 $d=2$m，作用在基础底面的均布荷载 $p=190$kPa。已知土体的内摩擦角 $\varphi=15°$，黏聚力 $c=15$kPa，重度 $\gamma=18$kN/m³。求此时地基中塑性区的发展范围。

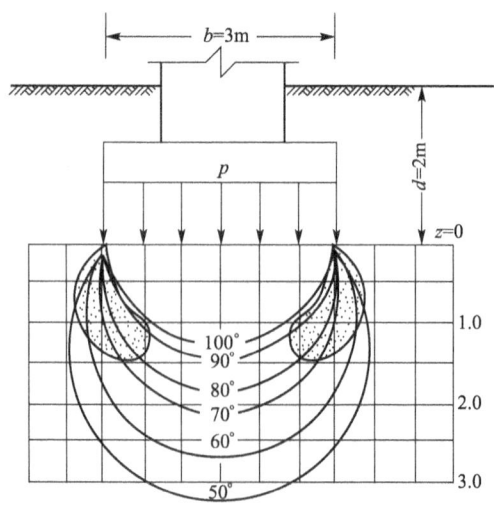

图 8.6 条形基础下塑性区的计算

【解】 地基中塑性区的边界线表达为

$$z = \frac{p-\gamma d}{\pi\gamma}\left(\frac{\sin 2\beta}{\sin\varphi}-2\beta\right)-\frac{c\cdot\cot\varphi}{\gamma}-d = \frac{190-18\times 2}{\pi\times 18}\left(\frac{\sin 2\beta}{\sin 15°}-2\beta\right)-\frac{15\times\cot 15°}{18}-2$$
$$= 10.52\sin 2\beta - 5.45\beta - 5.11$$

将不同的 β 值代入上式,求出相应的 z 值,如表 8-1 所列。

表 8-1 条形基础下塑性区计算

$\beta/(°)$	15	20	25	30	35	40	45	50	55
$10.52\sin 2\beta$	5.26	6.76	8.06	9.11	9.88	10.36	10.52	10.35	9.88
-5.45β	-1.43	-1.90	-2.38	-2.86	-3.33	-3.81	-4.28	-4.75	-5.22
z	-1.28	-0.25	0.57	1.14	1.44	1.44	1.13	0.49	-0.45

按表 8-1 的计算结果,绘出土中塑性区的范围如图 8.6 所示。

8.3.2 地基的临塑荷载和界限荷载

在工程应用中,往往只要知道极限平衡区最大的发展深度就足够了,而不需要绘制整个塑性区的范围。因此,将式(8-6)对 β 求导,并让 $dz/d\beta=0$ 得出

$$\frac{dz}{d\beta} = \frac{p-\gamma d}{\pi\gamma}\cdot 2\left(\frac{\cos 2\beta}{\sin\varphi}-1\right)=0 \Rightarrow \cos 2\beta=\sin\varphi$$

解出

$$2\beta = \frac{\pi}{2}-\varphi \tag{8-7}$$

将式(8-7)代入式(8-6),整理后就得出极限平衡区的最大塑性破坏的深度表达式

$$z_{\max} = \frac{p-\gamma d}{\pi\gamma}\left(\cot\varphi-\frac{\pi}{2}+\varphi\right)-\frac{c\cdot\cot\varphi}{\gamma}-d \tag{8-8}$$

当 $z_{\max}=0$ 时,由式(8-8)得到的压力 p 就是地基开始发生局部剪损,但极限平衡区尚未得到扩展时的荷载,称为临塑荷载 p_{cr}。同理,令 $z_{\max}=b/4$ 和 $z_{\max}=b/3$ 分别代入式(8-8),整理后得到的压力就是极限平衡区的最大发展深度为基础宽度的 1/4 和 1/3 时的荷载,分别称为界限荷载 $p_{1/4}$ 和 $p_{1/3}$。p_{cr}、$p_{1/4}$ 和 $p_{1/3}$ 分别表达为

$$p_{cr} = \gamma d\cdot\left(1+\frac{\pi}{\cot\varphi-\frac{\pi}{2}+\varphi}\right)+c\cdot\frac{\pi\cot\varphi}{\cot\varphi-\frac{\pi}{2}+\varphi} \tag{8-9}$$

$$p_{1/4} = \frac{\gamma b}{4}\cdot\frac{\pi}{\cot\varphi-\frac{\pi}{2}+\varphi}+\gamma d\cdot\left(1+\frac{\pi}{\cot\varphi-\frac{\pi}{2}+\varphi}\right)+c\cdot\frac{\pi\cot\varphi}{\cot\varphi-\frac{\pi}{2}+\varphi} \tag{8-10}$$

$$p_{1/3} = \frac{\gamma b}{3}\cdot\frac{\pi}{\cot\varphi-\frac{\pi}{2}+\varphi}+\gamma d\cdot\left(1+\frac{\pi}{\cot\varphi-\frac{\pi}{2}+\varphi}\right)+c\cdot\frac{\pi\cot\varphi}{\cot\varphi-\frac{\pi}{2}+\varphi} \tag{8-11}$$

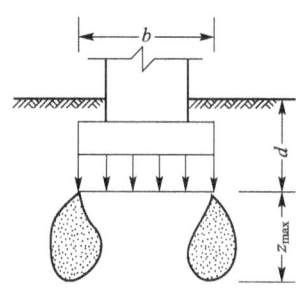

图 8.7 条形基础均布荷载下塑性区的最大深度

式(8-9)~式(8-11)则表示地基中极限平衡区刚开始发展(对应于临塑荷载 p_{cr}),或极限平衡区发展的范围不大(对应于界限荷载 $p_{1/4}$ 和 $p_{1/3}$)的情况,如图 8.7 所示,显然对应整体剪切破坏模式而言,它们均具有相当大的安全储备,因此可以作为地基容许承载力的初值。

通过上述地基临塑荷载和界限荷载的推导过程,可以看出这些公式是建立在下述事实基础上的。

(1) 计算公式适用于条形基础。这些计算公式是从平面应变条形基础均布荷载下导得的,若将它们用于矩形基础,其结果是偏于安全的。

(2) 计算土中由自重应力产生的主应力贡献时,假定土的侧压力系数 $k_0=1$,这是与土的实际情况不符之处,但这样可使计算公式简化。

(3) 在计算界限荷载 $p_{1/4}$ 和 $p_{1/3}$ 时,土中已出现塑性区,但这时仍按弹性理论计算土中应力,这在理论上是相互矛盾的,其所引起的误差随着塑性区范围的扩大而加大。

8.4 地基极限承载力

8.4.1 地基极限承载力计算的两种途径

在土力学中,采用理论方法计算极限荷载的公式很多,它们基本分成按照极限平衡理论求解和按照假定滑动面方法求解这两种途径,具体分述如下。

1. 按照极限平衡理论求解

对于平面问题,土中任一点微分体上的应力分量为 σ_x、σ_z 和 $\tau_{xz}=\tau_{zx}$,如图 8.8 所示。考虑微分体上的竖向重度 γ,则可得出微分体上的静力平衡方程为

$$\begin{cases} \dfrac{\partial \sigma_x}{\partial x}+\dfrac{\partial \tau_{xz}}{\partial z}=0 \\ \dfrac{\partial \sigma_z}{\partial z}+\dfrac{\partial \tau_{xz}}{\partial x}=\gamma \end{cases} \quad (8-12)$$

若地基土中某点位于塑性区范围内,则该点就处于极限平衡状态,其最大、最小主应力 σ_1 与 σ_3 满足下列关系

$$\sin\varphi = \frac{\frac{1}{2}(\sigma_1-\sigma_3)}{\frac{1}{2}(\sigma_1+\sigma_3)+c\cdot\cot\varphi}$$

同时土中塑性区内任一点的应力分量也可以用两个变量 σ 和 ψ 来确定,如图 8.9 所示,其中 ψ 是最大主应力 σ_1 的作用方向与 x 轴的夹角,σ 表示某点处于极限平衡状态时应力圆的圆心坐标与 $c\cdot\cot\varphi$ 之和,表达为

$$\sigma = \frac{1}{2}(\sigma_1 + \sigma_2) + c \cdot \cot\varphi \tag{8-13}$$

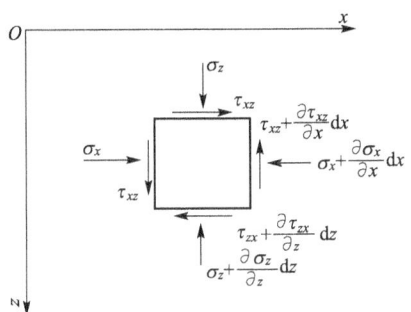

图 8.8 土中一点应力

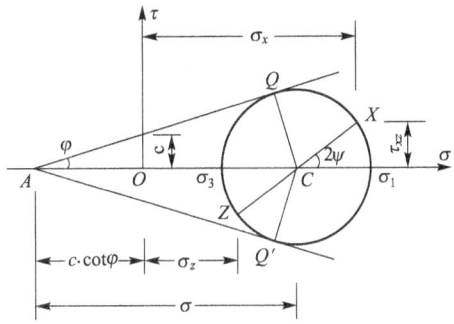

图 8.9 土中一点破坏时用 σ 和 ψ 表示的应力分量

如图 8.9 所示，应力分量 σ_x、σ_z 和 $\tau_{xz} = \tau_{zx}$ 进一步表达为

$$\begin{cases} \sigma_x = OC + CX \cdot \cos2\psi = \sigma(1 + \sin\varphi\cos2\psi) - c \cdot \cot\varphi \\ \sigma_z = OC - CX \cdot \cos2\psi = \sigma(1 - \sin\varphi\cos2\psi) - c \cdot \cot\varphi \\ \tau_{xz} = \sigma\sin\varphi\sin2\psi \end{cases} \tag{8-14}$$

将式(8-14)代入式(8-12)得到两个偏微分方程，表达为

$$\begin{cases} (1-\sin\varphi\cos2\psi)\dfrac{\partial\sigma}{\partial x} + \sin\varphi\sin2\psi\dfrac{\partial\sigma}{\partial z} + 2\sigma\sin\varphi\left(\sin2\psi\dfrac{\partial\psi}{\partial x} + \cos2\psi\dfrac{\partial\psi}{\partial z}\right) = 0 \\ (1+\sin\varphi\cos2\psi)\dfrac{\partial\sigma}{\partial z} + \sin\varphi\sin2\psi\dfrac{\partial\sigma}{\partial x} - 2\sigma\sin\varphi\left(\sin2\psi\dfrac{\partial\psi}{\partial z} - \cos2\psi\dfrac{\partial\psi}{\partial x}\right) = \gamma \end{cases} \tag{8-15}$$

结合式(8-15)这两个偏微分方程，未知函数 σ 和 ψ 可根据所研究问题的边界条件解出。当地基中各点的 σ 和 ψ 求出后，据 $\sigma_1 - \sigma_3 = 2\sigma\sin\varphi$ 和 $\sigma = (\sigma_1 + \sigma_2)/2 + c \cdot \cot\varphi$，可求出处于极限平衡状态时各点的主应力 σ_1 与 σ_3。ψ 给出了最大主应力 σ_1 的方向，而两组滑裂面与 σ_1 的方向成 $\pm(45° - \varphi/2)$ 角，因此两组滑裂面的方向也就可求出，如图 8.10 所示。把各点的滑裂面方向用线段连接起来，就得到了整个处于极限平衡区域的滑裂线网，进而解出基底的极限荷载。

通常直接求解上述两个偏微分方程尚存在着许多困难，目前仅在比较简单的边界条件下才可能求出其解析解。下述的仅考虑主动区与被动区的弗尼格地基极限承载力、普朗德尔-赖斯纳极限承载力应归属此类。

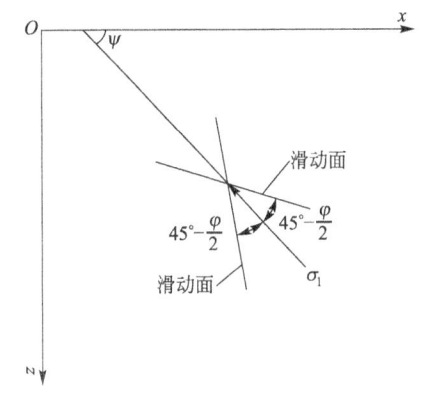

图 8.10 土中一点的主应力及滑动面方向

2. 按照假定滑动面方法求解

这种方法是先假定基底的极限荷载作用下土中滑动面的形状,然后根据滑动土体的静力平衡条件求解出极限荷载。按这种方法得到的极限荷载公式比较简单,使用方便,目前在实践中应用较多。下述的太沙基极限承载力、迈耶霍夫极限承载力、魏锡克极限承载力及汉森极限承载力应归属此类。

8.4.2 仅考虑主动区与被动区时地基极限承载力的计算

仅考虑主动区与被动区地基极限承载力的计算是由"全苏水工科学院"提出的,称为弗尼格公式,推导比较简单,容易理解,如图 8.11 所示。

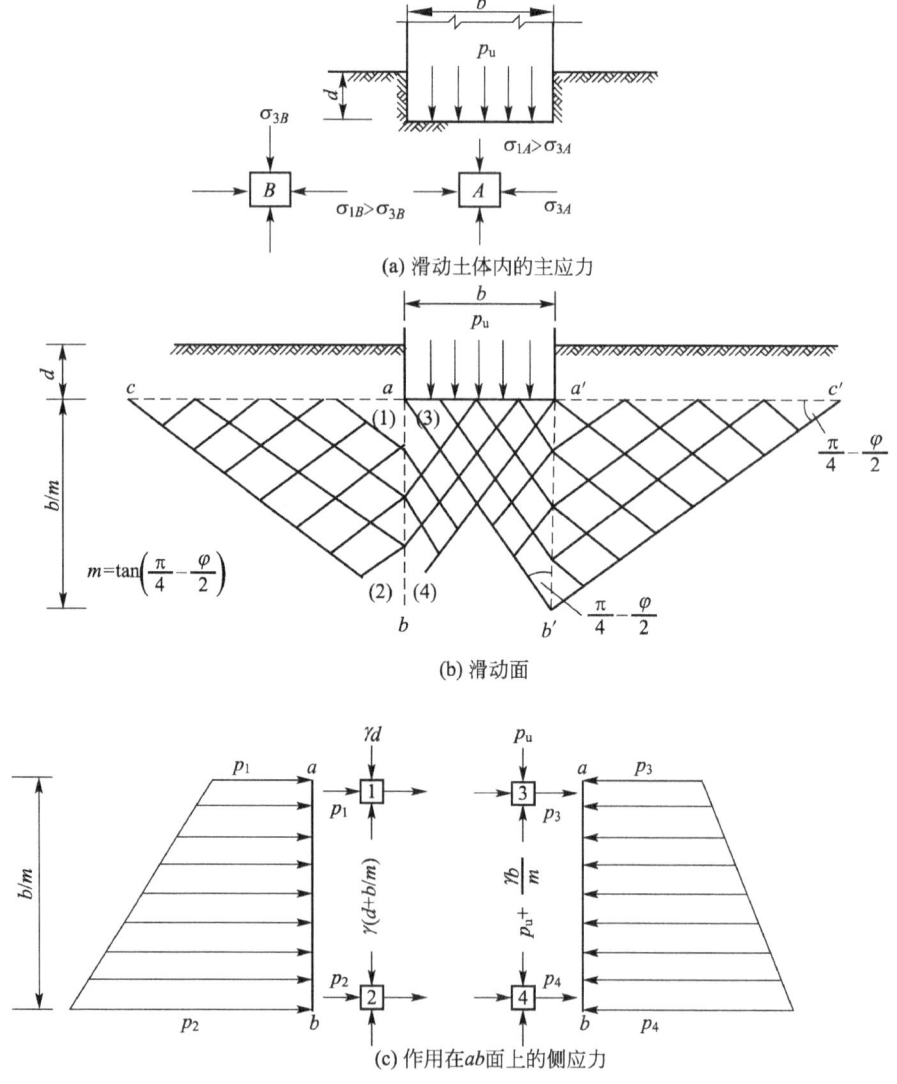

图 8.11 仅考虑主动区与被动区时地基极限承载力的计算

条形基础承受均布荷载,基础底面光滑,宽度为 b,埋深为 d,如考虑土体的重力,当地基承受极限荷载 p_u 而发生剪切破坏时,地基滑动面是由 $a'b$ 和 bc(或 ab' 和 $b'c'$)两条直线组成。图 8.11(a)表示在基础底面范围以内和以外两个单元受力情况,单元体 A 在基础底面范围以内,竖向应力 σ_{1A} 是最大主应力,横向应力 σ_{3A} 是最小主应力;而单元体 B 在基础底面范围以外,横向应力 σ_{1B} 是最大主应力,竖向应力 σ_{3B} 是最小主应力。

依据土体极限平衡理论,地基中两组滑动面如图 8.11(b)所示,在基础范围以内,aa' 是最大主应力的作用面,ab 是最小主应力的作用面,所以在滑动区 aba' 的破坏形式是主动破坏,滑动面 $a'b$ 与最大主应力的作用面 aa' 的夹角为 $(45°+\varphi/2)$,与最小主应力的作用面 ab 的夹角为 $(45°-\varphi/2)$。在基础范围以外,ac 是最小主应力的作用面,ab 是最大主应力的作用面,所以在滑动区 abc 的破坏形式是被动破坏,滑动面 bc 与最大主应力的作用面 ab 的夹角为 $(45°+\varphi/2)$,与最小主应力的作用面 ac 的夹角为 $(45°-\varphi/2)$。滑动土体的外包轮廓线为 $a'bc$ 或 $ab'c'$,滑动土体深度 $ab=b/m$,$m=\tan(\pi/4-\varphi/2)$。

当条形基础荷载达到极限荷载 p_u 时,作用在 ab 面两侧的主动与被动土压力相平衡,图 8.11(c)表示 ab 面两侧主动与被动土压力的分布。

对 ab 面,在被动区一侧有

$$p_1 = \gamma d \frac{1}{m^2} + 2c \frac{1}{m} \tag{8-16}$$

$$p_2 = \gamma \left(d + \frac{b}{m}\right) \frac{1}{m^2} + 2c \frac{1}{m} \tag{8-17}$$

在 ab 面上被动区一侧土压力的合力为

$$\frac{1}{2}(p_1 + p_2) \cdot \frac{b}{m} = \frac{b}{2m}\left(\frac{2\gamma d}{m^2} + \frac{\gamma b}{m^3} + \frac{4c}{m}\right) \tag{8-18}$$

对 ab 面,在主动区一侧有

$$p_3 = p_u m^2 - 2cm \tag{8-19}$$

$$p_4 = \left(p_u + \frac{\gamma b}{m}\right)m^2 - 2cm \tag{8-20}$$

在 ab 面上主动区一侧土压力的合力为

$$\frac{1}{2}(p_3 + p_4) \cdot \frac{b}{m} = \frac{b}{2m}(2p_u m^2 + \gamma bm - 4cm) \tag{8-21}$$

令式(8-18)和式(8-21)相等就可求出条形基础的极限荷载 p_u,表达为

$$p_u = \frac{1}{2}\gamma b N_\gamma + \gamma d N_q + c N_c \tag{8-22}$$

$$\begin{cases} N_\gamma = \dfrac{1-m^4}{m^5} \\ N_q = \dfrac{1}{m^4} \\ N_c = 2\left(\dfrac{m^2+1}{m^3}\right) \end{cases} \tag{8-23}$$

式(8-22)适用于条形基础,对矩形基础,可用以下的近似修正公式

$$p_u = \frac{1}{2}\gamma b N_\gamma \left(1 - 0.2\frac{b}{l}\right) + \gamma d N_q + c N_c \left(1 + 0.3\frac{b}{l}\right) \tag{8-24}$$

弗尼格公式中地基极限承载力系数 N_γ、N_q、N_c 可依据土体的内摩擦角由表 8-2 查得。

表 8-2　弗尼格公式中的极限承载力系数

$\varphi/(°)$	0	5	10	15	20	25	30	35	40
N_γ	0	0.46	1.22	2.48	4.54	7.98	13.86	24.30	43.58
N_q	1.00	1.42	2.02	2.89	4.17	6.05	9.01	13.60	21.32
N_c	4.00	4.78	5.77	7.02	8.68	10.84	13.86	17.90	24.16

8.4.3　普朗德尔-赖斯纳极限承载力

1. 普朗德尔解与赖斯纳解

普朗德尔（L. Prandtl，1920 年）依据极限平衡理论，当不考虑土的重力且基础底面光滑无摩擦力时，对置于地基表面的条形基础，假定地基滑动面的形状如图 8.12 所示。地基的极限平衡区可分为 3 个区：在基底下的 I 区，因基底无摩擦力，故基底平面是最大主应力面，两组滑动面与基础底面的夹角成 $(45°+\varphi/2)$，所以 I 区是朗肯主动状态区；随着基础的下沉，I 区土楔向两侧挤压，因此 III 区是朗肯被动状态区，滑动面也是由两组平面组成，由于地基表面为最小主应力作用面，故滑动面与地基表面的夹角成 $(45°-\varphi/2)$；I 区与 III 区的中间是过渡区 II，II 区的滑动面一组是辐射线，另一组是对数螺旋线，如图 8.12 中的 CD 和 CE，其方程为

$$r = r_0 e^{\theta \tan\varphi} \tag{8-25}$$

式中：$r_0 = AC$。

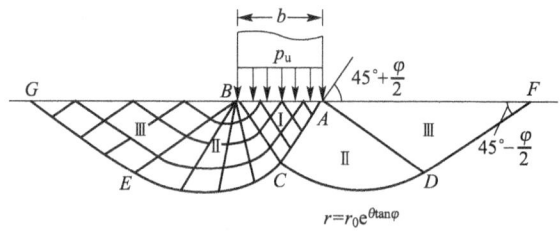

图 8.12　普朗德尔极限承载力的滑动面形状

基于图 8.12 的整体破坏模式，普朗德尔给出的地基极限承载力表达为

$$p_u = c\left[e^{\pi\tan\varphi} \cdot \tan^2\left(\frac{\pi}{4}+\frac{\varphi}{2}\right) - 1 \right] \cdot \cot\varphi = c \cdot N_c \tag{8-26}$$

$$N_c = \left[e^{\pi\tan\varphi} \cdot \tan^2\left(\frac{\pi}{4}+\frac{\varphi}{2}\right) - 1 \right] \cdot \cot\varphi \tag{8-27a}$$

对于黏性大、排水条件差的饱和黏土地基，可按 $\varphi_u = 0$ 法求地基极限承载力，这时 N_c 为不定解，可用罗彼塔法则求出，即

$$\lim_{\varphi \to 0} N_c = \lim_{\varphi \to 0} \frac{\dfrac{\mathrm{d}}{\mathrm{d}\varphi}\left[\mathrm{e}^{\pi\tan\varphi} \cdot \tan^2\left(\dfrac{\pi}{4}+\dfrac{\varphi}{2}\right)-1\right]}{\dfrac{\mathrm{d}}{\mathrm{d}\varphi}(\tan\varphi)} = \pi + 2 = 5.14 \qquad (8-27\mathrm{b})$$

但一般基础均有一定的埋置深度，当基础埋置深度较浅时，为简化起见，可忽略基础底面以上土的抗剪强度，而将这部分土作为分布在基础两侧的均布荷载 $q=\gamma d$ 作用在 GF 面上，如图 8.13 所示。赖斯纳（H. Reissner，1924 年）在普朗德尔整体破坏模式的基础上，导得了超载 q 产生的地基极限承载力为

$$p_\mathrm{u} = q\mathrm{e}^{\pi\tan\varphi} \cdot \tan^2\left(\frac{\pi}{4}+\frac{\varphi}{2}\right) = q \cdot N_\mathrm{q} \qquad (8-28)$$

$$N_\mathrm{q} = \mathrm{e}^{\pi\tan\varphi} \cdot \tan^2\left(\frac{\pi}{4}+\frac{\varphi}{2}\right) \qquad (8-29)$$

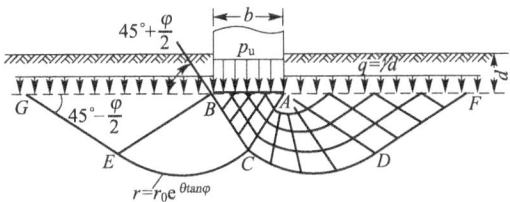

图 8.13 埋置深度为 d 时的赖斯纳解

将式(8-26)和式(8-28)合并，得到当不考虑土的重力时，埋置深度为 d 时条形基础的极限承载力为

$$p_\mathrm{u} = c \cdot N_\mathrm{c} + q \cdot N_\mathrm{q} \qquad (8-30\mathrm{a})$$

对 $\varphi_\mathrm{u}=0$ 的饱和黏性土地基，式(8-30a)进一步简化为

$$p_\mathrm{u} = 5.14 c_\mathrm{u} + q \qquad (8-30\mathrm{b})$$

2. 普朗德尔-赖斯纳极限承载力公式的推导

现考虑一个宽度为 b 的条形基础，埋置深度为 d，把基础底面以上的覆盖土层用均布荷载 $q=\gamma d$ 代替。当基础底面作用的荷载达到极限荷载 p_u 时，地基中的滑动面将分成 3 个区，即主动应力状态区 Ⅰ、被动应力状态区 Ⅲ 和过渡区 Ⅱ，如图 8.14(a)所示。在滑动土体中取隔离体 $OCDI$，如图 8.14(b)所示，据隔离体 $OCDI$ 上力系的平衡条件，可以求得地基的极限荷载。

已知对数螺旋曲线 CD 的方程为 $r=r_0\mathrm{e}^{\theta\tan\varphi}$，从图 8.14 中可看出

$$r_0 = AC = \frac{b}{2}\csc\alpha, \quad \alpha = 45° - \frac{\varphi}{2}, \quad r = \frac{b}{2}\csc\alpha \cdot \mathrm{e}^{\theta\tan\varphi}$$

$$AD = \frac{b}{2}\csc\alpha \cdot \mathrm{e}^{\frac{\pi}{2}\tan\varphi}, \quad AI = AD \cdot \cos\alpha = \frac{b}{2}\cot\alpha \cdot \mathrm{e}^{\frac{\pi}{2}\tan\varphi}$$

$$ID = AD \cdot \sin\alpha = \frac{b}{2} \cdot \mathrm{e}^{\frac{\pi}{2}\tan\varphi}$$

假定不考虑土体的重力，已知作用在 OA 及 AI 面上的压力为 p_u 及 q，则作用在 OC 及 ID 上的法向压力为 p_a 及 p_p，它们分别是 Ⅰ 区的最小主应力及 Ⅲ 区的最大主应力，表达为

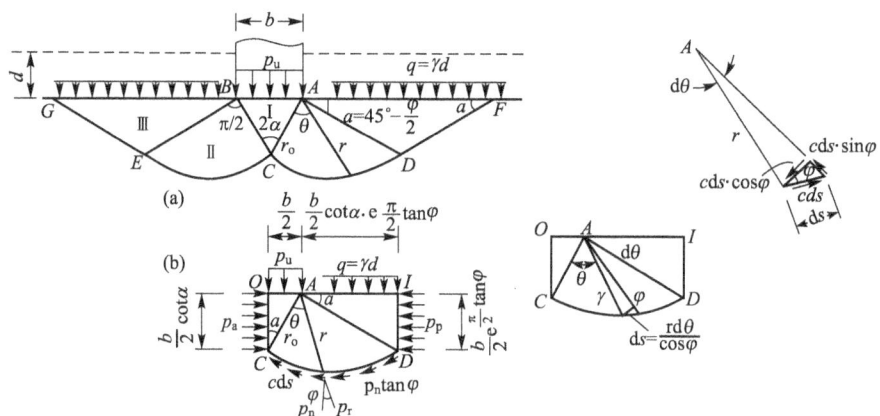

图 8.14 普朗德尔-赖斯纳极限承载力公式的推导

$$p_a = p_u \tan^2\alpha - 2c \cdot \tan\alpha \tag{8-31}$$

$$p_p = q \cot^2\alpha + 2c \cdot \cot\alpha \tag{8-32}$$

作用在 CD 曲面上的力有:土的黏聚力 c 均布作用在 CD 曲面上,法向应力 p_n 及其摩擦力 $p_n\tan\varphi$。p_n 及 $p_n\tan\varphi$ 的合应力为 p_r,p_r 与 p_n 间的夹角为 φ。根据对数螺旋曲线的特征可知,p_r 的作用线必通过对数螺旋曲线的旋转中心点 A。

分析隔离体 $OCDI$ 的平衡条件时,以点 A 为矩心,按 $\sum M_A = 0$ 的条件求解极限荷载 p_u 值。已知 p_r 对点 A 的力矩等于零,其余作用力对点 A 的力矩分别为

$$\begin{cases} M_{p_u} = p_u \cdot \dfrac{1}{2}\left(\dfrac{b}{2}\right)^2 = \dfrac{1}{8}b^2 p_u \\ M_{p_a} = p_a \cdot \dfrac{1}{2}\left(\dfrac{b}{2}\cdot\cot\alpha\right)^2 = \dfrac{1}{8}b^2 p_u - \dfrac{b^2}{4}c\cdot\cot\alpha \\ M_{p_p} = p_p \cdot \dfrac{1}{2}\left(\dfrac{b}{2}\cdot e^{\frac{\pi}{2}\tan\varphi}\right)^2 = \dfrac{1}{8}b^2 q e^{\pi\tan\varphi}\cdot\cot^2\alpha + \dfrac{b^2}{4}c\cdot e^{\pi\tan\varphi}\cdot\cot\alpha \\ M_q = \dfrac{1}{2}q\left(\dfrac{b}{2}\cdot e^{\frac{\pi}{2}\tan\varphi}\cdot\cot\alpha\right)^2 = \dfrac{b^2}{8}q e^{\pi\tan\varphi}\cdot\cot^2\alpha \\ M_c = \int_0^{\frac{\pi}{2}}(c\cdot ds)\cos\varphi\cdot r = \int_0^{\frac{\pi}{2}}\left(c\cdot\dfrac{r\,d\theta}{\cos\varphi}\right)\cos\varphi\cdot r = \dfrac{b^2}{8}c\cdot\csc^2\alpha\cdot\cot\varphi\cdot(e^{\pi\tan\varphi}-1) \end{cases} \tag{8-33}$$

由点 A 的力矩平衡条件可建立

$$\sum M_A = M_{p_u} + M_{p_a} - M_q - M_c - M_{p_p} = 0$$

将式(8-33)中各项代入上面的平衡条件可得

$$\dfrac{b^2}{8}p_u + \left(\dfrac{b^2}{8}p_u - \dfrac{b^2}{4}c\cdot\cot\alpha\right) - \dfrac{b^2}{8}q\cdot e^{\pi\tan\varphi}\cdot\cot^2\alpha - \dfrac{b^2}{8}c\cdot\csc^2\alpha\cdot\cot\varphi(e^{\pi\tan\varphi}-1) - \left(\dfrac{b^2}{8}q\cdot e^{\pi\tan\varphi}\cdot\cot^2\alpha + \dfrac{b^2}{4}c\cdot e^{\pi\tan\varphi}\cdot\cot\alpha\right) = 0$$

由上式求出的极限荷载 p_u 为

$$p_u = q e^{\pi\tan\varphi} \cdot \cot^2\alpha + c\left(\cot\alpha - \frac{1}{2}\cot\varphi \cdot \csc^2\alpha\right) + c \cdot e^{\pi\tan\varphi}\left(\cot\alpha + \frac{1}{2}\cot\varphi \cdot \csc^2\alpha\right) \tag{8-34}$$

由于

$$\tan 2\alpha = \cot\varphi = \frac{2\tan\alpha}{1-\tan^2\alpha}, \quad \tan\varphi = \frac{1-\tan^2\alpha}{2\tan\alpha}$$

故存在如下关系

$$\cot\alpha - \frac{1}{2}\cot\varphi \cdot \csc^2\alpha = -\cot\varphi \tag{8-35}$$

$$\cot\alpha + \frac{1}{2}\cot\varphi \cdot \csc^2\alpha = \cot\varphi \cdot \tan^2\left(\frac{\pi}{4}+\frac{\varphi}{2}\right) \tag{8-36}$$

将式(8-35)、(8-36)代入式(8-34)并整理得

$$p_u = q e^{\pi\tan\varphi} \cdot \tan^2\left(\frac{\pi}{4}+\frac{\varphi}{2}\right) + c \cdot \cot\varphi\left[e^{\pi\tan\varphi} \cdot \tan^2\left(\frac{\pi}{4}+\frac{\varphi}{2}\right) - 1\right]$$
$$= q \cdot N_q + c \cdot N_c \tag{8-37}$$

假定不考虑土体的重力时，式(8-37)就是前述的普朗德尔-赖斯纳极限承载力公式。

8.4.4 泰勒对普朗德尔-赖斯纳极限承载力公式的补充

普朗德尔-赖斯纳极限承载力公式是假定不考虑土体的重力时，按极限平衡理论解得出的极限荷载公式。若考虑土体的重力时，目前尚无法得到其解析解，但许多学者在普朗德尔-赖斯纳极限承载力公式的基础上做了一些近似计算。

泰勒在1948年提出，若考虑土体的重力时，假定其滑裂面与普朗德尔的整体剪切破坏模式相同，那么图8.14中的滑动土体 $ABGECDF$ 的重力，将使滑动面 $GECDF$ 上的抗剪强度增加。泰勒假定其增加值可用一个换算黏聚力 $\Delta c = \gamma t \cdot \tan\varphi$ 来表示，其中 t 为滑动土体的换算高度，假定 $t = OC = (b/2) \cdot \tan(\pi/4+\varphi/2)$。这样用 $(c+\Delta c)$ 代替式(8-37)中的 c，即得出了近似考虑土体的重力时的普朗德尔-赖斯纳极限承载力公式，表达为

$$p_u = q e^{\pi\tan\varphi} \cdot \tan^2\left(\frac{\pi}{4}+\frac{\varphi}{2}\right) + (c+\Delta c) \cdot \cot\varphi\left[e^{\pi\tan\varphi} \cdot \tan^2\left(\frac{\pi}{4}+\frac{\varphi}{2}\right) - 1\right]$$
$$= \frac{1}{2}\gamma b N_\gamma + q N_q + c N_c \tag{8-38}$$

$$N_\gamma = \tan\left(\frac{\pi}{4}+\frac{\varphi}{2}\right)\left[e^{\pi\tan\varphi} \cdot \tan^2\left(\frac{\pi}{4}+\frac{\varphi}{2}\right) - 1\right] \tag{8-39}$$

式(8-38)中地基极限承载力系数 N_γ、N_q、N_c 可依据土体的内摩擦角由表8-3查得。

表8-3 泰勒修正的普朗德尔-赖斯纳极限承载力系数

$\varphi/(°)$	0	5	10	15	20	25	30	35	40	45
N_γ	0	0.62	1.75	3.82	7.71	15.2	30.1	62.0	135.5	322.7
N_q	1.00	1.57	2.47	3.94	6.40	10.7	18.4	33.3	64.2	134.9
N_c	5.14	6.49	8.35	11.0	14.8	20.7	30.1	46.1	75.3	133.9

【例 8.3】 土体的重度 $\gamma=18\text{kN/m}^3$，$c=20\text{kN/m}^2$，$\varphi=10°$。条形基础的宽度 $b=2\text{m}$，埋深 $d=1.5\text{m}$。求：(1)相对于弗尼格公式求出的地基极限承载力，求地基的 $p_{1/4}$ 的安全系数；(2)相对于泰勒修正的普朗德尔-赖斯纳极限承载力，求地基的 $p_{1/4}$ 的安全系数。

【解】 (1) 弗尼格公式求出的地基极限承载力。

$$p_u = \frac{1}{2}\gamma b N_\gamma + \gamma d N_q + c N_c = \frac{1}{2}\times 18\times 2\times 1.22 + 18\times 1.5\times 2.02 + 20\times 5.77$$
$$= 191.9(\text{kN/m}^2)$$

(2) 泰勒修正的普朗德尔-赖斯纳极限承载力。

$$p_u = \frac{1}{2}\gamma b N_\gamma + \gamma d N_q + c N_c = \frac{1}{2}\times 18\times 2\times 1.75 + 18\times 1.5\times 2.47 + 20\times 8.35$$
$$= 265.19(\text{kN/m}^2)$$

(3) 地基的 $p_{1/4}$。

$$p_{1/4} = \frac{\gamma b}{4}\cdot\frac{\pi}{\cot\varphi - \frac{\pi}{2} + \varphi} + \gamma d\cdot\left(1 + \frac{\pi}{\cot\varphi - \frac{\pi}{2} + \varphi}\right) + c\cdot\frac{\pi\cot\varphi}{\cot\varphi - \frac{\pi}{2} + \varphi}$$

$$= 0.18\times 18\times 2 + 1.72\times 18\times 1.5 + 20\times 4.17 = 136.59(\text{kN/m}^2)$$

(4) 相对于弗尼格公式的地基安全系数。

$$k = \frac{p_u}{p_{1/4}} = \frac{191.9}{136.59} = 1.41$$

(5) 相对于泰勒修正的普朗德尔-赖斯纳极限承载力的地基安全系数。

$$k = \frac{p_u}{p_{1/4}} = \frac{265.19}{136.59} = 1.94$$

8.4.5 太沙基地基极限承载力

太沙基弥补了普朗德尔-赖斯纳极限承载力理论中的缺陷(如基础底面是光滑的、没考虑土体重量)，在推导条形基础的极限荷载时，假定如下：①考虑土体的重力影响；②基础底面完全粗糙，它与地基土之间存在摩擦力；③基底以上两侧土体简化为均布超载 $q = \gamma d$，即不考虑基底以上两侧土体抗剪强度对基础极限荷载的贡献。

1. 弹性区与滑裂面形状的确定

根据以上假定，图 8.15(a)所示三角形 ABC 区内就不是朗肯的主动区，而是处于弹性状态，因此三角形土楔 ABC 只能随着基础底面一起向下移动了。太沙基假定 AC 面与水平面成 φ 角，由于 AC 是滑线，因此对数螺线在 C 点的切线必须是竖直的，如图 8.15(a)所示，在 C 点的两滑线的交角为 $(90°+\varphi)$。

弹性区 ABC 代替了普朗德尔解的朗肯的主动区，于是地基滑裂面的形状只由两个极限平衡区即朗肯被动区和对数螺线过渡区所组成。

2. 依据弹性区的静力平衡条件求地基的极限荷载

弹性区的形状确定以后，太沙基把它取为隔离体，将两个侧面 AC 和 BC 当成挡土墙

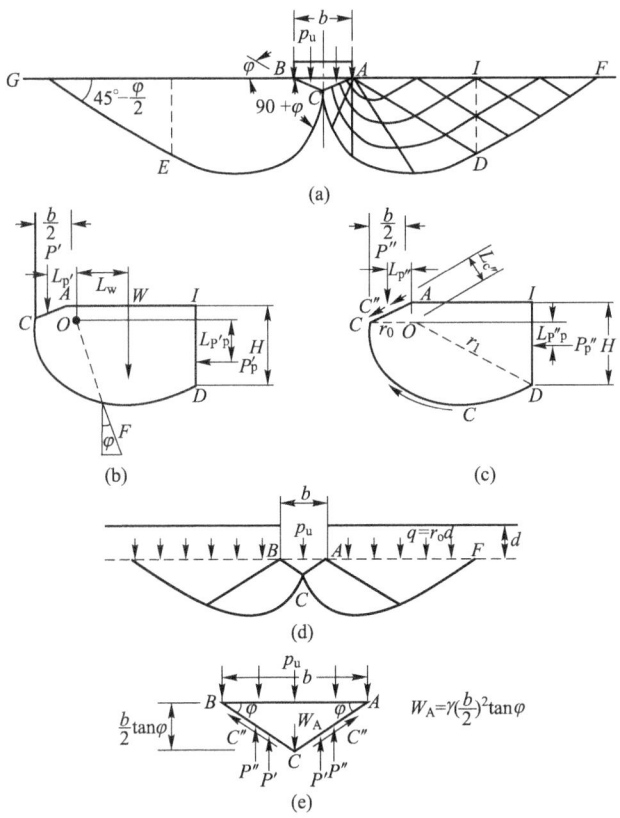

图 8.15 太沙基地基极限承载力

的墙背；基底压力促使弹性区 ABC 向下移动，AC 和 BC 侧面挤压两侧土体，直至土体破坏，这时基底的压应力就是极限荷载 p_u；因 AC 和 BC 与水平面间的夹角均为 φ 角，则作用在 AC 和 BC 上的被动土压力 P' 和 P'' 的方向必定是竖直的，如图 8.15(b)、(c)所示。作用在弹性区隔离体上的各力在竖直方向满足如下平衡关系

$$p_u b = 2(P' + P'') + cb\tan\varphi - \frac{\gamma b^2}{4}\tan\varphi \tag{8-40}$$

因此，式(8-40)求极限荷载 p_u 的关键在于计算弹性区两个侧面上的被动土压力 P' 和 P''。

3. 被动土压力 P' 和 P'' 的确定

为了求出极限荷载 p_u，太沙基作了简化计算，先把地基土看成是两侧无超载的无黏性土，即 $q=0$，$c=0$，$\varphi>0$，$\gamma>0$，求作用在挡土墙墙背上的土压力 P'，如图 8.15(b)所示；再把地基土看成是两侧有超载的黏性土，即 $q>0$，$c>0$，$\varphi>0$，$\gamma=0$，求作用在挡土墙墙背上的土压力 P''，如图 8.15(c)所示。

(1) 挡土墙墙背上的土压力 P'。

图 8.15(b)给出了作用在隔离体 $ACDI$ 上的力系，ADI 区内的滑线都是直线而且处于朗肯被动状态，作用在 DI 上的被动土压力为

$$P'_p = \frac{1}{2}\gamma H^2 \tan^2\left(45° + \frac{\varphi}{2}\right) \tag{8-41}$$

P'_p 作用在距 I 点 $2H/3$ 的地方，为水平方向。土体 $ACDI$ 的重量等于 W，通过 $ACDI$ 的重心，铅垂向下。沿着对数螺线滑动面 CD 上任一点作用着分布法向应力 p_n 及其抗剪强度 $p_n \tan\varphi$，两者的合应力 p_r 与滑动面上的法线成 φ 角，于是对数螺线滑动面上的总合力 F 通过对数螺线的旋转中心点 O。因受重力场的影响，墙背面 AC 上的压力 P' 作用在 AC 的下 $1/3$ 处，且铅垂向下。土体 $ACDI$ 上的各力对点 O 的力矩平衡关系为

$$\sum M_0 = P'_p \cdot L_{P'_p} + W \cdot L_w - P' \cdot L_{p'} = 0 \tag{8-42}$$

于是有

$$P' = \frac{1}{L_{p'}}(P'_p \cdot L_{P'_p} + W \cdot L_w) \tag{8-43}$$

(2) 挡土墙墙背上的土压力 P''。

如图 8.15(c)所示，在超载 q 和内聚力 c 的共同作用下，作用在 DI 上的被动土压力为

$$P''_p = \left[q \tan^2\left(45° + \frac{\varphi}{2}\right) + 2c \tan\left(45° + \frac{\varphi}{2}\right) \right] H \tag{8-44}$$

P''_p 作用在 DI 的中点处，为水平方向。

沿基础底面超载 q 的合力 $Q = q \cdot AI$，合力 Q 对 O 点的力矩为 $Q \cdot L_Q$。

沿着对数螺线滑动面 CD 上任一点的分布法向应力 p_n 及其抗剪强度分量 $p_n \tan\varphi$ 的合应力 p_r 与滑动面上的法线成 φ 角，p_r 通过对数螺线的旋转中心点 O，于是该项对点 O 的力矩为零；这样只剩下沿对数螺线滑动面 CD 上的抗剪强度分量 c 对点 O 产生力矩，表达为

$$M_c = \int_0^{\theta_{r1}} c \cdot ds \cos\varphi \cdot r = c \int_0^{\theta_{r1}} r^2 d\theta = c \int_0^{\theta_{r1}} (r_0 e^{\theta \tan\varphi})^2 d\theta = \frac{cr_0^2}{2\tan\varphi}(e^{2\theta_{r1} \tan\varphi} - 1) \tag{8-45}$$

在墙背面 AC 上的力 $C'' = c \cdot AC$；挡土墙墙背上的土压力 P'' 作用在墙背面 AC 的中点上，铅垂向下。土体 $ACDI$ 上的各力对点 O 的力矩平衡关系为

$$\sum M_0 = P''_p \cdot L_{P''_p} + M_c + Q \cdot L_Q - C'' \cdot L''_C - P'' \cdot L''_p = 0 \tag{8-46}$$

于是有

$$P'' = \frac{1}{L''_p}(P''_p \cdot L_{P''_p} + M_c + Q \cdot L_Q - C'' \cdot L_{C''}) \tag{8-47}$$

将式(8-43)和式(8-47)代入式(8-40)，就可求出极限荷载 p_u。以上计算 p_u，假定了滑动面 CDF 是已知的。实际上，真正的滑动面必须试算求出，也就是假定不同的对数螺线的旋转中心点 O，试算若干个滑动面，求出最小的极限荷载 p_u，才是所需的极限荷载 p_u。最终 p_u 的一般表达式为

$$p_u = \frac{1}{2}\gamma b N_\gamma + \gamma_0 d N_q + c N_c \tag{8-48}$$

式中：γ_0 为基底以上土体的重度；γ 为基底以下土体的重度；N_γ、N_q 和 N_c 是太沙基地基极限承载力系数，它们均是土的内摩擦角 φ 的函数，可由图 8.16 中的实线查得。

如图 8.15(d)所示，如对数螺线的旋转中心点 O 移至 A 点，即 O 点和 A 点重合，此时 N_q 和 N_c 的表达式简化为

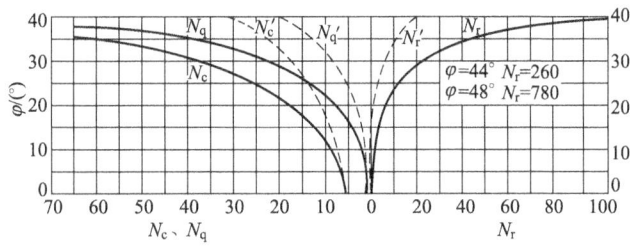

图 8.16 太沙基地基极限承载力的系数

$$N_q = \frac{e^{\left(\frac{3}{2}\pi - \varphi\right)\tan\varphi}}{2\cos^2\left(\frac{\pi}{4} + \frac{\varphi}{2}\right)} \quad (8-49)$$

$$N_c = \cot\varphi \cdot \left[\frac{e^{\left(\frac{3}{2}\pi - \varphi\right)\tan\varphi}}{2\cos^2\left(\frac{\pi}{4} + \frac{\varphi}{2}\right)} - 1\right] \quad (8-50a)$$

对于不排水条件下的黏性土地基，可按 $\varphi_u = 0$ 法求地基极限承载力，这时式(8-49) $N_q = 1$，式(8-50a)中的 N_c 可用罗彼塔法则求出，即

$$N_c = \frac{3}{2}\pi + 1 = 5.7 \quad (8-50b)$$

上述太沙基极限承载力公式适用于地基土较密实、发生整体剪切破坏的情况。对于压缩性较大的中密实土体，地基可能发生局部剪切破坏，太沙基根据经验采用 $\bar{c} = \frac{2}{3}c$、$\tan\bar{\varphi} = \frac{2}{3}\tan\varphi$，并将式(8-48)修正为

$$p_u = \frac{1}{2}\gamma b N'_\gamma + \gamma_0 d N'_q + \frac{2}{3}c N'_c \quad (8-51)$$

式中：N'_γ、N'_q 和 N'_c 可据土的内摩擦角 φ 及由图 8.16 查得。采用 c 与 φ 用虚线查 N'_γ、N'_q 和 N'_c 的值；采用 $\bar{c}$ 和 $\bar{\varphi}$ 用实线查 N'_γ、N'_q 和 N'_c 的值。

如果不是条形基础，而是置于较密实地基上的方形或圆形基础，太沙基建议修正后的地基极限荷载 p_u 表达如下。

圆形基础

$$p_u = 0.6\gamma b N_\gamma + \gamma_0 d N_q + 1.2 c N_c \quad (8-52)$$

方形基础

$$p_u = 0.4\gamma b N_\gamma + \gamma_0 d N_q + 1.2 c N_c \quad (8-53)$$

式中：b 为基础的直径或宽度。

【例 8.4】 土体的强度指标 $c = 10 \text{kN/m}^2$，$\varphi = 20°$。地基土的比重 $d_s = 2.70$，孔隙比 $e = 0.70$，水位以上的饱和度 $S_r = 0.8$。条形基础的宽度 $b = 2\text{m}$，埋深 $d = 1.5\text{m}$，地下水位位于基础埋深处。求：(1)地基的太沙基极限承载力；(2)地基的 p_{cr}、$p_{1/4}$、$p_{1/3}$，及其相对于太沙基极限承载力的安全系数。

【解】 （1）土的天然重度、饱和重度及浮重度。

地下水位以上土的天然重度：$\gamma_0 = \dfrac{d_s + S_r e}{1+e} \times \gamma_w = \dfrac{2.7 + 0.8 \times 0.7}{1 + 0.7} \times 9.8 = 18.79 (kN/m^3)$

地下水位以下土的饱和重度：$\gamma_{sat} = \dfrac{d_s + e}{1+e} \times \gamma_w = \dfrac{2.7 + 0.7}{1 + 0.7} \times 9.8 = 19.60 (kN/m^3)$

地下水位以下土的浮重度：$\gamma' = \gamma_{sat} - \gamma_w = 19.60 - 9.8 = 9.8 (kN/m^3)$

（2）太沙基极限承载力。

依据 $\varphi = 20°$，查得太沙基地基极限承载力系数 $N_\gamma = 4.5$、$N_q = 8$ 和 $N_c = 18$，则有

$$p_u = \dfrac{1}{2}\gamma' b N_\gamma + \gamma_0 d N_q + c N_c = \dfrac{1}{2} \times 9.8 \times 2 \times 4.5 + 18.79 \times 1.5 \times 8 + 10 \times 18$$

$$= 449.6 (kN/m^2)$$

（3）地基的 p_{cr}、$p_{1/4}$ 和 $p_{1/3}$。

$$\dfrac{\pi}{\cot\varphi - \dfrac{\pi}{2} + \varphi} = \dfrac{3.14}{\cot 20° - \dfrac{\pi}{2} + \dfrac{20}{180} \times \pi} = 2.06$$

$$N_c = \dfrac{\pi \cot\varphi}{\cot\varphi - \dfrac{\pi}{2} + \varphi} = 2.06 \times \cot 20° = 5.65$$

$$N_q = 1 + \dfrac{\pi}{\cot\varphi - \dfrac{\pi}{2} + \varphi} = 1 + 2.06 = 3.06$$

$$p_{cr} = \gamma_0 d \cdot \left(1 + \dfrac{\pi}{\cot\varphi - \dfrac{\pi}{2} + \varphi}\right) + c \cdot \dfrac{\pi \cot\varphi}{\cot\varphi - \dfrac{\pi}{2} + \varphi}$$

$$= 18.79 \times 1.5 \times 3.06 + 10 \times 5.65 = 142.75 (kN/m^2)$$

$$p_{1/4} = \dfrac{\gamma' b}{4} \cdot \dfrac{\pi}{\cot\varphi - \dfrac{\pi}{2} + \varphi} + \gamma_0 d \cdot \left(1 + \dfrac{\pi}{\cot\varphi - \dfrac{\pi}{2} + \varphi}\right) + c \cdot \dfrac{\pi \cot\varphi}{\cot\varphi - \dfrac{\pi}{2} + \varphi}$$

$$= \dfrac{9.8 \times 2}{4} \times 2.06 + 142.75 = 152.8 (kN/m^2)$$

$$p_{1/3} = \dfrac{\gamma' b}{3} \cdot \dfrac{\pi}{\cot\varphi - \dfrac{\pi}{2} + \varphi} + \gamma_0 d \cdot \left(1 + \dfrac{\pi}{\cot\varphi - \dfrac{\pi}{2} + \varphi}\right) + c \cdot \dfrac{\pi \cot\varphi}{\cot\varphi - \dfrac{\pi}{2} + \varphi}$$

$$= \dfrac{9.8 \times 2}{3} \times 2.06 + 142.75 = 156.2 (kN/m^2)$$

（4）p_{cr} 相对于太沙基极限承载力的安全系数。

$$k = \frac{p_u}{p_{cr}} = \frac{449.6}{142.75} = 3.15$$

(5) $p_{1/4}$ 相对于太沙基极限承载力的安全系数。

$$k = \frac{p_u}{p_{1/4}} = \frac{449.6}{152.8} = 2.94$$

(6) $p_{1/3}$ 相对于太沙基极限承载力的安全系数。

$$k = \frac{p_u}{p_{1/3}} = \frac{449.6}{156.2} = 2.88$$

8.4.6 迈耶霍夫极限承载力

1951年迈耶霍夫对太沙基理论作了进一步的更正，即考虑了基础底面以上土体的抗剪强度对地基极限承载力的影响。

迈耶霍夫和太沙基一样，认为基础底面存在着摩擦力，基底下的土体形成弹性区 ABC，如图8.17所示，AC 和 BC 是破裂面，底角 $\bar{\psi}$ 界于 φ 与 $(45°+\varphi/2)$ 之间，但在推导极限承载力时，采用了 $\bar{\psi} = 45°+\varphi/2$。

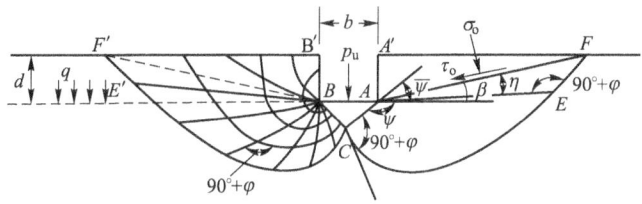

图 8.17 迈耶霍夫地基极限承载力计算方法

在荷载作用下，弹性区与基础形成整体向下移动，挤压两侧土体达到破坏，两侧土体形成对数螺线的破裂面。迈耶霍夫假定破裂面延伸至地面，并在 F 和 F' 处滑出，如图8.17所示。F 和 F' 点是自基础边缘 A、B 处引一与水平面呈 β 角的斜线与地面的交点。以 AF 和 BF' 作为等代自由表面，将 AF 和 BF' 以上的土重以及基础侧面 AA' 和 BB' 上的摩擦力转化为作用在表面 AF 和 BF' 上的法向应力 σ_0 和剪应力 τ_0。CE 和 CE' 为对数螺线，FE 和 $F'E'$ 为对数螺线的切线。迈耶霍夫据图8.17所示的整体破坏模式，推导出的地基极限承载力同样表达为

$$p_u = \frac{1}{2}\gamma b N_\gamma + \gamma d N_q + c N_c \tag{8-54}$$

式中：承载力系数 N_γ、N_q、N_c 与极限平衡理论公式或太沙基公式中的对应系数均有不同，它们不仅决定于土的内摩擦角 φ，而且还与 β 角有关，可从图8.18中的曲线查得。图中曲线以 β 角为参数，β 角是基础埋置深度和形状的函数，必须事前确定。β 角确定方法如下。

(1) 先假定一个 β 角，求作用在等代自由表面上的法向应力 σ_0 和剪应力 τ_0，分别表达为

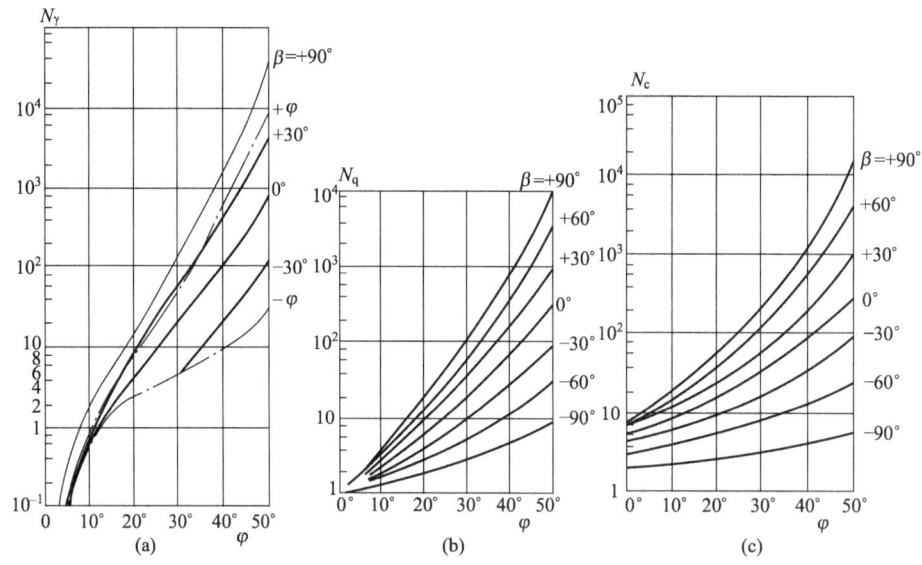

图 8.18 迈耶霍夫地基极限承载力的系数

$$\sigma_0 = \frac{1}{2}\gamma d\left(k_0\sin^2\beta + \frac{k_0}{2}\tan\delta\sin 2\beta + \cos^2\beta\right) \quad (8-55)$$

$$\tau_0 = \frac{1}{2}\gamma d\left(\frac{1-k_0}{2}\sin 2\beta + k_0\tan\delta\sin^2\beta\right) \quad (8-56)$$

式中：δ 为地基土与基础侧面的摩擦角；k_0 为静止土压力系数；d 为基础的埋置深度；γ 为基础底面以上土的重度。

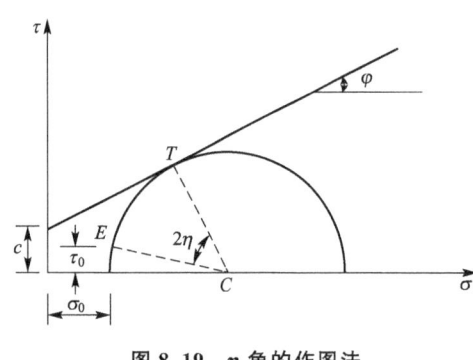

图 8.19 η 角的作图法

(2) 等代自由表面 AF 和 BF' 并不是滑裂线，与等代自由表面向下成 η 角的直线 AE 和 BE' 才是滑裂线。η 角可用作图法求之，如图 8.19 所示。先在 σ-τ 坐标上取 E 点，其应力值为 σ_0 和 τ_0，E 点即代表 AF 面上的应力；然后在 σ 轴上找圆心 C，作应力圆，使应力圆过 E 点并与土体的破坏包络线相切，切点为 T。切点 T 代表该面上土的剪应力等于土的抗剪强度，因此点 T 代表了破裂面的位置，对应的圆心角 $\angle ECT = 2\eta$。

(3) 依据迈耶霍夫的推导，角 β、η 和基础埋置深度 d 之间的关系为

$$d = \frac{\sin\beta\cos\varphi \cdot e^{\psi\tan\varphi}}{2\sin\left(45° - \frac{\varphi}{2}\right)\cos(\eta + \varphi)} \quad (8-57)$$

$$\psi = 135° + \beta - \eta - \frac{\varphi}{2} \quad (8-58)$$

如图 8.17 所示，ψ 是 AC 和 AE 间对数螺滑移线的中心角。根据假定的 β，由

式(8-55)和(8-56)求出 σ_0 和 τ_0,并由应力圆求出 η 角,然后由式(8-58)求出 ψ,再将 ψ 和 η 代入式(8-57)求角 β。若计算的 β 与假设的 β 不一致,要进行迭代,直到假设值与计算值相符为止,就求出了 β 的真值。

β 求出后就可从图 8.18 中查出迈耶霍夫地基极限承载力的系数 N_γ、N_q、N_c,再由地基的极限承载力公式求极限承载力 p_u。

8.4.7 魏锡克和汉森极限承载力

1. 魏锡克极限承载力

魏锡克在 1973 年假定基底光滑,对于浅基础的地基极限承载力建议用下式来计算

$$p_u = \frac{1}{2}\gamma b N_\gamma \zeta_\gamma + \gamma_0 d N_q \zeta_q + c N_c \zeta_c \tag{8-59}$$

式中:承载力系数 N_γ、N_q、N_c 均是土的内摩擦角 φ 的函数,分别表达为

$$N_c = (N_q - 1) \cdot \cot\varphi \tag{8-60}$$

$$N_q = e^{\pi\tan\varphi} \cdot \tan^2\left(\frac{\pi}{4} + \frac{\varphi}{2}\right) \tag{8-61}$$

$$N_\gamma = 2(N_q + 1)\tan\varphi \tag{8-62}$$

ζ_c、ζ_q 和 ζ_γ 为基础形状系数,对矩形基础分别表达为

$$\zeta_c = 1 + \frac{b}{l} \cdot \frac{N_q}{N_c} \tag{8-63}$$

$$\zeta_q = 1 + \frac{b}{l} \cdot \tan\varphi \tag{8-64}$$

$$\zeta_\gamma = 1 - 0.4\frac{b}{l} \tag{8-65}$$

对方形和圆形基础分别表达为

$$\zeta_c = 1 + \frac{N_q}{N_c} \tag{8-66}$$

$$\zeta_q = 1 + \tan\varphi \tag{8-67}$$

$$\zeta_\gamma = 0.6 \tag{8-68}$$

魏锡克指出式(8-62)中的 N_γ 与实际分析结果相比较,所引起的误差是偏于安全的(当 $15° < \varphi < 45°$ 时,误差不超过 10%),因此为了简化计算,可用式(8-62)来计算承载力系数 N_γ。

对条形基础,$b/l = 0$,则基础形状系数 $\zeta_c = \zeta_q = \zeta_\gamma = 1$,于是式(8-59)简化为

$$p_u = \frac{1}{2}\gamma b N_\gamma + \gamma_0 d N_q + c N_c \tag{8-69}$$

需指出的是：大量的地基承载力公式均可写成式(8-69)的形式，其中承载力系数 N_q 和 N_c 都相差不大；但 N_γ 值与 $N_\gamma=2(N_q+1)\tan\varphi$ 相比，可小到 $N_\gamma=2(N_q+1)\tan\varphi$ 的 1/3 或大到 $N_\gamma=2(N_q+1)\tan\varphi$ 的两倍。这可能是涉及基底是光滑的还是粗糙的、对基底下三角形 ABC 所做的假设不同，以及涉及塑性区滑动面的形状不同而引起的误差。

2. 汉森（Hanson，1970年）极限承载力（图8.20）

图 8.20 汉森极限承载力问题

汉森在地基极限承载力上的主要贡献是对承载力系数进行较为系统的修正，修正后的地基极限承载力表达为

$$p_u = \frac{1}{2}\gamma b N_\gamma s_\gamma d_\gamma i_\gamma g_\gamma b_\gamma + \gamma_0 d N_q s_q d_q i_q g_q b_q + c N_c s_c d_c i_c g_c b_c \qquad (8-70)$$

式中：$N_q = e^{\pi\tan\varphi} \cdot \tan^2\left(\frac{\pi}{4}+\frac{\varphi}{2}\right)$、$N_c = (N_q - 1) \cdot \cot\varphi$、$N_\gamma = 1.8(N_q - 1)\tan\varphi$；$s_\gamma$、$s_q$、$s_c$ 为相应于基础形状的修正系数；d_γ、d_q、d_c 为相应于考虑基础埋深范围内土强度的深度修正系数；i_γ、i_q、i_c 为相应于荷载倾斜的修正系数；g_γ、g_q、g_c 为相应于地面倾斜的修正系数；b_γ、b_q、b_c 为相应基础底面倾斜的修正系数。

汉森提出上述各系数的计算公式在表 8-4 中给出。

表 8-4 汉森极限承载力公式中的修正系数
[此表综合 Hansen(1970年)、De Beer(1970年)及 A. S. Vesic(1973年)的资料所成]

形状修正系数	深度修正系数	荷载倾斜修正系数	地面倾斜修正系数	基底倾斜修正系数
$s_c = 1 + \dfrac{N_q b}{N_c l}$	$d_c = 1 + 0.4\dfrac{d}{b}$	$i_c = i_q - \dfrac{1-i_q}{N_q - 1}$	$g_c = 1 - \beta°/14.7°$	$b_c = 1 - \bar{\eta}/14.7°$
$s_q = 1 + \dfrac{b}{l}\tan\varphi$	$d_q = 1 + 2\tan\varphi(1-\sin\varphi)^2\dfrac{d}{b}$	$i_q = \left(1 - \dfrac{0.5 P_h}{P_v + A_f c\cot\varphi}\right)^5$	$g_q = (1 - 0.5\tan\beta)^5$	$b_q = \exp(-2\bar{\eta}\tan\varphi)$
$s_\gamma = 1 - 0.4\dfrac{b}{l}$	$d_\gamma = 1.0$	$i_\gamma = \left(1 - \dfrac{0.7 P_h}{P_v + A_f c\cot\varphi}\right)^5$	$g_\gamma = (1 - 0.5\tan\beta)^5$	$b_\gamma = \exp(-2\bar{\eta}\tan\varphi)$

表中符号：A_f 为基础的有效接触面积，$A_f = b' \cdot l'$；b' 为基础的有效宽度，$b' = b - 2e_b$；l' 为基础的有效长度，$l' = l - 2e_l$；e_b、e_l 为相对于基础面积中心而言的荷载偏心距；P_h 为平行于基底的荷载分量；P_v 为垂直于基底的荷载分量；β 为地面倾角；$\bar{\eta}$ 为基底倾角。

8.5 地基承载力的讨论

8.5.1 影响地基承载力的因素

由上述各地基极限承载力公式可以看出,地基极限承载力有下列三部分组成。
(1) 滑裂土体自重($\gamma \neq 0$)所产生的抗力。
(2) 基础两侧均布荷载 q 所产生的抗力。
(3) 滑裂面上黏聚力 c 所产生的抗力。

其中,第一种抗力除了取决于土的重度以外,还取决于滑裂土体的体积,随着基础宽度的增加,滑裂土体的长度和深度也相应增加,即地基极限承载力随其宽度 b 的增加而线性增大。第二种抗力主要来自基底以上土体的上覆压力,基础埋深越大,基础两侧的超载 γd 也越大,从而引起地基极限承载力的提高。第三种抗力主要取决于地基土的黏聚力,其次也受滑裂面长度的影响,若土的黏聚力和滑裂面长度均增大,则地基极限承载力随之增大。

上述三种抗力均与地基破坏时滑裂体的形状有关,而滑裂体的形状主要受土体内摩擦角 φ 的影响,所以地基极限承载力系数 N_γ、N_q、N_c 均是土的内摩擦角 φ 的函数。

8.5.2 不同的地基极限承载力公式之间的比较

下面仅就工程上常用的迈耶霍夫、太沙基、魏锡克和汉森等地基极限承载力公式之间的比较进行讨论。地基极限承载力系数之间的比较如表 8-5 所示。

表 8-5 地基极限承载力系数比较表

$\varphi/(°)$	0	10	20	30	40	45
迈耶霍夫公式 N_c	—	10.00	18.00	39.00	100.00	185.00
太沙基公式 N_c	5.70	9.10	17.30	36.40	91.20	169.00
魏锡克公式 N_c	5.14	8.35	14.83	30.15	75.31	133.88
汉森公式 N_c	5.14	8.35	14.83	30.15	75.30	133.86
迈耶霍夫公式 N_q	—	3.00	8.00	27.00	85.00	190.00
太沙基公式 N_q	1.00	2.60	7.30	22.00	77.50	170.00
魏锡克公式 N_q	1.00	2.47	6.40	18.40	64.23	134.88
汉森公式 N_q	1.00	2.47	6.40	18.40	64.23	134.86
迈耶霍夫公式 N_γ	—	0.75	5.50	25.50	135.00	330.00

(续)

$\varphi/(°)$	0	10	20	30	40	45
太沙基公式 N_γ	0.00	1.20	4.70	21.00	130.00	330.00
魏锡克公式 N_γ	0.00	1.22	5.39	22.40	109.41	271.76
汉森公式 N_γ	0.00	0.47	3.54	18.09	95.51	240.95

如表 8-5 和表 8-6 所示,在滑动面的假定上,上述四个公式基本都是由基础下的三角楔形体、过渡辐射向剪切区和朗肯被动剪切区所组成,但是由于它们对基础底面的粗糙程度做了不同的假定以及滑动面形状大小的不同,如太沙基考虑了基底的摩擦,而迈耶霍夫、魏锡克和汉森则假定基底光滑,从而使得地基极限承载力有明显的区别。从表中的数值可看出,由于迈耶霍夫在公式中考虑了基础两侧超载土抗剪强度的影响,其值最大,太沙基和魏锡克公式次之,汉森公式所得的结果最小。

表 8-6 地基极限承载力 p_u 间的比较(kPa)

d/b	0	0.25	0.50	0.75	1.00
迈耶霍夫公式 p_u	712.0	908.0	1126.5	1360.0	1612.0
太沙基公式 p_u	673.0	868.0	1063.0	1258.0	1453.0
魏锡克公式 p_u	616.0	811.0	1029.0	1273.0	1541.5
汉森公式 p_u	532.0	731.0	844.0	1185.0	1389.0

注:表中计算资料 $\gamma=19.5 \text{kN/m}^3$,$c=20\text{kPa}$,$\varphi=22°$,$b=4\text{m}$。

太沙基、汉森和魏锡克公式都是在普朗德尔的原理上发展起来的近似公式,没考虑基础两侧超载土抗剪强度的影响,算出的地基极限承载力均小于迈耶霍夫公式算出的结果;而迈耶霍夫由于在公式中考虑了基础两侧超载土抗剪强度的影响,在理论上比较合理,但是在计算时必须通过试算和作图,较为繁杂。

8.5.3 地基极限承载力理论的不足之处

前述的地基极限承载力理论通常将土体假设为理想弹塑性体或理想刚塑性体进行计算的,而实际上土体并非纯弹性体或塑性体,而应属于非线性的弹塑性体,土体在荷载作用下,不但产生压缩变形,而且还要产生剪切变形。显然,采用理想化的弹塑性理论不能完全反映地基土的破坏特性,更无法描述地基土从变形初期发展到最后破坏的全过程。

8.5.4 地基极限承载力与容许承载力之间的关系

地基容许承载力,它是指地基稳定有足够的安全度并且变形控制在建筑物容许范围内时的承载力。前述的地基临塑荷载 p_{cr} 或极限平衡区发展范围不大的界限荷载 $p_{1/4}$ 和 $p_{1/3}$,相对于整体剪切破坏模式而言,它们均具有相当大的安全储备,因此均可以作为地基容许承载力的初选值。

理论上，确定地基容许承载力的另一途径，是依据前述求出的地基极限承载力 p_u，对其折减，除以 $k=2\sim3$ 的安全系数，即取 p_u/k 作为地基的容许承载力值。

所以理论上讲，尽管考虑的渠道不同，最终算出的 p_{cr}、$p_{1/4}$、$p_{1/3}$ 和 p_u/k 在数值上差别不大。如在《建筑地基基础设计规范》(GB 50007—2011)中采用地基界限荷载 $p_{1/4}$ 的修正公式来作为地基承载力的特征值（地基承载力的特征值和地基容许承载力这两个概念基本等效）。

本 章 小 结

本章主要讲述地基的变形及其破坏模式、地基的临塑荷载与界限荷载、地基的极限承载力、地基极限承载力与容许承载力的关系等内容，能利用地基承载力的基本理论和试验方法，解决实际工程中的地基承载力问题。

本章的重点是地基的破坏模式、地基承载力的计算方法。

习 题

一、选择题

1. 在黏性土地基上有一条形刚性基础，基础宽度为 b，在上部荷载作用下，基底持力层最先在（　　）位置出现塑性区。
   A. 条形基础中心线下　　　　　　B. 离中心线 $1/3b$ 处
   C. 条形基础边缘处

2. 比较地基的承载力大小，（　　）选择是正确的。
   A. $p_{cr}<p_{1/3}<p_{1/4}<p_u$
   B. $p_{cr}<p_{1/4}<p_{1/3}<p_u$
   C. $p_u<p_{1/4}<p_{1/3}<p_{cr}$

3. 对同一埋深的地基极限承载力问题，（　　）算出的地基极限承载力最大。
   A. 迈耶霍夫公式　　　　　　　　B. 太沙基公式
   C. 魏锡克公式　　　　　　　　　D. 汉森公式

二、填空题

1. 局部剪切破坏的特征是，随着荷载的增加，基础下的塑性区仅仅发生到（　　）。
2. 将条形基础地基的极限承载力公式用于计算方形基础，是偏于（　　）的。
3. 地基的临塑荷载大小与条形基础的（　　）有关，而与基础（　　）无关，因此只改变（　　）不能改变地基的临塑荷载。

三、简答题

1. 地基破坏模式有几种？发生整体剪切破坏时 p-s 曲线的特征如何？
2. 什么是地基土的塑性变形区？如何按塑性变形区的深度确定 p_{cr} 和 $p_{1/4}$？
3. 什么是地基的容许承载力？

4. 什么是地基的极限承载力？比较各种极限承载力 p_u 计算方法的异同点。

四、计算题

1. 某条形基础宽 $b=2m$、埋深 $d=2m$，基土为均质黏性土，其强度指标 $c=15\text{kPa}$、$\varphi=15°$，地下水位位于基础底面水平，地下水位以上土的天然重度为 $\gamma=18\text{kN/m}^3$，地下水位以上土的饱和重度 $\gamma_{sat}=19.5\text{kN/m}^3$。试：(1) 分别用太沙基公式和魏锡克公式计算该地基的极限承载力；(2) 相对太沙基的极限承载力，试评述地基的 p_{cr}、$p_{1/4}$、$p_{1/3}$ 各自的安全系数；(3) 相对魏锡克的极限承载力，试评述地基的 p_{cr}、$p_{1/4}$、$p_{1/3}$ 各自的安全系数。

2. 一方形基础受垂直中心荷载作用下，基础宽 $b=3m$、埋深 $d=2.5m$，土的 $\gamma=18.5\text{kN/m}^3$、$c=10\text{kPa}$、$\varphi=20°$。①试按魏锡克公式计算地基的极限承载力；②对宽度及其他条件相同的条形基础，试比较方形基础与条形基础的极限承载力的大小。

参 考 文 献

[1] 中华人民共和国国家标准. 土的工程分类标准(GB/T 50145—2007)[S]. 北京：中国建筑工业出版社，2007.

[2] 中华人民共和国国家标准. 建筑地基基础设计规范(GB/T 50007—2011)[S]. 北京：中国建筑工业出版社，2011.

[3] 中华人民共和国国家标准. 岩土工程勘察规范(2009年版)(GB/T 50021—2001)[S]. 北京：中国建筑工业出版社，2009.

[4] 中华人民共和国行业标准. 公路工程地质勘察规范(JTG C20—2011)[S]. 北京：人民交通出版社，2011.

[5] 中华人民共和国行业标准. 公路土工试验规程(JTG E40—2007)[S]. 北京：人民交通出版社，2007.

[6] 赵明华. 土力学与基础工程 [M]. 武汉：武汉理工大学出版社，2009.

[7] 陈晓平. 土力学与基础工程 [M]. 北京：中国水利水电出版社，2008.

[8] 陈仲颐，周景星，王洪瑾. 土力学 [M]. 北京：清华大学出版社，2007.

[9] 华南理工大学，等. 地基及基础 [M]. 北京：中国建筑工业出版社，1991.

[10] 洪毓康. 土质学与土力学 [M]. 北京：人民交通出版社，1990.

[11] 宿文姬，等. 工程地质学 [M]. 广州：华南理工大学出版社，2006.

[12] 赵成刚，等. 土力学原理 [M]. 北京：清华大学出版社，北京交通大学出版社，2009.

[13] 冯国栋. 土力学 [M]. 北京：中国水利水电出版社，1986.

[14] [加拿大] D. G. 弗雷德隆德，等. 非饱和土力学 [M]. 陈仲颐，等译. 北京：中国建筑工业出版社，1997.

[15] 钱家欢. 土力学 [M]. 南京：河海大学出版社，1988.

[16] 陈希哲. 土力学地基础 [M]. 北京：清华大学出版社，2004.

[17] 东南大学，等. 土力学 [M]. 北京：中国建筑工业出版社，2005.

[18] 李静培，赵春风. 土力学 [M]. 北京：高等教育出版社，2004.

[19] 曾廉. 挡土墙设计 [M]. 北京：中国铁道出版社，1999.

[20] 薛殿基，冯仲林. 挡土墙设计实用手册 [M]. 北京：中国建筑工业出版社，2008.

[21] 李海光，等. 新型支挡结构设计与工程实例 [M]. 北京：人民交通出版社，2011.

[22] 朱彦鹏，邹银生. 特种结构设计 [M]. 武汉：武汉工业大学出版社，2000.

[23] 赵成刚，白冰，王运霞. 土力学原理 [M]. 北京：清华大学出版社，北京交通大学出版社，2004.

[24] 董建国，沈锡英，钟才根. 土力学与地基基础 [M]. 上海：同济大学出版社，2005.

[25] 姜德义，朱合，杜云贵. 边坡稳定性分析与滑坡防治 [M]. 重庆：重庆出版社，2005.

[26] 王成华. 土力学 [M]. 武汉：华中科技大学出版社，2010.

[27] 刘大鹏，尤晓伟. 土力学 [M]. 北京：清华大学出版社，北京交通大学出版社，2005.

[28] 张孟喜. 土力学原理 [M]. 武汉：华中科技大学出版社，2007.

[29] 胡中雄. 土力学与环境土工学 [M]. 上海：同济大学出版社，1997.

[30] 郑大同. 地基极限承载力的计算 [M]. 北京：中国建筑工业出版社，1979.

[31] 华东水利学院土力学教研室. 土工原理与计算 [M]. 北京：水利电力出版社，1982.

[32] [美] H. F. 温特科恩，等. 基础工程手册 [M]. 钱鸿缙，等译. 北京：中国建筑工业出版社，1983.

[33] 张克恭，刘松玉. 土力学 [M]. 北京：中国建筑工业出版社，2010.

[34] 卢廷浩. 土力学 [M]. 北京：高等教育出版社，2010.

[35] 陈仲颐，周景星，王洪瑾. 土力学 [M]. 北京：清华大学出版社，1994.

[36] 杨进良. 土力学 [M]. 4 版. 北京：中国水利水电出版社，2009.

[37] 龚晓南. 土力学 [M]. 北京：中国建筑工业出版社，2002.

[38] 杨小平. 土力学 [M]. 广州：华南理工大学出版社，2007.

[39] 莫海鸿，杨小平，刘叔灼. 土力学及基础工程学习辅导与习题精解 [M]. 北京：中国建筑工业出版社，2006.